全国高等教育自学考试指定教材

行政管理学专业（独立本科段）

西方行政学说史

（附：西方行政学说史自学考试大纲）

全国高等教育自学考试指导委员会　组编

竺乾威　主编

马国泉　唐兴霖　副主编

高等教育出版社

扫描微信二维码
关注自考教材服务

内容简介

本书以《西方行政学说史自学考试大纲》为依据，全面系统地介绍了西方现代各个时期行政学理论的演变及其主要代表人物的生平、著作和学说理论，并坚持理论联系实际的原则，客观地对这些学说理论进行了分析与评价。

本书是全国高等教育自学考试指定教材，也可作为大专院校和各级管理干部的培训用书。

图书在版编目(CIP)数据

西方行政学说史/竺乾威主编.—北京：高等教育出版社，2001.2（2022.3重印）
ISBN 978-7-04-009050-5

Ⅰ.西… Ⅱ.竺… Ⅲ.行政学-研究-西方国家
Ⅳ.0035

中国版本图书馆CIP数据核字(2000)第64542号

责任编辑 王江华　责任绘图 尹　莉　版式设计 马静加
责任校对 仝雪菲　责任印制 韩　刚

出版发行 高等教育出版社
社　　址 北京市西城区德外大街4号
邮政编码 100120
印　　刷 北京华联印刷有限公司
开　　本 880mm×1230mm 1/32
印　　张 14.125
字　　数 360千字
购书热线 010-58581118
咨询电话 400-810-0598
网　　址 http://www.hep.edu.cn
　　　　 http://www.hep.com.cn
网上订购 http://www.hepmall.com.cn
　　　　 http://www.hepmall.com
　　　　 http://www.hepmall.cn
版　　次 2001年2月第1版
印　　次 2022年3月第20次印刷
定　　价 18.00元

物 料 号 9050-00

组编前言

当您开始阅读本书时，人类已经迈入了21世纪。

这是一个变幻难测的世纪，这是一个催人奋进的时代，科学技术飞速发展，知识更替日新月异。希望、困惑、机遇、挑战，随时随地都有可能出现在每一个社会成员的生活之中。抓住机遇，寻求发展，迎接挑战，适应变化的制胜法宝就是学习——依靠自己学习，终生学习。

作为我国高等教育组成部分的自学考试，其职责就是在高等教育这个水平上倡导自学、鼓励自学、帮助自学、推动自学，为每一个自学者铺就成才之路。组织编写供读者学习的教材就是履行这个职责的重要环节。毫无疑问，这种教材应当适合自学，应当有利于学习者掌握、了解新知识、新信息，有利于学习者增强创新意识、培养实践能力、形成自学能力，也有利于学习者学以致用、解决实际工作中所遇到的问题。具有如此特点的书，我们虽然沿用了“教材”这个概念，但它与那种仅供教师讲、学生听，教师不讲、学生不懂，以“教”为中心的教科书相比，已经在内容安排、编写体例、行文风格等方面都大不相同了。希望读者对此有所了解，以便从一开始就树立起依靠自己学习的坚定信念，不断探索适合自己的学习方法，充分利用已有的知识基础和实际工作经验，最大限度地发挥自己的潜能，达到学习的目标。

欢迎读者提出意见和建议。

祝每一位读者自学成功。

全国高等教育自学考试指导委员会

2000年6月

编者的话

西方行政学说和理论对于西方公共行政的演变与发展所起的作用是有目共睹的，这一点从泰罗的科学管理思想引发的包括美国以及其他西方国家政府在内的效率运动，到布坎南、诺思的公共选择理论和新制度经济理论对自20世纪80年代以来西方国家的以“新公共管理”名义进行的行政改革的理论支撑，都可以得到充分的说明。这表明了了解西方一些重要的行政学说和理论的重要性。

本书选择的一些理论家当然是各个时期的一些具有代表性的人物，但是细心的读者可能发现在这些人中，有些可能从更严格的意义上讲是企业管理理论家（如泰罗、法约尔、麦格雷戈等）和经济学家（如布坎南、诺思），这恰恰表明了行政理论所具有的学科交叉性、渗透性特征。选择这些人，当然是因其学说对西方公共行政的发展所产生的重要影响。

当然，还有更多的行政理论家的学说和理论，限于篇幅，本书没有写入。例如，提出政治行政二分法的弗兰克·古德诺、林德尔·厄威克的组织理论、彼得·德鲁克的管理思想和理论、雅泽·道尔的决策科学思想，以及戴维·奥斯本和特德·盖布勒的提倡企业精神的公共行政改革理论等。

本书由竺乾威主编，各章的作者分别是竺乾威(第二、七、八、九、十二章)，马国泉(第五、六、十一、十三、十四、十八章)，唐兴霖(第三、十、十五、十六、十七章)和雷雨(第一、四章)。

编者

2000年6月

目　　录

第一编　古典时期的行政学说

第二编　新古典时期的行政学说

第三编　当代公共行政学说

第一编

古典时期的行政学说

古典时期的时间跨度一般为19世纪末至20世纪30年代，这是现代行政学的开创和形成时期。事实上，就西方来说，有关行政的学说和思想源远流长。从古希腊亚里士多德的《政治学》，到文艺复兴时期马基雅佛里的《君主论》，再到美国的《联邦党人》文集，都可以看到大量有关这方面的论述。但是，现代意义上的行政研究则是人类进入了资本主义时代后的产物。这首先是因为资本主义大生产带来了专业化的劳动，从而使得现代意义上的管理成为可能。其次是国家在促进资本主义经济发展中的作用增强，从而使得研究政府的作用、提高政府的工作效率成为一种实际而迫切的需要。因此当历史进入19世纪末时，威尔逊提出要建立一门前所未有的行政科学，便是一种非常可以理解的适时之举了。

古典时期出现了一大批有影响的公共行政和管理理论家。威尔逊首开行政研究之先河；泰罗的科学管理尽管发轫于对提高企业效率的研究，却同样深刻地影响了现代政府的运作；法约尔试图总结一般的管理原则；韦伯的官僚制理论勾画了现代行政组织的特征；古立克的七功能对组织的功能作了精当的归纳。

这一时期的行政学说和理论研究的目标是经济与效率，研究所涉及的主要范围是组织、行为程序和行政原理。这一研究的特点主要表现为一种静态的研究，在方法论上采用的是规范方法。

第一章　威尔逊的现代行政学理论

第一节　生平与著作

伍德罗·威尔逊（Thomas Woodrow Wilson，1856—1924）于1856年12月28日出生于美国弗吉尼亚州的斯汤顿市。他的父亲是一位长老会的牧师，母亲是一位长老会牧师的女儿。当在教堂内聆听父亲向人们讲经布道的时候，小威尔逊注视的不仅仅是基督教的教义，而是他未来事业所要仿效的模式。幼年的基督教教育，对威尔逊日后的政治生涯影响深刻，尽管他不曾有志于将来成为一个受人尊敬的牧师，但他却把政治变成了一个传播心灵启迪的手段，变成了表达新教徒强烈“行善”愿望的手段。威尔逊为人十分坦率、诚恳，对自己要求却非常严格，几乎近于苛刻。因为，他内心有一种并非出自私心的宏愿，即希望有朝一日成为伟大的人物，以便能作出卓越的贡献。

1879年，威尔逊毕业于普林斯顿大学，此后他又在亚特兰大市从事律师业务。1886年，威尔逊获得约翰斯·霍布金斯大学博士学位，并开始了他的学术生涯。当年，他应科内尔大学不赖恩·莫尔学院的邀请作了关于《行政学研究》的报告，后经修改于1887年在《政治学季刊》发表。威尔逊在该篇文章中强调，政治学不仅应该研究国家性质、主权内容、政府机构等理论，还应注意研究法律实施与政策执行等问题，因而行政学应当从传统政治学中分离出来，成为一门独立的学科。在他看来，行政观念和实践合法化的最佳途径是必须符合科学的精神和理性的事务程序，因为它们将会使行政管理表现为一种对社会的服务，而不是国家所强加的一种事物。为此，威尔逊进而提出，行政学“将力求使政府不走弯路，使政府专心处理公务、减少闲杂事务，加强和纯洁政府的组织机构，为政府的尽职尽责带来名誉”。[①] 文章还讨论了民主国家的特征与问题、政府权限的运用、首创精神的发挥、行政责任的保证，以及文官培养等问题。由于该文章观点鲜明、思想犀利、具有说服力，并适应当时美国行政改革的需要，威尔逊由此蜚声政治学界。《行政学研究》的发表，是行政学发展的一个起点，它标志着行政学作为一门正式学科的诞生。

1890 年，威尔逊返回普林斯顿大学，任法学和政治学教授。1902—1910 年，他担任普林斯顿大学校长，并卓有成效地对教学进行了一系列改革。威尔逊同 19 世纪与 20 世纪之交的绝大多数美国政治学家形成鲜明的对照，他坚持认为，现代自治应被理解为公民所取得的并在行事时所遵循的一套习惯和道德限制，而不是一套正规的宪法限制。出众的才华、坚韧的品格，以及德高望重的地位，为威尔逊赢得了广泛的支持。1913—1921 年，威尔逊成功地当选为美国第 32、33 届总统，并在改革行政、扩大民主等方面都颇有建树。在其任期内，正值第一次世界大战，他先奉行中立政策，后在加强与协约国关系方面进行了有力的活动。一战结束后，威尔逊积极筹办国际联盟，意图以此作为维护国际和平、建立美国霸主地位的机构。然而，事与愿违，他的外交政策并没有得到国会的支持。美国最终拒绝加入国际联盟的结果，使威尔逊处境甚为难堪，加之重病缠身，终于 1924 年 2 月 3 日去世。

就像其政治根基在南方一样，威尔逊遵循的思想传统是英国式的，他喜欢英国思想家的有意识的保守传统。威尔逊敬佩的政治家是保守党人和曼彻斯特经济学派的伯克、格拉德斯通和科布登，他敬佩的思想家是沃尔特、巴奇霍特和《民族》杂志的移居

---

① 威尔逊.《行政学研究》. 转引自彭和平，竹立家等编译的《国外公共行政理论精选》. 中共中央党校出版社 1997 年版。

美国的英国人 E.L. 戈登金。在美国的民主传统中，他则喜欢其与英国传统的大致相似之处。因此，在其部分受白哲特激发的第一部著作《国会政府：美国政治研究》中，他认为内阁政府代表着一种统一的政府结构，这种结构可用以克服基本独立的国会诸委员会和小组委员会这样一种体制所固有的统治分散现象。此外，在这种体制中，按宪法选出的伟大而高尚的政治家们，对公众的利益怀有积极主动的热情，以字斟句酌的辞藻对重大问题展开辩论。威尔逊将美国体制与内阁体制的政府进行广泛比较，最终得出了不赞同美国国会体制的结论。

威尔逊是一位信奉达尔文的进化论和斯宾塞的有机体学说的保守党人，他毫无保留地赞成发展的必要性，强调政治方面的成长就像有机体发育成长一样，是一个缓慢的过程，有其自然的不慌不忙的发展速度，并且认为现代国家就是从早期、更加原始的社会组织通过物竞天择演变而来的。因而，他在 1889 年出版的第二部著作《国家》中阐明了达尔文的社会变化是一个逐渐进化过程的观点，在政治上试图推行任何激进的新东西都会有危险。他写道："除非通过缓慢的发展过程，悉心适应而且对发展进行合适的修改，否则不会达到任何有意义的结果。"虽然按照 20 世纪的标准，他的这本书既没有使用行为主义的方法进行研究，也不是以直接观察外国制度为基础，但他的比较研究却是从德国行政法借鉴而来的，具有开创性的意义。在美国，威尔逊的《国家》是最早的关于比较政府的著作之一，对西方比较行政学的发展具有深远的影响。

部分受 1898 年对西班牙战争之后出现的爱国主义狂潮的激励，部分受西奥多·罗斯福总统留任期间生气勃勃景象的鼓舞，威尔逊将其注意力从国会和立法领导转移至行政和总统领导的实践。在其最后一部著作《美国的宪法政府》中，威尔逊认为，美国的立宪主义见之于国家实力的增长，而不是见之于对《宪法》的严格的法律解释。宪法的弹性表现在司法系统之中，后者能成为国家范围内各种商务力量增长的共鸣板。这一时期，他摒弃了总统制下的政府由于受到宪法体制和政党斗争的限制而变得毫无效率的观点，并且对强硬人物出任总统抱着积极乐观的态度。为此，威尔逊果断预言：总统，国家权力和统一的主要象征，将日益成为大众政治灵感的贮藏所。

威尔逊是行政学的奠基人，对现代行政学的发展起到了至关重要的作用。他关于政治与行政分离的观点的提出，开创了一个新的研究领域——行政学，并标志着行政学这门独立学科的正式产生。在行政学作为一门有别于历史学、伦理学和政治学的独立学科的发展中，威尔逊也作出了巨大的贡献。除此之外，他的著作还是沟通 19 世纪和 20 世纪行政学演变的桥梁。威尔逊对政治学、行政学，尤其是政府制度、民主理论和外交政策均有显著贡献。他的主要著作有：《国会政府：美国政治研究》（1885 年）、《论国家的历史与实践的政治因素》（1889 年）、《分裂与联合》（1893 年）、《美国人民史》（1902 年）、《美国的宪法政府》（1908 年）和《新自由》（1913 年）。

第二节　现代行政学理论

一、行政学研究的基本概念

1. 行政学产生的背景

西方古代思想家对行政问题曾经有过不少论述和研究，但是他们对行政学的研究都没有形成一个严格的理论体系，而往往包含于伦理学、政治学之中。随着民族国家和中央集权体制的形成，行政活动趋向高效与合理化就成为一个迫切的问题，在此情况下，行政研究开始萌芽。“行政学”一词，最早由德国学者劳伦斯·冯·施塔因于 1865 年在其著作《行政学》一书中提出。施塔因认为 19 世纪应当是行政学的世纪，他想建立一门有关国家行政的真正的社会科学。不过，这时行政研究学与法学、政治学、社会学都融合交汇在一起，没有成为一门独立的学科。因而，在19世纪上半叶以前，作为一门研究政府行政管理活动的学科，行政学并没有得到人们的重视。正如威尔逊指出，“直到本世纪已经度过它的最初的青春时期，并且已经开始长出独具特色的系统知识之花的时候，才有人将行政机关作为政府科学的一个分支系统地进行论述”。① 这是因为，其一，许多政治学者认为，行政管理并不是一种理论，而只是“实用性的细节”，只要政治理论上取得一致之后，行政仅仅由一般的管理人员就能够执行；其二，在此之前政府的职能相对简单，政治学研究几乎全部集中在政府结构上面，而结构问题就成了吸引人们思考的焦点。因此，行政管理的问题很少为人所重视，至少没有引起行政官员的注意。

19世纪晚期，资本主义已经进入上升阶段，随着经济和社会的快速发展，社会公共事务日益增多，政府的职能也不断扩大，逐渐变得更加复杂化和专门化。正如威尔逊所指出，“政府的职能日益变得更加复杂和更加困难，在数量上也同样大大增加。行政管理部门将手伸向每一处地方以执行新的任务”。② 在这种情形下，将行政学发展成为一门独立学科的想法自然而然地应运而生。威尔逊于1887年在《政治学季刊》上发表了《行政学研究》一文，提出现实的发展要求行政研究应具有自己的资金、队伍、出版物和社会地位。因为现代的“政府如同一个身强力壮的小伙子一样，其机能已经得到发展、身材已经长大，但在动作方面却变得笨拙了。其精力和年龄的增长，都已和其所具有的生活技能不相适应。它得到了力量，却不具备相应的行为。因此，跟欧美诸国相比，虽然我们在机构发展的顺利和健康状况方面的优越性是很大的，但我们现在却面临着需要进行更加仔细的

---

① 威尔逊.《行政学研究》. 转引自彭和平，竹立家等编译的《国外公共行政理论精选》. 中共中央党校出版社1997年版。

② 同上。

行政调整和需要具有更加丰富的行政知识的时刻”。① 威尔逊主张行政学应着重研究欧美国家体制的差别，建立政治中立、技术专业、工作高效的文官体制。为了达到这一目的，就必须对政府系统进行合理和科学的分析和研究。

19世纪末20世纪初，行政学的产生是与时代的要求分不开的，它是现代社会社会、经济和文化发展的产物。工业革命带来了社会化大生产和科学技术的进步，为行政学的产生奠定了物资基础；行政管理的实践为行政学的产生提供了有益的经验材料；政治学、法学、经济学的发展则为行政学的建立提供了必要的理论基础。随着国家经济和社会事务的发展以及政府职能的扩大，政府的行政管理工作迫切需要科学理论的指导，以加强和纯洁政府的组织机构，提高政府的工作效率。这就是威尔逊所谓“这就是当前必须认真和系统地调整行政工作使之适合于仔细试验过的政策标准。我们正在产生一种前所未有的行政科学”② 的根本原因。

2. 政治与行政的两分

威尔逊“政治与行政两分法”的思想主要受益于德国政治学家布隆赤里。布隆赤里认为，政治是在重大而且带普遍性的事项方面的国家活动，而另一方面，行政管理则是国家在个别和细微事项方面的活动。因此，政治是政治家的特殊活动范围，而行政管理则是技术性职员的事情。对于这一观点，威尔逊极为赞同，他明确指出“行政管理的领域是一种事务性的领域，它与政治领域的那种混乱和冲突相距甚远。在大多数问题上，它甚至与宪法研究方面那种争议甚多的场面也迥然不同。”③ 从历史的角度来看，政治与行政的分离不仅是政治学研究的最新成果，而且在很

---

① 威尔逊.《行政学研究》. 转引自彭和平，竹立家等编译的《国外公共行政理论精选》. 中共中央党校出版社1997年版。

② 同上。

③ 同上。

大程度上体现了资本主义经济发展的必然要求。在威尔逊所处的时代，美国经济飞速发展，国际势力迅速扩大。与此同时，政府的机构和职能日益复杂，在数量上前所未有地增加，行政管理的范围也不断扩大。“而这一切，正如我所说过的那样，还仅仅是正向政府机构敞开着许多大门中的一小部分。”① 在这种情况下，威尔逊认为行政与政治的分离已经是现代社会生活中不言而喻的事实。

行政学脱胎于政治学，但这两者在研究的内容、观察的角度以及涉及的领域均有所不同。在威尔逊看来，政治学主要研究国家的性质、政府的“构成方式”、主权的本质和地位、政治权力、政治制度等有关国家的根本制度的基本理论；行政学则侧重于研究政府的具体行政管理过程，它主要运用政治学的基本原理研究政府组织、政府行为等行政现象，研究如何设置合理的组织体系，如何确定正确的组织目标和如何有效地达到目标。不难发现，与政治学关注社会价值、社会公正不同，行政学主要是具体化、技术性和应用性的研究。所以，“行政管理的问题并不是政治问题，虽然行政管理的任务是由政治加以确定的，但政治却无需自找麻烦地去操纵行政管理机构。”② 正是在这个意义上，威尔逊才反复强调政治与行政的显著区别，并认为行政学已开始与政治学相分离，正在成长为一门独立的学科。

二、行政学研究的目标与方法

1. 研究目标

19 世纪末 20 世纪初，随着资本主义经济的飞速发展，政府的角色逐渐从资本主义初期消极的“守夜人”转变为积极的“管理者”，政府部门也不断趋向结构分散化、功能复杂化和管理集

---

① 威尔逊.《行政学研究》. 转引自彭和平，竹立家等编译的《国外公共行政理论精选》. 中共中央党校出版社 1997 年版。

② 同上。

权化。与此相适应，行政学的根本任务就围绕怎样“促使政府管理变得合理化和高效率”而展开。正是基于这种变化，威尔逊在《行政学研究》一文中开门见山地指出：“行政学研究的目标在于了解：首先，政府能够适当地和成功地进行什么工作。其次，政府怎样才能够以尽可能高的效率及在费用或能源方面用尽可能少成本来完成这些适当的工作。”① 在此，威尔逊着重从行政学研究的起点和具体研究内容两个角度对行政学研究的目标作了明确的界定。简而言之，他认为行政学研究的目标主要在于两个方面：其一，如何合理界定政府的权限与职责；其二，如何构建一个廉价、高效、公正的政府。因此，在威尔逊看来，行政学研究与传统政治学研究在研究目标上已经开始有了根本的不同。

任何一个国家的政府，在从事行政管理活动前，首先要明确其权限、职责和管理范围，政府应该管些什么、不应该管些什么。威尔逊所强调的政府要进行“适当”管理，即是指凡公共事务均应当由政府加以管理，而不是由其他社会组织承担，只有如此，才充分体现出政府工作的适当性；相反，如果政府越俎代庖，统管包揽一切社会事务，或者对本应由政府承担的任务却又不进行管理，这些均为不“适当”。因此，行政学研究的首要目标是弄清楚政府能够“适当”并且成功地承担什么职能，行政学应该以行政职能作为其研究的起点；其次就是要研究政府如何进行管理，才能提高行政效率，成功地完成任务。这些构成了行政学各个部分的具体研究内容。② 威尔逊特别强调，作为一门科学，行政学的研究不能仅限于“纯粹技术细节的那种单调内容”，而应对行政管理的各个方面开展理论研究，使行政学的理论既有深度又有广度，形成“行政管理比较高深的理论”，最终“把行政方法从经验性实践的混乱和浪费中拯救出来，并使它们深深植

---

① 威尔逊．《行政学研究》．转引自彭和平，竹立家等编译的《国外公共行政理论精选》．中共中央党校出版社 1997 年版。

② 丁煌．《威尔逊的行政学思想》．《政治学研究》1998 年第 3 期。

根于稳定的原理之上”。①

2. 主要方法

正确的研究方法是进行科学研究所必不可少的重要前提条件，行政学研究同样也不例外。在确定行政学研究的目标之后，威尔逊进一步指出行政学应当具有“最适合于这种研究的方法以及对于它最有用的观点”。在现代社会中，由于在与行政管理职能有关的各个方面，一切政府都具有很强的结构方面的相似性。因而，威尔逊认为，行政学研究应该运用历史方法和比较方法对不同政府所共有的行政管理规律进行研究。因为，只有通过纵向的历史研究和横向的比较研究，政府的行政管理工作才能既从过去的经验中汲取营养，同时又能够对自身制度的缺陷保持清醒的认识，从而使现代的政府成为有用和有效率的政府。在这里，他特别提到人们应该“免除这样一种忧虑，即我们有可能会盲目地引进某些与我们的原则不相符的东西……但是，如果有某种符合我们的要求，可以加以利用的外国的发明创造，我们为什么不加以利用呢？……只要我们能够从根本原则上认识其在环境条件方面的全部根本差别，我们就能够安全而且有益地引进他们的行政科学”。②

（1）历史研究法。历史研究法，亦称纵向研究法，它着重对以往的行政制度、行政思想、行政文化等进行研究。按照威尔逊的观点，一定的行政总是在一定的历史条件下发生的，不探讨其历史渊源、来龙去脉和条件制约，就不可能有效地说明一定的行政活动和行政关系。历史研究法的目的在于解决政府行政管理的现状及其演变趋向，但它并不是断章取义地分析行政管理的现状，而是系统地研究它们以往的发展及其变迁的原因。历史研究法曾经在政治学研究中扮演重要的角色，威尔逊认为它同样在目

---

① 威尔逊.《行政学研究》. 转引自彭和平，竹立家等编译的《国外公共行政理论精选》. 中共中央党校出版社 1997 年版。

② 同上。

前行政学研究中占有重要地位，因为“我们在使用历史研究法时，似乎没有任何领域要比行政学这一领域更为安全的了”。①可见，采取历史的态度和方法是行政学研究的一个不可或缺的前提。

（2）比较研究法。比较研究法是行政学研究中运用最为普遍，但也是最为重要的方法。通过各国政府之间的横向比较，能够区别各国行政的类型和特征，鉴别优劣、取长补短。为此，威尔逊尤其强调比较研究的重要性，他说：“如果不对政府进行比较研究，我们就不能使自己从下面这种误解中解放出来，即认为在民主国家其行政管理跟非民主国家的相比较，是建立在一个根本不同的基础之上的。”② 而且，采用比较研究法时需要在完全不同的制度与环境之间进行比较，而不能仅仅对自己进行比较，因为“如果采取拿我们自己跟自己比较的方式，我们就将永远无法了解我们自己的缺点和优点。我们对于自己制度的表现和程序是太习惯了，因而不能够发现它的真正意义”。③ 此外，威尔逊认为只要将研究行政学作为一种推行政治的手段，就能够避免在学习外国的制度时犯错误。为了更清楚地说明这一点，他进一步地类比道：“如果我看见一个行凶的家伙正在磨刀霍霍，我可以制止他磨刀而不禁止其用刀行凶的本来意向。因此，如果我遇到一位地道的君主把公共机构管理得井井有条，我可以学习他的管理方法而丝毫不改变我的共和党立场。”④

三、革新文官制度的思想

19世纪末期，美国国会通过的“彭德尔顿”法案对原有的政党分赃制进行改革，实行“功绩制”的文官制度。威尔逊对此

---

① 威尔逊.《行政学研究》. 转引自彭和平，竹立家等编译的《国外公共行政理论精选》. 中共中央党校出版社 1997 年版。

② 同上。

③ 同上。

④ 同上。

十分关注，他说："我们的理想模式是通过某种方式建立一个有文化教养和自立精神的文官制度，它完全能够有理智有力量地展开活动，同时与公众的思想保持着密切的联系。这种方式就是选举和经常性的公开协商，它可以彻底排除武断和阶级态度。"①因此，威尔逊认为美国文官制度的改革势在必行，它是社会和经济发展的必然结果。在他看来，美国文官制度的改革需要从以下三个方面着手：

第一，公务人员要公开招聘、择优录取。美国旧式的选官制度是一种"政党分赃制"体制，执政党把官职当作"战利品"分配给本党成员，从而形成了一种"任人唯党、任人唯派"、"任人唯亲"的选官制度。威尔逊认为，"政党分赃制"忽略了被任用者的文化修养、专业水平、工作成绩等条件，使许多有真才实学的人得不到重用，其结果必然导致政府的行政管理工作政绩低劣、效率低下、官吏腐败。更为重要的是，在这一制度下，政府官员经常随着选举结果的变化或总统人选的更替而大规模地变动，从而使政府的工作无法保持连续性和稳定性。因此，威尔逊敏锐地指出，"为了建立民主制度，必须对文职机关的人员进行竞争性考试，这些人员已为接受技术知识方面的各种形式的考试做了充分的准备。一支在技术上受过训练的文官队伍不久即将成为不可缺少的因素"。②

第二，提高政府官员的专业素质。建立一支训练有素、品德纯洁的文官队伍，对于政府行政管理的稳定性和高效率极其关键。威尔逊指出，为了使政府这部机器有效地运转，"我们就必须准备一批更好的官员以充当政府的'工具'。如果我们要添置新的锅炉并且加大推动我们政府机器的炉火，我们就必须使旧的轮子、接头、阀门和皮带等，在新力量的推动下尽可能不发出嘎

---

① 威尔逊.《行政学研究》. 转引自彭和平，竹立家等编译的《国外公共行政理论精选》. 中共中央党校出版社 1997 年版。

② 同上。

吱嘈杂的声音。无论那里要补充动力或需要进行调整，我们就必须安上新的运转部件”。① 在具体谈到政府官员的素质时，威尔逊强调政府官员应该具有良好的态度，即对于他们为之服务的政府政策具有坚定而强烈的忠诚。这种态度在各个方面都没有官僚作风的污点。他说：“在任何情况下，我们都必须有一支受过充分训练的、以良好行为进行服务的官员，这显然是一种工作上的需要。”②

第三，克服官僚主义作风。在威尔逊的著作中，官僚阶层是这样一个独特的、准结社性的团体：他们的感情与那种进步而且具有自由思想的人民相去甚远，他们心胸狭窄、充满着乖僻的文牍主义式的卑劣行为。官僚主义不仅使政府的工作效率低下，而且也极大地阻碍了民主制度的发展。因而，威尔逊特别指出，政府官员，尤其是行政领导应该带头克服官僚主义，他认为，“只有当一个国度的全部国家机关与人民、人民领袖以及普通僚属的共同政治生活隔离的时候，官僚主义才有可能生存。官僚主义者的动机、目标、政策和标准必然是官僚主义的。我们规定所有的部长都必须是真正为人民服务的，因而对于在真正为人民服务的部长领导下履行任务的官员，要想指出他们无耻的独断专横的任何实质，看来是很困难的”。③ 此外，威尔逊还认为，只有端正政府官员的工作态度，使他们所经常感兴趣的是用其才能作最大的努力，用他的良心作最认真的服务，使他们的工作不仅仅是替他的上级效劳，而同时是在为人民服务，这样才能有效地克服官僚主义，提高政府官员的工作质量。

四、公共舆论监督理论

随着资本主义经济的深入发展，现代政府部门的行政集权化

---

① 威尔逊.《行政学研究》. 转引自彭和平，竹立家等编译的《国外公共行政理论精选》. 中共中央党校出版社 1997 年版。

② 同上。

③ 同上。

趋势日益增强。行政权力的集中，可以使行政部门之间职权明确、责任分明，而且行政领导也容易承担责任、接受监督。但另一方面，随着政府职能和行政权力的不断扩大，对政府实施有效的监督就成为亟须解决的关键问题。威尔逊在其论著中指出，在现代的民主国家中，公共舆论监督已是政府行政职能得以顺利实施和行政权力得以合理控制的重要保证。因此，在他看来，行政集权提高了政府的效率，而公众的舆论监督则在很大程度上防止了权力的滥用，最终使人民的自由和民主权利得到根本保证。概而言之，威尔逊的公共舆论监督理论主要包括以下三方面内容：

首先，公共舆论监督应具有社会权威性。在美国的政治结构中，行政部门受到来自立法、司法、政党、社会团体等各个方面的监督，其行政权力同样受到相应的制约。但威尔逊认为，在各种社会监督中，公共舆论的监督应当居于核心地位，具有最高的权威性。他说："在行政管理活动中，群众舆论将起什么作用？准确的答案似乎是：公共舆论将起权威性评判家的作用。"① 可见，在日趋复杂的现代社会中，报刊、广播等公共舆论对政府行为的监督不断增强，它们对政府制定和执行公共政策的活动也具有重大影响，西方国家因此称其为"第四权力机关"。

其次，公共舆论监督应具有相对独立性。由于政府部门行政职能的扩大，其行政权力已经渗透到社会的各个层面，公共舆论必然或多或少受到来自政府的影响。对于公共舆论，威尔逊同样保持着冷静的头脑和清醒的认识，他特别强调公共舆论既要学会又要习惯于按照自己的思想采取行动，并且应当处于超然的独立地位。为了保证公众舆论的公正性和权威性，威尔逊深刻地指出，"在我们这里，公共舆论已经广泛觉醒并且特别注意无论如

---

① 威尔逊.《行政学研究》. 转引自彭和平，竹立家等编译的《国外公共行政理论精选》. 中共中央党校出版社 1997 年版。

何都要按自己的方式行事”。① 如果公共舆论丧失独立地位和批评精神，那么其对政府的监督也就没有任何真正的意义。

最后，公共舆论监督应具有高度的有效性和适当性。公共舆论监督主要是对政策的制定和执行进行监督，而不是事无巨细、一应俱全。在这里，威尔逊正确地阐明，“当公众评论直接关注政府的日常琐事和政府对日常工作方法的选择时，它当然会像是一个笨拙讨厌的家伙，像是一个乡下人在操纵一部难以驾驶的机器。但是无论是在政治还是在行政方面，为了对制定基本政策的更为巨大的力量进行监督，公众的批评则是完全安全而且有益的，是完全不可缺少的”。② 因而，尽管公共舆论监督对于增强政府的责任感、防止官员腐败是必不可少的，但它却存在一定的限度，不能干涉到政府正常的运作。

第三节　分析与评价

在资本主义之前的社会中，社会生产力低下，政府管理活动的目标比较简单，仅仅限于维护政令这一类事情。与此相适应，政府管理组织或者机构也相对简单和弱小，并且经常跟那些为其他目标而设立的机构或组织没有完全区分开来。资本主义发展初期，国家奉行消极主义和放任主义政策，政府职能也十分有限，其任务主要是保护个人财产、维持社会秩序和保卫国家安全。到了19世纪末期，资本主义由自由竞争向垄断过渡。在这一阶段，为了适应资本主义社会发展的需要，政府开始转变过去那种消极、被动的角色，积极干预国家经济生活，从而使得国家政府职能不断增多、行政权力日益扩大、政府过程更加专门化和复杂化、从事行政活动的那些政府机构——被称为委员会、部、局、

① 威尔逊.《行政学研究》.转引自彭和平，竹立家等编译的《国外公共行政理论精选》.中共中央党校出版社1997年版。

② 同上。

处等名目也开始变得庞大而复杂起来，并有了高度的分工。在这一情况下，原有的政府管理方法已经不能适应社会发展的要求，需要有一门理论来指导国家行政管理活动，以使政府稳定、高效地履行其职能和完成其使命。

威尔逊敏锐地观察到了现代社会、经济以及政府活动的变化，认为行政学应当与政治学相分离是时代的要求，必须建立一门独立的行政科学以纯洁政府的机构、提高政府的工作效率，最终使政府管理合理化和科学化。为此，他指出，到19世纪为止，在对于政府事务的研究上，主要关心的不外是政治哲学、宪法调整和法律制定等事项，但是经济与社会生活的日趋复杂性和随之而来的政府规模与活动的扩大，使得工作重点不得不发生改变。因而，在行政学发展的历史上，威尔逊第一次明确提出建立一门研究政府系统活动的学科——行政科学，并初步勾勒了进行行政学研究的目标、任务和方法，从而在理论上将行政学与政治学加以区分。在威尔逊之后，许多学者开始关注并致力于行政学的研究，他们逐渐把行政学发展成为一门系统、完整、独立的理论体系。虽然威尔逊有关行政学研究的思想并不系统和完整，而且他提出的政治与行政两分的观点也存在着理论上的缺陷（政治与行政两分法后来受到保罗·阿普雷、赫伯特·西蒙，以及罗伯特·达尔等学者的抨击），但是他对于行政学的建立和发展却是功不可没的。威尔逊是行政学的开创者，他对于行政学的贡献主要在于以下几个方面：

第一，他最早主张建立一门独立的行政科学，开启了行政学的研究。在威尔逊之前，有些学者就曾经提出建立行政学的设想，但是他们基本上都囿于传统政治学的范围，而没有将行政学作为一门独立的学科加以研究。1887年，威尔逊在《政治学季刊》上发表的“行政学研究”一文，第一次提出应当把行政学当作一门独立的学科来研究，并对行政学研究的目标、范围和方法进行了明确的界定。他认为，虽然行政学曾经是政治学的一个组成部分，并且在研究内容和方法也与政治学紧密相连，但是随着现代政府的机构和职能的不断复杂化，研究政府系统运作的行政科学逐渐从政治学的母体中分离，开始成长为一门独立的学科。同时，他也指出，行政学不应仅仅局限于纯粹事务性的经验研究，而是应该具有稳定的原则和规范的理论。威尔逊的这篇文章开行政学理论研究之先河，他提出的现代行政学理论，标志着行政学的正式产生，他也由此被誉为“行政学的先驱”。因而，在回顾行政学发展史的时候，美国著名行政学家德怀特·沃尔多指出，“的确，在历史上找不出公共行政学的‘经历’正式开始的准确时间来。可是，当时还很年轻的威尔逊（1887）所写的一篇文章却经常被人们当作公共行政学象征性的起点。毫无疑问，这是一篇无论在其洞察力、说服力和所产生的影响方面都很卓越的文章”。①

第二，他提出的政治与行政分离的思想为现代文官制度奠定了理论基础。传统文官制度是建立在政治—行政一体学说的基础之上的，其显著特征表现为一种政党分赃的体制。在这一制度下，官职并非是一种专业的、稳定的职务，而只是作为执政党的“战利品”任意分配给本党党徒，政府的行政人员也经常随着执政党的变动而大规模地更替。“政党分赃制”一方面导致了任人唯亲、效率低下、官吏腐败的现象层出不穷；另一方面，由于政府官僚与政治家共进退，这必然经常使政府的工作陷于混乱和不稳定之中。基于此种情况，威尔逊认为，从理论上来讲，政治与行政应该相互分离，政治追求的目标在于民主，行政追求的目标在于效率；政治是经选举产生的政治家的活动，行政则是技术官僚们的管理工作。显而易见，他的政治与行政相分离的理论设计了这样一种理想的模式，即政治家参加选举、制定公共政策，而行政官僚只负责执行政策、在政治上保持中立。政治家根据选举的结果决定去留，行政官僚则成为一种终身性的职业。因而，威

---

① 德怀特·沃尔多．《公共行政学》．载《社会科学国际百科全书》第 13 卷，1988 年版，转引自 R．G．斯帝尔曼《公共行政学》．中国社会科学出版社 1988 年版。

尔逊政治与行政两分的学说为建立现代文官制度奠定了坚实的理论基础，它不仅有力地批判了“政党分赃制”的种种弊端，而且成为行政学学术研究的巨大推动力（这种研究参考了企业中类似的科学管理活动）。

第三，他深刻揭示出公共舆论在监督现代政府管理方面的重要作用，并为公共舆论监督构建了一系列的运作原则。现代政府部门的行政集权化趋势，一方面明确了行政部门之间职权与责任，从而大大提高政府的工作效率；但另一方面，它也必然使得对政府的监督成为必要。针对这一情况，威尔逊说：“这问题便是公共舆论与行政管理之间的正常关系。”① 因为，随着政府职能和行政权力的不断扩大，对政府实施必要的监督就显得越来越迫切。公共舆论是一种独立的政治力量，虽然它不能控制政府的实际活动，但它对政府制定和执行公共政策都具有重大影响，从而对政府的所作所为施加限制。因而，威尔逊指出，公共舆论监督在有效地防止行政权力的滥用的同时，还在很大程度上保证了社会的公正与民主。在这里，他正确地阐明了，作为一种监督机制，公共舆论不但是有益的而且是必不可少的。在谈到公共舆论监督的原则时，他又特别强调，公共舆论在监督政府行政方面，既要具有社会权威性，又要保持必要的独立性和适当性。威尔逊关于公共舆论监督的思想，无论是在西方行政学领域还是在现实的政府活动中都产生了深远的影响。正如他所预料的那样，在日趋复杂的现代社会中，公共舆论监督政府行政的作用和功能日益增强，报刊、广播、电视等新闻媒体已经成为与立法、司法、行政机关并立的“第四权力机关”。

---

① 威尔逊.《行政学研究》. 转引自彭和平，竹立家等编译的《国外公共行政理论精选》. 中共中央党校出版社 1997 年版。

第二章　泰罗的科学管理理论

第一节　生平与著作

佛雷德里克·泰罗（Frederick Taylor）于1856年3月诞生于美国费城一个具有深厚的文化气息和宗教传统的家庭。他的父亲佛兰克信奉英国贵格教，母亲艾米莉是英国清教徒。佛兰克获得过普林斯顿大学的学士和硕士学位，是费城的执业律师，但他不怎么热衷于自己的专业，却对文学和历史大感兴趣。他不是孩子心目中的那种具有进取性的父亲，而泰罗的母亲显然对孩子产生了巨大的影响。艾米莉的性格反映了她的清教徒背景，这一背景确立了一种探询、不满和反抗的精神，一种追求新观点以及使新观点盛行的热情，它为"泰罗的一生作了不寻常的准备，使他具备了寻求真理的强烈精神、观察核对事实的强烈欲望以及清教徒式的根除浪费和懒散弊病的热忱"。①

泰罗小时喜欢游戏和运动，赛艇、垒球、滑雪、平衡木等都是他喜欢的。他曾是美国青年板球俱乐部的成员和网球运动员。除了运动，他还喜欢音乐，在合唱团唱男高音，并小有名气。不过，泰罗的兴趣在机械发明上，甚至在玩的时候，也不忘记这种追求，例如他曾发明过一个调羹型的网球拍柄。

泰罗作为一个学生与其说很出色，不如说很勤奋，成绩通常不错。16岁时他进入埃克塞特学院准备修法律。尽管在教堂里看闲书和有次考试作弊表明他具有一些反叛精神，他学习努力，

① 丹尼尔·雷恩.《管理思想的演变》. 中国社会科学出版社1988年版。

成绩优良。不过，在埃克塞特的学业快结束时，他患了眼疾。父母认为这是长时期在煤油灯下苦读的结果。这样，尽管泰罗打算学法律并通过了哈佛的入学考试，他最终还是决定不去，转而去费城的一家水泵工厂当学徒，在那里一干就是四年。“学徒期间的生活十分艰苦，过着苦行僧般的生活。泰罗把他的成就归于‘性格’。对泰罗来说，这就是控制自己和自己身心的能力……首先是做那些令人不愉快的事情的能力。他早期之所以对自我控制、对性格和对那些甚至令人讨厌和枯燥无味的工作表示关切，是因为这些事能培养人，而这些向人们解释了他后来对纪律和追求最好的办法的关心。”①

在水泵工厂干了几年之后，泰罗到米德维尔钢铁厂当了一名普通工人。这一选择被证明是幸运的。作为一名工人，他同工人打成一片，对工人有了较深的了解。泰罗在该厂得到了迅速的提升。在短短的六年时间里，他从一名普通工人逐步提升为职员、机工、机工班长、车间工长、负责全厂设备修理和保养的总技师，并最后升为总工程师。在他进入管理层后，“他的外表和作风发生了极大的变化。他首先忠于管理层，然后对原有的积极性加刺激性的管理方法进行了攻击。泰罗的监督风格本质上是专制的，以至与同事的关系极差”。② 对原有管理体制的批评导致了后来被称之科学管理的两项重要的构成：工时（时间—动作）研究和计件工资制。

在米德维尔，泰罗有空就研究机械。他知道自己在这方面未受过教育，便参加了新泽西州霍博卡的史蒂文斯技术学院业余学习班，不上课，只参加考试。1883 年，他获得该校的机械工程学位。他后来还雇佣了一些出色的数学家来帮助他并教他统计的基本方法，以弥补他在数学和统计方面的缺陷。1886 年，他加入了美国机械工程学会，这一学会后来成了他推广其科学管理的

① 丹尼尔·雷恩.《管理思想的演变》. 中国社会科学出版社 1988 年版。

② 布雷恩·福莱.《通晓公共行政》. 切特汉姆·豪斯出版社 1989 年版。

公共讲台，泰罗后来担任了该学会的主席。

1890年他告别了在米德维尔的成功生涯，进入了他一生中或许是最困难的时期。1893年，他成了一名咨询工程师，在许多工厂介绍多种科学管理的内容。1895年，泰罗向美国机械工程师提交了第一份主题为《按件计酬系统》的报告，虽然这一报告涉及一种新的工资刺激计划，但泰罗在报告中更为关心的是管理系统，而不是在管理系统中体现出来的这一计划。

1898年，泰罗在伯利恒钢铁公司谋到一个职位。在伯利恒，他建立了一个生产管理和功能监督系统，它融合了科学管理的许多基本思想。1910年离开伯利恒后，泰罗将全身精力都投向了推进科学管理。1911年，他发表了《科学管理的原理》，这本书奠定了他科学管理之父的地位。在随后的年代里，以“泰罗”名义出现的效率运动席卷美国大地。

列宁曾对泰罗制作过如下的评价：“资本主义在这方面的最新发明——泰罗制——也同资本主义其他一切进步的东西一样，有两个方面。一方面是资产阶级剥削的最巧妙的残酷手段，另一方面是一系列的最丰富的科学成就，即按科学来分析人在劳动中的机械动作，省去多余的笨拙的动作，制定最精确的工作方法，实行最完善的计算和监督等。应该在俄国研究和传授泰罗制，有系统地试行这种制度并使之适应下来。苏维埃共和国在这方面无论如何要采用科学和技术上一切宝贵的成就。”① 列宁号召苏维埃政权当前的任务是必须采取和试行计件工资制，采用泰罗制中许多合乎科学的进步的方法。

泰罗于1915年去世。他的坟墓仅位于一座能俯视费城钢铁厂的烟囱的小山上，墓碑上写着“科学管理之父佛雷德里克·泰罗”。

---

① 《列宁选集》第三卷．人民出版社1973年版。

第二节　科学管理理论

泰罗认为其时代的一个基本的社会问题是无效。泰罗在《科学管理的原理》一书开宗明义地指出写此书的目的：第一，通过一系列管理的例证，指出由于我们同事的几乎所有行为的低效能，使全国遭受到巨大的损害。第二，试图说服读者，补救低效能的办法在于系统化管理，不在于收罗某些独特的和非凡的人。第三，论证最佳的管理是一门实在的科学，其基础建立在明确规定的法律条例和原则上，并进一步表明，科学管理的根本原理适用于人的一切行为，包括组织行为。泰罗的科学管理研究最先起因于对工人中一个普遍现象的关注，即他所说的偷懒和磨洋工。在泰罗看来，造成这一现象的原因有三：第一，工人中的一种信念，即如果用最佳速度干活，那么他们对全行业来说做了件不公正的事，因为他们使一部分工人失业，即产量的提高会导致部分工人失业。第二，管理制度有缺陷，这一制度使得每个工人为了保护他的利益而磨洋工。第三，工作方法不行，各行各业几乎仍在沿用单凭经验行事的低效办法，使工人浪费了其大部分劳动。

泰罗认为首先该打消工人的这一信念，即“工人大量增加产量对工人不利”，并指出这一想法是错误的。他认为，只要对任何一个行业进行一下调查研究，就可得出相反的结论，而无论由于什么原因使工人的产量增加，从来都不会导致这个行业工人的减少。工人产量的增加并不会产生解雇工人的长期作用，相反会增加工人的就业机会。泰罗以 1840 年左右发生的英国曼彻斯特织布工人因动力织布机的出现，担心因此失业而打烂织布机、焚烧厂房为例，指出半个多世纪后，曼彻斯特织布工人每天生产的棉布长度比手工织布机增长了 8 ~ 10 倍，织布工人从 5 000 人增加到 265 000 人。泰罗进一步指出，由于机器导致大量生产，使得以前只有中产阶级才能享用的棉布衬衫和衣服成为各阶级的日常必需品，而这个伟大的成果主要是由被 1840 年织布工人顽强反对的大量增加产量所带来的。泰罗希望以此来打消工人中普遍流行的一种“增加产量就会失业”的心理，并指出这一心理是工人一方产生无效的原因。正如我们将在后面看到的，泰罗的分析未涉及到资方和劳方的雇佣关系，以及某种程度的剥削与被剥削关系，这是他分析的一个缺陷所在。

但是，泰罗对管理方作了更为严厉的批评，认为管理层应当对问题的9/10负责。管理层既缺少构成每日工作的东西的知识，也在管理实践上表现出无效。管理层应当负首要的责任，因为管理层的无视和无效鼓励了工人方面的有系统的偷懒。

如果说，解决偷懒现象是产生泰罗科学管理思想以及泰罗制的一个比较直接的原因的话，那么另一个更一般的原因在于19世纪最后数十年中美国工业出现的资金积累现象和技术的发展，“随着资金的积累和技术的发展，发展、组织、控制和管理利用这些大量的资金的拙劣方式便成为阻碍提高工业生产率的主要障碍。劳动高度专业化了，而标准化的生产方法和程序都没有制定，而且对工业的协调化、一体化以及系统化也没有予以强调”。①

泰罗在指出新的管理体制之前，首先对以往通行的传统模式作了批评。他把传统模式称之为“积极性加刺激性”的管理，或任务管理。在这种管理体制下，工人发挥最大程度的积极性，作为回报，则从他们的雇主那里取得某些特殊的刺激。泰罗认为，传统的管理方式（采用一种监督的方法和刺激系统）因随着生产率提高而以较低的支付率导致无效，甚至在以往最好的管理实践下——有积极性的激励管理——泰罗也认为将过多的责任放到了工人一边，而将太少的责任赋予了资方一面。在传统的管理模式中，一个工人只是被简单地雇来，并被打发去干一些具体的工作，而管理层不对他们作任何指示和指导，结果常常导致无效率。工人通常凭个人经验干活，因为他们不可能知道怎样做才能

---

① 丹尼尔·雷恩.《管理思想的演变》. 中国社会科学出版社1988年版。

最好地去完成分配给他们的任务。泰罗把这种积极性加刺激性的管理描述为一种“懒汉管理者哲学”，在这当中，管理层逃避了其进行工作分配的这一首要责任。

为了纠正这些无效，泰罗提出一种方法，它体现在剧烈地改变管理层和工人的责任区分上，即管理层承担责任的大部分，并为科学地寻找最好的组织方法承担最主要的责任。

泰罗认为，有两种工人：头等工人和二等工人。头等工人指有能力并乐意有效地工作的工人。泰罗认为，在某种情况下，几乎每个人都是头等工人。相比之下，二等工人在体力上能胜任工作，但因懒而不干。泰罗对这类人毫无耐心和同情，正如他指出的，科学管理对于一个能唱歌而不唱的鸟没有任何余地。发现并培养头等工人，将其安置在适当的岗位上，全心全意向他们提供良好的工作条件，向他们介绍一些完成其工作的最好的方法——这是管理层的责任。

所有这些必须建立在科学管理的基础之上，泰罗的目标是通过寻找和合作，将知识系统化，并通过观察、比较和抽象来推断出一般的管理规律。这一科学努力集中在两个试验上——机器的控制和动作，以及人的行动的标准化，使人像机器那样可预测并有效。

虽然泰罗认为利用工人完成其任务的有关知识是可取和必要的，但他并不认为工人自己能确立一种管理的科学。相反，泰罗将确立一种所需科学和计划的工作赋予了管理方。换言之，管理方在期望工人有效之前，必须首先使自己有效。一旦发现了一些适当的方法，工人就只需照干就行了。虽然权威是通过科学规律的展示而非表达一种武断的规则得到执行的，但是，科学管理是通过强化方法的标准化、强化最好的执行方法以及强化管理层与工人的合作而得到贯彻的。

泰罗在其著名的科学管理原则中总结了他的这一方法：①

① 佛雷德里克·泰罗．《科学管理的原理》．中国社会科学出版社 1984 年版。

(1) 建立一种管理科学，对工人操作的每个动作进行科学研究，用以代替老的单凭经验办事的办法。

(2) 科学地挑选和培训工人。

(3) 将科学与工人结合起来，以保证一切工作都按照已确立起来的科学原则来办。

(4) 均分资方和工人之间的工作和职责。

这样，在科学管理下，科学将代替凭经验行事的方法；一致将代替不和；合作将代替个人至上；最大化产出将代替有限的产出，每个人都将其效率发挥到极致。

当然，在泰罗看来，“构成科学管理的不是任何一个因素，而是多种因素组成的整体。科学管理可以简单概括为它是科学，而不是单凭经验办事的办法；它提倡合作，而不是不和；它要求最大的产出，而不是受限制的产出。它培养每个人发挥他的最大效能和获得最多的财富”。[①]

泰罗将一生大部分时间贡献给了对这种管理科学的追求。在这一追求中，他在机器生产、组织环境以及组织成员方面有不少发现和发明，例如机械装置、成本会计技术、购买与储存方法、工具标准化、工具房的重新构造等。这里我们集中介绍同他的科学管理相关的三个研究，即：工时（即时间与动作）研究；工资刺激系统；职能性组织。

一、工时研究

泰罗给工时研究所下的定义是：“工时研究，顾名思义，就是对完成一件工作应该用的时间进行精心的研究……（而不是）对完成工作的实际时间进行研究，仅仅研究对一个工人完成一件规定任务的时间作出统计，这并不是工时研究。”这表明泰罗是“利用工时研究来分析问题而不仅仅是对问题作描述，即用资料

---

① 佛雷德里克·泰罗.《科学管理的原理》. 中国社会科学出版社 1984 年版。

来研究未来，而不是研究过去”。[①] 正如前面指出的，泰罗认为，无效的基本原因是管理方无视完成一项工作所需的时间，这一无视在工人方面导致了他们的偷懒。与此相应，科学管理的首要任务是为工作确定一些恰当的标准，这些标准建立在对这些任务科学的调查之上。这样，这一企图不在于衡量一般工人的实际表现，而在于决定一个头等工人在运用了科学确定的技术后能干什么。

在这些调查研究中，首要的分析工具是时间—动作研究。这一研究中采用的一般程序旨在将一些物理活动进行分解，指出每一组就部分的动作而言是最佳的惯例，然后发现将这些部分重新组合成更复杂工作的最有效的方法。具体来说，时间—动作研究包括如下几个步骤：

(1) 向工人提供需要的工具，这些工具被恰当地安置好。

(2) 分析任务，并将其分解成一些最小单位。

(3) 发现并取消一些无用的动作。

(4) 用秒表记录一个有技术的工人的操作。这里的目标是发现每一基本动作的最快和最好的方法。这种研究是在一系列身体活动的“原则”的指导下进行的。例如，两手应当同时开始并完成其动作；除了休息，双手不应该闲着；手臂应以相反和对称的方向进行动作，并应同时进行。

(5) 以适当的序列组合任务的一些基本动作，最大限度地扩大整个任务的操作。

(6) 描述任务操作的具体方法，记录并确定完成任务所需的时间。

(7) 准许所有不可避免的拖延。泰罗认为，实际的工作时间应加上 20%～27%的允许不可避免的拖延。

(8) 应该有时间让新雇员学习。

(9) 要有休息，以使工人恢复疲劳。

---

① 丹尼尔·雷恩.《管理思想的演变》. 中国社会科学出版社 1988 年版。

这样，时间—动作研究是任务性质的。就完成任务所需的能力、速度和耐力而言，由于没有两个人会以同样的速度干活，因此，操作标准应该设定在头等工人和普通工人中间。随着工人逐渐熟悉系统，标准逐步提高。

一旦进行基本的时间—动作研究，在训练其他工人方面就使用包括有关程序的指示卡。这一指示卡的内容非常详尽，例如车床的操作包括 183 个步骤，所有这些都在具体指出的方式下完成。泰罗建议的程序是选择一个工人，使他在新的支付率的系统下工作。当这一吸引力变得明显的时候，则希望其他工人到时自动加入。

虽然泰罗寻找到一种最好的干各种体力活的方法，但他从未声称时间—动作研究是一门科学。相反，他感到与人有关的“规律”比起与事有关的“规律”面对了更大的变量。事实上，在寻找最佳的同时，他对足够好已经是很满意了。这样，通过时间—动作研究建立起来的标准是有条件地被接受的。不过，这些标准不能改变，除非发现一种新的操作方法。随着生产率的提高，需要防止标准的改变。泰罗认为，这种改变会随着工人生产率的提高而促使工人的实际报酬降低，因而会抵消积极性。当然，窍门是首先确立正确的标准，然后坚持下去。

二、工资刺激系统

泰罗指出，任务和奖金构成了科学管理结构上的两个最重要的因素。① 泰罗的刺激系统的一个显著特点是通过时间与动作的研究，事先确定工作表现的标准，这使得泰罗认为奖励的实际方法——不管是计时还是计件——相对就不那么重要。在泰罗看来，就工人而言，特殊的刺激，诸如较高的工资、较短的工作时间、较好的工作条件以及个人的奖励（建立在表现之上）使得具体的支付方法变得相对不怎么重要。

---

① 佛雷德里克·泰罗.《科学管理的原理》. 中国社会科学出版社 1984 年版。

泰罗基本的刺激方法是，首先，给工人一个有明确指示的确定的任务，以及每一个工作因素确定的时间标准。当完成时，对于在规定时间内完成的给予超过一般的工资。如超过了规定时间，则给一般工资。正如我们看到的，泰罗感到以往刺激系统的失败主要在于从来就没有明确的完成动作所需时间的概念。这样，标准要么建立在实际的动作之上，要么随着生产率提高而提高标准，这样就鼓励了工人的偷懒。这一点也来自泰罗自身的经验。泰罗曾对工人采取过严厉的管理手段，通过降低工资率致使工人加重劳动而报酬不变。工人的反应是捣毁机器和造成机器故障。这一经历使他在今后制定了许多反对降低工资率的规定。事实上，这只是调节劳资关系的一种手段和方法。

泰罗反对收入分享计划。这一计划是，当在较短的时间内和以较少的代价完成工作时，所获得利润按确定的比率在资方和劳方之间分享。泰罗认为，这一计划在不确定客观的工作方面只是分享了一种共同的失败。在他看来，这些计划之所以不行，在于没有认识到每一个工人的个人贡献。此外，工作与奖励之间的脱节使得这一计划难以鼓励工人提高生产率。泰罗因而用差别工资制来取代“利益均沾”制度，将刺激建立在工作表现的事先确定的标准上，对每一个工人在个人基础上奖励，奖励当即（每日）兑现。

尽管泰罗认为具体的支付方式或制度相对不重要，但总的来说支持其在米德维尔时设计的差别工资制。在这一制度中，工人接到明确的任务，并有完成任务的确定时间。在泰罗看来，工作分配很难，以致只有头等工人在一个确定的时间里才能完成。如果工人没在确定的时间里完成任务，或工作得不称心，那么支付比率就低于普通一天的支付水平。这一基本比率由分析家根据劳动力市场相同的工作来确定。

如果在规定时间内完成，且质量好，那么就可得到基本支付的30%～100%的奖金（视工作不同）。如通常在车间工作，奖金是基本支付的30%；体力强度高的劳动，奖金是基本支付的

50%～60%；需要特殊技术的工作，奖金是基本支付的70%～80%；既需体力又需技术的工作，奖金是基本支付的80%～100%。泰罗不同意给工人支付太多，因为他认为这只会导致工人道德低下，鼓励工人寻找机会干少些，而不鼓励节约。

这样，在泰罗的刺激系统中，成功受到高支付的奖励，而失败则受到物质损失的惩罚。不过，泰罗的刺激系统与其他人的刺激系统不同，因为它建立在预先知道什么构成了一天的工作这一基础上。有了这一认识，管理就有了头绪，因为不可能出乎意料地去面对来自未预见的生产力增长的高劳动成本；而工人也受到了制约，以致于不会去偷懒，因为在没有发现新的干活方法之前，工作标准不作改变。

在泰罗的刺激系统中，还有一个高工资和低劳动成本概念。在他看来，高工资和低劳动成本是最好的管理制度的基础。所谓高工资和低劳动成本，指的是就企业的目的来说，一，应该按照每个人的能力和体力给予最适宜的工作；二，应该要求每个工人做出同工种头等工人所能做出的最大工作量；三，当每个工人按第一流工人的最高速度工作时，应根据其所做工作的性质，在他那一级平均工资之外，另给30%至一倍的工资。①

泰罗特别指出，所谓高工资，指的是比同类工人的平均工资高的工资，并且仅仅给予比同类的普通工人做得更好的那些工人。泰罗决不主张用高工资工人去做一个受过普通训练的工人或低工资工人就能做好的工作。

三、职能性组织

泰罗设计的组织结构与以往的实践大不相同。以往军事型的组织大行其道，强调组织每一层节的指挥链，并最终在金字塔型的组织顶端有一个指挥。在这种类似军事型的工厂组织结构中，工长负有大量的职能责任——从招募、培训、监督到解雇其下

① 佛雷德里克·泰罗.《科学管理的原理》.中国社会科学出版社1984年版。

属。工长是在合同基础上招募的，他只是完成任务，没有什么来自管理层的指示。

泰罗认为这一结构有两个缺陷：第一，它要求过多的来自最高层的技术专家；第二，对工长期望太多，其结果是有效地排斥了管理层对工人的直接控制。这样，泰罗提出将来自一般管理层的权威分权，并将来自工长的权力集中。权责的新的重点是规划部门，在这一过程中，泰罗将以前由工长干的任务作了划分，将一部分划分给“职能工长”。泰罗指出，职能工长要具备九种品质：教育、专门知识或技术知识、体力、机智、充沛的精力、毅力、调解力、判断力或常识、良好的健康状况。在他看来，具备其中三种品质的人随处可找，但具备五种品质的人就开始难找，至于兼有六、七、八种的几乎是求之不得了。这种状况使他考虑放弃军事组织直线结构中只有一个头的体制，而采用一种职能制，其方法就是把计划工作和执行工作作一区分。在职能制下，原有制度中的一个人的职能被八个人取代。

泰罗的职能性组织这一分权方面在组织的权力结构中建立了一支技术专家和干部队伍。这一权力不是固定在组织的最高层，而是在规划部门。权力在知识基础上，而不仅仅在职位的基础上行使。规划部门专家相对摆脱来自上面的官僚的控制。组织的上层管理者局限在处理一些规划部门处理不了的事情上。最高管理者对于完成组织任务必需的所有步骤有一个一般了解，他们旨在评价其手下一些主要人员的德、才。高层人员的动作控制建立在“例外原则”上，即他们接到有关组织活动的简报，只关注正常动作之外的例外现象。

职能化也意味着在这一程度上的集中：一些以前由工长干的活被提升到规划部门，以便在工作设计和计划领域确立管理层的中心责任，并对工人实施直接的管理控制；规划部门被赋予了广泛的责任，包括进行时间—动作研究、维持恰当的存货水平、提供设备的维修、分析机器状况或工作的秩序、建立物质和设备的分类系统。尽管泰罗在这点上并不十分准确，但部门包括了一系列的办公室，如时间—动作办公室、支付办公室、信息办公室、雇佣办公室以及紧急定货办公室。

在泰罗的计划中，有四位职能工长被分配到规划部门：流程工长、指示卡工长、时间工长和纪律工长。流程工长旨在观察工作的流向，研究具体的职位，决定从事这些职位最好的方法（所需的运作和运作秩序），指出要使用的工具。指示卡工长旨在研究由流程工长准备的图表和工作记录，为每一操作准备详尽的指示。时间工长负责支付和书面报告，检查时间卡以决定奖金的发放度，并将工作开支分配到适当的户头。

其他四位工长被分配到车间，对计划的执行负责。这些工长被称为组长、速度工长、检查工长和维修工长。组长确立任务，组织和安排所需机器，将指示卡给工人，安排车间的工作秩序。速度工长注意机器的正常运转速度，使用恰当的工具，此外他还要保证工作以一种规定的方式进行，指导工人使用机器，万一失败，他有责任指出原因，并表明工作可以在规定时间里完成。检查工长旨在检查产品，保证其符合标准。维修工长对机器的调适、干净和一般维修负责，保持维修和保养的纪录。

泰罗认为，进行职能工长制变革的好处是：一，能在较短时间内训练出一批工头，他们可以真正而充分地执行其职务责任，而在旧体制下，则需多年功夫才能训练出仅能履行其部分职务责任的人。看一下职能工长所负的责任，就知道现在他们每人只需要九种品质中的有限几种就能胜任工作了。二，这一新体制无论对于工长还是对于工人，都完全适用于四项主要的管理原则。

泰罗喜欢的这些职能工长的监督风格是，“拿着糖果让工人来取，伴随着抽鞭子和偶尔的痛斥嘲笑。同工人肩并肩地工作，催促、教导、指导和帮助。尽管可采用暴力，但它只作为一种辅助行为，工人只被希望去干叫他们干的事”。①

应当注意到，泰罗设计的组织放弃了军事型的组织及其对命

---

① 佛雷德里克·泰罗.《科学管理的原理》.中国社会科学出版社 1984 年版。

令的强调，使工人直接向八个工长负责。为了防止冲突，泰罗要求明确界定各位工长的责任，不至于互相干涉。更重要的是，泰罗认为，有效的指挥链需要在组织内得以保留，因为知识、一头制、组织的等级建立在每个人最大限度发挥的能力上，这里包括从工人走向管理岗位。泰罗支持并鼓励“脑力工人”和“体力工人”的高比率。

但是，泰罗的职能工长主张从未在实践中得到普遍推广，“其原因不是由于工人的混乱，或指挥统一遭到破坏，而是由于人们所知道的原因，即没能培养出利用参谋人员来处理各种车间问题的有多方面才能的管理人员。实质上，职能化是把总经理的权力交给低一级的专业管理人员去承担的一种分权的尝试”。①

虽然这三个部分——时间—动作研究、工资刺激制度以及职能性组织构成了泰罗科学管理的核心。但是，泰罗不同意只有这些以及其他的一些秩序和技术抓住了科学管理的精髓。在泰罗看来，科学管理不仅仅是一些在工人和管理层两方面“提高效率的权宜之计”。相反，随着科学取代凭经验办事，劳资双方的互相信任取代“猜疑的监视”，科学管理要求在工人和管理层两方面进行一场“思想革命”。正是出于对这一革命的追寻，泰罗开始了 20 世纪 20 年代初推广科学管理的运动。

第三节　思想的传播

在泰罗早期的努力中，他的兴趣主要在技术上，目标是效率。1899 年之前，他在对伯利恒管理者的一次讲话中甚至指出科学管理可以浓缩为一套肢体原则。1901 年，泰罗突然改变了方向，从一个工程师、发明家变成了一个教育者和社会改革者。此时，泰罗将其注意力从科学管理的技术方面转向了它的社会结果，特别强调“劳工问题”。

---

① 丹尼尔·雷恩.《管理思想的演变》. 中国社会科学出版社 1988 年版。

在20世纪初，美国的劳工力量一直处于动荡之中，劳资双方高度敌对。泰罗认为，管理科学技术的运用（通过确定一天恰当的工作量，对工人提供公正的支付，使管理层得到较好的投资回报率）可以指出劳资双方冲突的起因。这样，注意力必须从泰罗称之的对“剩余”的分配转向增加剩余，从而使劳资双方都得益，即资方得到原想得到的（较低的劳动成本），而工人通过提高效率来提高他们想要的较高的工资。

在科学管理下，泰罗的组织概念是，在这样的组织中，和谐应当取代不和；合作应当取代冲突；应当强调劳资利益的一致性。正如他所说：“大多数人都相信雇主和雇员的根本利益必然是对立的，科学管理则恰恰相反。它的真正基础在于相信两者的利益是一致的。除非雇员也一样富裕起来，雇主的富裕是不会长久的，反之亦然。”①

泰罗确实指出了劳资之间的“亲密合作”是科学管理反映的思想革命的一个不可分割的组成部分。在泰罗看来，在科学管理中，劳资双方在思想上要发生的大革命就是双方不再把注意力放在盈余的分配上，不再把盈余的分配看作是最主要的事情。他们将注意力转向增加盈余的数量上，使如何分配盈余的争论变得不再必要。他们将会明白，当他们停止互相对抗，转为向一个方向并肩前进时，他们的共同努力所创造的盈余会大得惊人。他们会懂得，当他们用友谊合作、互相帮助来代替敌对情绪时，通过共同努力，就能创造出比过去大得多的盈余。完全可以做到既增加工人工资，也增加资方的利润。这就是构成走上科学管理轨道第一步的伟大的思想革命。②

虽然泰罗提倡工厂中劳资双方的合作，但是权力是不能由劳资共享的。泰罗的方法或许可以被较好地称之为一种“仁慈的家

---

① 佛雷德里克·泰罗.《科学管理的原理》. 中国社会科学出版社1984年版。

② 丹尼尔·雷恩.《管理思想的演变》. 中国社会科学出版社1988年版。

长式统治”,[①] 在这一统治中，等级制依然是组织内控制和协调的主要机制。不过，泰罗认为在科学管理下，资方也应像劳方一样受到严格的约束，权力是在委任（这一委任依据的是科学规律的恰当理由）基础上行使的，这些规律对握有等级权力的资方的约束是与工人一样的。这样，资方就成了科学事业的一个资深合伙人。在这一科学事业中，知识是最终的主宰，权威来自能力。泰罗认为，工人不怎么有能力，因而不能构建所需的管理科学。用他的话来说：“切割金属的工艺涉及一门重大的真正的科学。事实上这门科学十分复杂，以至如果得不到以此为专业的人们的协助，任何能够年复一年地操作一台机床的机器也没法弄懂它，或照它的规律去干活。”[②]

泰罗把科学管理下的组织看作是一种互利的交换体系。这一交换给组织带来的好处是以低劳动成本增加了产出。泰罗估计科学管理原理的应用会导致每个人、每台机器的产出翻倍，并指出那些已经采用了科学管理技术的公司将比以前更繁荣。给工人带来的好处有多种形式，最明显的是在科学管理下能获得更高的工资。虽然工人一般来说不能重新得到因增加生产力而得到的所有好处（由于新技术和执行的成本），但他会得到可观的高工资。间接的好处是，工人将从较低的消费价中受益。但是，在泰罗看来，带给工人的首要好处是看不见的，即培养了一种较好的品德。他认为科学管理下的训练有助于工人的智力和道德的提高。在科学管理下，工人会得到更多需要动脑筋的工作因而促成其智力的发展。此外，科学管理不仅会产生一个较好的工人，而且也会产生一个能过得更好、省钱和饮食有度的人。

科学管理盛行的时期，也正是美国社会改革运动盛行的时期。这一基本上由工程师组成的运动旨在用技术专长、等级制和纪律来解决劳工问题，泰罗的兴趣从关注机械效率转到了人与机

---

① 布雷恩·福莱.《通晓公共行政》. 切特汉姆·豪斯出版社 1989 年版。

② 佛雷德里克·泰罗.《科学管理的原理》. 中国社会科学出版社 1984 年版。

器的互动。有人认为泰罗忽视人的因素，事实上泰罗本人就很有意义地提出过劳工问题。

泰罗的时代是美国多种改革运动风起云涌的时代。除了与科学管理有关的社会改革运动，泰罗对其他的一些运动不抱什么热情。例如泰罗称工业改善运动只是一种“半慈善援助”的集合，它只具有第二等的重要性。工业改善运动（即后来的人际关系运动的先驱）认为人的幸福是笔商业财富；工人的福利会产生勤奋工作和更大的生产力；人的自然的善会开花，如果在一个充满仁爱的环境中的话。为了获得人的较多的幸福，工业改善运动支持多种改革，如建立舒适的厕所、餐厅、幼儿园、运动场、夜校、安全训练以及免费讲演等。泰罗尽管没有完全贬低这种改革，但他的解决劳工问题的方法建立在一些相反的前提上。工业改善运动假设道德和福利会产生勤奋工作，泰罗则认为工作会产生道德和福利。前者认为较好的工作条件会带来人的“天性的善”，泰罗则认识人的天生的弱点只有通过等级控制做其正当的事才能得到控制。

泰罗对工会运动嗤之以鼻。虽然他认为工会在抵制糟糕的资方管理行为发挥了一定的作用，但他感到工会已经过时。他指责工会采用了仇恨的策略，用他的话来说：“抵制、使用武力或威胁、对非成员进行压迫，所以这些都必须加以谴责。这种专横的行为是彻底的非美国式的，它不会被美国人民接受。”① 泰罗希望通过“系统的个人化”来避免工会化倾向。在“系统的个人化”中，奖励的是个人而非职位，奖励的基础是对生产力的科学估计。不过，泰罗还是通过指出科学管理除非得到劳资双方的同意，否则不能执行，甚至指出不存在什么不能建立一个雇主雇员委员会来确定每日工作的理由，缓和了他的观点。

科学管理想达到的目标超越了对这一劳工问题的关心。泰罗协会主席哈罗·波森在表达其雄心时，希望我们会发现科学管理

---

① 佛雷德里克·泰罗．《科学管理的原理》．中国社会科学出版社 1984 年版。

的哲学、原则和技术适用于整个国家、甚至是整个世界的问题。波森甚至进一步断言：民主制度的生存或许取决于将生产力提高到一个足够的新程度，它将极大地消灭贫困，建立一种较强的经济安全感，并摧毁一种追随伪领导沿着暴力道路走向极权世界的冲动。[①] 在泰罗看来，德的扩散是民主的精华，而品德需要采用科学管理的思想和技术的灌输。

在 1901 年离开伯利恒之后，泰罗退出了科学管理的技术工作，转而日益关注科学管理的推广。他的主要手段是出版物，他的讲台最初是美国机械工程师学会（他在 19 世纪 80 年代还在米德维尔时就加入了）。从 1902 年到 1903 年，泰罗写了《工厂管理》，这是一份有关科学管理进展的报告。在这份报告中，他的重点从效率转向了科学管理的社会含义方面。这份报告在 1903 年提交给学会后由学会出版。1906 年，他提交了《切削金属的艺术》，尽管这份报告是技术性的，但表明了他的一项最有意义的机械发明——高速工具钢，这是他 25 年研究的结晶。1909 年，他完成了最著名、也最引起争议的著作——《科学管理的原理》。在这本书中他完成了一个转换，即对科学管理的社会含义的注重排斥了对技术部分的注重。他将书提交给学会出版，但学会差不多将此书搁置了一年之久，原因是考虑到当时对科学管理存在的一些争议以及泰罗对非技术层面的强调。这样，泰罗拿回了手稿，自费出版，并将它分发给美国机械工程师学会的成员。该文不久就被《美国杂志》系列连载，并由哈泼兄弟出版社于 1911 年出版。从另一方面讲，此书未获得美国机械工程师学会的出版许可，因而也将学会中两种人（即一认为工程师就是技术专家，另一认为工程师还负有社会责任）的分裂限制在了学会内。这一分歧后来逐步扩大，并最终发展到泰罗拉出一拨人马来推广科学管理。

尽管书的出版给泰罗带来了一些声望，但科学管理运动获得

---

① 佛雷德里克·泰罗．《科学管理的原理》．中国社会科学出版社 1984 年版。

广泛的公众的注意，则是在美国州际商务委员会于1911年举行的一次有关铁路运费的听证会上。在听证会上，铁路方面要求提高运费，而进步运动的代表路易斯·布兰迪则认为如果铁路方面运作很有效，那么提高运费是不必要的。布兰迪对效率的关心使他与科学管理的解释者进行接触，并从中获得证词。有趣的是，看到听证会正在成为扩大科学管理声名的讲台，泰罗却不出场。相反，证词是从他的三位最著名的合作者（H. 甘特、佛兰克·吉尔布雷斯和哈林顿·艾默森）中得到的。一旦泰罗了解了听证的意义，他马上就同布兰迪密切合作。州际委员会的听证推进了公众对科学管理的技术和哲学的了解。1912年。国会发起了一项调查，以确定政府部门是否禁止科学管理技术。泰罗参加了听证，面对了众议院调查委员会成员诸多常常是带敌意的问题。这一听证开始了长达5年之久的国会调查，并对科学管理技术进入联邦政府的理想性问题进行辩论，最终的结果是立法禁止进入。

1901年至1914年，泰罗参加了许多旨在推广科学管理的活动。他每年在哈佛大学工商管理学院作讲演，他还参加了将科学管理技术运用于联邦兵工厂的项目，并在家乡费城接待前来学习科学管理的人。

与此同时，科学管理实践通过商业和政府正在扩展。虽然到1910年泰罗承认没有一家工厂在整体上采用科学管理，但他估计有5万名工人在科学管理的一些形式下工作。政府方面，尤其是联邦的造船厂和兵工厂对采用科学管理表现了极大的热情。1906至1908年间，旧金山附近的梅亚岛船厂成为第一个“科学管理”的政府工厂。1908年，马萨诸塞州的水镇兵工厂以50%的材料节省和每人产量翻一番的业绩而成为一个模范工厂。① 科学管理在20世纪初美国地方的进步运动中心也得到了支持，例如纽约市政研究局的一些人就是改革运动的带头人，他们不时邀请泰罗去其办公室，成为科学管理热心的鼓吹者。

---

① 布雷恩·福莱.《通晓公共行政》. 切特汉姆·豪斯出版社1989年版。

科学管理也风行国外，《科学管理的原理》一书被译成法、德、荷兰、瑞典、俄、意、西、日等多种文字。在法国，乔治·克里蒙梭命令所有兵工厂都采用科学管理。正如前面指出的，列宁曾痛斥泰罗制是对工人血汗的榨取，但又指出苏维埃俄国要采用这一制度。

在科学管理运动本身内，促进科学管理学会（后来称之为泰罗协会）在 1911 年成立。泰罗等一帮人四处出击，不遗余力地宣传和推广科学管理。在这些人中，除了泰罗，甘特和吉尔布雷斯是值得一提的。甘特关注控制技术，他也坚持一种技术统治的社会哲学。在这一哲学中，他主张专长是知识而不是凭经验办事。他建议一种经济体制，这种体制将工业转变为一种由生产者、分配者和消费者组成的委员会管理的公共服务公司。1916 年，他建立了一个新机器组织，旨在取得政治和经济权力，泰罗后来批评这离他的技术关怀相差太远。

作为科学管理的一个重要鼓吹者，吉尔布雷斯注重时间—动作研究，他确立了一套进行这方面研究的照相技术。他被说成是一个“天才的机匠，个性浮夸，一个具有进取性的、偶尔肆无忌惮的推进者”。① 吉尔布雷斯后来与泰罗分道扬镳，因为泰罗认为他太专注于时间—动作的研究而排斥了科学管理的其他因素。但是，吉尔布雷斯在推进科学管理方面功不可没。当 1911 年美国机械工程师学会的一些成员在发现泰罗的论文很难得到该组织的承认时，以吉尔布雷斯为首的一批人另外成立了一个组织，将其称为科学管理促进会，并在泰罗死后改名为泰罗协会。他还写了一本书，名为《科学管理入门》，用问答的方式对在科学管理上存在的一些疑惑进行解答。他的妻子莉连·吉尔布雷斯在推广科学管理中功绩卓著。她认为，成功的管理“在于人而不是工作”，而科学管理为人们提供了一种能最大限度地利用人的努力的方法。在她看来，历史有的三种管理方式：传统方式；过渡方

---

① 布雷恩·福莱.《通晓公共行政》. 切特汉姆·豪斯出版社 1989 年版。

式；科学方式。传统管理是“驱赶式”或者叫“昆斯伯里侯爵式”的管理，这种管理采取单一的直线指挥，其特点是中央集权。“昆斯伯里侯爵”这个词是借用职业拳击中的用语，意指管理与工人双方“根据比赛规则”展开体力和智力竞赛。过渡式管理指在传统和实行科学管理之间的过渡阶段中的各种形式的管理。科学管理描述了所有公司应努力实行的目标，它的同义词有“精确职能管理”、“最终管理”以及“泰罗管理计划”。①

科学管理运动在获得越来越多的公众注意的同时，对科学管理的批评和指责也日趋增多，劳工工会，尤其是冶金业工会在这方面首当其冲，它反对在水镇兵工厂采用科学管理。工会的反对导致了前面提到的国会的质询，并立法禁止在联邦机构采用科学管理技术。甚至在长期是泰罗思想的一个讲台的美国机械工程师学会内部也出现了反对意见。

泰罗认为，全面推广他的制度需要 2 至 5 年的时间。科学管理不是一种一夜之间就能医好疾病的灵丹妙药。在试图实行科学管理时，需要勤奋精神和理解能力。他指出，科学管理迈出的每一步都是一个演变，而不是一种理论，在任何时候都是实践先于理论……在科学管理中，任何东西都不是一成不变的。②

在泰罗的著作出版后，随着科学管理的推广，1911 年出现了一大批打着“效率至上”旗号的人。泰罗认为很多人甚至不明白什么是科学管理。在他看来，科学管理不是一种效率措施，不是一种取得效率的措施，也不是一种新的工资制度，不是一种计件工资制度，不是一种分红制度，不是一种奖金制度，不是一种支付工人报酬的方式，不是时间研究，不是动作研究，也不是对工人动作的分析，不是印制大量的工作文件交给工人说“这是你的制度，你必须执行”，它不是工长分工制，也不是职能工长制，它也不是普通工人在提到科学管理时就会想到的各种措施。普通

---

① 丹尼尔·雷恩．《管理思想的演变》．中国社会科学出版社 1988 年版。

② 同上。

工人听到“科学管理”时就会想东想西，但科学管理并不是上述那些措施。泰罗不轻视成本会计制度、时间研究、职能工长制，也不轻视任何一种新的工资方法，也不轻视任何效率措施——如果它们明确是可以提高效率的措施。泰罗相信它们，但他强调指出，这些措施都不是科学管理，它们是科学管理的有用附件，因而也是其他管理制度有用的附件。科学管理的实质是在一切企业和机构中的工人们的一次完全的思想革命——也就是这些工人们对待他们的工作责任、对待他们的同事、对待他们的雇主的一次完全的思想革命。同时，也是管理方面的工长、厂长、雇主、董事会对他们的同事、他们的工人和对所有的同事工作问题责任上的一次完全的思想革命。没有工人与管理人员双方在思想上的一次完全的革命，科学管理就不会存在。

这个伟大的思想革命就是科学管理的实质。①

在1915年泰罗去世后，科学管理运动仍在继续，但却改变了形式。泰罗的追随者发生了分裂，最后与反对力量达成妥协。到20世纪20年代，工会与科学管理的鼓吹者达成妥协。在这一妥协中，工会接受了时间—动作研究。反过来，科学管理也接受了集体谈判。“科学管理运动的鼓吹者甚至将工业民主中的一些因素纳入其学说，工会成了‘人道的’科学管理的支持者。妥协的结果是较少争执，但也实质性地表示了对事业追求的鲜明性。到20年代，科学管理运动从全面改革战略中退出，回到了最先对技术问题的关注。”②

可以把泰罗的科学管理思想归纳为以下几点：

（1）强调劳动方法的标准化，即将工人积累起来的知识和技艺经整理后归纳成原理和规则，建立科学的作业方式。时间以及确定工人一天必须完成的标准的工作量即是这方面的努力。

（2）建立差别计件工资制度，对于不同的工作表现支付不同

---

① 丹尼尔·雷恩.《管理思想的演变》. 中国社会科学出版社1988年版。

② 布雷恩·福莱.《通晓公共行政》. 切特汉姆·豪斯出版社1989年版。

的工资率。

(3) 科学地培训工人，改变凭经验选择作业方法和师傅带徒弟的方法。

(4) 管理职能的专业化，职能工长制则是这一专业化的体现。

(5) 劳资双方的合作，双方将注意力从对现有利益的分配转向把利益做大。

第四节　分析与评价

泰罗确立的科学管理对于理解和规定组织的管理作出了无可置疑的贡献。一种观点认为，或许最好把他形容成一个综合者，而非创造者，即泰罗的贡献与其说介绍了一些新的思想，不如说将现有思想整合到了一个前后一贯的系统中。在这一综合中，泰罗发展了工程师和工业改革者的看法。工程师的看法从机器延伸至人，工业改革的看法则从人延伸到机器，正是人—机器的互动才是泰罗的重要关心所在。他提出的科学管理的技术取代了原先凭经验办事的方法，科学管理是一种恰逢其时的运动，它的影响依然可见。① 还有一种观点认为，科学管理之父佛雷德里克·泰罗和他的同事是对管理思想进行综合整理的第一代人物。管理曾被描述为一个把组织的物质资源或技术力量同人力资源结合起来，以便实现组织的目标的过程。在泰罗之前，没有任何人曾像他那样把管理问题发展为如此程度的一种系统方法，并同时把管理同哲学范畴结合在一起。② 尽管两种观点都把泰罗说成现有管理思想的综合者，但能综合到这一步实属难能可贵，科学管理的思想自此影响了管理的发展，我们至今仍然可以感受到这一思想的力量，而泰罗的名字是与科学管理联系在一起的。

---

① 布雷恩·福莱.《通晓公共行政》. 切特汉姆·豪斯出版社 1989 年版。

② 丹尼尔·雷恩.《管理思想的演变》. 中国社会科学出版社 1988 年版。

泰罗的科学管理思想对公共行政管理的贡献也是巨大的。这表现在他传播了一种不仅仅局限于企业管理的理念：效率、科学管理、管理职能专业化、劳资双方的合作等。在相当程度上，泰罗确立的管理主义具有它的普遍性，以致于 20 世纪 80 年代开始的西方国家的政府改革运动还将泰罗的管理主义作为改革的理论基础之一。

但科学管理显然也有它的局限。首先，泰罗的科学管理建立在经济人的人性假设上。泰罗假设一般工人只是为了自身的利益而参与组织，其目的是为了钱，而对钱这一自我利益的追求相对不受情感和态度的影响。正是从这一人性假设以及由此引发的人与组织关系出发，泰罗认为通过适当地操纵物质刺激，就可以产生他们所期望产生的工人的行为。但泰罗的这一观点显然是不完整的。后来的研究表明，组织中的个人行为受到大量泰罗认为与生产力无关的变量（包括社会的和心理的因素）的影响。

其次，泰罗的科学管理只考虑组织内的因素，因而忽略了外在因素对组织的影响。泰罗的技术研究从未超越工厂的范围，例如他似乎并不关注工厂的财政方面，给人印象好像是不顾虑代价地追求效率。

再次，泰罗的科学管理注重对效率标准的追求，忽略了为社会服务的道德观念。关于这一点，后来的奥利佛·谢尔登在指出他的“管理哲学”时作过很好的说明。他认为，把科学管理的效率标准和为社会服务的道德观念结合起来，是每一个管理人员的责任。每一个管理人员必须采纳三项原则：“1. 工业的改革，条件和方法将促进社会的福利。2. 管理部门在把社会正义运用于工业实践活动中时要努力理解整个社会的最崇高的道德约束力。3. 管理部门要采取主动行动……来提高普遍的道德标准和社会正义观念。”①

最后，泰罗的科学管理本身有些内容的“科学性”也是有问

① 丹尼尔·雷恩.《管理思想的演变》. 中国社会科学出版社 1988 年版。

题的。比如在基本支付比率和奖金多少方面，他是“按两个标准确定的，且都缺乏客观性。第一，基本工资很难足以使工人养活自己。第二，基本工资不能与劳动力市场上干同等活的工人得到的工资比较”。[①] 此外，泰罗主张劳资双方的合作，但是他不能从阶级利益的角度去分析劳资双方产生冲突的根源，这也限制了他对某些问题的准确理解。

尽管如此，可以在某种程度上说，现代管理史的第一章是由泰罗及其同道者写就的。科学管理这一概念本身既反映了时代的一种要求，也不断昭示后来者以科学的思维、科学的手段和科学的方法从事管理。仅就这点而言，泰罗所做出的贡献是有目共睹的。

---

① 布雷恩·福莱.《通晓公共行政》. 切特汉姆·豪斯出版社 1989 年版。

第三章　法约尔的管理组织思想

第一节　生平与著作

亨利·法约尔（Henri Fayol）是20世纪初逐渐在欧洲发展起来的行政管理学派的代表。法约尔与泰罗在自身管理经历及经验上的不同，很大程度上决定了两者在管理思想上的差异。一言以蔽之，“泰罗注重基层人员的工作方式的改进，但法约尔却注重管理人员的管理方式的讲究”。①

法约尔于1841年出生于法国的一个资产阶级家庭。1856—1860年先后就读于里昂公立中等学校和圣艾蒂安国立矿业学院，而后作为一个采矿工程师进入高芒特里—福尔尚布德采矿冶金公司并在此度过其整个职业生涯。在1888年法约尔被任命为总经理时，该公司正处于破产的边缘，经他按自己的管理思想改革整顿后，公司的危机得以挽救。法约尔自己说的一段话清楚地肯定了其管理思想的运用在法国产业史上留下的光辉业绩，他说：“尽管矿井、工厂、财源、销路、董事会、职工同原来都是一样的，只是运用了新的管理方式，公司才以同衰落时一样的步调复兴和发展。”② 1916年，法国矿业协会的年报公开发表了他的著名著作《工业管理与一般管理》。1918年，他在辞去矿业公司总经理的职位后，立即设立了“管理研究所”，不仅把他的管理理论应用于企业的经营，而且也为管理理论在军队组织和行政机构

① 张润书.《行政学》. 台北三民书局1986年版。

② 占部都美.《现代管理论》. 新华出版社1984年版。

的广泛普及和应用进行了努力。

法约尔在管理方面的主要著作有：《工业管理和一般管理》(1916年)、《国家在管理上的无能——邮政与电讯》(1921年)、《公共精神的觉醒》(1927年)。在论文方面有：提交给矿冶会议的关于《管理》的论文（1900年)、《管理的一般原则》（1908年)、《高等技术学校中的管理教育》(1917年)、《管理职能在事业经营中的重要性》（1918年)、《国家的工业化》（1919年)、《邮电部门的管理改革》（1921年）以及《国家管理理论》（1923年)。

《工业管理与一般管理》是法约尔最主要的代表作。全书集中阐述了法约尔的一般组织管理理论，即：管理的定义；组成企业人员才能的各方面能力的相对重要性；管理教育的必要性和可能性；管理的一般原则和计划、组织、指挥、协调、控制五项管理要素等。法约尔思考的管理问题及关注的焦点是整个组织，因而他的管理理论被有的学者称为“一般行政管理理论”，他本人被称为“一般行政管理理论家”（general administrative theorist)。[①]也有的学者称他的管理理论为“普通的行政理论”,[②] 还有的学者认为法约尔“通过对管理过程的研究创立了第一个有关行政管理的理论”。[③]

第二节　管理组织思想

一、组织活动和管理职能理论

1. 法约尔的组织活动和管理职能理论

法约尔对管理概念的界定是建立在他对企业组织经营活动进

① 斯蒂芬．P．罗宾斯．《管理学》(第四版)．中国人民大学出版社1997年版。
② D．R．普拉萨德等．《行政思想家评传》．广东高等教育出版社1988年版。
③ 丹尼尔·雷恩．《管理思想的演变》．中国社会科学出版社1988年版。

行分工的基础上的，从中也反映了一定的管理职能专业化思想。法约尔将企业组织的全部活动分为六种：技术职能、商业职能、财务职能、安全职能、会计职能和管理职能。其中，管理职能又分为计划、组织、指挥、协调和控制五种。

（1）技术职能。这是全部经营活动中最基础的职能要求，包括生产、制造和加工技术。由于技术活动的数量、变化和重要性，以及各种产品（物质的、智力的和精神的）一般都出自于技术人员之手，这项职能要求更多的是针对大中型企业组织中的技术人员所提出的。

（2）商业职能。在法约尔看来，懂得买和卖与懂得很好地生产同样重要，因而，包括购买、销售和交换在内的商业活动也成为决定工业企业是否繁荣的一个重要方面。商业能力除了策略和决策外，还包括对市场以及竞争者的力量的深刻了解，也包括一种长远的预测，和在大型企业中日益发展的承包合同的运用。并且，当某些产品从同一企业的一个部门转到另一个部门时，商业职能还必须注意使最高主管机构确定的价格（即“规定价格”）不要成为危险妄想的根源。

（3）财务职能。财务活动的核心是筹集和最适当地利用资本。在工业企业的经营活动中，人员、厂房、设备、原材料、股票红利、修缮、准备金等都需要资本，为获得资本和最适当地利用可用的资金并避免轻率地承担义务，必须有完善的财务管理。对企业领导而言，成功的一个基本条件就是经常注意企业的财务状况。

（4）安全职能。这项职能的任务是保护财产和人员，预防偷盗、火灾、水灾，消除罢工、行凶暴行，即消除所有可能危害企业发展，甚至危害企业生存的社会动乱。一般而言，安全职能是指保证企业安全、为企业人员提供所需要的精神安宁的一切措施。

（5）会计职能。这是企业的视觉器官，它能使人随时了解企业处于什么状况并向何处发展，可以对企业的经济形势提供真实、清楚而又准确的情况。一个好的会计制度应简单明了，可以给人以企业状况的确切概念，从而成为领导的一个有力工具。

(6) 管理职能。在法约尔看来，上述五种职能都不负责制定企业总的经营计划，不负责建立社会组织、协调和调和各方面的力量和行动，而"管理"就是实行计划、组织、指挥、协调和控制。其中，计划就是探索未来，制定行动计划；组织就是建立企业的物质和社会的双重结构；指挥就是使其人员发挥作用；协调就是连接、联合、调和所有的活动及力量；控制就是注意是否一切都按已制定的规章和下达的命令进行。由此可以理解，"管理"既不是一种独有的特权，也不是企业经理或企业领导人的个人责任，它同别的基本职能一样，是一种分配于领导人和整个组织成员之间的职能。法约尔还特别指出了"管理"概念与"领导"概念的区别。他认为，"领导"是寻求从企业拥有的所有资源中获得尽可能大的利益，引导企业达到它的目标，即保证包括"管理"在内的六项基本职能的顺利完成。他同时也承认，虽然"管理"活动需要由"领导"保证其进行，但由于其在上层领导人的作用中占有非常重要的位置，以致于有时好像领导的这种作用就纯粹只是管理一样。

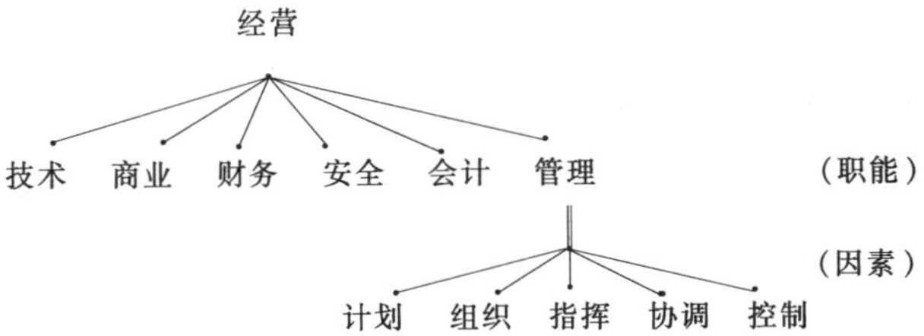

图 3－1　法约尔的管理职能分析

在其职能分析理论中，法约尔将管理看作是平行于一般技术专业等的另一种特殊专业，这在一定程度上是"管理职能专业化"思想的反映，但管理职能并非是只属于管理人员的职能，它是由从企业的最高领导到一般工人的各个成员分担的。从这一基本假设出发，法约尔讨论了组成企业人员才能的各方面能力的相对重要性，形成了有名的“法约尔法则”。①

2. 法约尔法则和普及管理教育

法约尔通过两张表（表 3－1、表 3－2）分别对大型工业企业技术职能人员必要能力的相对重要性及各种规模工业企业领导人必要能力的相对重要性作了比较。

表 3－1　大型工业企业技术职能人员必要能力的相对重要性比较表

人员类别	能　力						
	管理/%	技术/%	商业/%	财务/%	安全/%	会计/%	总值/%
大型企业							
工人	5	85	—	—	5	5	100（a）
工长	15	60	5	—	10	10	100（b）
车间主任	25	45	5	—	10	15	100（c）
分厂长	30	30	5	5	10	20	100（d）
部门领导	35	30	10	5	10	10	100（e）
经理	40	15	15	10	10	10	100（f）
联合企业							
总经理	50	10	10	10	10	10	100（g）
国家企业							
部长	50	10	10	10	10	10	100（h）
总统	60	8	8	8	8	8	100（i）

表 3－1 中这些人属于以下一系列等级：工人、工长、车间主任、分厂长、部门领导、经理。如果企业包括几个分开的大企业，那么等级系统还要再加上总经理；如果企业是一个国家企业，那么技术等级直至国家领导人（总统），中间还有一个部长。

① 占部都美.《现代管理论》. 新华出版社 1984 年版。

表 3-2　各种规模工业企业领导人必要能力的相对重要性比较表

领导人类别	能　　力						
	管理/%	技术/%	商业/%	财务/%	安全/%	会计/%	总值/%
初级企业	15	40	20	10	5	10	100（m）
小型企业	25	30	15	10	10	10	100（n）
中型企业	30	25	15	10	10	10	100（o）
大型企业	40	15	15	10	10	10	100（p）
特大型企业	50	10	10	10	10	10	100（q）
国家企业	60	8	8	8	8	8	100（r）

表 3-1 表明任何一个人的每项基本能力在其全部价值中所占的比重。在任何情况下，全部价值都以 100 表示，这是指一个完美的人——无论是工人，还是一个部门的领导或是国家领导人。需要说明的是，这里不是把一个工人的价值同一个厂长、经理、国家领导人的价值作比较，在这些不同的价值中没有一个共同的衡量尺度。这里的 a、b、c、d……以及表 3-2 的 m、n、o、p……性质不同，重要性也不同，从一个等级到另一个等级其组成因素也在变化，以致于在一个下属人员的技术、管理和其他的能力与一个重要领导人同样性质的能力之间没有任何共同的东西。表 3-1 与表 3-2 只是力求表达构成一个人总价值的各方面能力的相对重要性。从表 3-1 中可以得出以下结论：①

（1）工人的主要能力是技术能力。

（2）随着人的地位在等级中提高，管理能力的相对重要性也增加，同时技术能力的重要性减少。在第三或第四等级时这两种能力相等。

（3）经理的主要能力是管理能力，等级越升高，这种能力越

① 法约尔.《工业管理与一般管理》. 中国社会科学出版社 1982 年版。

起主导作用。

(4) 商业能力、财务能力、安全能力和会计能力在第五和第六等级的人中有其最大的相对重要性。随着人的地位升高，这些能力的相对重要性在每种人的评价中不断减少并趋向平衡。

(5) 从等级的第四或第五级开始，管理比率由于其他比率的减少而增加了，其他比率都接近于全部价值的1/10。

上述结论，是从研究技术职能人员的能力中得出，这些人员包括从企业的工人直到领导人。但这些人员中没有任何一个人是纯粹从事技术职能工作的，多少也要对其他职能广泛地作出贡献。具有普遍性意义的经验是：不管哪一种职能，下属人员的主要能力是具有某种职能特点的能力（在工业职能里是技术能力，在商业职能里是商业能力，在财务职能里是财务能力等等），而高级人员的主要能力是管理能力。

从表3-2中可以得出以下结论：①

(1) 小型工业企业领导人的主要能力是技术能力。

(2) 随着企业等级的上升，管理能力的相对重要性必然增加，同时技术能力的重要性相对减少。在中等企业里这两种能力相等。

(3) 大型企业领导人最重要的能力是管理能力。企业越大，管理能力越起主导作用。

(4) 商业和财务能力对于中小型企业领导人比对于技术职能的中下层工作人员起着重要得多的作用。

(5) 随着企业等级的上升，管理比率增大了，趋于平衡的其他大部分比率减少，接近于整个价值的1/10。

除了企业所有的领导人（甚至最小企业的领导人）需要具备商业和财务能力，而技术职能的下属人员不需要这些能力的区别之外，从表3-1和表3-2得出的结论其实是非常相似的。

鉴于技术职能必须有其他基本职能，尤其是管理职能的协

---

① 法约尔.《工业管理与一般管理》. 中国社会科学出版社1982年版。

助，才能保证企业顺利发展这一经验，法约尔认为，在技术职能长期以来已被置于其应有的地位的情况下，管理职能的重要性应该得到普遍的认识和重视。他甚至建议，把管理知识作为一门专业在学校里学习。在他看来，管理能力可以也应该像技术能力一样首先在学校里、然后在车间里得到。在家庭和国家事务中，对管理能力的需要与事业的重要性必须相适应。对于个人来说，所处的地位越高，这种需要越大。因此，管理教育应该普及。当然，这种教育不是为了把所有学生都培养成好的管理者，如同技术教育不是为了把所有学生都培养成优秀的技术人员一样，对管理教育的普及只是希望它能起到像技术教育那样的作用。法约尔也认识到，在当时法国的职业学校里缺少管理教育的真正原因是缺乏有关的、从广泛的讨论中得出的被普遍承认的管理理论，他个人因此准备作一些这方面的尝试。

二、组织管理原则

法约尔指出，社会组织的健康和正常活动取决于某些条件，他用“原则”这个词来表述这种条件概念，因此，所有的加强社会组织或便利其发挥作用的管理规章和程序都属于原则。法约尔的 14 条管理原则是其一般管理理论的核心内容，这些原则是法约尔对自己长期从事管理实践的经验所作的理论概括。其具体内容如下：

1. 劳动分工

劳动分工实际上是一种职能专业化思想。这种职能专业化的行为可以在动物界和人类社会得到共同的考证。在动物界，生物越是完善，越具有担负不同功能的高度分化的器官；在人类社会中，社会组织越是重要，职能和机构的关系就越是紧密。随着社会的发展，不断有新的机构产生，并代替原来处于原始状态、担负所有职能的单一机构。法约尔认为，劳动分工可以提高劳动的熟练程度和准确性，从而提高效率。因为，如果工人总是做同一部件，领导人经常处理同一些事务，则对自己的工作就会熟练、自信和准确，所以，劳动分工的目的是用同样的努力生产得更多更好。法约尔明确指出，劳动分工不只适用于技术工作，而且毫无例外地适用于所有涉及或多或少的一批人或要求几种类型的能力的工作，其结果是职能专业化和权力的分散。

2. 权力与责任

法约尔认为，权力是指挥和要求别人服从的权利。对于一个出色的领导人来说，他集规定权力与个人权力于一身，前者是其所处职位、所属职能规定的权力（相当于我们今天所说的法定权力），后者则是由于其自身的智慧、博学、经验、精神道德、指挥才能、所做的工作等等决定的个人权力（相当于我们今天所说的领导人的非权力影响力）。权力的孪生兄弟是责任，“凡权力行使的地方，就有责任”，责任“是权力的当然结果和必要补充”。① 因此，在执行权力时，出于整体利益的考虑，应该鼓励有益的行动而制止与其相反的行动，也即有必要规定和实行一定的奖励和惩罚措施。首先应规定责任范围，然后制定奖惩标准。法约尔高度肯定敢于承担责任是一种值得尊敬的品质，并且认为这也是一种在哪里都会受到赏识的勇气。但他同时也指出，在一般情况下，人们都会像追求权力那样害怕承担责任，而不敢负责会严重妨碍主观能动性的发挥，并使很多好品质受到破坏。对一个出色的领导人而言，他应该有承担责任的勇气，并使他周围的人也随之具有这种勇气。在此，法约尔强调了高尚的精神道德对领导者的重要性，认为这是制止一个重要领导人滥用权力和其他缺点的最有效保证。

3. 纪律

在法约尔看来，纪律是一种“协定”、一种规范，在实质上表现为和企业及其下属人员之间的协定相一致的服从、勤勉、积极的举止以及尊敬的态度。无论这些协定曾经被自由讨论过还是没有被预先讨论过、无论是书面的还是默许的、无论是几方共同

---

① 法约尔.《工业管理与一般管理》. 中国社会科学出版社 1982 年版。

的愿望还是法律或惯例的结果，纪律的形式都由其决定。不同企业、不同地区、不同时间之间协定的多样化导致纪律也以各种不同的方式表现出来。但有一点必须肯定，那就是：为使企业顺利发展，纪律是绝对必要的，没有纪律，任何一个企业都不能兴旺繁荣。法约尔强调，领导人员在造就和执行纪律方面应该承担起相应的责任。一方面，制定协定应当清楚明了，并能尽量使劳资双方都感到满意；另一方面，对无纪律行为的相应惩罚也不能忽视。领导者应该根据个人情况和社会环境，机敏地选择指责、警告、罚款、停职、降级或开除等惩罚方式。

制定和维持纪律最有效的办法是：①各级好的领导；②尽可能明确而又公平的协定；③合理执行惩罚。

4. 统一指挥

这条原则强调命令的统一，即无论对哪件工作来说，一个下属人员只应接受一个领导人的命令。法约尔强调，在任何情况下，都不会有适应双重指挥的社会组织。如果两个领导人同时对同一个人或同一件事行使他们的权力，就会出现混乱；如果事情继续下去，混乱便会加剧，在这种情况下，结局只有两种：要么撤消其中一个领导人，停止双重领导，使企业兴旺得到恢复；要么使整个企业继续日趋衰败。产生双重指挥的原因大致有以下四点：①

（1）希望能被更好地了解、或为争取时间、或立刻制止一项不合适的行为，领导人 C2 不通过领导人 C1 就直接向下属人员 C 发命令。

（2）希望在给两个同事、两个朋友、一个家庭的两个成员分配职权时避免直接的困难，经常导致从一开始在企业的领导中就出现双重指挥。这两个同事对同样的下属拥有同样的权利与职权，那么必然产生双重的指挥及其不良后果。

（3）各部门界限不清也可能导致双重指挥：两个部门的领导

① 法约尔.《工业管理与一般管理》. 中国社会科学出版社 1982 年版。

人对同一方面的工作下命令，各自都认为这工作应属于自己管，这就形成了双重指挥。

(4) 各部门之间常有的联系、职务上固有的错综复杂、职权的不明确常常会产生二元性的弊害。如果一个谨慎的领导人不整顿一下，越权就会产生，这样就会打乱工作进展并带来损失。

在法约尔看来，在整个人类社会中，在工业、商业、军队、家庭、国家里，双重指挥经常是冲突的根源，这些冲突有时很严重，特别应该引起各级领导人的注意。

5. 统一领导

就像人类自身和生物界的动物里，一个身体都只能有一个脑袋一样，对于力求达到同一目的的全部活动，只能有一个领导人和一项计划，这是统一行动、协调力量和一致努力的必要条件。需要注意的是，“统一领导”强调的是“一个领导人、一项计划”，而“统一指挥”强调的则是“一个下属人员只能听从一个领导人的命令”。在现实中，人们通过建立完善的组织来实现一个社会团体的统一领导；而统一指挥取决于人员如何发挥作用。统一指挥不能没有统一的领导而存在，但并不来源于它。

6. 个人利益服从整体利益

即相对于其所属成员和部门而言，组织的整体目标具有至高无上的地位。法约尔认为，无知、贪婪、自私、懒惰、懦弱以及人类的一切冲动总是使人为了个人利益而忘掉整体利益，因此，管理原则中必须强调个人利益对整体利益的服从。在法约尔看来，在一个企业里，一个人或一些人的利益不能置于企业利益之上，一个家庭的利益应先于其一个成员的利益，国家利益应高于一个公民或一些公民的利益。处理个人利益与整体利益的成功办法是：①领导人的坚定性和好的榜样；②尽可能签订公平的协定；③认真的监督。

7. 人员的报酬

人员的报酬是其服务的价格，应该合理，并尽量使企业同其所属人员（雇主与雇员）都满意。在法约尔看来，报酬率首先应取决于不受雇主的意愿和所属人员影响的一些情况，如生活费用的高低、可雇人员的多少、业务的一般状况、企业的经济地位等；然后再看人员的才能；最后再看采用的报酬方式。他认为，职工的报酬方式有按劳动日付酬、按工作任务付酬和计件付酬三种，其方法还包括奖金、分红、实物补助和精神奖励。付酬的方式取决于多种因素，而其目的只有一个，即改善所属人员的作用和命运，使其更有价值，鼓励各级人员的工作热情。因此，我们对报酬方式通常希望：①它能保证报酬公平；②它能奖励有益的努力和激发热情；③它不应导致超过合理限度的合理的报酬。

8. 集中

法约尔认为，像劳动分工一样，集中是一种必然规律的现象，它指在每个动物机体或社会组织中，感觉集中于大脑或领导部门，从大脑或领导部门发出命令，使组织的各部分运动。集中化管理作为一种制度，本身无所谓好坏，也不为领导人的主观随意性所任意取舍，实行集中的目的只是尽可能地使用所有人员的才能。如果领导人的才能、精力、智慧、经验、理解速度……允许他扩大活动范围，他则可以大大加强集中，把其助手作用降低为只是普通执行人。相反，如果他愿意一方面保留全面领导的特权，一方面更多地采用协作者的经验、意见和建议，那么可以实行广泛的权力分散。由于领导人及其所属人员的绝对和相对重要性经常变化，权力集中与分散的措施本身也可以经常变化。所有提高下属作用的作法都是分散，降低这种作用的作法则是集中，实行集中化管理的最终目的是尽可能地使所有组织成员的才干都得到发挥和运用。

9. 等级制度

等级制度即层级制度，就是从最高权力机构直至低层管理人员的领导系列。等级制度原则是法约尔管理论的核心，这在下面内容中还有论述。

10. 秩序

正如物品秩序的规则：每件东西都有一个位置，每件东西都在它的位置上一样，社会秩序也强调每个人都有一个位置，每个人都在他的位置上。不仅如此，法约尔还指出，完善的秩序还要求位置适合于人，人也适合于他的位置。然而，这样的社会秩序必须以胜利完成两项最艰难的管理工作为前提，即良好的组织与良好的选拔工作。确定企业顺利发展所必设的岗位并选拔了在这些岗位上任职的人之后，使每个人都在他能发挥出自己最大能力的岗位上任职，这就是“最理想的”社会秩序。

11. 公平

法约尔认为，为了鼓励其所属人员能全心全意和无限忠诚地执行他的职责，应该以善意来对待他，公平就是由善意与公道产生的。但公平并不排斥刚毅，也不排斥严格。做事公平要求有理智、有经验，并有善良的性格。对企业领导来说，在对待所属人员时，应该特别注意他们希望公平、希望平等的这些愿望。为了给予这些要求以最大的满足，而同时又不忽视任何原则，不忘掉总体利益，企业领导应该经常把自己最大的能力发挥出来，努力使公平感深入各级人员。

12. 人员的稳定

人员的稳定即有秩序地安排人员和补充人力资源。法约尔认为，一个人在一个职位上作出成绩需要一定的时间，应该保持职位的相对稳定性，鼓励组织成员在一定的职位上作出长期的贡献。尤其在大企业中，领导的入门过程一般比较长，因为他需要花许多时间来了解一个大企业里的人和事务，以便使自己处于能够决定行动计划、有自信力、并使别人信任自己的地位。所以人们往往发现，一个只有中等能力但长期留下来的领导比那些能力虽强但停留不长的领导更为大受欢迎。一般来说，繁荣的企业的领导人员是稳定的，而不稳定往往是组织不景气的原因与结果。当然，法约尔也认识到，人员的变动是不可避免的，年老、疾病、退休、死亡都会打乱组织的人员构成，因而人员的稳定原则也有一个尺度问题。

13. 首创精神

法约尔认为，首创精神能激发组织成员的活力。对于组织来说，除了领导的首创精神外，其成员的首创精神更是一种力量的源泉，领导应尽可能地鼓励和发展这种精神。尤其在由于对权力与纪律的尊重而造成的局限中，更需要领导有足够的勇气，并极有分寸地激发和支持大家的首创精神，如果必要，领导即便牺牲一下自己的虚荣心去满足下属的虚荣心也是应该。

14. 人员的团结

法约尔认为，一个企业中，全体人员的和谐与团结是这个企业的巨大的力量。对企业领导而言，在为保持人员团结而使用的众多的方法中，要特别注意的一条原则是统一指挥，要特别注意避免的两方面危险是：①不要使自己的下属人员分裂——使敌人分裂以削弱其力量是聪明的，但使自己的队伍分裂对企业来说则是一个严重的错误。②不要滥用书面联系——法约尔认为，在处理业务问题或下达一道需要加以解释的命令时，一般用当面口述要比书面快，并且简单得多。一些冲突、误会也可以在交谈中得到解决，而在书面联系中却可能更激化。因此，在法约尔看来，对企业而言，凡是可以很容易地并很方便地进行口头联系的地方，就应该禁止一切书面联系。

需要说明的是，在法约尔的笔下，“原则”一词只是显示其管理理论的一些“灯塔”，而不是一个固定不变的、僵化的概念，正如他所说的那样，“在管理方面，没有什么死板和绝对的东西，这里全部是尺度问题……原则是灵活的，是可以适应于一切需要的，问题在于懂得使用它，这是一门很难掌握的艺术，它要求智慧、经验、判断和注意尺度。由机智和经验合成的掌握尺度的能力是一个管理者的主要才能之一”。①

三、组织论

前已述及，法约尔是把组织当作管理职能的一个要素加以研

---

① 法约尔.《工业管理与一般管理》. 中国社会科学出版社 1982 年版。

究的。管理职能的基础是社会体，而组织是社会体的一部分。组织对管理职能来说是起限制作用的。从这个意义上讲，组织论在法约尔的管理论中占有非常重要的地位。

1. 层级制度与跳板法则

这是法约尔在其“等级制度”管理原则中所作的表述。一个组织在一般情况下，其管理活动应沿着等级（层级）序列进行（自上而下的指挥监督与自下而上的请示汇报），这是“等级制度”原则的基本含义，但也有例外：在遇到一些需要快速办理的事情时，为提高办事效率，需要跳过原有的管理路径，在平行的两者之间建立直接联系的渠道，即建立跳板或天桥；若两者无法协调，再报告上级，由上级协调。这一情况称作管理过程中的跳板法则。法约尔“跳板”理论旨在保持命令统一的情况下，迅速而及时地解决一般事务，从而使组织最上层得以从繁杂的事务中摆脱出来，专注于一些重大问题。如图 3－2 所示。

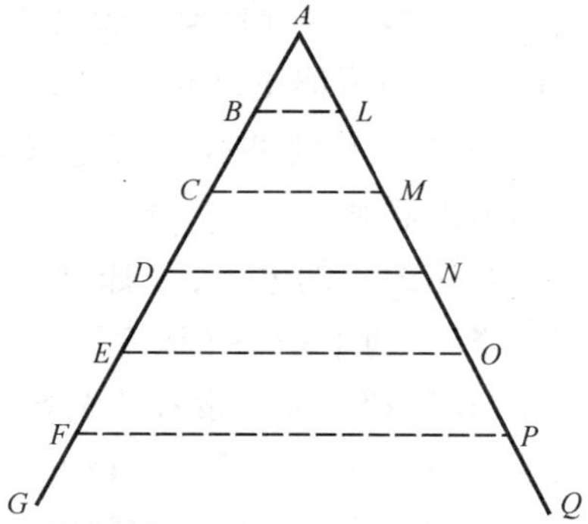

图 3－2　法约尔的“跳板”理论

2. 线性组织理论

法约尔提出，一般的组织形态由组织人员的数目决定。管理层次的设置一般坚持“2～5”原则，如一个部门管理 2～5 个车间主任、一个车间主任管理 2～5 个工长、一个工长管理 2～5 个工人。

3. 参谋理论

在法约尔看来，理想的领导应该是这样的人：具有解决管理、技术、商业、财政和其他一切需要他解决的问题所必要的知识，有充沛的体力、精力和工作能力来应付领导所担负的联系、指挥与控制的职能。但这样的领导只能在小企业中找到，而在大企业中则没有，在特大企业中更没有。因为不可能有任何人的知识能够解决一个大企业经营过程中提出的所有问题，没有任何人能有一个大企业领导工作的各种职责所要求的精力与时间。因此，参谋部的设置势在必行。参谋部主要为领导处理四个方面的问题：①对领导的日常工作、通信、接待、案卷的准备与研究等给予多种帮助；②联系与控制；③预测未来，制定与协调各种计划；④研究改进工作的措施。

第三节　分析与评价

通过对法约尔与泰罗进行比较，可以看出，法约尔管理组织理论有如下特征：①

（1）法约尔试图给管理规定特有的概念范围，并把它作为管理理论的研究对象。他认为，管理是企业经营不可缺少的六种固有的职能之一。管理的定义是"计划、指挥、组织、协调、控制"，但这只是给定了一个要素范围而已，并没有给管理一个确定统一的概念。

（2）在法约尔的理论中，组织与管理的概念是密切相关的。法约尔把组织看作是同计划、指挥、协调、控制并列的管理因素之一，实际上他的组织论研究的也是管理职能的基础——组织的结构这个侧面（包括外部形态和内在因素）。

（3）法约尔的14条管理原则更似于一种论述组织的有效形成和维持的理论。分工、权力和责任、统一指挥、统一命令、集

---

① 占部都美.《现代管理论》. 新华出版社1984年版。

中、纪律、秩序、创造性等与组织的形成因素有关系的占了大部分。他还把创造性、团结、保持员工的稳定等社会因素当作管理原则，这只有把法约尔的管理原则解释成是健全地形成和维持组织、促进组织发挥机能的准则才能予以理解。

(4) 法约尔的管理理论只是考察了组织的内在因素，没有考察组织同它的周围环境的关系，因此缺乏具体性。但也正因为如此，他的这种脱离环境的有关组织形成和维持的管理理论才成为既适用于企业组织、也适用于行政机构的一般性的管理理论。

法约尔管理组织理论的贡献是卓越的。美国学者克劳德·小乔治在仔细研究了法约尔的管理思想后指出，《工业管理与一般管理》一书对管理思想作出了卓越而重要的贡献。这主要表现在它提出了对管理的发展极为重要的三项革命性内容：①

(1) 管理是可以应用于各种形式团体活动的一套独立的知识——管理的普遍性。

(2) 能够应用于所有各种工作的第一个全面和综合的管理理论。

(3) 在学院和大学中开设管理课程的思想。

克劳德·小乔治还指出，虽然法约尔的思想是在 19 世纪末、20 世纪初形成的，但其中一些思想却带有现代的味道，② 如分权化和集权化的问题只是一个比例问题——为某一具体公司找出最优比例；每一个职工有意或无意地把自己的某些事物放到他的工作中去了；他不只是像机器上的一个齿轮那样行事的；等级系列就是从最高层到最低层的管理者系列；为了建立秩序，必须为每一职工指定一个位置，而每一职工都应该在他指定的位置上；分裂敌人的力量是聪明的，而分裂自己的队伍是一种严重的错误。

---

① 克劳德·小乔治.《管理思想史》. 商务印书馆 1985 年版。

② 同上。

第四章　韦伯的官僚制组织理论

第一节　生平与著作

马克斯·韦伯（Max Weber，1864—1920）出生于德国埃尔福特的一个富裕家庭，父亲是一位法学家兼市政议员，母亲是一位虔诚的基督教徒，一生笃信上帝并致力于宗教慈善事业。1869年，父亲老马克斯·韦伯把全家迁居至柏林，不久柏林就成为了德国的首都。在柏林，老马克斯·韦伯积极投身于政界，有着广泛的社会和政治联系，他们家经常成为学者、艺术家和政治名流的聚会场所，因而韦伯从小就受到德国重要思想家如狄尔泰、蒙森、施密特、苏贝尔的学术熏陶。优越的环境、聪颖的天资，再加上勤奋好学，使韦伯在中学时期就对文学、历史、哲学、经济等诸多领域发生了浓厚的兴趣，这为他日后从事广博的学术研究打下了良好的基础。

1882年，韦伯高中毕业后升入海德堡大学攻读法律和经济学。在海德堡，韦伯与所有传统的富家子弟一样，贪玩厌学、不思进取。1884—1885年韦伯又转至柏林大学和哥廷根大学就读，从此开始发奋读书，专注于学业。在此期间，他曾在斯特拉斯堡服兵役，担任下级军官职务，并参加了几次军事演习。严格的军事生活使韦伯深为了解德国军队的管理方法和组织制度，这对他以后的行政组织理论研究影响颇大。大学毕业以后，韦伯一直在柏林地方法院担任低级法律职务，同时着手准备博士论文。1889年，韦伯以《中世纪贸易公司史论》的论文获得博士学位。此后，他又以《罗马农业史对公法和私法的意义》的论文，正式获得大学讲师的资格。自 1892 年起，韦伯先后执教于柏林大学和弗莱堡大学。1896 年，他又迁回海德堡。

在海德堡教学期间，韦伯经受了一次精神崩溃，他的学术研究也因此而中断。几年以后，他才重新恢复学术工作，而此后他的教学生活则是以一种离职休假的方式度过的。根据种种记载，韦伯的精神疾病起因于父亲的去世。老韦伯死前不久，曾经和儿子有过激烈的争吵。这场口角因小韦伯不可思议地命令自己的父亲离开家庭而闹到顶点，此后韦伯再也没有在父亲生前和他见上一面。在得悉老人暴卒的消息后，他受到了负疚和悔恨的折磨。此后，他实际上已变成了紧张症患者。①

由于精神疾病的困扰，韦伯无法专心致志于学术研究，1899 年，他获得学校的批准开始了休养讲学的生活。韦伯先后游历了英格兰、苏格兰、比利时、意大利和美国。在美国期间，韦伯应邀在圣路易斯大学讲坛演讲，并远至奥克拉荷马和新奥尔良参观访问。美国是一个以城市为主、以有效的官僚制政党和议会实施统治的国家，北美新教徒在发展资本主义经济以及在美国社会经济组织中表现出来的进取精神，给韦伯留下了深刻的印象，并成为他日后写作《新教伦理与资本主义精神》一书的素材。②

在经历了几年的“精神崩溃”之后，韦伯从 1903 年开始以惊人的毅力和疯狂的速度投身于学术创作活动。尽管他的精神疾病轻度发作，但只要一干起工作来，他那巨大的创造活力便泉涌不止。1917 年末至 1919 年初，韦伯多次在公开场合发布演讲，其中最为著名的是《作为职业的学术》和《作为职业的政治》两篇演讲。几乎与此同时，他又先后受聘于维也纳大学和慕尼黑大学，讲授社会学、社会经济通史等课程。由于身心长期处于紧张状态，以及清教徒式的勤勉忘我地工作，韦伯的身体健康受到严

---

① 弗兰克·帕金.《马克斯·韦伯》. 刘东，谢维和译. 四川人民出版社 1987 年版。

② 苏国勋.《理性化及其限制——韦伯思想引论》. 上海人民出版社 1988 年版。

重损害。1920 年 6 月 14 日，韦伯因患肺炎而猝然去世，时年 56 岁。

韦伯的思想深刻而独到，研究的范围也十分广泛，涉及社会学、经济学、政治学、行政学、历史学及宗教神学诸多领域，他的学术研究不同程度地推进了各个学科的发展。他的一生著述颇丰，并且在研究范围、文献资料和思想深度等方面，都令后人难以企及，其主要著作有：《新教伦理与资本主义精神》、《一般经济史》、《社会和经济组织的理论》、《经济与社会》、《政治论文集》、《社会学论文集》等。韦伯的理论对后世影响巨大，他提出的“理想的官僚制”理论是行政学发展史中重要的里程碑，为此韦伯被誉为“组织理论之父”。

第二节　官僚制组织理论

一、理想的官僚制理论

官僚制理论居于韦伯现代化理论的核心，他认为行政管理体系向官僚科层制发展的程度，给现代化的政府提供了决定性的尺度。因为，官僚制本身就是作为传统类型对立面而规定的，它是传统行政体制的对照物，是世袭制向理性转换的过渡形象。对于韦伯来说，当代社会以及政府的突出特点是家长制或世袭制的行政管理体制转变为官僚科层制，传统权威转变为所谓“理性的”或“合法的”权威。这一趋势是社会、历史的发展过程的必然结果。

1. 官僚制的概念

“官僚制”（bureaucracy）一词是由法文 bureau 与希腊文 kratos 复合而成。bureau 原意指带有书写折叠板的家具，后衍义为书桌，进而指放书桌的办公室、官邸、办公场所，kratos 具有管理、治理、统治的含义。18 世纪以来，bureaucracy 一词从原来的“办公室”逐渐引申为训练有素的专业人员根据固定的规章、制度展开活动的一种理性而高效的行政管理体制。韦伯正是在这种意义上使用该术语的，在其众多著作中，bureaucracy 表示一种有效的组织管理体制和方式。在深入研究和比较中西方社会的统治结构之后，韦伯认为：官僚制就是建立于法理型统治基础上的一种现代社会所特有的、具有专业化功能以及固定规章制度、设科分层的组织制度和管理形式，是一种理性地设计出来的，以协调众多个体活动，从而有效地完成大规模管理工作，实现以组织目标为功能的合理等级制组织。

官僚制并非自古就有，它的形成有赖于西方资本主义制度的建立和发展。在韦伯看来，现代官僚制的发展必须具备一定的社会、历史和经济前提，它包括：货币经济的充分发展；行政管理任务量上的发展；行政管理质上的演变；官僚体制组织的技术优越性；行政管理手段的种类；社会差异的拉平等等。在所有这些条件中，韦伯尤其强调货币经济对于官僚制产生及发展的重要作用。他明确指出："一定程度的货币经济的发展是纯粹官僚制管理的不变的和连续存在的先决条件……历史经验证明，没有货币经济的发展，官僚组织很难避免经历实质的内在变化，准确地讲，它要变成另一种结构形式。"①

通过比较中西方社会发展和组织结构，韦伯发现官僚制的行政管理只能发生在属于法理型统治的理性国家。虽然古代埃及的一些文献中有官僚制的某些精神气质，中国自秦汉以来建立的中央集权制统治的国家也具有某些官僚制的形式，但是这两者都不符合现代官僚制的特征。因为，就统治的组织结构而言，中国在秦汉时期开始从封建制向官僚制过渡，而训练有素的行政管理官员和理性的法律制度却一直付诸阙如，最终致使中国早期的官员制萌芽一直未能发展成为现代的官僚制。

2. 官僚制的功能与特征

"官僚制"一词不仅被韦伯用指政府部门，而且用指在所有

① 马克斯·韦伯.《社会学论文集》. 牛津大学出版社 1947 年英文版。

当代生活领域，非自愿团体和私人事务以及政府中的一种“理性”行政统治类型。作为一种地位阶层，官僚组织的发展不仅能够对政治产生影响，而且对社会也能产生广泛的影响。正如在政治领域中官僚组织远非行政工具一样，在更广泛的场合，它对社会的文化和价值、对人们思想所追求的价值目标发挥着有意义的影响。韦伯提出的“官僚制”概念，主要是指在知识的基础上，以行政效率为目标的一种科学、理性的现代行政管理体制。概而言之，纯粹类型或理想类型的官僚行政机构主要包括以下这些基本特征：

（1）等级制。在理想的官僚体系中，各种公职或职位按权力等级组织起来，行政部门从上到下形成一个金字塔式的等级结构。在此，上下级之间有着明确的职能和权限的区分，每一层级都要受其较高层级的领导、监督和管理，最高层级则要向组织本身负责。行政管理体系的等级制原则最大的优点在于：上令下行、层层授权、目标明确、管理科学。然而，“等级的服从并非等同于所有‘上级’机构有权干脆把‘下级’机构的事务，统统兜揽在自己的身上，越俎代庖”。[①] 因为行政人员的职责是专业化的，上级不必处处干涉下级的事务；反之，下级也要在其职权范围之内独立行事，不能仅仅依赖和等待上级的指导。等级制的原则同样存在于国家的和教会的机构里，也存在于所有其他官僚体制的机构里，如大的政党组织和私人的大型企业。

（2）专业分工。专业分工不仅是行政体系提高工作效率的必要前提，也是官僚等级制的一个显著特征。韦伯认为，“在行政管理中按照纯粹业务的观点，实行分工的原则，对各种具体工作进行分工，最好把干部培养为专家，并在实际中不断进一步深入培训”。[②] 而且，只有在分工明确的情况下，行政人员完成任务才意味着解决事务“不看人办事”，而是根据可以预计的规则。

---

① 马克斯·韦伯.《经济与社会》下卷. 商务印书馆 1998 年版。

② 同上。

显而易见，按照韦伯的观点，现代的官僚制无论是在任务层次还是管理层次都有一种高度的分工，整个行政管理工作首先被分成几个大的方面，进而又被分成若干某些小的方面。分工过程层层进行，直到个人的工作高度专业化，每个人只从事有限的任务为止。现代官僚制的技术优势主要体现在工作的专门化，分工和专业化使行政体系各个层级的职权与责任相互一致，另一方面，它又不断促进行政管理人员提高工作效率。

(3) 行政管理档案系统原则。韦伯指出，现代官僚组织的主体是由行政人员、物资机构和档案机构三部分构成，其中广泛、严密的档案机构则在一定意义上已成为官僚制的重要标志。在组织化的官僚体制中，行政职务的执行都以正式的文件或案卷——档案保存着原始的文件和草案为基础，一切行政命令、决议和规章都必须运用书面的形式加以表述，而行政组织内部之间的沟通与合作也必须通过正式的文件进行。当正式的和成文的文件用毕，档案系统就对此进行必要的保存与管理，它们自然就成为日后决策的基础。一般而言，现代官僚组织都拥有极其详细和广泛的档案系统，这个特征使官僚组织能够独立于个人之外，个人也许来去不定，而档案系统则是组织不可缺少的存储器。

(4) 明确的程序、规章和制度。在现代官僚组织的实际运作中，明确的程序、规章和制度在很大程度上排除了个人的主观因素，从而使组织获得了理性、稳定性、连续性和可预测性。在行政部门之间发生水平的、垂直的和横向的联系时，就是程序、规章和制度在指导组织成员的行为，它们是组织运行理性化、科学化的根本保证。因为，组织的规章和制度本质上是非人格化的，不掺杂任何私人的偏见和感情，所以组织就摆脱了个人的狂想、幻想和怪想的影响。如果在一特定情况下，行政组织的各个部门在一段时间内应用同样的规章，那么整个行政组织在这段时间内就会产生高度一致性和连续性。只有当规章、制度不充分和不必要时，组织才对它们进行修正或废除。概而言之，程序、规章和制度起到了以下三个方面的基本作用：①组织不受个人主观意志的影响，避免上级对下级的正常工作活动进行不必要的、经常有害的干涉，反之亦然；②官僚组织的各个部门，在任何特定的时候具有行动的一致性、连续性及合理性；③在任何问题上，都要毫无例外地应用同一规章、制度，遵守同一程序，使组织始终能够独立于个人之外。

（5）专业培训。训练有素、专业精深的行政官员是现代官僚制区别于传统家长制和世袭制的重要特征。随着资本主义社会专业分工的精细化与复杂化，政府部门的行政管理工作也日益变得专门化，这就需要对各种职位的行政人员进行专业培训。尽管行政人员受过某一领域的正规教育，并且具有所要求的专业知识，但他们可能并不真正具备处理错综复杂专业问题的能力。因此，官僚组织必须为他们提供系统、全面的专业培训，促使他们改进办事方法、提高工作效率，最终成为某一领域的专家。因此，“职务工作，至少是一切专门化的职务工作——这是现代职务工作的特点，一般是以深入的专业培训为前提的。这也同样愈来愈既适用于私人经济企业的现代的领导者和职员，也适用于国家的官员”。[①] 韦伯认为，经过专业培训的官僚可以最大限度地发挥行政管理的效能，并使官僚同复杂的工业社会息息相关。

（6）采用固定的薪金及按照资历、政绩晋升。行政官员是一个专职的阶层，其职务稳定，能够定期拿到货币报酬，一般是采用固定的薪金和退休金这种年老保障的形式，因而“官员的相对较大的生活供给保障，此外，在社会评价上也得到补偿，使得在不再有殖民的获利机会的国家里，官吏成为渴望得到的热门工作”。[②] 另一方面，与官僚组织的等级制度相适应，官员的仕途生涯也由下面的、较不重要的、报酬较少的职位，逐渐向上升迁。一般的官员，如果不能在职务上得到晋升，那么至少在薪水的级别上有望按照资历正常晋升。官员的提升完全根据个人本身

---

① 马克斯·韦伯．《经济与社会》下卷．商务印书馆 1998 年版。

② 同上。

的资历、政绩，而不允许将等级、信仰或性别因素和个人政绩纠缠在一起。所以，正是由于职业的专职性、薪金和晋升的稳定性以及社会地位的相对独立性，才使得官员阶层能够摒弃个人情绪，安心地按照规章、制度办事，从而在根本上保障了整个官僚体制的理性和持续性。

3. 官僚制的评价

官僚制是资本主义经济发展的产物，它是一种理想的行政管理体系的象征，并且经常意味着行政组织的理性化、稳定性和高效率，而不像这个词的现代用法中所包含的“行动缓慢、效率低下、不负责任、互相推诿”等官僚主义现象。因此，在这个意义上，韦伯深刻指出，“经验一般地总是表明，纯粹的官僚集权式行政组织——从纯技术观点来看是能够取得最大程度的效率的，从这种意义上来说，这种组织是对人进行绝对必要的控制的最最合理的手段。在精确性、稳定性、严格的纪律性和可靠性等方面，它比任何其他形式都要优越”。①

显然，韦伯在此强调的主要是官僚制的技术优越性，即作为技术工具的官僚组织所具有的“理性”。不过，官僚制也并非像韦伯描绘的那样完美，它常常与官僚主义密切相连，并且也具有官僚主义的负面作用。就技术层面而言，理想的官僚体制的优点主要体现在以下几个方面：

(1) 组织的严密性。理想的官僚体制是通过等级结构进行控制与管理的，等级结构体系则完全按照专业化的标准加以确定。法规、规章和制度对所有职位的责任和权限都有明确而详细的规定，整个官僚组织权力分层，职位分等，层层节制，环环相扣，秩序井然。上下级之间职责明确，同级之间既相互分工、又彼此配合，这在很大程度上保证了行政管理的高效率，避免组织之间、个人之间职责不清、互相推诿的现象。此外，所有的行政人

① A. M. 亨德森，塔尔科塔·帕森斯.《马克斯·韦伯：社会经济组织理论》. 纽约弗里出版公司 1947 年版。

员都隶属于统一的法律法规体系，遵照法规和规章进行职务活动，组织从而获得了高度的一致性。

（2）管理的非人格化。在官僚组织的行政管理中，任何程序都必须以法律、制度为根本准则，占主导地位的是形式化的、非人格化的、普遍主义的理性精神。行政人员必须秉公办事，保持价值中立，排除爱、憎和一切纯粹个人的、从根本上说是非理性的、不可预计的感觉因素。因而，官僚制的这种非人格化秩序的建立，不仅在很大程度上克服了封建世袭制的个人专断、滥用权力等种种弊病，保证了管理体制的连续性和稳定性，更为重要的是，它体现着一种科学、高效、公正的管理模式，意味着行政管理开始由传统的"人治"转向现代的"法治"。

（3）技术的高效率。官僚体制的组织广泛传播的决定性的原因，向来是由于它的纯技术的优势超过任何其他的形式。在官僚组织中，专业技术知识居于中心地位，任何规定都是详细具体的，并且具有很强的可操作性，体现了一种科学的管理方式，这种合理性决定了官僚体制具有精确、迅速、统一、协调、节约和高效率等优势。为此，韦伯指出，"精确、迅速、明确……统一性、严格的服从、减少摩擦、节约物资费用和人力，在由训练有素的具体官员进行严格官僚体制的、特别是集权体制的行政管理时……能达到最佳效果"。① 所以，官僚制的管理行为是以"理性"为其前提的，它对于社会的治理以及对经济的促进，从效率、功能上看是远远胜过非理性的行动类型。

（4）统治的知识化。官僚组织的行政管理意味着根据知识进行统治，这是它所固有的特别合理的基本性质。根据教育程度和专业资格录用官员，打破了传统的门第之见和经济特权，使得官僚组织能够广泛地招纳优秀人才，并且有助于职业专家和技术官僚人格类型的发展，从而确保个人在任用和晋升方面的平等权利。在韦伯看来，官僚体制中所有官吏的权力地位都来源于知

① 马克斯·韦伯.《经济与社会》下卷. 商务印书馆 1998 年版。

识，而知识有两类：第一，通过专业训练得到的专业知识，广义上称作“技术”；第二，官场知识，它是关于为官实践的具体知识。统治的知识化是现代官僚制的重要特征，它从根本上保证了官僚组织的有效性和稳定性。

按韦伯的意见，官僚制的行政管理正在以其技术优势而得到蓬勃发展，正如资本主义的工业化发展一样，官僚制的“非人格化”扩大了个人的能力，增加了个人在逐渐复杂的社会中达到其目的的可能性。但是，韦伯在赞美现代官僚制的“理性”和“效率”的同时，也清醒地认识到它所具有的“非理性”和“低效率”的一面。因为，通过理性化，人们追求可控制的外部环境、增进自己的自由，但同时也就助长了束缚自己的力量。简言之，现代官僚制主要包括下述负面功能：

第一，官僚组织体系庞大、行动缓慢，容易造成组织效率低下。等级制是理想的官僚体制的重要特征，是用以保障官僚组织有序、高效的一项重要原则。按照这一原则，下级必须接受上级的指挥、控制和监督，更为重要的是，下级的加薪、晋升也完全由上级决定。上下级之间的这种节制与隶属的关系，难免造成下级人员对上级人员逢迎拍马、报喜不报忧，从而阻碍了上下级之间的沟通渠道。另一方面，由于上级人员对下级人员的能力和实际工作表现的了解不可能完全正确，所以也必然导致下级人员的不满情绪，从而影响官僚组织的内部团结和工作效率的提高。

第二，官僚制与官僚主义（bureaucratism）密切相连，它具有官僚主义的种种弊端。例如，分级审理原则的贯彻，必然会带来徒然增多的文件数量，可能会使文牍主义风气四处蔓延；职务活动在文件形式上的过分求全态度，其结果是用繁文缛节束缚行政人员的手脚，使处理公务的效率大大降低；法规明确规定了官员的权限和职责，又可能产生对管辖以外的事情漠不关心、互相推诿，以及本位主义和宗派主义的消极现象；严格按照规章制度处理公务，其极端作法是官员为确保自身的利益而墨守成规、不思进取，缺乏工作的主动性和创造性，整个官僚组织也逐渐由此变得僵化死板，失去应变能力。在这个意义上，可以说“官僚制”是孕育“官僚主义”的温床。

第三，现代官僚制同样具有“非理性”的一面，它不断使人的本质发生异化。虽然官僚制本身是一种有其力量和价值的社会机制，但是随着资本主义的深入发展，它逐渐扩张为一种独立的社会力量，使人堕为其附庸甚至工具。官僚制的形式合理性越增大，它的实质非理性成分就越增多，越容易招致来自价值判断的更多批判。在官僚组织中，人的一切行动都要听命于官僚机器的某种命令，人的情感、内心精神需求、本能、愿望和创造力都要受到压抑，人逐渐失去自我和个性，变成“这架不停运转机器上的一个小小的齿轮，并按照机器指定的路线行动”。这时，人已经发生全面的“异化”，人的工具性与人的本性形成根本对立。

二、合法统治的三种理想类型

韦伯认为，任何社会组织都必须以某种形式的权力为其存在的基础。在他看来，“社会与其组成部分，更多的不是通过契约关系或者道德一致，而是通过权力的行使而被凝聚在一起。在那些和谐与秩序占上风的地方，权力的威慑性运用从未彻底消失过”。① 可以说，人类社会行为的一切领域都无一例外地受到权力的影响，没有一定形式的权力，一切社会组织的活动都不可能正常地进行，从而也就无法达到它预期的目标。在这里，权力意味着统治者的命令影响着被统治者的行为，被统治者必须接受或屈从于统治者的命令，以统治者的命令作为自己的行为准则。然而，韦伯并不仅把统治定义为一种引起服从的命令结构，还把它理解为乐于给予的服从。因此，在韦伯看来，统治是一种“合法的权威”，或者说统治者的权力都以“正当的”形式被他的服从者所接受，从而为社会所公认，成为合法。就此意义而言，韦伯

① 弗兰克·帕金.《马克斯·韦伯》. 刘东，谢维和译. 四川人民出版社 1987 年版。

指出，人类社会存在以下三种纯粹形态的合法统治的类型：

1. 传统型统治（traditional）

韦伯认为，“如果一种统治的合法性是建立在遗传下来的（历来就存在的）制度和统治权力的神圣的基础之上，并且也被相信是这样的，那么这种统治就是传统型的”。① 例如西欧历史中的长老制，以及东西方都存在过的家长制、世袭制，都属于传统型统治形式。传统型的统治合法性基础源于自古流传下来的神圣传统，统治者是根据古代传下来的习惯与规则而确定的，被统治者对统治者的服从则源于传统赋予统治者的固有尊严。传统型统治的组织机构的最基本特征在于：统治者不是“上司”，而是个人的“主子”，他的行政下属不是现代意义上的“官员”，而主要是他个人的“仆从”；属下行政管理人员与统治者的关系也并非一个组织团体内事务上的职务责任，而是一种奴仆式的个人忠诚。

在组织机构上，传统型统治与法理型统治有某些类似之处，尤其是在其任务的机能划分和指挥等级上。但是，两者之间的区别则更为鲜明：一方面，传统型统治的行政管理还未将私人领域和官方领域的截然两分。官吏们不但正式拥有自己的封地，而且还可以公开出卖他们的官职，或者将其传给后嗣。另一方面，在传统型统治的行政组织中，官吏们的行政管理或者技术才能并不重要，他们对于统治者的忠诚才被认为是高于一切的“第一要素”。

传统型统治最为普遍的形式是世袭制，而实际上这种统治只不过是族长式统治的一种扩展。世袭制的合法性基础同样也是臣民对其主子所怀有的“忠诚与忠贞”。世袭的统治者将他与臣民的关系培养得如同他的家人的关系一样。在理论上，他们对其侍从们具有绝对的命令权力，但在实践上，他们的权力同时又受到来自传统习俗和惯例的限制。韦伯指出，世袭统治者的行为是被

① 马克斯·韦伯.《经济与社会》上卷. 商务印书馆 1998 年版。

他们对传统的神圣不可侵犯的天生崇敬所支配的。如果世袭统治者滥用他的权力，而又无视习惯，那么他便冒着触犯他形式上“忠诚”的臣民的众怒的危险。韦伯经常指出这一点：即世袭的统治者很大程度上依赖于他的臣民的善意，臣民善意的丧失将宣告他的统治的末日。但是，只要下属能够从主子的政权中获得足够的利益，这种情况就很少发生。

就传统型统治的纯粹类型而言，法律和规则并不是通过立法程序制定而出，传统本身就直接决定了法律的内容。在这种统治结构中，权力的实施必须以被统治者习惯上服从的程度以及心理上承受的限度为限，否则就会引起反抗。但是，即使被统治者发生反抗，这种反抗也只是针对蔑视传统限制的统治者个人，而并非旨在取消或反对传统制度本身。因而，在此意义上，这种革命被形象地称为“传统主义革命”。

韦伯认为，同法理型统治相比，“传统型统治的行政管理班子缺乏：①按照事务规则确立的、固定的‘权限’；②固定的、合理的等级制度；③通过自由的契约并按规定任命官员和按规定晋升；④专业业务培训（作为准则）；⑤（经常性的）固定薪金和（更为经常性的）用货币支付的薪金”。[①]

在社会历史中，传统型统治虽然表现为多种形式，但总体而言，它们在政治上对理性的经济行为起到严重的阻碍作用。这是因为，传统型统治的经济需要主要依靠实物捐赋和徭役的方式来满足。“在这种情况下，经济关系严格地受到传统约束，市场的发展受到阻碍，货币的使用基本上是一种实物的和以消费为取向的，资本主义的产生是不可能的。”[②] 韦伯认为，传统型统治给合理经济的发展造成障碍的根本原因，不仅在于它的财政政策，而且首先是由于它的行政管理所具有普遍特性，即：①传统主义对制定形式上合理的、持久可靠的、因此也是在经济影响上和可

---

① 马克斯·韦伯.《经济与社会》上卷．商务印书馆 1998 年版。

② 同上。

利用上可预计的章程造成困难；②典型地缺乏正式受到专业业务训练的官员班子；③统治者及其行政管理班子在实质上任意专断和纯粹个人喜好的领域很广，同时，可能的贪污受贿只不过是收取管理费用权利章法无度的变种而已；④整个家长制和世袭制固有的倾向，即倾向于以物质、以功利主义为取向的经济的调节。正是在此意义上，韦伯深刻指出："自认为是一种合乎伦理道德的明确的生活准则的现代资本主义精神，必须与之斗争的最大敌对力量，是对于新环境的那种态度和反应，我们称之为传统主义。"①

2. 个人魅力型统治（charismatic）

个人魅力即"卡里斯马"，在这里它用来表示统治者的人格特征："他被认为天分过人，具有超自然的或者超人的、或者特别非凡的、任何其他人无法企及的力量或素质，或者被视为神灵差遣的，或者被视为楷模，因此也被视为'领袖'。"② 在比较原始的社会中，预言家、精通医术的或者精通法学的智者、狩猎的首领或者战争英雄、勇士都被称为个人魅力型人物。个人魅力型领袖的权力仅仅依赖于他能否使其追随者和信徒们确信他的盖世神力。他必须作出奇迹和英雄之举，并且不断地在其追随者们眼中证明自己受命于天。不像官僚制，他不能依靠职位的保障；更不同于世袭制，因为他不能躲在习惯的尊严里。他必须时刻准备着通过使人敬畏兴奋的举止，或者冒着丧失其信徒的信仰的危险去证明自己的才能。

个人魅力型统治的合法性基础在于：英雄人物所具有的吸引追随者和信徒们的神力，以及后者对于前者自愿的服从和虔诚的信仰。在此意义上，韦伯认为个人魅力型的合法性是惟一纯粹的合法性类型。信仰是英雄人物控制其追随者和信徒们的惟一方式，而信仰则是他们自愿给予他的。但是，当信徒们不再信奉他

① 马克斯·韦伯.《新教伦理与资本主义精神》. 三联书店 1987 年版。

② 马克斯·韦伯.《经济与社会》上卷. 商务印书馆 1998 年版。

时，领袖的权力就会顷刻崩溃。与其他统治类型相比，只有个人魅力型的统治者必须依赖纯粹出于其信徒们的自愿服从；只要他们愿意，随时随地都可以自由地抛弃统治者的命令，而不需要任何正当的理由。因此，个人魅力制的合法性，完全依靠对于领袖的信仰，但这种信仰却不是依靠强制取得。真正合法性的试金石在于：当统治者没有力量去惩罚反抗者的时候，他的属下是否还愿意服从他的命令。在其他统治形式下，对统治者命令的服从并非基于信仰，而是基于对不服从的后果的理性认识。

就组织结构而言，个人魅力型统治与其他两种类型也差异迥然。首先，领袖的合法性权威依靠的既不是传统的习俗与惯例，也不是官方的等级制度、领取俸禄的雇员、技术性的行政管理或者任何种类的程序性规范，而是领袖个人所具有的超凡魅力。其次，组织内的行政管理人员不是现代意义上的官员，他们不经过技术训练和资格甄选，也不由家族门阀关系决定，而是以其本人所具有的“卡里斯马”特质为标准。而且，行政管理人员的职务不是一种职业，它不按照常规的途径升迁，全凭领袖的直接指定。最后，上级与下级之间的关系是直接的，无需经过任何固定的机构或程序，在这里只有领袖对信徒的召唤，以及后者对前者的效忠奉献。一般事务或个别事情均由领袖直接干预，行政人员既无固定的职权范围，也无固定的薪金。

韦伯指出，个人魅力型统治具有以下几种基本特征：

(1) 魅力的适用是由被统治者承认决定的，这种承认是由实际的考验——原先总是由奇迹保障的，自由的，产生于献身于默示、对英雄的崇拜和对领袖的信赖。

(2) 倘若实际考验不能维持长久，则表明“领袖”被他的上帝遗弃，或者英雄丧失其魅力，倘若他的领导没有带给被统治者以幸福安康，那么他的魅力型权威的机会就消失。

(3) 社区统治团体是一种感情的共同体。魅力型统治者的行政管理班子并非“官员”，也不是“家臣”或“奴仆”，它是按照魅力的品质选择的。

(4) 纯粹的魅力对经济尤其陌生。在它出现的地方，就创造出一种在着重强调意义上的天职，作为使命或者内在的本分。

(5) 在受传统束缚的时代，魅力是巨大的革命力量。因为，魅力是一种发自内心的改造，改造虽然产生于困顿或者热情，但是它却改变着人们最重要的思想和行动的方向。①

个人魅力型统治是一种前理性时代的社会现象。一方面，当社会出现某种危机时，"卡里斯马"就从外部造成影响，改变人们的生活境况从而使人们对原有的价值观念和信仰发生动摇，转而去接受一种新的信仰，这就为某些具有特殊能力的人取得权力造成机会。另一方面，信仰他的群众本身也有对这种人的需要，人们出于对摆脱面临困境的渴望和对美好前景的向往而对某些具有非凡能力的领袖人物表现出盲目崇拜和迷信。② 个人魅力型的统治又是典型的人治，它不像传统主义和官僚政治，不能作为政治的稳定制度的基础。个人魅力制一经产生，它的衰落就开始了。韦伯指出，个人魅力的天赋在骚乱和普遍兴奋的时候是需要的，但是这种天赋根本不能与日常事务的管理相适应。

个人魅力型权威从根本说来是一种最不稳固、"非常态的"统治形式，这不仅因为它缺少理性的、稳态的组织机构和它本质固有的反经济性，而且还由于个人魅力是一种天赋，它内在于非凡的、在生活中偶尔出现的个性之中，所以它不能被保存和传递。在个人魅力型统治的领袖死去以后，便出现了一系列从未能被适当解决的危机。随着后继者的任命，情况总是有所不同。因此，个人魅力制是一朵火花，它带着一线光明剧烈地烧了片刻，便猝然熄灭了。个人魅力型统治的结果是：权力要么转变为一种更为传统的类型，要么开始呈现官僚政治的特征。这些因素都促使产生于社会激烈动荡和变革过程中的卡里斯马型统治向其他形式转化，这就是韦伯所称的"常规化"问题。

---

① 马克斯·韦伯.《经济与社会》上卷. 商务印书馆 1998 年版。

② 苏国勋.《理性化及其限制——韦伯思想引论》. 上海人民出版社 1988 年版。

一般而言，个人魅力型统治的“常规化”有以下几种情形：一是把领袖地位从个人变成一种世俗社会职位，如酋长、教主、主席、总统，这样势必会造成将来继承这一职位的人自然地具有了“卡里斯马”领袖的合法权力，从而丧失“卡里斯马”一词原意所特指个人人格魅力的合法权力；二是以神意选择新领袖，如神谕、抽签、神启或其他神秘方法，使新领袖的合法性实际上来自选择技术的合法性，这也是一种与“卡里斯马”本意对立的、含有法制化意味的形式；三是领袖将权力传给子女或指定无血缘关系的继承人，实际上这是权力的世袭或禅让，这样必将造成“卡里斯马”型向传统型统治的转化；四是由信徒们荐贤举能，虽然这还不是真正意义上的选举，但风气一开，必然导致向现代民主选举方式的趋近，长此以往势必引起“卡里斯马”人治形式的解体，逐渐演变为法制型统治。①

3．法理型统治（legal—rational）

韦伯所说的法理型统治，指的是现代社会的统治形式。这种权力是以合理—合法性或已被提升为统治者的权力为依据的。如果说所有其他类型的统治权力都是归于个人——不论是族长、君主，还是救世主或革命领袖，而法理型统治的权力则归于非人格化的制度和法规。在此，无论领袖、官员或普通民众，都要受到法律的制约和束缚；领袖和官员的决策、命令及其自身都要服从这一非人格的法律秩序。被统治者服从的只是这一组织的非人格的法律，而不是服从统治者本人。现代社会就是一种以法律为基础进行治理的“法治”社会。

如果说个人魅力型统治是一种人格取向的权威，法理型统治则是一种制度取向的权威。法律或者制度一旦形成，社会中所有的组织成员就必须按照它所规范的既定秩序行动。整个社会行政管理的关键，在于如何将这些抽象的法规和制度运用于实际事例。在法理型统治类型中，组织成员对于上级的服从，主要是基

① 苏国勋．《理性化及其限制——韦伯思想引论》．上海人民出版社 1988 年版。

于他在组织内所处的地位，而上级行使权力的范围同样也要受到其职位的严格限制。在此，一切社会行动都必须以法规和制度为根据，行使权力的人——官僚仅仅是法规的执行者，而不是法规的最终源泉。服从也只是对依据法律建立起来的等级制度所规定的职位的服从。

韦伯认为，法理型统治具有以下几个基本特征：

（1）一种规则事务的持续的、受规则约束的运作。

（2）这种运作是在一种权限之内，而权限意味着：①一种根据劳动效益分工实际划定的承担劳动效益义务的领域；②赋予大致为此所需要的命令的权力；③明确划定可能允许的强制手段和使用强制手段的前提条件。这样一种按章办事的运作应该叫作“机构”。

（3）职务等级原则。也就是说，任何机构都有固定的监督和监察制度，下级机构都有权向上级机构投诉或提出异议。

（4）议事的规则可能是：①技术性的规则；②准则。在这两种情况下，为了应用规则，要达到完全合理，就必须有专业培训。因此，在正常的情况下，只有证明接受专业培训者成绩合格，才有资格参加一个团体的行政管理班子，才允许被任命为“官员”。“官员”构成合理团体的典型的行政管理班子，不管这是政治的、僧侣统治的、经济的（尤其是资本主义的）还是其他的团体。

（5）行政管理班子与行政管理物质和生产物质完全分开的原则是适用的。同时存在着职务机关（企业）的财富（以及资本）与私人的财富（家庭预算）完全分开的原则，以及职务运作场所（办公室）与住所完全分开的原则。

（6）不存在任职人员对职位有任何的占为己有。在赋予一种在“职务”上有“权利”的地方都获得权利，职务的占有一般并不是为法官占为己有的目的效劳的，而是服务于保障在他的职务上纯粹事务的（“独立的”）、只受准则约束的工作。

（7）行政管理档案制度原则，甚至在口头讨论实际上都是规则或规章的地方，也是适用的；档案和官员们的持续运作结合在一起，就产生了办公机关作为任何现代团体行为的核心。①

在韦伯看来，传统型的统治是按照流传已久的习惯行事，其领导人只是因袭以往的传统进行管理，并且也只是为了保持这种传统才进行管理。个人魅力型的统治则带有浓厚的神秘色彩，它依靠的是感情和信仰，而非理性和法规，因而这种统治具有很强的不稳定性。在法理型的统治中，一切权力都根源于法律和规章制度，行政管理人员必须严格按照既定的法规活动，不允许夹杂任何私人感情和偏见。居于行政管理职位的官员也都拥有行使权力的合法手段；每个管理人员拥有的权力都以其职务的需要加以划分，并且被规章明确限制在必要的范围之内。因此，法理型的统治在保持行政管理的连续性、稳定性的同时，也保证了一种慎重的社会公正以及管理的高效率，这决定了它必然成为现代社会行政管理体制的基础。

概而言之，法理型统治要求包括领袖、官员和公民在内的一切人都要忠实于法律，并只对法律负责。它把合法性建立在一切人与理性法律的关系之上，这是一种非人格化的法制关系。传统型统治与个人魅力型统治则把合法性建立在一般人对某个人的忠诚关系上，一般人和官员都须面对个人和只对个人负责，这是一种人格化的法律关系。法理型统治则扬弃了前两种类型的非理性，成为既稳定又合理的统治形式，它的合法性来自对理性法律的信仰、这种法律体系是以形式上完全正确的程序制定出的，它是由公认为合法的权威所制定和强制实施的。因而，在韦伯的论述中，法理型统治是现代社会组织的主要表现形式，它比传统型统治和个人魅力型统治的社会组织具有理性意义上的合法性。

韦伯清楚地指出，在所有这些合法性统治的类型中间，没有任何必然发展的进化模式。人类社会并非穿越过一种传统型的、个人魅力型的和法理型的阶段系列。三种统治类型只是在历史的

---

① 马克斯·韦伯．《经济与社会》上卷．商务印书馆 1998 年版。

各个不同时期以不同的结合而产生。不过一旦官僚政治彻底扎下根，个人魅力对社会制度的作用就趋于变弱，这确实是事实。韦伯认为个人魅力是一种对所有既定秩序的强有力的破坏力量，它特别能缔造革命的历史力量。传统型的社会特别害怕个人魅力的冲击波。人们封闭在习惯与风俗的正统观念中，不知从什么地方产生的个人魅力的形象便能给旧的制度以巨大破坏。

第三节　分析与评价

19世纪，德国的工业化进程是十分迅速的，但是在很大程度上却受到强大的封建容克政权的束缚。德国正处在以旧的、家族为基础的企业制度向资本主义企业制度迅速兴起的十字路口上。韦伯敏锐地观察到，当时在德国的教会、国家机构、军队、政府、经济企业和其他各种团体中，大规模的组织都在飞速增长，而传统型的组织结构已经远远不能适应现代组织发展的需要。为此，这些大型组织迫切要求一种严密、稳定、有效、精确的管理组织，以促使资本主义社会的行政管理不断趋向“理性”和“高效”。韦伯提出的“理想的行政组织理论”适应了资本主义经济发展的要求，为西方资本主义社会描绘出一种高效率、合理性的管理体系，并且为行政管理从封建世袭制向资本主义官僚制的转变提供了理论上的依据。从历史的角度来看，韦伯的思想和理论反映了传统社会的瓦解和现代资本主义社会的全面兴起，反映了行政管理的现代化趋势。如果说亚当·斯密曾经发动一次抨击，摧毁了阻碍英国资本主义发展的重商主义政策，那么韦伯对旧传统以及在经济中使用政治控制（它们将被以知识和技术能力为基础进行的管理所取代）的抨击同样也前所未有地促进资本主义的发展。这种强调规则而不是个人、强调能力而不是偏好的现代官僚组织，极大地推进了资本主义社会行政组织体系的发展，并使它作为任何一种大型组织的核心因素，在现代社会中起到极其重要的作用。韦伯的“理想的行政组织”理论对于西方行政学的发展影响深远，他的贡献主要在于以下三个方面：

（1）构建起一整套现代行政管理体系的规则。韦伯的理想的行政组织理论系统地分析了现代行政体系的组织结构、运作方式和管理原则，全面阐述了作为资本主义社会的一切大型社会组织所应具有的基本特征。与传统的家长制和世袭制相比较，现代官僚制体现出更为优越的合理性、高效率和稳定性。在韦伯看来，理想的官僚制是由职位和部门形成的金字塔式的等级系列，每个职位、部门的权限和职责都是依据合理—合法的原则，按照它在组织中的地位加以确定，每个行政成员的公务活动都必须根据统一的法律和制度进行。行政人员专业化的职位和稳定的薪金则保证了组织的持续性和稳定性。显然，在现代西方行政学中，“官僚制化”被认为是带有普遍性的社会生活发展趋势，它已经成为研究现代行政体制、组织变迁和行政管理现代化的一个不可或缺的组成部分。毫无疑问，韦伯的思想在这些方面都保留着鲜明的痕迹。

（2）强调了法理型权威在现代社会管理中的重要性。传统型统治的管理一切均按照惯例、习俗行事，但是缺乏效率；个人魅力型统治的管理带有浓厚的神秘色彩，它纯粹依靠信仰和感情而否定理性。韦伯认为，前两者的行政管理都是以个人的意志为中心，“因人而异”、“看人办事”，具有很强的随意性和不稳定性，因而都不符合现代行政管理的需要。理想的行政管理体系，即“官僚制”则是以法理型权威为基础，行政人员的公务行为必须按照理性原则进行，必须合理、合法，不允许带有任何偏见和私人感情，对所有人都平等看待，而不管他们的社会等级和个人身份。简言之，它要求人们服从的不是作为个人的管理者，而是作为一种非人格化的秩序和规范。在此，作为管理者的官僚只不过是这种秩序和规范的执行者。因此，法理型权威能够充分保持行政管理的持续性、稳定性和高效率，它越来越成为资本主义社会大规模组织管理不可或缺的基础。而且，在现代行政组织以及其他社会组织的管理中，韦伯的这一理论也显示出极其重要的价值和作用。

（3）开启了研究组织理论（organization theory）的先河。所谓组织理论是指研究组织行为的理论，特别是研究大型正规组织，如政治机构、工厂、企业、工会和军队的行为，它是现代行政学的一个重要内容。韦伯提出的官僚制理论是组织理论的开端，直接影响了西方组织理论发展的方向和趋势，为此他被后人誉为“组织理论之父”。从组织理论的演变过程来看，官僚制理论属于传统组织理论阶段，它着重分析组织结构和组织管理的一般原则，研究内容涉及到组织的目标、分工、协调、权力关系、责任、组织效率、授权等等。此后，组织理论又经历了行为科学组织理论和系统管理理论两个阶段，并开始从研究静态的组织结构和原则逐步转变为研究人和组织活动过程、组织系统的发展与平衡等问题。显而易见，这两个方面的内容都源于韦伯的组织理论思想，但论证的范围和方法在韦伯的基础上有了巨大的扩展，例如在研究现代大型组织的人际关系问题时，除传统的方法和理论外，还大量使用了当代心理学的有关理论和知识。

韦伯理想的行政组织理论不仅是行政学发展史上的一座里程碑，而且对于西方的政治学、社会学、经济学、组织行为学等学科也产生了巨大的影响。同法约尔一样，在20世纪四五十年代以前，欧美各国对韦伯的思想并没有给予足够的重视。然而，随着资本主义经济的深入发展，企业和各种社会组织规模的不断扩大，人们越加认识到韦伯提出的理想的行政组织的重要价值。如今，这种管理体制已经成为各种正式组织的一种典型的结构，发挥着有效的指导作用。他的那些精辟的理论观点，也对后来西方行政学理论的发展，产生了广泛而深刻的影响。但是另一方面，正如有些西方学者后来批评的那样，韦伯的行政组织理论并非是纯粹的“理想”和“完美”，实际上它也存在固有的缺陷和不足。

首先，过分强调工具性的正式组织的功能，而忽略了非正式组织的影响力。韦伯的理想的行政组织理论主要是针对正式组织而言的，他认为任何偏离正式组织的现象都将降低组织的效率。

但事实上，行政组织的既定目标是由组织成员共同努力实现的，成员彼此之间除了职务关系外，还保持着紧密的非正式交往，他们各自的观念、信心、忠诚都存在着互动的关系。如果处理得当，非正式组织的活动不但不会降低组织的效率，反而常常会弥补正式组织的缺陷与不足。正如切斯特·巴纳德在其《经理人员的职能》一书中指出："对于正式组织的运转来讲，非正式组织是必需的。"、彼得·布劳也在《当代社会的行政组织体系》一书中指出："非正式关系和非官方活动常常有助于有效的运转……这些非官方模式对运转的意义，不能事先从理论分析上来确定，而只能在调查事实的基础上来确定。"① 随着社会经济的发展，非正式组织和非官方的活动在当代组织中起着越来越重要的作用，韦伯理想的行政组织完全忽视非正式组织的作用和影响，不能不说是这一理论的一大缺陷。

其次，理想行政组织的那些能够提高组织效率的因素，也可能阻碍组织效率的提高。韦伯所考察的理想的行政组织体系之所以能够实现高效率，主要由于以下两条原则：不受个人感情影响的理性原则和团结协作原则。但是，这两条原则本身也是互相矛盾的，因为如果行政人员相互之间只按照法规、制度往来，而没有情感和精神的交流，就很难团结起来。同样，专业分工固然能够提高工作效率，但专业人员只适合一定的工作环境，而一旦外部环境发生变化，这些专业人员就显得力不从心、无法适应，即所谓的"受过培训的无能"（trained incapacity）。行政组织的晋升制度也存在一定的问题，因为上级完全决定了下级的能否晋升、下级的仕途生涯完全在上级的掌握之中。但是，上级的看法不一定与下级的工作能力和成绩相符合，有时甚至会发生矛盾，这又会影响效率的提高。所以，彼得·布劳指出，韦伯的这种理论存在着某种缺陷，它所忽视的某些"机能失调"因素，在当代社会中的重要性却正在日益加强。

---

① 孙耀君.《西方管理思想史》. 山西人民出版社 1987 年版。

最后，过分崇尚法规、规章和制度，而忽视其执行者的主动性和创造性，必然会导致组织和个人的行为趋于僵化、缺乏适应性。与传统行政组织的“看人办事”相比，官僚组织实行的“非人格化”的理性原则具有历史的进步性。但是，严格按照规章制度办事并不简单地等于惟法规至上，不带任何情感因素。因为，行政组织的法规、制度毕竟最终要由行政人员来执行，而作为行为主体的个人具有其内心的需求、渴望，不可能完全像机器一样毫无感情。如果官僚组织的成员无视具体情况而机械地执行，就会使组织的目的与手段完全本末倒置，其结果只能是：组织中的个人不断丧失其主体性，成为官僚机器的工具和附庸，而本来为社会和个人服务的官僚组织反倒成为最终的目的。在这种情况下，组织成员只关心是否按照规章、制度执行，而不问是否符合组织的整体目的，他们也由此变得墨守成规、小心翼翼，失去了对工作的主动性和创造性，从而使得整个组织趋于保守和僵化。

第五章　古立克的行政组织理论

第一节　生平与著作

路德·古立克于1892年1月17日在日本的大阪诞生。父母同为传教士，育有三个孩子，他排行老二。

1914年，古立克以优异的成绩取得政治学学士学位从奥北林大学毕业，他成了毕业生荣誉学会的一名会员。古立克一心一意想日后继承父亲的衣钵，加入传教布道的行列，所以他随即进入奥北林的神学研究院。一年后，他已是一位哲学硕士了。可是，他越来越为人世的深奥莫测而烦恼苦闷。他开始认为，精神生活的实质并不在于宗教一些教条，而是源自一系列的根本价值。用他的话来说，这些价值指的是诚实、是个人尊严、是正义和人权、是创新和成就的机会。这些价值也包括对社会的责任、对崇高事业的无私奉献，以及在情感上对宇宙大同的深刻参与。正是这些思考，改变了他对人生道路的选择。他于是弃宗教而取政治，以为继承父母志向、献身人类进步的更好途径应该是社会工作和政府管理而不是传教布道。

1915年秋，古立克考取哥伦比亚大学的奖学金，作为一名博士生踏进这所著名学府的大门，主修政治学和公共法律。名牌大学加上世界大都会为日趋成熟的他提供了许多新的机会，其中之一就是去纽约市政研究局属下的公务员培训学校上课，从而与之结下了不解之缘。

1917年，博士还没毕业，专长行政和预算的古立克已经走马上任，到马萨诸塞州的财政和预算程序联合特别委员会当秘书去了。在任期间的所见所闻为他的博士论文提供了不可多得的素材，那就是日后付梓问世的《马萨诸塞州的预算的演变》一书。

就读博士期间，古立克还曾投笔从戎，以上尉衔在军队服役一年，任职于总参谋部的统计局。退伍归来，他受命出任公务员培训学校校长，并兼任市政研究局理事会的干事。

几年之后。古立克完成学业，取得哥伦比亚大学的博士学位，随即获任市政研究局局长。此后研究局曾经两度改名，先是换了块国家公共行政学院的牌子，后来则干脆简称为公共行政学院。有古立克主持大局，又赋以新的使命，在之后的 20 年间，该学院发展迅速，在好几个州都开始了行政研究。古立克本人也名声大振，兼职越来越多。

进入 20 世纪 30 年代，古立克更是声望愈隆。1931 年，他受聘在哥伦比亚大学担任了长达 11 年之久的城市科学和行政学教授。两年后，他出任社会科学研究理事会属下公务员人事咨询委员会主席。在 1935 年至 1937 年间，他被委任为总统行政管理委员会委员。也就是在这期间，他和厄威克合作编辑出版了享誉学界的《行政科学论文集》。该书是美国行政科学发展过程中的一个重要标志。

第二次世界大战爆发，古立克转赴筹划战事的中心——首都华盛顿。他分别当过财政部和战争部长的顾问。他也在预算局工作过，负责在美洲各国事务办公室内筹组教育顾问委员会并担任主席。此外，他还是商业部人口调查顾问委员会的委员。

还在炮火连天的战争年代，古立克已经着眼于战后的计划和重建。他担任过国家资源计划委员会战后项目的协调员、国外救济与复兴行动办公室总部参谋，以及联合国救济与复兴署秘书处代理秘书长。他也曾当了一年的白宫行政事务助理，介入战争赔偿的事务，并出使欧洲、俄罗斯、日本和菲律宾。他还曾出席了 1945 年的波兹坦会议和 1946 年在巴黎召开的外长会议。

战火才刚熄灭，古立克就返回纽约的公共行政学院，重操旧业。此外，在 1950 年至 1953 年间，他还担任了负责审查纽约政府的执行主任。一年之后，他又被任命为纽约的第一任市府主管，在位两年。1959 年，他又被委派到纽约市政府作业行动委员会任职。

1962 年，古立克被选为公共行政学院的董事会主席。他也曾担任过纽约市宪章修订委员会委员，纽约市区域划分委员会的共同主席，市长专业、技术和管理人力委员会委员，模范城市宪章委员会主席，市长过渡委员会委员，全国娱乐和公园协会董事会成员等等。他还担任过许多外国和国际组织的顾问。1982 年，已届九十高龄、深孚众望的他被授予公共行政学院的退休名誉主席的称号。

为表彰古立克对服务公众的突出贡献，世人颁授给他一系列的奖状。其中最为显著的有：全国城市联盟颁发的杰出公民奖、美国公共行政学会颁发的二十五周年表扬状暨德怀特瓦尔道奖、国家行政学院颁发的杰出服务奖、地区计划学会颁发的国家计划奖，以及政府研究学会颁发的格鲁恩伯戈奖。

第二节　行政组织理论

一、政府在社会中的作用

古立克对于自己缺乏一个理论家的天资才干从来不加半点掩饰。他曾经说过一段话，大意是：我既不精通历史，又不专长哲学，所以对于如何去全面、系统地解释世界，我无能为力。但是，我的兴趣和经验促使我致力于通过行政行为把思想付诸实践，把计划变成现实。话虽如此，贯穿在他的著作中的一个基本观念，即政府在社会中的作用，始终清晰可辨。古立克一再强调，作为一个社会动物的人，不但有勤劳灵巧的双手，有探索求知的欲望，还有善创造、能记忆的思维。正是这些特点一方面使人们向往社交，另一方面又造成了他们熟悉某些知识和技能，偏爱某些趣味、艺术和情感的局限。①

在古立克看来，政府实际上提供了一种手段，使往往自私自利、独断专行的人有可能和睦共处、携手合作。政府的活动之所以必需，其原因就在于私人的行为多半出自自身的利益，又为市场上“看不见的手”所左右，其结果难免与社会的总体利益格格不入。政府的运作是为了实现最大限度的自由而对人们的行为加以控制。政府的行为是为了提供合作性的社区服务，也就是在相互合作的基础上可以更好、更经济、更令人满意地完成的活动。简言之，套用古立克的话来说，政府应该体现出“人类对弱者合适得当的同情”。②

应当指出的是，古立克虽然主张政府必须有所作为，却并不赞成任由政府单方面一意孤行、为所欲为。他曾经指出，“在一个多元化的社会，一个中央政府是不应当一意追求自认可以包含公众和私人活动的全国性的目标和计划的”。实际上，首先，应该让公众团体和私人企业成为合作的伙伴，致力于共同的目的。其次，任何计划的制定必须要有各个相关学科的参与，要听取各种专门利益团体的观点，还要注重“普通公众的意见”。再次，规划决不能定下不容修正的绝对指标，要留有余地、允许不可避免的变动，使规划作为一份能够适应变化的总体指南，而不是一张更改不得的蓝图。③

按照古立克的看法，市场的失灵是政府必须采取行动的首要原因，而政府机构的日益膨胀则是多种因素所造成的。比如，热心公益的各界人士、执行公务的政府官僚、惯许诺言的政治家们尽管地位不同、利益各异，但是他们在对政府施加压力、意图增加政府预算这一点上则是不谋而合的。他还认为，对政府机构而言，并不存在着达尔文所谓的“适者生存”的情况。依古立克之

---

① 《公共管理》1939 年 12 月号。

② 古立克.《大都会问题和美国的想法》。

③ 《公共政策》1963 年 12 月号。

见，生存之于适应，就好像赞美之于惯性，两者毫不相干。因此，要扩充政府活动，首先应就其对社会产生的后果进行仔细认真的研究，防止日后出现国家亦即政府独霸一方的局面。

为什么一定要限制国家的作用呢？原因是多方面的。未来的变化无常，这是其一。其二，所谓智者千虑，必有一失。领袖人物纵使才华盖世，其聪慧、阅历、知识乃至性格，都难免缺陷。此外，缺乏一定的行政技巧，一项全面的行动又必然牵涉到大量的变数，新的思想和新的计划的形成通常没有一个秩序井然的途径等等。上述因素都导致古立克认为国家不应当、也不可能将人类的全部活动一揽手中。

为了让政府认真恰当地执行它应尽的责任，许多方面的职能都应予以重作划分。例如，按照古立克的看法，无论公众还是立法部门都无法进行计划，而这对一个行之有效的政府是必不可少的。就公众而言，他们对计划过程的错综复杂往往束手无策，所以只能把计划的重担让给政府。至于立法部门，它缺乏责任感，不但作风拖拉，而且往往前后矛盾，更不宜负此重任。

古立克又认为，人们没有必要过分注重行政和立法部门之间的相互制衡关系，更多的注意力应该放到如何避免把政策的计划、执行和政策的采纳与否混为一谈。那么，他心目中的理想的政府又是何等模样呢？在他的笔下，理想政府的首席行政官应该主持计划，立法部门则对其提出的政策进行讨论，以决定是否接受，而广大公众则通过加入政党或压力集团来实施整个体系的控制。

对联邦政府体系内的一系列职责，古立克亦要求重新界定。他认为，一方面，联邦国会的议员们制定了太多的不顾州和地方政府所需的政策。另一方面，州和地方政府有时也自行其是，对联邦政府、对全国性的问题置之不理。有什么良方妙药可以医治这一弊病呢？古立克的答案是没有。他觉得试图在联邦体制内把联邦、州和地方政府各自的职能分得一清二楚是不可能的。切实可行的方案是，将一系列的政府职能分成为属于联邦、州和地方性质的职能，然后再交给相应的各级政府执行。这样的职能分配比较灵活，可以通过各级政府之间的协作及时调整修正。①

实际上，虽然古立克一再强调联邦政府要发挥应有的主导作用，但是，他自己有关各级政府的相应职责的概念也在不断地演变。例如，在1929年至1940年的经济大萧条时期，他曾经力主赋予联邦政府更多的权力，全面控制整个企业界、运输界、银行界和税收部门，甚至连工资、工时、工作条件、价格、利润等方面也要实施基本控制。过后不久，他又一改初衷，声称考虑到地区不同，各有所需，相应的调整势在必行，责权应该相应地下放，以使有关的部门可以有的放矢、服务基层。

二、行政部门在政府中的作用

在古立克著书立说的那些年代，学界大部分时间都在探讨的重要主题是，有关政治和政策的考虑必须和行政事务截然分开。但他却反其道而行之，认为试图将政治、政策和行政一刀两断既不现实，也不可能，更不可取。其理由是行政涉及甚广，包括了一系列的内容，如制定政策，参与发展和采纳具体的项目，创建组织，人事准备，财政授权，行政监督、协调和控制活动，以及审查结果等等。显而易见，行政要介入政治和政策的过程是不可避免的。

值得一提的是，古立克给政治这个词赋予了双重的含义。粗俗地看，政治指的是通过对统治者的控制来达到牟取私利的目的。真正来说，政治则指的是统治者为了控制而采取的行动。两者的区别实际上在于行事人的动机而不在于行动的本身。所以，企图控制在行政过程中政治的粗俗一面就往往难免会妨碍行政过程中政治的真正的功能。另外，企图不让粗俗的政治介入行政也不现实。在一个制衡体制里禁止政治活动，其后果只能是一个软弱无能的政府，一个一事无成的、当然也犯不了错误的政府。

① 《州政府》1947年3月号。

归纳起来，古立克的看法是：第一，所谓政治行政两分法的说法已经站不住脚；第二，应该探讨出一个新的学说，以使“专门家的才干能够在一个政治和业务责任并存的合适的体制内得到充分的发挥”。①

针对于此，古立克提出的公式是设法将政治、政策和行政三者兼而顾之。说具体一点，先把政治家、政治任命官、行政官、技术人员各方在政治和政策参与的作用和程度梳理清楚，力争各司其责。政治家总理全局，负责监督和调整专门家、政府官僚和利益集团三者间的关系，目的是一碗水端平。政治任命官的作用类似中间人，负责在技术人员和公众之间互传信息，目的是防止后两者之间沟通不良。行政官既要忠实执行民选官员（即政治家们）的决定，又要向具体执行的部门解释政策并协调各执行部门间的行动。值得一提的是，作为一名行政官，他在政策问题上不作最后决定、不向公众宣传政策，因而在政策立场上也无所谓成败的问题。也就是说，他只是个执行者而已。至于技术人员，他们的作用则局限在技术事务方面。②

虽然这些不同角色被赋予不同的作用，大体上也表明了他们各自参与政策和政治活动的不同程度，古立克还是承认他们所有的行为实际上既包括执行上级指示的行动，也包括自行判断的任意裁决。正是这种任意裁决最容易使一位官员卷入政策性的考虑。不容置疑，民选官员作出的任意裁决最多，技术人员作出的任意裁决最少。然而，在现实生活中并不是一切的政策性的事务都是由最高层的领导拍板，因此任意裁决在基层也就在所难免。所以，在谈到各类官员在参与政治方面的作用不同时，实质上讲的是参与的程度不同而已。一位成功的行政官不但要看得清、吃得透置身其中的政治行政系统，更要懂得在这个系统中应对自

---

① 《公共行政评论》1955年春季号。

② 公务员制人事咨询委员会著.《改善政府人事》.纽约麦格罗希尔出版社1935年版。

如。一位高效的行政官不但要目的清楚、政策明确，更要倚仗公众的支持。也就是说，行政官不能光靠学识技能，还要对公众愿望、政治势力、人世常识了如指掌；不但要逐步摸索出一套有计划的补救行动，更要采取步骤力争行动的主导权。这才是所谓的真正意义上的政治活动，才叫作把行政官投入政策过程。这才是古立克对他们的希望和建议。

三、科学和行政

对早期的公共行政学者而言，政策/政治和行政两分法曾经是他们企图建立一门公共行政学科的基础。他们认为，一旦行政摆脱了政策和政治的阴影，行政就可以被视为不受任何价值左右的一项努力，就可以对其进行科学的分析。

古立克虽然不承认政策/政治和行政两分法，却也希望能够运用科学的方法来处理行政事务。他觉得，“人类是通过科学和科学精神才把自己从习惯的完全禁锢中解放出来”。所以，同样的方法、同样的精神应该可以用于调查人类的行为。他相信，“想方设法在人类活动的各个领域里把经验和现象变成为可以衡量的单位是不可避免的”。在他看来，在公共行政这个领域里，所谓的科学方法也就是：用能力才干取代愚昧无知，用职业人士取代业余临工，用专门家取代万金油，用深入的分工取代肤浅的安排，用训练有素的主管取代无师自通的新手。

古立克一再强调，仅仅满足于收集唾手可得的两三个数据、若干事实、几条法规，或者只顾实际操作，或者解决一两个问题是绝对不够的，因为现代政府问题繁多，小的可以小到具体管理的细枝微节，大的又可以大到涉及整个社会的哲学原理。我们应该致力于用科学的方法去寻求解决这些问题的各种答案，而行政科学就体现了一个知识系统。尽管人类组织起来为着一个共同的目标而努力奋斗的情况会各不相同，但这个知识系统应该能帮助他们去了解各种情况下的各种关系、预测未来，并对可能会出现的后果产生影响。科学的探索会带动对现象的认真检查和分类，进而通过实验来检测假设，然后再将发现的真理运用于客观世界。其目的就是去挖掘“不可改变的行政法规”和“原则”，将之升华、将之简化，以应用于行政事务。①

对于为发展一门公共行政学科而面临的问题，古立克十分清楚。所有的社会科学的研究主题都往往闪烁不定，这是因为人类本身活力无穷，行事颇难预测。

对于科学专门知识的潜在危险，古立克也十分清楚。如他所说，我们今天正面对这样大批的专家，他们对越来越少的东西了解越来越多。正因为如此，他们很可能会自以为是、目中无人，即使在他们知之甚少或者一无所知的那些领域里，他们也会盛气凌人，摆出一副惟我独尊的架式。对这种危险，决不能掉以轻心，因为过不了一代人，政府计划就将被置于这些专家们的领导之下，计划的成败就将和这些专家们密切相关。

如何对付技术官僚给我们带来的危险呢？古立克以为，答案就是树立起一种专业作风，不但对工作认真负责、对自己要求严格，而且懂得他们自己并没有资格采取最终的行动。要知道，在一个民主的社会，只有平民大众才有资格对政府行为究竟孰是孰非作出最终的评判。当然，不能由此而妄下结论，以为专门家用处不大、可有可无了。正确的看法是：无论是上对政治领导，还是下对平民百姓，专门家和行政官都有义务与他们更好地互通信息，让他们进一步懂得什么样的条件才会有助于高效的行政。针对这一点，古立克说了下面这么一句话：“你如果想推动民主，你就不但要学会通过研究来发现事实，而且要学会把领导人的讲话加以发挥、把老百姓的支持加以发扬。”②

四、行政组织

对于美国早期行政改革运动的目标，古立克是认同的。但

① 《全国市政评论》1925 年 7 月号。

② 《美国政治学评论》1937 年 4 月号。

是，在实行改革的相应策略这一点上，他则和他们是各持己见的。改革运动想集中精力，解决滥用权力的问题，希望通过选举程序来进行改革。古立克则看法不同。他认为，给行政体制的基本结构和运行过程一帖猛药，大刀阔斧地实施改革，才是真正所需。具体地说，各部职能要重新界定，分工要明确化，人员要专业化，活动要理性化，各个部分的结构和互相之间的关系也要一一规划清楚。为了达到这个目的，就要考虑民选官员适量减少、行政部门适当加强，同时，政府部门的行事作风还要向私人企业看齐。

在最后这一点上，值得稍微多花笔墨。政府部门和私人企业这两大管理系统尽管重点不一、目的各异，实际上两者都同属管理科学，两者都要涉及到人员管理的问题，涉及到如何有计划、按部就班地作出决策。他们也都协调各部门的工作，给他们下达指示，还要求他们对工作好坏负起责任。此外，无论是政府的行政官员还是私人公司的管理阶层，都要为调动雇员的积极性想方设法，充分利用现有的人力、物力和时间，以取得最佳的效果。更重要的是，他们也密切注视公众舆论，以在一个不断变化的环境下求得生存、求得发展。①

古立克一再强调，行政改革必须要由一整套新的原则来指导。他坚持认为，我们今天所需要的是一个能够提出、执行民主政策的行政部门。由此出发，他建议，行政改革的主导原则应当如下：

(1) 相关的工作应安排在同一单位。

(2) 精简部门，多余重叠的机构或予以取消，或予以合并。

(3) 各具体单位实现一元化领导，由有能力、懂技术、富经验、敢挑担的人掌舵。

(4) 有责有权，权责相当。

(5) 一把手要指定专人负责整个部门的工作鉴定。

(6) 整个部门的每项职能都要指派专人具体负责。

---

① 《公共行政评论》1955 年春季号。

（7）削减民选官员的人数。

（8）各种理事会、委员会只有准立法、准司法的职能，不宜介入行政工作。

（9）整个部门的所有行政工作必须置于一元化的行政首长领导之下。

（10）行政首长必须有权任命、解雇和指挥属下部门主管。

（11）行政首长必须有一套研究班子，负责总结汇报，以及探索新的路子。①

简言之，行政部门应该融合成一个整体，组建坚强、能干的行政领导班子，并配备一位有职有权、能够监督行政全过程的首席行政官。

为了形成这个整体，理性的分工和有机的结合两者缺一不可。分工之所以必需是因为各人的天性、才干、技能互不相同，是因为一个人不能同时出现在两个地方、也不能同时做两件事情，而更主要的是因为人只能掌握有限的知识。结合之所以必需则是因为它可以将组织内部的分工造成的各种任务加以总体协调。从这一点上来看，有关组织的理论主要研究的就是如何把一个组织内部各项分配下去的工作放在协调的结构之中。

结合的要素之一是把组织内部类似的任务组合起来。古立克将行政管理人员应该如何具体安排工作归纳为四个途径，在英语中用 4 个 P 来表示，即目的（purpose）、过程（process）、人员（persons）和地点（place）。哪一种途径最好呢？一方面，古立克倾向于强调目的在进行协调努力时的重要性，但另一方面，他又指出，究竟选择哪一种途径还是要根据实际情况灵活掌握。组织发展处于什么阶段，技术发展有了什么新的变化，采用某种途径会有什么好处坏处等等，都可能会影响这个选择。

综上所述，古立克注意组织内部的分工和组合，并称之为“由下而上”的作法。这种作法强调了“同一性的原则”，但是它

---

① 《全国市政评论》1925 年 7 月号。

也有缺点，那就是忽视了控制和协调的必要性。为此，古立克又提出了一种“由上而下”的作法，其着眼点在控制和协调。实施这种作法，主要靠两条：一是建立一个权威结构；二是突出组织的目的。①

如何通过权威结构进行协调呢？第一，树立起一个单独的、全面的指挥权威。第二，保证每一件工作都有人监督。第三，确定由总体任务分配下来的各单位的具体任务。但是，在建立权威结构时，要注意到控制的有效范围是有一定限制的，很大程度上取决于监管人的知识、时间和精力。当然，如果工作性质单调重复，工作成果又容易计量，有效的控制范围也就可以扩大。

领导是通过权威进行协调的关键。古立克主张，一个领导，既要授之以权力，还要授之以使用权力所需的时间。古立克将行政管理人员的主要职责概括为如今广为流传的“八字方针”，由英语中的八个字母（POSDCORB）代表着行政管理人员应该执行的七项重要功能，即计划（Planning）、组织（Organizing）、人员配备（Staffing）、指导（Directing）、协调（Coordinating）、汇报（Reporting）、预算（Budgeting）。在这七个方面，他又对计划这一项情有独钟，对之强调再三，其原因如下：第一，计划是将目的具体化的惟一途径；第二，执行计划，必须要依靠专家，他们既管计划，又管执行，从而确保了计划的妥善落实。

虽然古立克注意到权威结构和领导在协调活动中的重要性，但是他也意识到光是依靠层级结构并不一定会导致组织融合成一个整体。要真正做到融合成一个整体，一个组织一定要从思想上重视协调，愿意并且尽力朝着一个目标共同努力。所以，完成任务要靠的是说服教育而不是强迫惩罚。古立克说过这么一句话：“解决问题的惟一方法是通过个别谈话，开诚布公，把所有的牌放上桌面；决不能固执己见，鲁莽行事。”②

---

① 古立克.《行政科学作文选》. 纽约公共行政学院出版社 1937 年版。

② 《州政府》1947 年 3 月号。

五、从原则到细节

如上所述，古立克一向注重行动，而不是光说不做。纵观他的一生，大部分时间都致力于将他提出的理想和原则应用到实际中去。在这里值得一书的是前面提过的公共行政学院。这个机构既是孕育古立克信念的摇篮，又是他赖以推行这些信念的场所。

公共行政学院的前身叫纽约市政研究局，设于 1906 年。研究局当年的领导班子虽然主要关心的问题是经济和效率，不过，他们也同时注意如何教育民众，致力于建立一个负责的、对新问题能及时做出反应的政府。他们曾试图扩充政府职能，使民主由抽象空洞的概念化为生动具体、充满活力、看得见、摸得着的东西。所以说，早在 20 世纪初，市政研究局就已经不是单纯地追逐效率。除了探索提高行政效率的途径，它还提倡政府发挥正面的积极的作用，并在公民的启蒙上下工夫。

古立克把市政研究局称作为效率运动的“发电厂和思想库”，因为它主要研究行政原则及其应用，其目的在于：一，使政府管理更加经济有效；二，推行科学管理；三，有建设性地提高政府的透明度；四、收集、分类、解析，并公布所有事实。基本点则落于两个方面：一是集中行政责任；二是注重计划、协调、预算和人事管理的实践。

市政研究局是怎样来达到上述各项目的的呢？靠的是两条：一是政府的调查报告；二是公务员培训学校。研究局的调查报告作成步骤如下：先将政府的行政活动分门别类，政府的每项主要职能都安排一个专人负责调查；再对有关每项职能的法规条款进行分析，对这个组织和有关单位的工作进行调查；然后列出建议，目的是为了使政府活动的综合化、标准化、明朗化，以及协调和控制等各个方面都可以得到改进。建议书出笼前后要注意两点：一是建议书出笼前要经该组织领导过目，讨论落实的可能；二是建议书出笼后要公诸于众，以收监督和教育的双重效果。

达到上述各项目的的第二个途径就是通过市政研究局的公务

员培训学校。该学校创始于1911年，其办学宗旨是“为政府外的公众服务和政府研究培养男女同学的行政责任感”。整个课程为期一年，另有三个月的实习期。市政研究局的员工兼任学校的教师，市政府就变成学校的实验室。

古立克本人的主要兴趣在三个方面：公共财政、人事管理和大都会政府。当年还在公务员培训学校求学上课时，他已经以一介书生，走马上任，到马萨诸塞州去当财政和预算程序联合特别委员会的秘书了。因为这段官场经历，他对公共财政的兴趣从此经久不衰，他对预算改革的许多想法也初成雏形。首先，古立克赞同在财政事务上，应该由行政部门而不是优柔寡断、作风拖拉的立法部门负主要责任。其次，他主张作预算要包括预算进程指标，以便日后检查。再次，各个州的财政责任都应该高度集中，除地产税和少量的地方税由下面的地方政府负责外，州政府应该全盘接管所有税收事件。

古立克的第二大兴趣是人事。他提倡在政府部门实行一种叫作“正面的职业终身制”，具体作法是：提拔新人，开诚布公，严格要求，公正对待。① 换句话说，政府工作人员要从年轻人里面挑选，从基层见习干起，逐步熟悉业务。与此同时，把不称职、不胜任的人员果断淘汰。

实际上，之后不久，古立克提议的职业终身制就推广到政府内部所有的非政治性高级职务。这些职务总共分五大类，即非技能类、技能类、文书类、专门技术类，以及行政类。不论进入哪一类的部门，都要经过考试。考取后，还要经过试用预备期。对于一些临时性的短期任命，要严加控制，以免变成逃避考试的后门。正式录用以后，晋升提级要看工作表现。另外，在职时的薪水、退休后的福利都应当维持一定的水平，以保证为政府服务的吸引力，防止人才的流失。当然，还要采取相应的措施，以防政府员工被无理解雇。

---

① 《公共管理》1935年11月号。

可以想像，毕生和公共行政学院以及纽约市政府紧密相连的古立克，对一个大都会政府的各种问题必然特别关注。大都会政府怎么去管？他始终认为：一是要按照职能的各个方面把责任下放给各级政府；二是要依靠那些和具体问题直接打交道的最小的政府单位。

对大都会所包含的大小城市，古立克十分重视，因为它们为广大的群众提供了赞赏高层文化、自由接受教育、实行自我控制和适应社会变化的大好机会。当然，古立克对都市生活带来的问题并不忌讳。交通阻塞、穷人聚居、流动人口，以及缺乏财政资源等等都是城市的通病。问题并非出自城市的大小，实际上也没有办法限制大都会政府的膨胀。他认为，大都会政府处理问题力不从心，其根源其实在于政治运作不良、管理机构不当、财政基础薄弱、人口比例失调、政治资源缺乏，以及领导头脑不清。

对如何解决大都会的管理问题，古立克列出了不少办法。例如，可以设置一些目的有限的机构，或者将零碎分散的活动上交给上一级的部门；也可以在地方一级设置多重目的的机构，或者通过政府内部部门间的合约来解决问题；还可以在州政府一级设置一个地方事务局等等。不管采用怎样的形式，大都会管理的基本要素如下：确定市界时要考虑灵活性和政治活力；地理形势、经济和社会状况要包含丰富；与彼此有关的活动要共同策划；代表性政治机构的成员要选自全区各地；地方上一些社区团体从事某些地方职能的责任要予以保护；财政结构要健全。

总的来说，古立克认为，都市问题的最终解决办法必须是各级政府共同行动。这个共同行动既包括联邦政府的参与和总统的领导，也要求每一级政府都认真地处理自己管辖范围内的事务。

第三节　分析与评价

古立克对政府和行政的主要看法可以归纳如下：

(1) 当私人的行为已经不能为社会利益服务时，政府应该介入，并发挥正面的作用。但是，只要有可能，政府部门和私人企业就应该互相合作。

(2) 各级政府的行政系统应该提出并执行政策。立法系统则负责对前者的建议进行审查，以决定是通过还是否决。

(3) 在行政系统内，首席行政官应该有职有权。具体作法包括：实行有力的逐级控制，加强总部参谋助理的支援，巩固行政部门，并在州和地方一级削减民选官员的人数。

(4) 增进联邦、州和地方政府之间的合作。尤其重要的是，联邦政府对于在州和地方一级出现的问题中涉及到全国的那些方面不能视而不见，而是要正视问题，发挥领导的作用。

(5) 行政人员介入政治和政策事务在所难免。行政理论应该予以修正，以有助于他们在执行各项行政职能时充分发扬专业知识。

(6) 要揭示行政的总原则就必须采用科学的方法。运用这些原则为的是使政府的各项作业效率更高，效果更好。

(7) 行政系统的组织要和政府的高层领导紧密结合，通过权力结构，提出同一的目的，合力协调各项活动。

正如许多学者所指出，评价古立克的思想并不容易，其原因有二：一是他的不少观点或已改变，或已修正；二是他的思路似乎更多地为他对改革的满腔热忱所左右，而不是为系统研究的发现所引导。结果是，他的一些想法有时失之牵强附会，他的一些说法经常缺乏实验证明。在某些问题上，他的说辞更显得前后矛盾。尽管如此，他对公共行政的研究和实践所作的贡献仍然意义重大。他提出的一系列著名理论，他在学术和行政部门的杰出服务，他因之而被授予的无数奖状、荣誉称号，雄辩地证明了古立克被誉为“公共行政学的元老”，可谓当之无愧。

第二编
新古典时期的行政学说

新古典时期的时间跨度一般为20世纪30年代至六七十年代。著名的霍桑试验开启了这一时期，对人尤其是团体的人以及行为的研究成为这一时期研究的一个显著特征。这一时期也出现了许多有影响的理论和学说。由梅奥主持的著名的霍桑试验开创了人际关系的研究，从而将管理的研究推向一个新的阶段；福莱特的动态管理理论以及群体过程思想启发了不少后来的研究者；巴纳德的社会组织系统理论以及他的均衡理论更是将组织的研究推向一个崭新的高度；西蒙首开对行政决策的研究，极大地拓展了行政学研究的空间；里格斯的生态行政理论将系统理论运用于对行政的研究；麦格雷戈的人事管理理论以及著名的X、Y理论对管理界产生了持久的影响；林德布洛姆的渐进决策理论将组织行为的研究引向一个新的方向；威尔达夫斯基的行政预算理论揭示了组织行为的另一空间。

与古典时期不同，这一时期的研究从对组织的静态描述转向了研究动态的组织过程，着重于研究人和组织的行为，同时系统理论被运用到行政现象的分析中，从而在相当程度上弥补了古典时期的研究的局限。在方法论上，这一时期的研究从规范方法转向了实证方法。

第六章　福莱特的动态管理理论

第一节　生平与著作

玛丽·福莱特（Mary Parker Follett）于1868年9月3日诞生在美国马萨诸塞州的昆西市，祖籍是欧洲。她的双亲是英格兰—苏格兰—威尔士族的后裔，育有两个孩子，她是老大。她的父亲在当地的一家制鞋厂当机械工。母亲出身富裕，是腰缠万贯的银行家的女儿，可惜体弱多病。年幼的福莱特不得不早早就挑起了持家的重担，上要侍候长期卧病在床的母亲，下要照顾尚未懂事的弟弟。

1884年，福莱特还不足16岁，就从马萨诸塞州布雷恩特利市的什叶中学毕业。四年后，她重返校园，在一所后来才称作为拉德科立夫大学的学校里学了两年英语、政治经济学和历史。紧接着，到了1890年，她又远涉重洋，到英国的剑桥大学继续学业。在剑桥学习期间，她曾经写过一篇关于美国众议院的论文。她日后发表的处女作就是以这篇文章为基础的。可惜宁静的留学生涯未能维持多久，母亲病危的消息使她不得不骤然中断剑桥的学习，未及考试便返回北美。之后，她断断续续地在拉德科立夫大学修课，终于在1898年将届而立时获得文学士学位，以最优异成绩毕业。那时，她的处女作《众议院议长》已经问世两年了。

跨出拉德科立夫大学的大门后，福莱特靠着外公留下的一笔遗产，走上了投身社会工作的道路。初时，她服务于波士顿的一些社区中心，带头在公立学校开设了夜课，并主办了不少职业辅导课程。

1918年，福莱特出版了她的第二本著作《新国度》。她撰写该书的原意是回顾她在社区中心的工作。待她搁笔付印时，新作出人意外地演变为对美国政治理论和机构的大批判。凭借自己对政治学的了解，她提出了行政学中的一个新概念即群体动力。从此以后，群体动力就成了她整个学术生涯的研究重点。

《创造性的经验》是福莱特的第三本著作，亦被视为她的成名作，于1924年问世。该书对《新国度》中提出的一些观点作了进一步的论述，但贯穿全书的中心思想则是群体动力。一年后，她的研究重点转为工业管理。她认为，那是在探讨人事关系方面一个非常重要且有广阔前景的领域。1929年，她再度远涉重洋，移居英国，一面继续她对工业环境的研究，一面则广为讲学。

福莱特蓝眼黑发，身材高大，谈吐文雅，谦逊有礼；她对名利、权力不感兴趣。她交游广阔，与人推心置腹，深得周围朋友的信任和尊重。尽管她从未下海经商，但在欧、美两地不少的工业界巨头都和她结为至交。她博览群书，拉丁语、希腊文、德语、法语都有涉足。她兴趣广泛，喜欢音乐、绘画，热爱自然，好云游四方。终身未嫁的她于1933年在伦敦与世长辞，享年65岁。

福莱特早年热衷于哲学理想主义，对它的向往追求溢于笔下。后来，她对所谓的"新心理学"兴趣日浓，着意研究群体动力。她始终认为，光研究组织机构而不探讨人和人群是不够的，必须要对人们共同相处时的行为举动进行可观的研究。这样的研究应该以亲自参与观察和实验作为基础，对人事关系和社会状况进行实地考查。福莱特本人倾向于采取亲自参与观察的方法，因为她觉得不尝一下梨子，又怎么能知道它的滋味呢。

在福莱特看来，生活从未有过片刻的静止，可以让学者们对之细作测试。社会生活也不例外，也处于永恒的运动之中。而且，社会生活包含着错综复杂的相互关系以及五花八门的个人经验，只有置身其中，才可能观察它、了解它。正因为如此，福莱特运用她个人观察所得的知识，总结出一种研究社会生活和工业管理的新方法。可以说，她是一位走在时代前列的先驱者。整整半代人之后，这个领域的许多其他学者才跟上她的步伐，认同她的方法。

第二节　动态管理理论

一、群体过程

福莱特认为，个人是一种社会存在，只有在群体的经验中才能找到自我，才能得到自我实现的感觉。那么什么是群体呢？在她看来，群体并不是单纯的一群人或者一个组织成员的简单组合。群体是一个有凝聚力的整体，可以改变个人的思想和行为，促成群体的成员间的互相配合、和睦共处。由此类推，社会团结的潜力就在于群体过程，在于调和分歧，在于综合出代表全体最佳利益的想法。①

我们应该怎样去了解社会呢？按照福莱特的意见，要了解社会就得研究能导致团结的群体关系的变动。在这里既不存在独立于社会的个人，也不存在独立于个人的社会。换言之，个人和社会之间是一种互动的关系，是一种个人塑造社会同时又被社会所塑造的关系。用她的话来说，社会团结在个人和社会一起演变的过程中，是各种个人活动交织而成的综合产物。

什么是群体过程的核心？在福莱特看来，群体过程的核心就是创造。所以，她最关注的是群体如何才能创造出个人单枪匹马创造不出来的东西。她认为，群体过程受到两大原则的影响，即“互相渗透定律”和“整体学说”。所谓“互相渗透定律”，意即人与人之间的交往接触会造成分歧的综合，从而使他们之间的结

① 福莱特.《创造性的经验》. 纽约朗曼和翠绿出版公司1924年版。

合出现新的形式，这时群体的成员实际上就成为彼此互相影响的调整力。换句话说，这个互相渗透和综合分歧的过程将生出一个新的“整体”，一个已经脱胎换骨、与其组成部分完全不同的整体。而所谓“整体学说”则是指对一个整体的了解仅仅靠对其组成部分的分析是不行的，因为这个整体来自人与人之间的互相交往接触，有其本身的动力。而且，在这个互相交往接触的过程中，整体的利益已经变成是处于特定的社会关系下的个人利益。所以，整体的利益实际上来自互相渗透和综合思想、行动及感情的这么一个群体过程。值得一提的是，这个群体并没有预定的目的。只是由于群体内部人与人之间的互相交往接触，由于分歧的消弭和统一，由于群体过程产生了“同情”的感觉，使个人在群体的利益中找到了自己的利益，于是才出现了群体的目的。[①]

福莱特一再指出，不同的利益以及不同的利益之间的冲突在所难免。可以说，冲突作为尚未调和融合的分歧可能是病态的，然而分歧本身则无所谓是好是坏。而且，既然冲突不可避免，就应加以利用，正如小提琴利用琴弦的摩擦演奏出美妙动听的音乐一样。由此可见，当各不相同的人通过相互渗透，通过思想和行动的交织逐渐融汇成一个较大的整体时，社会的任务应该是变杂音成和谐，化冲突为团结。

福莱特认为，解决社会冲突主要有三个途径，即一方占据上风、互相妥协、整合。要占上风，必然或好言相劝，或以势压人，或者干脆双管齐下，胡萝卜和大棒一齐用上，结果是成者称王，败者为寇。走这条路子当然谈不上什么创造性，因为它既不推动思想的沟通又不促进活动的交流，恰恰相反，它却让落败的一方从此耿耿于怀，报仇心切。那么通过互相妥协来解决社会冲突结果又会怎样呢？福莱特认为，妥协是以“互惠放弃”的原则为基础的。实际上，以为“减”会变成“加”、“退”会变成

① 福莱特.《新国家：群体组织，建立受人欢迎的政府的途径》. 纽约朗曼和翠绿出版公司 1918 年版。

“进”的这种假定未必存在。更糟糕的是，妥协往往是“短暂而徒劳”的，以之为基础建立起来的所谓伙伴关系必然是不牢靠的，与寻求合作的人性是背道而驰的。①

走第三条路，通过整合来解决社会冲突，才是福莱特一再推崇的办法。她曾经说过，当冲突的利益狭路相逢时，各方难免对峙，但是无需对抗。而在不同利益对峙的过程中，大家要致力寻求的是一种整合，一种各方都能够如愿以偿的整合，一种好比螺丝和螺丝帽一样的创造性的整合。要指出的是，实质上这种整合既不是纯粹的合作性的也不是纯粹的竞争性的，而是将竞争和合作综合起来，从而产生创造性的解决办法。当然，这种整合也不是一成不变、永久长存的。它是一种动态的平衡，而平衡一次又一次的破裂只是随之不断出现的新的整合前的瞬间片刻而已。

怎样才能达到整合呢？福莱特认为，达到整合的过程实际上是一个圆环形的反应过程。她以为不能把社会交往看成是一种单纯的因果关系，即一种刺激是因、反应是果的关系。实际上，社会交往是一种你来我往，或者圆环形的关系，是一种个人和社会环境会互相影响的关系。所以，人实际上是对一种关系作出反应。她曾经说过这么一句话：“我从不会对你作出反应，而是我加上你在对你加上我作出反应。”② 更复杂的是，社会上每一种情况都是许多不断变化的东西之间的关系，所以这种关系也必然在不断变化。由此可见，社会环境永远在不断的变化之中，社会的每一个成员都处于和其他成员相互依赖的关系之中。

所谓圆环形的反应包括思想和活动的互相渗透，并导致互相的结合。而这种结合则是通过我们各自从别人那里“唤出”某些东西即通过所谓的“唤起”过程来实现的。按福莱特的话来说，“唤起”就是指“为某些东西去除束缚，将之解放从而为实现某些能力和可能性铺平道路”。于是，“唤起”就有可能创造性地调

---

① 福莱特.《创造性的经验》. 纽约朗曼和翠绿出版公司 1924 年版。

② 同上。

节不同的利益并进而发现福莱特所谓的“正值”，即代表着对社会冲突作出创造性反应的价值。

有意思的是，福莱特强调说，这种包括唤起和结合的圆环形的反应过程是没有最终结果的，有的只是在过程中的某个片刻瞬间。所谓的进步实际上就是朝向不断完美的目标的不断迈进。互相间合作的能力大了，就意味着取得进步了。值得一提的是，具体的合作目标往往不是事先就有的，而是在环境不断演变的过程中，互相间的接触了解逐步产生出共同的意愿和目的。所谓整合，具体表现是达成共识，则来自经验的聚合。而整合的意义不在于某些价值已被大家所赞同，而是在于这些价值是大家共同创造的。因此，一方面集体意愿是通过整合而体现出来的，集体意愿所表达的共识着眼于比个人意愿更大的目的。另一方面，集体意愿又是基于每一个人的具体要求的。从这一点上说，社会利益只是个人利益的综合和概括而已。①

当然，福莱特也承认，并不是所有的争端都可以通过整合这种方式来解决。有些分歧确实是不可调和的。另外，还有些其他因素又是不利于走整合这条路子的。比方说，双方火气大，容易动则争执；喜欢一言堂，我说了算；当头头的惯于玩弄权术，或者缺乏达成整合的技巧，等等。尽管如此，福莱特还是认为达成整合的机会比人们想象的要大得多，大家都应该留意不要错过这些机会。为了实现成功的整合，可以考虑如下一些具体的作法：第一，要意识到这些机会的存在；第二，要把分歧放到桌面上来；第三，注意力要放到意义重大的而不是戏剧性的问题上；第四，把一些牵涉面较广的问题分细一点，个别处理解决；第五，鼓励不同的利益多多接触，多多交流。这样做的话，成功整合的把握就大得多。反过来，我们也要看到整合失败会有些什么后果。第一，个人的潜力得不到发挥；第二，这个社会单位的总体

① 福莱特.《新国家：群体组织，建立受人欢迎的政府的途径》. 纽约朗曼和翠绿出版公司 1918 年版。

实力因而削减；第三，人事关系紧张，容易被人利用操纵。可以说，于个人于集体，都有弊无利。①

由此可见，在个人和集体这个问题上，福莱特并没有因强调调和整合而否定个人。恰恰相反，她始终以为，集体应该给个人的意愿以充分的表现。在她看来，个人是通过你来我往的活动创造出来的，所谓的个性实际上是一种在整体中找到自己位置的能力，而不是简单的与众不同。正是这种和周围的人相处的能力使个人具有价值，也正是这种和周围的人共处的行动使个人有机会为集体作出贡献。

显而易见，群体过程并没有因整体的出现而抹杀了个人。由于群体过程包括了个人的思想的互相交流和渗透，个人不会因此而感到压抑或者压制。可以说，随着群体过程而产生的是个性的综合和集体的控制，是群体的权利而不是个人的权利。一方面，个人应对这个群体而不是对自己或别人尽责；另一方面，这个群体则致力于个人的真正的长远利益服务。②

除了认为整体的出现并没有抹杀个人以外，福莱特还指出，群体的概念也并不排斥自由的概念。所谓自由，在她看来，是社会性的，是“个性的和谐而自在的发挥”。因此，随着个人活动的范围扩展、意义的增大，自由就通过各种社会关系而逐步取得。从这个角度出发，当个人正在举棋不定时，这个个人可以说就是不自由的。而当个人在由“互相渗透定律”和“整体学说”③ 主导的群体的环境下创造新的机会时，这个个人可以说是自由的了。套用福莱特的话说，他们之所以自由是因为他们“通过伙伴关系赢得了他们自己的自由”。所以说，通过树立整体的权威并发挥每个成员的作用和贡献，群体过程实际上寻求的是群

---

① 埃里奥特福克斯，俄维克．《充满活力的行政》．纽约皮特曼出版公司 1973 年版。

② 福莱特．《新国家：群体组织，建立受人欢迎的政府的途径》．纽约朗曼和翠绿出版公司 1918 年版。

③ 同上。

体所有成员的自由。

当然，“互相渗透定律”和“整体学说”也同样地并没有否定个人和自由。福莱特以为，争取通过圆环形的反应来实现整合并没有否定权力的现实和控制的存在。她曾经说过，权欲是先天的，权力的分配永远是不均的。通过圆环形的反应来实现结合则可以改造权力、增加权力，而不是取消权力。所谓改造权力就是变“踞人之上的权力”为“与人共享”的权力。所谓增加权力就是借助群体的力量，尽可能地满足更多的个人需求，从而使整体获得更多的权力。在这里，福莱特给权力下的定义是：权力即成事的能力。她认为权力的真正基础应该是通过圆环形反应而取得的各种经验的交织。故此，权力实际上是合作的产物，是互相推动而不是互相压制的。通过尽量防止势不两立的局面出现，她主张的结合就可以减少对“踞人之上的权力”的需要，增加实施“与人共享”的权力的可能。

福莱特称权力即成事的能力。她给控制下的是怎样的定义呢？她认为控制即“针对某一特定目标的权力运用”①，没有统一就没有控制。所以，能取得多大程度的控制实际上取决于人们的思想和具体行动能够在多大的程度上统一起来。实质上，圆环形过程中的互动就是控制，随着彼此间的互动逐步地形成新的环境，控制也就逐步地实现了。

二、国家和社会生活

由群体过程引申出去，福莱特进一步探讨了国家和社会生活。在她看来，国家是群体过程的逻辑延伸，是社会生活的最高表现。她认为，人之所以要加入某些群体为的是找寻表现自身各种属性的机会。这就是所谓的“多元化定律”，惟有国家才能将社会生活中五光十色、变化万千的属性表现出来。如果说，群体

---

① 埃里奥特福克斯，俄维克．《充满活力的行政》．纽约皮特曼出版公司1973年版。

意愿是为达到某一较高目的的个人意愿的表现，那么，国家则是为达到更高目的的个人和群体意愿的表现。真正的国家应该能够鼓励为了共同的目标而联合起来的群体，而国家的主权则以群体过程和整合原则为基础。这样的国家必然不会置我们于不顾，也不会对我们管头管脚。这样的国家只会是能够表达我们意愿的国家，发扬个人才干的国家。正如福莱特所说："我心灵的家就是国家"。①

国家扮演怎么样的角色呢？福莱特认为，国家的最高功能就是从道义上把形形色色的社会关系整理成序。但是，主导这些关系的法律条文又不能完全依靠一些一成不变的原则教条。福莱特因此提出，所谓的良心并不是私人拥有的，良心是在一定的社会条件下产生的。人类不是去遵循权利，而是去创造权利。由此类推，法律应该融会在社会过程之中。法律不应该成为保护某些利益的限制力量，而是应该成为把各种利益扩大和深入的正面的力量。

为了让国家发挥它的正面力量，福莱特还主张要实行全国性计划。她认为大规模的计划是必不可少的，进行这样的计划才是防止动乱的惟一途径。但是，计划就和法律一样，也应该是社会过程中不可分割的一部分。她认为，我们应该用协调而不是用强制来取代自由放任。不过，这种协调应该是在较低层次的各种控制的相互作用，而不是自上而下片面强加的国家控制。在实行全国性计划的过程中，国家应该扮演一种与人方便的角色，帮助在工业界领袖之间建立自愿而直接的联系，以促成工业活动的自我协调。

怎样才能实现"真正的国家"呢？有趣的是，福莱特固然崇尚民主，但她对现存的所谓"投票箱民主"却信心不足，对当时提出的改革建议也不寄厚望。她觉得，民主其实是追逐个人主义

---

① 福莱特.《新国家：群体组织，建立受人欢迎的政府的途径》. 纽约朗曼和翠绿出版公司 1918 年版。

的产物，所谓的民主实际上是为某些特殊利益所主宰的。政党独霸加上政商联姻的结果是，在少数服从多数的招牌下，个人参与和地方利益都受到排斥。

很明显，福莱特不承认“投票箱民主”是真正的民主。她认为，“投票箱民主”一靠持众聚势，二由几个人说了算，实际上只是把用权武断理性化罢了。在她看来，这种所谓的民主的悲剧在于，我们并没有把握到公众舆论的脉搏，却自以为是、扬扬得意。其实，各种不同意见之间根本就没有过真正的接触，所以也无法共同努力，创造出一个集体的意愿。应该说，真正的民主需要的是共同的行动，而不是口头上的赞同，更不是勉为其难的赞同。①

福莱特觉得，我们还未曾尝试过“真正的民主”，以建立真正的国家。将现行的代议机构修补一下，依靠政党组织，搞少数服从多数，持众聚势，只会和实现真正的民主这个目的背道而驰。民主不应该只是记录民意，它的更重要的任务应该是创造出一个团结一致的局面。为了达到这个目标,就应该去揭示主导人与人之间的交往的新原则,就应该学会一起共事,为实现集体的意愿而创造性地工作。可以看到,福莱特关于真正的民主的概念包含着两大要素:一是大众的实质参与;二是联邦制的政治结构。

在参与这一点上，福莱特认为，大众的实质参与必须要取代口头赞同，以实现一种新型的创造性的人与人之间的关系，一种积极向上、认真负责的公民意识。在这样的环境下，民主才会从人们日常的具体活动中吸取能量，并通过彼此的思想交流和渗透激发出创造力。而实质参与和互相合作则更有助于集体意愿的形成，并体现于日常生活的具体活动中。这里要指出的是，福莱特强调的是通过群体过程而产生的集体思维的能力，是鼓励创造性和互相结合的能力，而不是降格为随波逐流的庸俗平凡。

---

① 福莱特.《新国家：群体组织，建立受人欢迎的政府的途径》. 纽约朗曼和翠绿出版公司 1918 年版。

实现真正的民主光有实质参与还不够，还要有一个联邦制的政治结构，实质的参与只有在这样的结构中才能够孕育出真正有效的代议政制。在福莱特看来，小群体是民主的核心，当每一个人正在努力地争取成为社会整体的一部分时，“民主之魂就在群体中诞生”。可以说，在通向更完全的整体的道路上，许多的小群体的存在是一个关键的阶段。①

福莱特认为，在形形色色、大大小小的群体之中，最基本的社会群体是邻里群体。正是这些邻里群体使人们能够经常互相接触，促成他们间的相识，进而增进彼此间的日趋了解。比起其他一些自由选择组成的群体，邻里群体为人与人之间的接触提供的方式和机会就要多得多了。正因为如此，可以说邻里群体是身负重任：要培养良好的公民意识；要鼓励建设性的人与人之间的关系；要提倡创造性的态度；而更重要的是为更广泛的代议制度添砖增瓦。

当然，代议过程的形成靠的是日积月累，决不能一蹴而就。从最基层的邻里群体选出立法代表开始，逐级向上发展到区、市、州，最后是全国性的政府。而选举产生的这些各级的立法代表则不应该满脑子想的就是千方百计争取选上，他们应该把更多的精力放到如何和其他立法代表齐心合力、取得共识、达成协议。要达到这一目的，就应该允许立法代表们自己对是非曲直作出判断，而不是作传声筒，把自己选区的民意下情上达而已。但是，这些立法代表又不是无拘无束、可以任意行事的自由人，他们有义务向自己选区的选民汇报代议机构的活动。

不过，福莱特也承认，这种代议制度有问题。譬如，即使在同一个群体中也会存在不同的意见，选一个人出来能够代表所有其他人实际上是几乎不可能的。但是，更重要的是，有一个联邦制的结构就有可能使各种各样的思想有表达的机会，也就有可能

---

① 福莱特.《新国家：群体组织，建立受人欢迎的政府的途径》. 纽约朗曼和翠绿出版公司 1918 年版。

为各种分歧的调和整合提供了一个合适的场所。

除了实质的参与和联邦制之外，福莱特还认为，对于能否实现真正的民主，领导也有着重要的作用。一个领导人应该学会为自己所领导的群体找到能使这个群体团结起来的解决方案，应该学会去表达这个群体的意愿，而不是一味追求去控制这个群体。一个领导人还应该学会对公众舆论的走向有所准备，以便为建设性的变化创造条件。概括起来，一个领导人应该学会发挥群体的能量，把各种力量团结起来，为的是达到预定的目标，并致力于创造新的目标。

实际上，在福莱特眼中，不但领导重要，专家的作用也不可低估。但是，她觉得，真正的民主不应该是老百姓听任专家的摆布。她认为，让专家们说了算是一种有害的倾向。制定政策需要精确的信息，但是，我们应该看到即使是学者专家，他们的看法和建议还是难免有缺陷。这是因为：第一，专家们不可能拥有什么先知的事实，可以之为基础去构筑政策。第二，即使有了事实，专家们也不能就事论事，光看表面现象就拟定建议草案。要取得准确全面的信息资料本来就不容易，何况即使这些信息资料到了手，还有一个分析是否中肯的问题。事实不是静止不动的，随着环境的变化，对事实的评价也会变化。专家们对摆在面前的各种事实还可以作出取舍，结果是，不同的人会着重不同的事实。此外，专家们的任务远不是收集信息而已，他们要将信息加以浓缩、分析。于是，个人的喜好偏见就不可避免地会造成污染，事实不再是原本的事实了。

正是基于上面所说的这些原因，福莱特指出，我们不能盲从专家们的建议和主张，还应该对照参考其他人的看法。真正的民主应该一头有专家学者提供意见，一头有广大选民积极参与，是个下面由大众控制、上面由中央负责的政府。①

---

① 福莱特.《新国家：群体组织，建立受人欢迎的政府的途径》. 纽约朗曼和翠绿出版公司 1918 年版。

三、群体过程和工业组织

尽管福莱特早年注重研究人事关系和群体过程，她后期的大部分著作的重点还是研究工业组织。她相信，有关人类行为如互动、激发、结合等的基本原则应该适用于企业界或是任何其他的群体环境，她对企业界一些组织的分析就是以这些基本概念为基础的。为什么她对工业组织情有独钟，特别注重对这些组织的研究呢？实际上是因为：第一，她和几位著名企业家关系良好，使她有机会解析他们的企业组织。第二，她觉得，企业环境可以为她想作的分析提供一些有趣的原始素材。她对那几位企业家解决问题时所采取的注重行动的务实态度很感兴趣。第三，更重要的是，在她看来，企业组织是一种执行重大社会功能的社会性机构。在提供就业的同时，企业实际上也为人们提供了发挥才干的机会，提供了把各种活动交织在一起从而创造出“精神价值”的场所。所以，企业不只是牟取利润而已，它有着更广泛的社会目的，那就是开辟新的人事关系。在企业里，可以把技术知识和对人类的合作性行为的科学调查结合起来，以揭示出有组织的活动的基本原则。福莱特相信，正是这种有组织的活动使我们去伪存真、去平庸存高尚，使我们通过对有组织的活动的认识，找到一些潜在的办法，去解决世界上的疑难问题。

在福莱特看来，组织的首要任务就是协调各种努力，把聚集的一群人变为一个工作单位。如何才能完成协调呢？最好的办法是让负责有关活动的部门和个人直接接触。与此同时，在组织内部要实施纵向和横向的沟通和权威。此外，要使协调成为一个连续不断的流程，既包括计划又包括执行，而每一个部门的行动都要从企业大局出发，顾全整个企业的大局。

福莱特认为，只有协调恰当才能有控制有权威，而不是靠控制靠权威才能实现协调。前面已经提过，她把权力看作是成事的能力。至于控制，她认为就是“为达到某一特定目的而使用的权力”。换句话说，权力是一种能力，而控制则是权力的使用，是一种过程。①

福莱特注意到控制有两个方面。第一，控制意味着多种控制的组合，而不是上面强加下来的控制。第二，控制更多的是“事实的控制”而不是“人的控制”。也就是说，控制应该以环境的要求为基础，而不是取决于长官意志、个人喜好。

在一个组织内实施权威时，这些特点就显露出来了。福莱特把组织描述为各种功能的交织，而权威就在将各种意见统一起来的协调过程中产生。由此可见，一个组织的权威既非“至高无上”也不是由上级授予的。实际上，权威是多元的，自下而上积累起来的。权威之所以成为权威，倚仗的是它可以起到的作用而不是它所占据的职位。因此，权威只是各种活动交错而成的产物，权威只能隶属有知识有经验的人，隶属有能力应用这些知识和经验的人。

福莱特说过，是“最终权威的假象”蒙蔽了我们的眼睛。要知道权威只是个过程，并非决定的最后时刻。实际上拥有权威的是那些有知识有能力的人，而不是占有高位的人。权威意味着在作出决定之前必不可少的一连串的互相关联的活动。当然，不能就此断言说没有最终权威。因为福莱特承认，有些问题只能在一个组织的最高层那里才得到解决。但是，我们要明白，权威并不只是由上而下的。它实际上是一种双向的互相影响的关系，是以圆环形的反应为基础的。权威的最终主人是知识和能力。

福莱特认为，如果滥用权威，其结果只能是丧失权威。可以说，滥用权威有百弊而无一利，对当权者而言，少了向下级、向一般员工学习的机会。对组织而言，摩擦日趋频繁。对组织成员而言，必然会使工作的自豪感低落、个人的责任心下降。结果是，非但尝不到对下属用权的大好滋味，而且组织内部大小集团丛生。更有甚者，受福莱特称之为“情况定律”的影响，一般成

---

① 埃里奥特福克斯，俄维克．《充满活动的行政》．纽约皮特曼出版公司 1973 年版。

员的权力由无到有、由小到大。

所谓“情况定律”指的是当周围的变化和反应互相交织、不断出现时，针对这种情况必然出现的敏感能力。这时候，有没有权威已经不取决于个人的意旨，而是取决于工作情况的客观要求。由此可见，指示源于工作，而不是工作源于指示。指示有效与否既不在于上级的职位高低，也不在于下属同不同意。指示有效与否，主要在于周围情况的要求，实际上就是圆环形行为的结果。

当然，滥用权威也不是不可避免的。有不少方法都能够防止这种局面的出现。比如，让组织的全体成员清楚地理解组织的各项目标；下达每一项指示时尽可能附带说明原因；下达指示时避免令人不快；懂得工作活动的基本原则；决定采用哪些原则时与下属有商有量；对有助于落实指示的态度予以鼓励；提供适当的刺激或奖励等等。

除了探讨权威和控制外，福莱特还谈到如何才能建立有效的领导。她认为，以前的一些关于领导的理论是以个人权力为基础的。按照那些理论，一个个性强、会用权、会按照自己的意志制约别人的人就是一个好的领导。福莱特对此并不赞同。她把领导分成三类，即职位领导、个人领导和功能领导。她认为，光有职位却发挥不了作用或者说执行不了功能，这样的领导必然是低效甚至无效的。有了职位还必须懂得执行和职位相应的功能才行。至于个人领导，她觉得可能只不过是靠着软硬兼施以凌驾于人的尝试而已。当然，这并不等于说福莱特忽视了个人属性的作用，她只不过认为不应过分强调个人属性。

按照福莱特的观点，有效的领导靠的不是职位或者个性，而是在组织内部发挥作用、创造团结的能力。她以为领导应该有三大功能：协调、决定目标，以及预测。要做好协调就要：一，教育、培训下属，使大家各尽所能；二，使大家都有机会参与；三，把各人的贡献综合统一起来。第二项功能决定目标也是必不可少的，因为只有这样大家才会感到是在齐心协力，向着一个共同的目标前进。至于第三项功能预想，它不但意味着要对长远目的了解，还意味着要为达到这一长远目的尽早创造条件。怎样才能执行好上述三大功能，成为一个有效的领导呢？福莱特的建议是：第一，要吃透本职工作；第二，要学会把握全局；第三，要懂得创权、用权；第四，要能够高瞻远瞩；第五，要有点冒险精神。①

虽然高层领导的作用十分重要，但福莱特相信，人类的未来将越来越取决于遍布中下层的各级领导的水平。实际上，在每个组织的内部，各个部门各个层次都是需要领导的，所以，每个人都应该对如何去领导自己那部分的工作的挑战做好准备。这种可以称之为领导权扩散的现象并不就等于说责任也相应地扩散。实际上，权力集中和权力下放是可以同时进行的。一方面，高层领导继续对全局负责；另一方面，每一个人则对自己的本职工作负责。这样，上面的领导既没有放弃自己的责任也没有免除其他人的责任。

一般人往往都把当领导的看作老板，但福莱特则对此不以为然。在她看来，以老板自居，高高在上、指手画脚、为所欲为的人决不是一个好的领导。一个有效的领导一定懂得给下属当参谋、出主意，让他们知道怎样来负起自己应尽的责任。可以说，领导和被领导的关系是双向互动的、有来有往的。一方面是领导带领下属，另一方面则是被领导的主动参与，或提供参考建议，或指出决定的错误之处，从而发挥监督领导的作用。

除了领导和被领导之间的关系，每一个组织内都也存在着行政官员和专家之间的关系，福莱特对后者特别注意。她意识到，专业化已是大势所趋。越来越多的决定必将出自专家的手中。行使权威越来越意味着管人的点头称是，而不是被管的点头称是。一个矛盾的局面由此而生。一方面，行政官员不能够舍弃自己的

---

① 俄维克，《自由和协调：企业组织讲座》. 伦敦管理出版物基金会出版 1949 年版。

责任；另一方面，他们还没有掌握作出有效决定所必需的专门知识。福莱特对付的办法是不理会这种矛盾局面。具体的作法是，把专家和行政官的知识两相结合起来。专家不应坚持己见，而是要以圆环形反应和整合的方式参与决策的过程。

福莱特的大部分著作都强调通过参与促成圆环形反应，进而鼓励各种分歧的整合。但是，有趣的是，在工人是否应该参与一个组织的管理这个问题上，她却有所保留。尽管她也赞成工人和管理层携手合作、参与管理，但是她又觉得这种参与只能是有限的。工人的参与不一定就等于实现工业民主。例如，她就不赞成让工人自己来选举管理他们的人。她以为，有关管理方面的各种问题，除去工人们对之比较熟悉的外，没有必要逐一征求他们的看法。至于有些问题，既然他们对其知之甚少，或者一无所知，福莱特觉得，请他们投票来参与决策实在是多此一举。

如何实现工人的参与呢？福莱特以为可以赋予他们所谓的“功能权力”。也就是说，工人应该有一定程度的和他的本职功能相关的控制权。工人和管理层要携手合作，前者可以协助后者，但不是意在瓜分后者的权力。合作的目的是共同开创新的权力。

如果要实现上述这种参与，使其行之有效，管理部门和劳工阶层双方都要对群体过程有所了解。值得提醒的是，工人参与的并不仅仅是集体谈判的过程。对福莱特而言，集体谈判只是个暂时的权宜之计，其目的既不是给劳工阶层一点直接的控制权，也无意营造出互相合作的态度，以实现圆环形反应、唤出和整合。她所说的工人参与不只是为了防止出现麻烦，因为实际上工人的参与只会使管理多了一重牵制。这种参与不只是为了互通信息，因为要齐心协力共同奋斗，不但要互通信息还要综合统一信息。参与不只是为了取得另一方的赞同，因为真正的目的是合作而不是赞同。参与也不只是为了承认劳工的权利，因为参与的着眼点是工作而不是权利。当然，工人的参与更不是方便管理部门推卸责任，那只能使问题无休止地拖延下去。

按照福莱特的看法，通过了解各种利益、互相依赖的关系、互相渗透的活动、不同意见的整合、工人的参与，会有利于提高集体的责任心。认识到了管理部门和工人之间存在的这种互助互惠的责任，彼此经验的融会贯通才是一个组织的惟一合法的“老板”。

第三节　分析与评价

有学者认为，福莱特的著作既发表过迟但又问世过早。说它过迟的原因是因为泰罗的“科学管理”的思想在福莱特之前已经为多数人所接受；说它过早则因为有关“科学管理”的一些问题在当时还并不明显。可以说有相当长的一段时间福莱特的观点并不特别引人注目。

泰罗提出的“科学管理”的思想，其核心是相信通过收集数据就可以找到完成某一任务的最佳途径。泰罗以为，事实是永恒的，不因时间而变化的；今天的事实就是昨天的事实，明天的事实也是如此。福莱特无法接受这种对世界的静止的看法。她坚持认为：第一，事实不是静止不变的；第二，事实本身并没有价值，但是它们可以被附加以价值。如她所说：“事实的价值取决于它在整个世界进程中的位置，并受着多种关系的约束。”“要理解任何事实，我们就必须要考虑到整个的环境，包括与之相关的感情、信念、思想，等等。”简言之，世界在不断地运动着、演变着。

正是这种动态的基本思想指导着福莱特对人与人之间的关系进行分析。所以，她认为人与人之间的关系是“你加上我”和“我加上你”之间的反应。每一次见面交往的过程，都是彼此经历或多或少的变化的过程。

福莱特并不是一个多产的学者，但是她独特的见解使她不愧为一个出色的学者。归纳起来，她的思想的要点如下：

(1) 群体是社会过程的核心，也是每一个人力图发挥才干、实现理想的手段。

（2）国家是群体过程在最高层次上的延伸，是社会生活的最高表现。真正的国家只有在民主中实现，只有依靠邻里群体，通过大众的充分参与，在一个联邦制的结构中实现。

（3）所谓组织就是其活动有明确结构的群体。

（4）组织的首要目的是协调其活动以达到功能上的统一。

（5）一个组织要达到功能上的统一，其相关的活动、各种各样的思想就要经过圆环形的反应、唤出和整合，以互相接触、交流、渗透。没有该组织全体成员各尽所能、积极参与，这个目标是达不到的。

（6）在这样的环境下，组织的控制和权威靠的是知识和“情况定律”，而不是职位。

（7）一个组织的领导的主要功能是为参与提供机会，并引导各个人努力为达到共同的目标而奋斗。

福莱特学说的主要问题是她的溢于言表的理想主义。她始终相信：我们可以既信奉集体主义又信奉自由和个人主义，既有圆环形反应又有权力和控制，既是贵族统治又是民主，既保持行政官的控制又主张专业知识至上，既强调中央集权又鼓励权力下放。在她的眼里，结合是解决冲突的好办法，可以让大家各取所需。可以说，实际上她想构筑起的不是一个理想的世界而是一个可能的世界。我们要考虑的不单是她的构想符不符合人们的愿望，我们更要考虑的是她的构想在多大程度上能够变成现实。

贯穿福莱特学说的是她的两点假设：一是态度可以改变，二是利益可以调和。这两点都大有商讨的余地。很明显，她对社会、对组织的分析只是局部的，未经测试的。尽管如此，是她唤起了人们对整合的重要性的注意，让人们意识到使用整合这种方法可能有助于解决社会冲突。更重要的是，她的思想预示着日后组织行为学的新发展。可以说，福莱特是一个走在时代前面的人，她对理解组织生活所作的实际和潜在的贡献都还有待世人去充分认识和体会。

有相当长一段时间，公共行政学学界把层级结构看成是行政管理的关键。福莱特之后，对这一理论提出挑战的大部分著作都是以她的贡献为基础而写成的。著名的诺贝尔奖获得者赫伯特·赛门关于行政行为的论述就是与福莱特一脉相承的。1927 年至 1932 年间进行的霍桑实验对她的看法进行了检验，使之在有关组织理论的论著中占上一席之地。人际关系学派的许多杰出的理论家如爱尔顿·梅奥、切斯特·巴纳德等，都给她以高度的评价，公认她为第一位把人与人之间的沟通、把集体决策看作分析各种组织的关键的学者。

正是福莱特，果断地和传统的静态/原则论决裂，把行政学和心理学有机地结合在一起，大力提倡研究组织内部人与人之间的互动，从而把行政学推向了更关注人而不是光强调物的新阶段。福莱特本人并没有太多的行政实践的经验，也称不上是一位系统的思想家，然而她长期致力于研究有关人的心理、领导艺术、积极性的调动、权力，以及权威等问题，极大地影响了公共行政学的理论和实践的发展。

此外，值得深思的是，为什么福莱特学说的不少观点在当时并没有在学界引起太多的注意，而类似的看法却在她身后造成很大的影响。我们不应该忘记，福莱特埋首写作的年代还是男尊女卑大行其道的年代，像她这样的女性思想家很难得到社会的认同和器重，更何况她不信传统、蔑视权威、敢于创新，在前无古人的学术探索中走出自己的道路。正因为如此，福莱特无愧为公共行政学说史上一位伟大的思想家。

第七章 梅奥的社会人管理理论

第一节 生平与著作

爱尔顿·梅奥（Elton Mayo）于1880年12月出生于澳大利亚的阿德莱德，是七个孩子中的老二，也是长子。他的父亲是位工程师，其家族在工程和法律领域里有不凡的表现。

梅奥的早年教育是在家里接受的。他12岁时进入了皇后学院，14岁在圣·彼得学院求学，在学院里他表现出众，并于1895年获威士特敏斯特奖金。1897年梅奥进入阿德莱大学学习医学，但不久就对死板枯燥的医学教育感到厌烦。父母送他至英国的医学院，但他始终对医学提不起兴趣，不久便离开了学校。在以后的岁月中，他躁动不安地寻找自己有兴趣的职业。在1905年回到澳大利亚后，他曾在新闻业小试锋芒，也在学院里教过书，做过印刷公司的合伙人，但他对这一切还是很不满意。1907年他再度进入阿德莱德大学学习哲学和心理学。由于此次目标已定，他获得了一个专业的学士学位和一个专业的硕士学位，并于1901年毕业。毕业后，他起先在阿德莱德大学，然后在昆士兰大学教逻辑、伦理和心理学。

在以后的岁月中，他对社会与个人问题之关系发生了兴趣，并在第一次世界大战中对一些士兵进行心理治疗。这段时期的经历和思想对他后来的工作产生了极为重要的影响。1919年他出版了第一本书《民主与社会自由》，并在昆士兰获得一个哲学教席。

1922年，梅奥移居美国。因有机会继续其社会和工业问题的研究，他在宾夕法尼亚大学的沃顿商学院作研究，并得到洛克菲勒基金的支助研究工业问题。在宾夕法尼亚大学时，他研究了费城的纺织工厂，并在《人事》杂志和《哈泼斯》杂志上发表了一系列文章，在后一杂志发表的文章引起了哈佛商学院院长沃伦斯·当汉姆的注意。1926 年，他及洛克菲勒基金都转到了哈佛门下。在那里，他被聘为工业研究副教授和工业研究系主任。他的研究集中于工业的心理、社会和组织方面，作为哈佛疲劳实验室的生理研究的补充。

1927 年，当他在纽约全国工业会议委员会发言时，他很偶然地碰到了乔治·潘诺克，一位西方电器公司霍桑工厂的工程师。后者在听了梅奥的发言后，邀请他来工厂探讨一些工厂工程师进行的照明试验的一些令人困惑的结果。这一访问便产生了历时五载闻名于世的霍桑实验，“这是管理历史中一次至关重要的航行的开端”。[①] 梅奥在 20 世纪 30 年代的大部分精力都用于处理那次研究，并发表有关著作。1933 年，他发表了《工业文明的人的问题》，它包括了对霍桑研究的最初报告，以及对其含义的极具广度的解释。

20 世纪 40 年代初，他参与了南加州飞机制造业的员工缺席和流动率的研究。1945 年，他发表了最著名的，也许是最有争议的著作《工业文明的社会问题》。在这本书中，梅奥试图综合分析他的主要实证调查的发现，并对现代工业社会提出批评。1947 年，他在哈佛作了两场演讲，这些后来发表在《工业文明的政治问题》中。同年，他从哈佛退休，回到英国，一直到 1949 年去世。

梅奥早期主要关注一般的社会、政治和哲学问题，中期从事一些科学调查，晚期又回到他早年关注的问题。“梅奥的天才在于激发研究小组的智力，并对小组的活动加以整合。与其说他是一个具有系统理论的思想家，不如说他是一个撒播可以培育的种

---

① 丹尼尔·雷恩.《管理思想的演变》. 中国社会科学出版社 1992 年版。

子的播种者。”[1] 不过，与梅奥名字相连的霍桑实验在管理思想的发展史上具有一种里程碑式的意义，这一实验开创了一个新的人际关系学派的先河，把对管理的研究推向了一个新的高度，就这一点而言，梅奥的贡献将一直为人称道。

第二节　社会人管理理论

一、社会、工业与人

梅奥认为现代社会深受传统社会的社会惯例的瓦解之苦，这一瓦解始于16世纪，当时教会丧失了其权威。自那时起，“真正的文明”一直在逐步地沦落为一些仅仅是变化和过眼烟云的文化。在梅奥看来，其时代的社会正在经历一种解体的状况。在传统社会，人们知道他们的位置和他们的未来存在着一种社会团结，围绕着家庭和血缘关系建立起来的家族制度使人们在工作和社会中保持一致。现代社会，尤其是工厂制度和工业化过程及其特殊的逻辑和日益增长的科学技术变化的速度摧毁了传统社会中形成的一种团结感和合作精神。教会失去了它的权威，工作根据大生产的指令进行组织，其结果是职业与社会功能分离，伦理的多样性和地理上的流动性切断了个人的族系。在现代社会的动荡环境中，甚至家庭都是孤独和无足轻重的。

在梅奥看来，这一解体，究其原因，有以下几个方面。第一，工业化过程导致的劳动分工使得社会和物质的流动性日益增加，以及大规模的组织日益增长。在这种大规模组织中，人际关系的交流方式从一种个人之间的、友谊性的基础，转变为一种非个人之间的性质，结果造成一种没有规范的、没有根基的生活方式。在这种生活方式中，个人之间的同一性和社区联系消失了。这种社会反常状态导致在个人生活和社区生活中的社会解体，并

---

① 布雷恩·福莱.《通晓公共行政》. 切特汉姆·豪斯出版社1989年版。

造成了一种个人无能为力和幻想破灭的普遍感受，用以应付工业变动的社会发明赶不上技术发明。正是这种“社会差距”造成了广泛的无力感和随之而生的社会解体。[①]

第二，社会解体问题因大卫·李嘉图的经济理论而加剧。在梅奥看来，罪魁祸首是自由放任的经济学和李嘉图建立在“群氓假设”基础上的对社会的这一解释：①自然的社会由一群无组织的个人所组成；②每一个人都按着能达到自我保存和实现自我利益的方式来行事；③每一个人都尽力按逻辑进行思考，为达到一定的目标而努力。[②] 梅奥企图通过下述论点来驳斥这种群氓假设：①重要的是同其他人协作，而不是一群无组织的乌合之众互相进行竞争；②所有的人都为保卫自己在团体中的地位而不是为自己的个人利益而行动；③重述霍桑实验的发现，思维受感情的指导较受逻辑的指导更多，即霍桑研究发现团体协作和团体感情超过了讲求效率的逻辑。[③]

第三，追求个人利益中的竞争也因政治体制加剧，该体制通过玩弄人们的恐惧而加剧了社会的冲突。建立在19世纪个人主义概念之上的经济理论认为社会是一些由享乐主义利益激励的毫无关系的个人的集合，社会只是争夺有限资源的乌合之众的集合。工人只是生产的成本，经济逻辑使人产生了一种孤独感和失败感，所有这些导致了较低层次的与经济逻辑相对的社会规划。

第四，技术指向型社会的进展过于强调工程技术，并从工艺技术方面来解释工作的意义，以致衡量工作成绩的标准是以讲求效率的经济逻辑为基础的，个人的社会需求被放到了次要地位。对效率逻辑的强调窒息了个人获得团体认可的愿望和获得社会满足的愿望，以及通过公共生活达到社会目标的愿望。管理者的一个错误在于，他们认为工业问题的答案在于技术效率，而事实上

---

① 丹尼尔·雷恩.《管理思想的演变》. 中国社会科学出版社 1992 年版。

② 梅奥.《工业文明的社会问题》. 哈佛大学出版社 1945 年版。

③ 同①。

它是一个社会和人群问题。①

第五，政治作为一种解决社会解体问题的替代，已经成了问题的一部分。政治在使社会分裂敌对的阵营方面的成功使得团结的行动变得不可能，并阻止社会维持其团结的努力。自相矛盾的是，这一问题在民主制国家表现得最明显。梅奥认为，政党是建立起来教育公众从而产生一种公共舆论的形式，而事实上它们成了一种赢得选举的工具。这导致政治功能丧失基础，并产生走向集体的平庸。政党制度在社会基础中产生了裂痕，并加剧了社会的解体。

梅奥认为，社会解体导致人际关系的变化，也导致了个人的解体，因为社会解体剥夺了个人的传统的社会理解和支持感。梅奥认为，在现代社会，社会已屈从于逻辑，但发展起来的逻辑对于推动有效的社会关系一直是不够的。此外，当个人面对一个逻辑不能解决的问题以及不存在社会准则和传统的问题时，可能的反应就是非理性的。当社会状况的特点是竞争时，求诸于非理性是很可能的。

作为社会和个人解体的状况的一个结果，梅奥认为，现代社会中人处在一种社会反常状态和无计划生活中，他们的社会功能感被剥夺了。在这种反常状态中，个人易于受幻想和无目的思想的影响，它决定了个人对生活的态度。在梅奥看来，幻想通常表明了一种关注，在幻想与关注之间迅速转移的能力是有训练的头脑的一种成就，但幻想也会导致可能成为不可控制的悲观主义或忧郁占支配地位，也可能产生奇怪的思想和行为。梅奥认为没有一个人完全摆脱了幻想的非理性。一般个人的精神状况表明了一种轻度的、以孤独和悲观为特征的狂郁症，寻找乐趣避免这种情绪只是一种逃避，个人在“人造美、乱七八糟的冒险或麻醉性幻想”② 中寻找安慰。反过来，这种不被认识的幻想长期伴随而来

① 丹尼尔·雷恩.《管理思想的演变》. 中国社会科学出版社 1992 年版。

② 梅奥.《蠢行》. 载于《哈泼斯》杂志 1925 年 7 月号 151 期。

的结果，导致强迫并摆脱不了“过分思考”的环境，并将其不幸归于有敌意的环境，这种状况使其不能对现有条件、尤其是社会状况作出反应。

梅奥认为，在社会解体和个人烦扰之间存在着一种互动。这样，社会的不良反应与精神性疾病之间的问题是不能分开的。一方面，社会学已经展示了社会和个人解体之间走向烦扰的关系。从社会学观点来看，对这些疾病的关注是由家庭与社区有缺陷的关系造成的。这样，社会学家认为精神疾病与其说是一种个人现象，不如说是一种社会现象，它来自家庭单位的过度孤独。

另一方面，心理学家认为，幻想这类疾病可能是由个人有缺陷的社会条件产生的。梅奥认为，未成年者的后脑袋不断重复着最初的态度和信念。他们感到无力和恐惧，就像原始人一样，便求助于以迷信和禁忌形式的“魔力”来减少这种软弱无力、恐惧和无知。随着孩提时代的恐惧演变成成年人的烦扰，它会重现和支配一个成年人的生活。这样，心理学的看法认为，社会敌意和幻想行为可能首先不是社会的疾病，而是个人的疾病，社会疾病可能加剧个人的疾病。但梅奥认为，如果问题完全来自社会目的的攻击，那么努力是没有用的。

不管来源如何，幻想通过注入非理性的动机和类行为中的妄想将人和社会状况复杂化了。非理性的动机不是固有的或天生的，而是有缺陷的社会学习的产物。由妄想产生的非理性使得决策的负担可能成为罪恶的负担。在梅奥看来，生活中产生的非理性会使生活变得丑恶，这种生活不会给人带来任何东西。

梅奥认为，促成社会解体的科技的进步在工业中表现得最明显，冲突和阶级意识也在工业背景中表现得最明显。梅奥认为工业组织是一个基本的社会单位，个人的意义首先来自使工人产生一种其工作是社会必需的行业或专业。但在现代社会，梅奥认为，职业已与社会功能分离，社会冲突已渗透于工业中的各种关系之中。

有人将这种痛苦归咎于争端的两方：资方和劳方。在资方一面，对组织的技术和经济方面的清楚理解是同组织的人的方面的大致猜想联系在一起的。工作是这样组织起来的，以至它倾向于失去而非得到利益，因为高度系统化程序的加强摧毁了工作和工匠的传统。梅奥认为现代社会的“蠢行”在于它无视这一事实——机器车间是“压迫的强有力的代理人”，是“人类精力的滥用”。① 在劳方一面，对变化的工业环境的反应是团结起来，而这只能加剧冲突的程度。梅奥认为工会是通过阻止变革来保留人的价值的一种反应性企图。

由于社会解体在工业背景中很明显，工业背景同样进一步将个人解体的条件复杂化了。机器生产是单调的、一成不变的，无需太多的注意力，其结果，工作很可能在一种情绪分散和出神的状况下进行，人员的毛病可能阻止了工作的进行。

梅奥注意到这一问题经常被诊断为一种疲劳，但研究表明，生理学意义上的疲劳看来不是问题，它与“燃料储备”的减少无关，它在肌肉精疲力尽之前已产生了。在脑力疲劳出现（伴随注意力不集中或悲观反应或幻想）之后，工作依旧进行，这一问题在无需技术的工作和未受教育的工人方面表现得最明显。

梅奥认为，对这些疲劳导致的无能的一个选择是取得一种稳定的均衡状况，② 没有这样的均衡，工人就不能继续有效地工作。这样，战略问题是发现干预个人均衡状况的来源。这一干预也许是某种任务和工人智力的一种功能，不过，工作场所的工人的气质和社会因素至少同样重要。个人对一种混合的状况作出反应，虽然不同的人可能对同一状况作出不同的反应。

在梅奥看来，工作的社会背景特别重要。他认为，在孤独中完成的工作是单调的。相反，得到兴趣、尊严的工作成为社会功能的一个基本部分。这样，工作便是一种得以在社会环境中最好完成的技能操练。此外，梅奥认为，工作场所中人与人之间的关

---

① 梅奥.《蠢行》，载于《哈泼斯》杂志 1925 年 7 月号 151 期。

② 梅奥.《工业文明的人的问题》. 纽约维享出版社 1960 年版。

系比技术逻辑性以及人的直接的物质利益更重要。逻辑性和物质刺激可行，但只有在一种获得支持的社会组织中才能变得有效。如果社会环境不支持，人际间的状况就会产生“干预”，这一干预将导致个人的均衡转移并使工作受到损害。

梅奥认为，单调的工作、不充分的社会条件以及人的解体一起产生了工业中的不满。幻想来自对工业状况的不完美的适应，它使个人不满、躁动、不快乐，鼓励了悲观性思考，由这种思考产生的非理性就像梅奥在一战时诊断的受炮弹呼啸惊吓的受害人表现出来的无限性一样。个人受到了幻想的支配，害怕发现问题因而摆脱恐惧。其结果是生产受害，个人成为政客号召和娱乐促销者的牺牲品，而这点只能使情况恶化。

因此，梅奥认为，当巴纳德提出任何组织必须是“有效力”（指实现组织的目标而言）和“有效率”（指满足个人动机而言）时，他实际上是提出了现代社会普遍适用的准则。也就是说，任何集团的社会组织必须能在两个方面满足其成员的愿望。一是他们的物质要求，二是在完成多种社会职能中实现积极的合作和协调，两者缺一不可。没有组织就没有合作，因为任何工业组织既是一种工作方式，也是一种生活方式。作为一种工作方式，它必须是有“效力”的、运用自如的；作为一种生活方式，它必须是有“效率”的、使人满意的。但遗憾的是，现代工业文明尽管在物质和技术方面取得了巨大的成就，但作为协作制度，它却是完全失败的。①

可以把梅奥的观点归纳如下：

(1) 文明已经从一个有固定习俗、一种工业的社会功能感以及可接受的人际互动关系惯例的社会转向了一个以分裂性和科技变革为特征的社会。

(2) 这些变革产生了一种社会解体的状况，在这状况中，对变革的逻辑反应没有发展，而非理性的反应却被用来取代以往的

---

① 孙耀君等.《西方管理学名著提要》. 江西人民出版社 1997 年版。

传统。

(3) 社会解体问题因强调一种经济理论和政治制度而加剧。前者鼓吹争夺个人利益中的竞争，后者则怂恿国家的恐惧和迷信，这样，社会便沦为阶级斗争的场所，个人中存在着一种社会反常状态感。

(4) 社会的不适在个人的行为上表现出来，这些行为是无法控制的幻想和非理性的妄想，它阻碍了对变动社会状况的恰当适应。

(5) 这些问题在工业界尤其显著，因为在工业界，技术变革剥夺了它的社会意义。一种无法控制的幻想和妄想导致了紧张的人际关系、劳动躁乱以及最低的工作效率。①

那么，如何来解决这些不适？如果从梅奥认为不是解决的办法着手或许更有意义。

梅奥认为，社会主义不是解决的方式，因为所有社会主义者建立的东西都是回到一种放任自流理论家提供给我们的“罪恶政权”。此外，社会主义产生阶级意识并培养这样一种信念：社会由一些其利益自然对立的阶级所组成。梅奥认为这一看法在科学上是站不住脚的，在政治上是危险的。他认为，这一问题不是每个人的财产的所有制问题，而是财产的社会使用问题。如果财产受到没收，所有对此使用负有个人的责任都会消失。②

工会也不是解决之道。它确立了这样的信念——雇主和雇员之间没有利益上的和谐一致，这“肯定是一种癔想”。在梅奥看来，对工会化的恰当反应应当是预期其发展，并使其成为不必要。

工业民主也不是解决之道，因为雇主和雇员都认识到什么是错的。工人的民主只会把一些权力置于最不可能知道要干什么的人的手中，置于最无技术的工人的手中。

---

① 布雷恩·福莱.《通晓公共行政》. 切特汉姆·豪斯出版社 1989 年版。

② 梅奥.《自由与民主：社会逻辑概论》. 麦克米伦出版公司 1919 年版。

公众姑息（如经修正的刺激计划、假日调整、新的人事制度等）也可能无效。这些补救只是一些满足特定环境的特定回答，没有提出一些潜在的问题。梅奥的确认为增加工资的要求只不过是一种躁动的症状，而不是原因。

有所改善的家庭生活或较好地使用闲暇也不是社会问题的解决之道。一种幸福的家庭生活是不够的，家庭之外的社会纪律是需要的，如果个人打算确立一种适应社会状况以及在这种状况中运作能力的话。闲暇时间可以用来建立一种新的稳定的人际关系，但在“玫瑰园”里寻找一些补偿并不能抹杀工作中的失败感。梅奥认为恰当地使用闲暇应该从属于为社区实际所做的工作。

梅奥认为，解决社会和个人的解体问题在于国家的有限作用，在于回到控制“边缘”组织、建立行政管理精英、获取科学知识以及确立一种适合社会需要和问题的教育过程。梅奥认为，国家是社会的一种附属功能，其首要责任是维持社区内自由的增长，因而国家不能通过记录社会的成就、抵制现有的社会关系、禁止任何对现有道德的违反来正当地做多于反映社会成长的事。[①] 国家只不过是一种认识社会变革的权宜手段而已，它不能在创造变革方面打头阵。

民主政府的问题是（假设所有权力都来自国家）它很可能变成专制的政府。民主制政府必须认识到，增长是社会生活的一个特征，而不是国家的特征，政治不应通过承担社会的指导而超越自己的道德功能。民主包括两个阶段：来自上面的关键性控制和来自下面的自发的合作的控制。在紧急状况中，中央控制是必要的，而在紧急状况过后，控制必须转移到边缘组织，如在工作中的非正式组织。梅奥认为，正是这一转移，区分了民主政府和专制政府。中央控制的继续阻止了政治以外的社会活动，这些活动对社会的成长来说极为重要。

---

① 梅奥.《自由与民主：社会逻辑概论》.麦克米伦出版公司 1919 年版。

梅奥认为，边缘性组织要运作得当，就必须扩大人性的知识，必须建立一支信息灵通的管理精英队伍，以及引进教育系统。在梅奥看来，社会深受无知之苦，并死于无知。现代社会的一个具体无知是其对人性的无知。[①] 现代社会的任务是用理智的理解来取代中世纪整合的宗教情感，驱除流行的社会无用感和毫无希望感。这种理解只能来自对建立在直接观察之上的人的状况的科学分析，所以我们必须最初确立梅奥称之的“相识的知识”，它来自直接的经历，而非依赖于反应性和抽象思考的“一知半解”。只有这样，我们才能确立科学追寻中恰当的技术、试验和逻辑。更重要的是，必须较好地理解工业状况，工业研究不仅要考虑生理的因素，而且也要考虑工业的心理和社会的因素。

从广义上说，有效的民主政府的第二个要求是建立一支信息灵通的行政精英队伍。梅奥认为，民主国家将过多的注意力投向了卢梭，而不太注意马基雅佛里。卢梭太依赖于这一“善良的希望”，即对一般福利有害的愿望会在一般的讨论中被删除。马基雅佛里认识到，行政管理者必须给自己确立这样一个任务——理解人的动机、培育理想的社会运动并制止不理想的运动。梅奥认为，文明的衰亡，原因在于管理问题，尤其是民主国家没有认识到管理知识和技能的重要性。在道德问题上，每个人都应得到同等的评判。不过，科学问题必须由有技术的调查者而不是“集体的平庸”来确定最广泛的知识和最卓越的技术。确立一支信息灵通的管理精英队伍的关键性舞台在工业界，工业必须受行政者的指导，他们知道人的因素的重要性，能通过创造一些防止幻想出现的条件学习某些使工人适应新的工业系统的方式。

有效的民主发展的最后一个要求是改善教育系统。梅奥认为，教育的首要责任是通过理解把人从恐惧中解放出来。教育是冒险的前奏，应当点亮年轻人的想象之火。梅奥认为，40 岁左右有病态的人在教导年轻人方面说得太多。年轻人蔑视“枯燥的

---

① 梅奥.《文明——危险的冒险》，载于《哈泼斯杂志》1924 年 10 月号 149 期。

妥协”，而这种精神是文明和道德的本质。

教育的首要关注应是控制幻想性思考，并将教育的内容注入学生的幻想中。这将取消危险的幻想，并既表明正确地处理幻想，也表明幻想关注之间的恰当关系。梅奥认为人能消除来自工业的怪癖，但通过较好的教育则能更好地消除否则会从工业中的人中产生的怪癖。

梅奥认识到我们不可能再回到传统社会的简单状况，技术的发展需要确立对有效的民主政府来说至关重要的较好的标准。然而，工业社会中取得合作不能指望机遇。国家能够发挥一种作用，但这只是一种必要的、有限的作用，因为强制在自发的合作方面从未成功过。梅奥主张一种“适应性社会”，其特征是来自下面的有处理社会关系沟通技术的人的控制。适应性社会应当建立在一种自愿合作态度的基础上，应当摆脱非理性和幻想。通往适应性社会的道路是新的知识以及来自科学调查的力量，有了这种知识，就有了人的自由，就有了工业躁动不安的终结，以及世界和平的可能性。

梅奥的这一信念——社会不仅只是一些个人的堆积、他的这一认定——人的状况的知识对于文明来说至关重要，以及他的坚持直接观察作为取得这一知识的第一步，所有这些导致了他进行一系列实证研究，以开始在工业环境中积累“相知的知识”的过程。①

二、实证研究

正如前面指出的，梅奥认为，现代社会的解体在某种程度上因传统经济理论而加剧。这一传统经济理论基于一种“经济人”的假设，即人类被描述为一群自私自利、为争夺稀缺资源和生存机会而互相残杀的游牧部落民。梅奥认为这一理论假设是虚妄和谬误的，但要提出新的假设来取代“经济人”的抽象，就必须对

---

① 布雷恩·福莱.《通晓公共行政》. 切特汉姆·豪斯出版社 1989 年版。

实际生活中的人际关系的复杂性进行研究，因为在他看来，只有这种实证研究，才能产生合乎逻辑的治疗方案。

1. 费城纺织厂调查

梅奥的第一次实证研究是在费城纺织厂进行的。按照他的说法，这次调查“彻底否定了认为只有私利才是激励和推动人工作的全部动力的假设。”①

1923年，当梅奥在宾夕法尼亚大学时，他被要求承担一项该州纺织厂纺纱部门的工人流动率和道德的研究。该部门当时流动率高达250%，工人士气低下，以前有关的各种刺激既改善不了流动状况，也提高不了士气。

在梅奥看来，公司本身组织得很好，具有开明和人道的管理部门；公司总裁声誉卓著；纺纱部门的条件也不比其他部门来得差，只是工作重复，需要不停地保持警觉。梅奥发现该部门的工人被一种单调和令人厌恶的感觉所占据。梅奥决定测试一下休息时间对工作态度和表现的影响，并采用一种将对工作环境的直接观察与旨在使工人说出有关其工作态度的面谈结合起来的研究程序。

休息时间段的采纳立刻产生了有利的结果，该部门的工人流动率下降，生产力上升，工人感到较少疲劳，忧郁症的幻想消失。不久，随着生产任务的加重和休息时段的放弃，生产力又开始下降，厌世的念头又出现。这样，休息时间段重新恢复，而这次它们是根据生产的程度而不是通常的规划“得到的”，在这一时段，生产力上升，但未达到以往试验阶段的水平。受这些结果的刺激，公司总裁命令重新确立通常计划的休息时间段，这导致生产力增长10%。最终采取的办法是休息时间段由部门的工作小组选择，由小组自己决定选择的办法，这样做的结果再次导致士气提高，疲劳消除，流动率下降，没有缺席。

梅奥将发现总结如下：一，纺织产生姿势上的疲劳，易产生

① 孙耀君等.《西方管理学名著提要》. 江西人民出版社 1997 年版。

厌恶的念头。二，休息间隔通过恢复正常的循环、减少姿势上的疲劳以及打消厌世念头，减缓了这些条件的影响，增加了生产力。三，当休息时间段正常，工人获得放松的指示后，休息时段就较有效。四，纺织厂外工人的生活随着工人对其家庭更感兴趣、更有节制而得以改善。①

梅奥以他对工作环境较为广泛的看法更一般地解释了这些发现。梅奥认为纺纱部门工人的态度是极端重要的；流动问题不是对工作条件的一个有机反应的结果，而是工人对所干工作的一种感情回答。此外，单调本身不是问题，在导致一种非正常的孤独的社会条件下完成的重复性工作才是问题，每日单独和重复的工作加剧了厌世和偏执的考虑。梅奥认为这是事关生产有效性的最重要的因素，这样，躁动（在这里最明显的是流动率和缺席率）是打破工人和其工作平衡的症状。

梅奥认为制度性的休息的结果就像消除身体的疲劳一样，是精神上打断幻想的结果。不过，梅奥对工作效率的增加的解释超越了休息本身。他认为已经进行了一系列变革，这些变革加在一起改变了部门中的气氛，使它变得更具“社会性”，并给予工作更多的尊严。社会的相互关系改善了，工人欢迎具有对训练有素的面试者自由表达自己想法的机会。试验本身表现了管理方对工人的兴趣，总裁通过让工人控制休息段，使得工人们得以开始聚在一起商量、互相协调，不仅在组织内，而且跨组织进行交流，这就在一定程度上解除了先前的“孤独感”，并将“孤独感的集合”改造成了社会团体。②

2. 霍桑试验

梅奥接下来的实证研究就是大名鼎鼎的霍桑试验。霍桑是西方电器公司在芝加哥附近的一家工厂的名字，这一试验从 1927

---

① 梅奥.《产业工人的不适》. 载于《沃塞姆演讲：工业关系》，哈佛大学出版社 1929 年版。

② 梅奥.《工业文明的社会问题》. 哈佛大学出版社 1945 年版。

年至 1932 年，历时五载。这一试验因其“社会人”的假设、对非正式组织的揭示以及对人际关系学派的形成而载入史册。

在梅奥及其同仁进入该试验之前，西方电器公司的一些工程师已经作了一系列有关照明度对工人效率的影响的试验。在最初的这些试验中，三个部门的作业面对不同的光亮度，其结果是不一致的。在第一个部门，增强光亮度与效率没什么关系。在第二个部门，没什么变化。在第三个部门，光亮度增强，产出提高，但光亮度减低时，产出没有下降。接下来的试验无助于解决这些不一致。第二次试验让试验组和控制组面对不同的光亮度。在试验组，正如所期望的那样，结果是产出增加。然而在控制组（在那里，光亮度保持不变），产出也是增加。第三次试验用人造光对照明度进行较大的控制。在这一状况中，只有在光亮减弱到工人抱怨他们几乎看不见时，产出才受到影响。而当时照明度减低到月亮光度时，工人仍然维持了其生产力水平。这种非正式的试验加剧了在试验上出现的混乱。

面对这种混乱的结果，公司领导层就寻求梅奥及其在哈佛的同仁的建议。哈佛小组认为，人的反应战胜了光亮度试验的目的。工人是对试验本身作反应，而不对光亮度作反应，猜测管理层只关心试验的含义是一个决定性因素。这一反应后来成了著名的“霍桑效应”。

梅奥一开始很少参与霍桑研究，事实上他并未直接参与霍桑研究的资料搜集工作。梅奥在后期的研究中显示了他的重要性，因为那时出现了对结果的解释问题。从那时起，他经常访问工厂，帮助培训访谈者，参与结果的解释。

哈佛小组最先的兴趣是疲劳和单调对工作表现产生的影响。相反地，研究者决定对休息间隔段（一个工作日、工作周等不同的长度）的效果作一测试。由于认为照明研究深受不充分的试验控制之苦，于是就选择一个小组，并将它与工厂的其他部分隔离开来。考虑到对单调和疲劳的研究兴趣，于是决定选择一种重复性的任务——电话继电器的装配。在其经验和合作态度的基础上，选择了两位女性，然后允许她们选择其他三位参与者。操作者被告知试验的性质，并被具体告知试验的目的不是提高生产力，而是希望他们以正常的速度进行工作。然后派一人到这一测试组，其责任是在测试组维持一种友好的气氛、记录谈话内容和团体关系。此外，还收集诸如输出的数量和质量、暂停的理由、每晚睡觉的时间、操作者的身体状况、室内外温度以及相应的湿度。最后，对所有的操作者在隔离和个人的基础上进行定期的访谈。

不管研究者怎样想建立一种严格的试验控制，怎样精心排列收集到的数据，测试组中的一些变化还是未受到控制。这些变化在最后解释试验结果时显得很突出。更重要的是，支付制度、监督作风以及社会环境在测试组里发生了变化。测试组里的刺激建立在团体的生产力上，这样，奖励更多地与个人在测试组里的表现紧密相连，而不是与通常工厂中较大的团队工作相连。当观察者接手一些监督功能、并对维持一种友好的气氛负责时，测试组里的监督方法也不同。最后，随着操作者成为一个小组成员，并被允许比他们先前状况更自由地交谈时，社会环境发生了变化。

整个霍桑研究分五个阶段。第一阶段，当操作者们在他们原有部门时就建立了生产力纪录。第二阶段，工人进入测试组，并熟悉新的环境，不做其他变化。第三阶段，介绍一种建立在测试本身生产力基础上的刺激。第四、五阶段着重试验，在第四阶段确定各种不同长度和频度的休息时段，在第五阶段确定工作日、工作周的长度。在后来成为这一研究最大特征的一种样式中，对继电器装配线测试组的研究产生了一些意想不到的结果，即它提出的问题要比回答的问题来得多。在休息间隔的试验中，产出一般得到了增加，不论休息时间的长短和频度。但测试组里的闲聊却成了一个问题，这导致了来自监工的惩戒（通过要求她们大声叫出难点使她们更注意其工作），以及操作中的两位工人因闲聊而回到一般的部门。结果，只有当工作日的长度减少一小时，产出才变糟。特别有趣的是这样一个阶段，在这一阶段中，工作小组显然回到了原来的工作状况，产出的确减少，但没有跌落到它原有的水平。

研究小组考虑了在继电器装配线测试组里生产率增长的几种解释。这一增长可归于工作材料和方法的改进、疲劳和单调的减少、小组的刺激计划、经改变的监督方法和测试组里改变的社会状况。由于相对无足轻重，改进过的工作材料和方法被排除了。对疲劳减少的想法进行了更仔细的检查，但没有发现什么。这一结论首先来自这一发现——当条件回到原来状态时，生产没有回落到试验的水平。此外，生理测试表明，操作员在其本身能力之内干得很好，产出没有遵循假设的“疲劳曲线”表明的状况。单调性假设也不成立，但有些不确定。其输出也未遵循“单调曲线”，但人们感到在产出标准中，单调并未得到完全的反应。

这样，生产力得以提高的可能性剩下的就是激励体制、监督方法和改变的社会环境。为了衡量激励体制的可能的效应，进行了两个试验。一个（第二个继电器装配线测试组）是只改变刺激的方法，即支付按小组产出进行；另一个（包括把云母片分离成更薄的细长片）与第一个继电器装配线测试组相似。除了小组刺激计划，人们相信，两组的比较可以估计刺激与其他工作条件对产出的相对影响。

在第二测试组，监工选了5名妇女，其报酬分别由部门的剩余部分支出，结果是产出增加了12.6%。试验一停止，产出就下降。这样，结果看来证实了刺激假设。但研究者认为，两个测试组的竞争也促进了生产力的增长。

云母组的试验除了刺激系统，旨在复制第一个测试组的条件。研究者小组选择了两个操作员，由他们选择余下的三个参与者。就像在第一个继电器装配线测试组里的情况一样，休息间隔、工作日、工作周的长短不同。当工人进入测试组时，结果稍有下降；当引入休息间隔时，产量略有提高，过后就稍有下降；试验最后阶段便是比较稳定的产出。这样，生产力并未表现出与休息间隔段相一致的关系。只有在最初引入了休息间隔之后，生产力才增加。研究人员并不泄气，他们开始说明这些看上去反常的结果。引入休息间隔后产出的减少归于对可能裁员的焦虑，这形成了“干预性分神”。此外，研究作出结论，云母组试验只是一个不旨在增进团体团结的刺激系统的“一些个人的故事”。

在这些发现的基础上，所作的结论是，刺激并不是对观察到的生产力的增长的惟一解释。同操纵工作条件而非刺激有关的云母组试验的消极证据受到了怀疑，因为它未满足试验要求。在第二测试组里的刺激与生产力关系的积极发现归于各测试之间的竞争，而非刺激系统本身。最后，有人发现，虽然第二测试组的生产力得到了增长，但不像第一测试组增长到30%之多。这进一步加强了这一结论——一些其他的东西而非刺激涉及了第一测试组生产力的增长。此外，研究小组感到，不管刺激会有什么样的效应，这一效应取决于其他的一些社会因素。

这样，通过排除法，经改变的监督方法和改变过的社会状况的结合成了第一测试组内产出增长的首要因素。新的监督方法虽然同样严格，但是具有一种不同的性质。抱有同情心的倾听代替了发号施令和个人批评，操作员感到他们的新的监督者对其福利状况有一种个人的兴趣，会同他们磋商一些可能的改革，不强制他们去取得更多的产量，同时允许在组内进行社交性对话。据认为，这些监督特征的改变，以及将工作团体与小组刺激计划分开，产生了一种新的社会状况。在这一状况中，一些个体工作者成了一个团队的一部分，并与其同事有一种志同道合的感觉。这样，一种社会团结感产生了，并鼓舞了士气，改善了自信与友谊的关系，提高了工作效率。在梅奥看来，这意味着支持性的社会结构加强了工人“内在性情的平衡”，使他们达到了一种“高度抵制各种不同的外在环境”① 的精神状态。工人确立了一种高度的稳定的工作有效性，并相对不受工作条件（如休息间隔等）的变化的影响。

---

① 梅奥.《工业文明的人的问题》. 纽约维享出版社1960年版。

考虑到继电器测试组的监督风格和社会条件的重要性，研究的下一个阶段开始更直接地关注这些因素。这一阶段包括了一种访谈项目，访谈的人数最终达到霍桑工厂4万名员工中的2.1万人，访谈最先旨在通过收集有关工作条件的数据以及工人对监督的反应来改进监督方法，这一打算不久就屈从于访谈本身一些未意料到的结果。

在访谈中可以发现，访谈中表达的对物理状况的评价与情境没什么关系，很难评价对人或公司政策的批评，访谈者很难使回答者回答一些他们要检查的问题。这样，访谈格式改成允许回答者对他们选择的题目作评论。在这一修改后的格式中，人们不久便得知访谈者暴露了更多有关个性而非客观工作状况的问题。他们所作的评论只有在工人的期望和感情的背景下才能得以理解，这一发现导致了强调事件的感情意义。此外，人们发现访谈对有关题目具有一种导泻作用，因而具有一种可观的治疗价值。自由表达自己的机会帮助工人摆脱觉得自己无用的感情复杂性，减少了个人的无用感，并学习与人相处，确立一种与管理层更好合作的愿望。

访谈本来是为了研究工人在群体环境中的感受，接下来发展成研究经理人员与工作群体间的关系，而这正是大工业面临的根本性问题。

梅奥认为访谈在以下几个方面是引人注意的。第一，访谈有助于工人解除必要的心理负担和调整自己对个人问题的态度的情绪。第二，访谈有助于工人们与同事和监工相处得更容易、更和谐。第三，访谈增进了工人们作为群体与经理人员更好地合作的愿望和能力。研究人员从某种程度上代表了厂方，因为他们来自工作群体，研究人员帮助工人与周围的人合作共事，这有助于形成工人对工作群体和对工厂的双重归属感。第四，与职工交谈是培养和训练管理人员的重要方法，它有助于上情下达和下情上达。管理人员首先必须善于帮助和启发他人表达出自己的思想和情感，而不只是高谈阔论，教训别人，以自我为中心。这种经验是当前的学校教育无法提供的。作为管理者，倾听别人意见比展露自己的知识重要得多，这是成熟、判断力和智慧的标志。第五，与职工交谈是获得信息的重要源泉，对于经理人员具有巨大的客观价值。经理人员有三重任务：将科学和技术应用于物质资料的生产；使生产经营活动系统化；组织协作。一些经理人员完全忽视了第三个方面的任务，这种忽视和由此造成的盲目行动以及其他种种意想不到的困难必然会影响组织的有效性。①

研究的最后一个阶段旨在扩展和证实访谈计划的观察。在这一阶段，从社会学观点来观察电话的组合电路操作员，并研究一种车间状况。研究挑选了14名男子——9位绕线工、3位焊工和2位监工，告诉他们试验的目的，并告诉他们产量记录在开始试验前就已保留。然后工人进入一个做了分隔的房间。一个观察者作为“无动于衷的旁观者”行动，寻找一个非正式团体的事实，旨在理解这种组织成员的功能。此外，外部的访谈者加入组内调查个人的态度。小组在付酬上被认为是一个相对独立的单位，刺激系统旨在将个人收入同小组产出联系起来。

在这一试验中，结果证实了研究小组的期待。小组产量维持在一个不变的水平上，组内每个人的产量被限制在根据小组对一天合理工作理解的水平之内。一般来说，随着小组采用自己的工作标准，并通过诸如骂人（告密者等）、打击违反者等社交性惩处来执行这些标准，非正式小组中的社会关系日益阻碍了对组织利益的追求。

研究者因而得出结论，非正式小组就管理层的企图制造恐惧，小组行使保护其成员免遭外来干预和内部不检点影响的功能。在这一过程中，社会性考虑压倒了逻辑和经济考虑。刺激计划的结构、逻辑和经济考虑本来应当导致产量的增加，然而，由于小组规范一致先于个人私利的考虑，以及小组规范决定了操作者是否被小组接受，个人表现因而成了小组状况的一种功能而不

---

① 孙耀君等.《西方管理学名著提要》.江西人民出版社1997年版。

是能力。在梅奥看来，组合电路组的非正式小组是——在剥夺工作的社会意义上——在小组无法控制的环境中反对迅速变革的一种手段。这样，小组的保护比在组织目标服务中的自发合作来得更重要。

3. 南加州飞机制造业调查

梅奥进行直接观察的最后历程是研究缺勤和流动率，此项研究在二战期间的南加州飞机制造业进行。梅奥及其同仁采用了一种更广阔的社会看法，他们首先检查社区环境，以寻找高缺勤率和流动率的可能原因。他们的结论是，这一地区不停的人员流动特征在那时不是一个基本的问题。征兵取走了一些以前形成一个团队的工人，不过，其他地方也有相似的事发生。梅奥认为，这种外在力量只有当资方未充分注意到其组织中一些具有凝聚力的小组的发展时，才会产生一种较大的影响。

这样，就像霍桑的例子一样，人们发现缺勤率和流动率是形成工作“团队”的一种功能。当团队创立了一种与公司政策和目标“积极合作”的条件时，缺勤和流动率就低。此外，团队形成被发现主要是取决于工作小组内正式的和非正式的监督和领导的质量。成功的监督者是那些在处理人际关系上受过训练的人，是那些有助手照管惯例和技术问题的人，这些监督者因而得以从琐事中摆脱出来关注人的问题，使工人参与决定有关的工作条件。研究发现非正式领导也是很重要的。在一个成功的工作中心，工作通常由一个小组长承担，工头很少光顾。这位组长是一个大学毕业生并有工业方面的经历，他通过给工人以技术、人际和社会的帮助促进了他的工作。

这些发现在访谈一些偶尔上班、偶尔不上班的工人时得到了印证。这些“不规则”的特点是一种人员无组织和不满的状况，很多人因其工作从未成为其整个生活中的一个不可分离的部分而不上班。这一状况可追溯到一些不关心人、不耐烦的监督者。其结果是，这些人通常是一些互不相关的个人，而不是一个有凝聚力的小组或团体中的一员。

梅奥认为这一结果与他先前的调查相一致。在他看来，合群的愿望是根深蒂固的，非正式的社交团体将不可避免地存在，惟一的问题是团体的态度是抱以敌意还是友善。社交团体的成员发展不应凭偶然。相反，管理层应当对需要一种有意义的社交团体经历抱有敏感，并创造一种条件，在这一条件下，这一需要可以与取得组织目标有效性相称的方式完成。

梅奥的实证研究使他得以注重组织内社交团体个人的工作态度的作用，这些非正式的组织既可能促进组织的目标，也可能损害组织的目标。

正如前面指出的，梅奥认为管理有三个持久的问题：科学技术技能的运用；运作的有效安排；团队工作的组织或可持续的合作。他指责管理方太注重前两个因素，而不注重后一个因素，尤其是管理方法没有察觉到非正式组织的重要性。而梅奥认为这是对一种基本的人的需要的反应。没有一种支持性的社会环境，工人就会专注于个人的事情以及行为中的非理性，这将导致一种激怒感和无用感，导致忠于公司还是忠于非正式组织之间的冲突的可能性。

相应地，管理方法必须承担这样一种责任：建立有助于确立一种合作性团队精神的环境。只专注于技术逻辑和经济逻辑是不够的，技术变革必须以认识社会变革及其后果为条件；经济刺激有助于提高工作效率，但也只有在一种健康的社会状况中才可能实现。总之，管理方法必须以更富人情的方式去关注人与社会的感情和态度。心理治疗的技术有助于人们摆脱其幻想性关系，不过，这些技术必须加上改善组织中的社会气氛这一有意识的努力。这一努力的一个主要因素是监督者，他能够在建立良性的人际关系和团队士气方面发挥一种重要作用。

第三节　分析与评价

人们常常把梅奥与其同时代的一些从事管理研究的著名人物

相比。丹尼尔·雷恩就把其与泰罗相比，认为两人分别代表了解决工业问题的两种主要方法。他感到惊异的是两人在目标方面的高度相似性。两人都看到了工人和管理当局之间的冲突，并把更多的责任归功于管理当局；两人都追求工人同管理当局之间的和谐或利益相关，泰罗是通过一种精神革命，而梅奥是通过人群协作。但是，雷恩感到两人达到这些目标的手段却大不相同。泰罗所注意的中心是个别的工人，而梅奥则把注意的中心放在作为团体成员的工人身上。泰罗对人际关系不大注意，而梅奥则很关心。泰罗认为物质工作环境是影响生产率提高的一个主要因素，而梅奥主义者则认为社会环境才是主要的。泰罗认为，只要有机会，人们就会追求最大的经济报酬，而梅奥主义者则认为把金钱的诱惑放在次要地位，而强调团体成员的地位。① 在这里，我们事实上已经可看到管理思想所发生的一个重大变化，这与两者在开创性的管理学派中所占据的重要位置是相吻合的。

对梅奥的哲学价值观和方法论以及霍桑试验的批评主要在以下几个方面：

（1）梅奥出于工作场所中的各种利益的自然和谐的假设，不遗余力地去追求自发的合作，而没有认识到社会冲突的不可避免性。批评认为，劳资双方从根本上是冲突的，因而自发的合作和目标的一致是不可能的。这样，工业研究应指向确立一些适应冲突而非漠视冲突的手段。这里的一个中心是工会的作用，梅奥几乎不提工会和集体谈判。

（2）在梅奥看到冲突的地方，他把它归之为工人的感情态度，而非客观的工作和社会条件。例如，在组合电路的试验中，他强调团体的感情和状况是产量受限的决定因素，而不是对产生很多问题（如工资上的争论、严加控制）的管理方的敌视。批评认为，把团体对产量的限制作为捍卫经济利益至少是不可信的，工业冲突可能是来自社会经济结构中的价值冲突的产物。

---

① 丹尼尔·雷恩.《管理思想的演变》. 中国社会科学出版社 1992 年版。

(3) 霍桑试验的特征在于“大错和不完整”。批评认为研究者误解了有关资料，没能建立一些代表更大人群的样本团体，并将其结论建立在仅仅对五个操作者的不可靠的数据之上。

当然，更多的是对梅奥以及尤其是对霍桑试验的肯定。布雷恩·福莱认为，梅奥的思想对组织研究产生了无可置疑的影响。“梅奥的著作代表了组织研究中心的一个重要转向。他对工人的态度和感情的关心，赋予社交性团体在决定个人行为中的重要性，他对建立在直接观察之上的‘相识的知识’的研究，所有这些都拓展了后来的研究者的想像。”①

应当说，第一种批评意见是有其道理的。梅奥同泰罗一样，没有更进一步从阶级关系的层面对工业问题作更深入的分析，这使他的某些看法受到了局限。

当然，霍桑研究（梅奥的名字是与它相关的）的贡献是巨大的。首先，它以扎实的调查和分析指明了人的“社会人”特征，这在对人的假设上具有里程碑式的意义。其次，社会系统观点的提出开拓了对组织研究的视野。霍桑研究指出企业中除了正式组织之外，还存在着非正式组织。企业管理层把组织看成是一个社会系统，就能够来着手处理正式组织所要求的“效率的逻辑”和非正式组织所要求的“感情的逻辑”之间的冲突。② 最后，提出了一种新型的领导能力，这种能力表现在通过提高职工的满足度、激励职工的“士气”，从而达到提高劳动生产率的目的。这一能力包含三个主要内容：掌握科技知识、系统化的指挥能力，以及组织社会合作和协调的本领。梅奥认为，在他的时代和不久的将来，第三点即组织社会合作和协调是最重要的，这涉及了管理的核心部分，也表明了梅奥的远见。

---

① 布雷恩·福莱.《通晓公共行政》. 切特汉姆·豪斯出版社 1989 年版。

② 丹尼尔·雷恩.《管理思想的演变》. 中国社会科学出版社 1992 年版。

第八章 巴纳德的社会系统组织理论

第一节 生平与著作

切斯特·巴纳德（Chester I. Barnard）是新古典时期的一位重要的组织理论家。他在组织理论上所作的一系列独创性的工作至今被认为是组织理论的典范，这些独创性的工作主要体现在他的一本名闻遐迩的著作——《经理人员的职能》[①] 中。

巴纳德于 1886 年 11 月出生于美国马萨诸塞州的马尔登，自幼家境较为贫寒。他的父亲是位机工，家庭环境尚有一些书卷气。巴纳德没接受过什么正式的宗教训练，但其家庭与公理会教派有一种松散的联系，因而家庭常常进行一些哲学讨论。巴纳德对新英格兰灌输的“思想独立、务实、尊重个人以及勤奋”的思想非常入迷，这些特征在巴纳德后来的职业生涯和著作中也反映了出来。

巴纳德天生近视，平衡感不好，这使他孩提时代的体育活动受到了限制。然而，这也从另一方面造就了一个求知欲旺盛、饱览群书的读者和一位有成就的钢琴演奏家。巴纳德性情孤傲，由于家庭贫寒，他在完成语法学校的学业后被迫参加了工作。在等待进入蒙特哈蒙预校时，他在学校的农场里干活。后来，他在哈佛时通过指挥一个舞蹈交响乐团、打印论文稿来维持自己的生活。在哈佛，巴纳德主修经济学，并完成三年的学业。由于他缺少科学方面的训练以及化学不过关，因而未获得学士学位。尽管

---

① 也译成《经理的职能》或《执行者的职能》。本书与之有关的引文引自中国社会科学出版社 1997 年版的《经理人员的职能》。

如此，由于他后来在组织理论方面的造诣和杰出贡献，他最终还是得到了一些著名的大学如布朗大学、普林斯顿大学、宾夕法尼亚大学、路特格斯大学的荣誉博士学位。

1909年，巴纳德离开哈佛，开始了在贝尔电话公司漫长的职业生涯。这一历程后来被证明是非常卓越的。巴纳德起先在统计部门工作，将有关德、法、意文资料译成英语来研究外国的汇率制度，不久就成了这方面的专家。1922年，他搬到宾夕法尼亚，不久就成了宾夕法尼亚电话公司副总裁和总经理的助理。四年后，他被提升为副总裁。1928年，当他41岁时，他成了新泽西贝尔电话公司的总裁。1948年，他离开贝尔公司，担任了洛克菲勒基金会主席一职，一直到1952年其强制退休年龄为止。后来，他还出任过全国科学基金主席。巴纳德于1961年去世。

在从事主要职业的同时，巴纳德在公共服务方面的记录也令人印象深刻。20世纪30年代，他曾出任新泽西紧急救助基金的主任。二战期间，巴纳德是联合服务组织主席，国家战争基金主任，海军人力调查委员会成员。他曾是财政部长助理，联邦科学研究与发展办公室主任的顾问，原子能委员会成员。此外，他还是新泽西单身汉协会的创建者，参加各种青年的活动；曾是国家经济研究局的局长、美国艺术与科学协进会成员、美国哲学学会以及世界事务研究所的成员。

巴纳德是一个有些超然、矜持寡言、庄严高尚、令人敬畏的人。他认为服务（它需要“持之以恒”和“坚持原则”）比受人欢迎更重要。虽然他接受了几个荣誉学位，但他拒绝了一些其他的学位，认为它们空有其名。总之，人们的印象是，“这是一个有着得体举止、对工作有强烈献身精神的孤傲冷漠的人”。①

作为一个在数种领域里的实践者，巴纳德留下的著作不多。巴纳德从20世纪20年代开始写作，一共发表了37篇文章和《经理人员的职能》一书。正是这本书使他名声大振，在书中他

---

① 巴纳德.《经理人员的职能》. 中国社会科学出版社1997年版。

对理解组织所作的重要贡献奠定了他在组织研究中的极高地位。

这本后来变得如此重要的书在产生时却带有某些讽刺意味。巴纳德起先并未打算写此书，书的手稿来自他在哈佛的罗维尔学院的 8 次演讲。本书的出版是因为哈佛出版社打算出一套丛书，而不是对他的演讲感到满意。在哈佛出版社要求之下，他进行了编纂工作，将手稿修改了 16 遍，最后声称“本书没有一个字不是经过精雕细琢的”。

巴纳德否认对《经理人员的职能》一书的热情和概念具有智力上的原创，并指出其不直接来自广泛的阅读，也不旨在将一些个人观察拼凑起来，他说他对梅奥及其霍桑实验一无所知。不管巴纳德的思想来源是什么，《经理人员的职能》的影响是无可争议的。用肯尼思·安得鲁斯的话来说：“他的伟大来自他的抽象思考的能力，来自他把理论应用于职业经验的本领，来自他对实践的敏感性和经验。在同时应用理论和实践这两种能力并发展这两者的综合能力方面，我认为没有人能够超过他。由于这些原因，《经理人员的职能》一书从它出版以来一直是专业经理人员写出的有关组织和管理的最能启发人的思想的著作。”①

虽然书名是《经理人员的职能》，但内容远远要丰富得多。巴纳德旨在把国家理论与组织理论结合起来，阐述一种超越其经济范围的人类行为的理论。相应地，巴纳德从最基本地观察人类行为的本质出发，从社会中组织的产生和性质（它们提供了管理者在组织中的作用和功能的背景）出发开始了他卓越的论述。

第二节 社会系统组织理论

一、组织的静态分析

巴纳德在其著作出版后把自己的主要贡献归结为“结构性”

---

① 巴纳德.《经理人员的职能》. 中国社会科学出版社 1997 年版。

概念和“动态性”概念，实际上也就是从静态和动态两个方面对组织作了富有创见和启迪意义的理解。巴纳德认为他的主要的结构性概念有：个人、协作体系、正式组织、非正式组织和复合性正式组织。实际上这也是《经理人员的职能》一书的第二篇的内容。

1. 个人

巴纳德首先是从观察最基本的人性行为的本质出发来论述组织的。在他看来，“如果不以人的行为的心理上的某些假设为依据，就不可能构建起协作体系或组织的理论，也不可能对组织、经理人员或参加组织的其他人的行为作出有意义的说明”。① 由于组织是由人构成的，巴纳德首先从社会属性和自然属性对人作了一个区分。他认为，作为特定的协作体系的参加者的人，若纯粹从他们的职能方面作为协作的方面来看，只要他们的努力是协作性的，他们的努力就被非个人化，或被社会化。其次，作为外在于任何一个特定组织的人，将被看作是物的、生物的、社会的一种独特的个人化，具有有限的选择能力。这两者总是出现在协作体系中。在这里，人的社会属性已经开始表现了马克斯·韦伯曾阐述过的非人格特征。这一点我们将在组织的特征中再作介绍。

而作为自然属性的人，他无论在物理学上还是在生物学上都是受到限制的，他只有有限度的自由意志。“当生物的能力被看作是限制因素，而通过协作可以克服这些限制时，限制因素就成为协作本身。”② 产生协作的原因，除了自然属性方面（当人们要求取得超越其自身能力之外的目的，就需要打破其生物学上的限制，比如，个人干不了的事，两个人一起干，协作就产生了，组织也随之产生）之外，人类的社会属性，即在共同体生活中形成的各种关系也是产生协作行为的一个原因。此外，在巴纳德看

---

① 巴纳德.《经理人员的职能》. 中国社会科学出版社 1997 年版。

② 同上。

来，人群中的被动结合不会长久，因为他们被迫去做一些事情，因而从事有目的的活动的需要也导致了协作活动并去取得参与者的一些共同的目的。在巴纳德看来，组织就其实质来说，就是一种合作性的努力。

巴纳德对人具有自由意志的描述形成了他的个人与组织之间关系的概念。虽然巴纳德假设人有选择的力量，但这一力量是有限的。“个人具有有限的选择能力，同时又是整个情景的各种因素的结果，并强烈地受到这些因素的限制。他有动机和目的要实现。实现的方法是在整个情景中选择一个或一组特定的因素并使之改变，从而改变整个情景。从实现目的的观点来看，这些因素是限制因素，是需要加以解决的战略目标。”① 的确，在选择上的限制使选择成为可能，因为个人如果碰到大量可供选择的东西的话，他可能是会被压垮的。因而选择过程部分是一个缩小选择范围的过程，物理、生物和社会因素强化了选择上的限制。例如，一些选择可能被排除，因为它们在物质上是不可能的，有些因心理条件而不可能。在组织环境中，一个主要的限制因素是组织目的的定义。它有助于指出有关的一些限制，这些限制对选择来说是必需的，因为它们指出了选择得以进行的范围。然而，一种不能减少的最低程度的自由意志依然存在，这一特点使人的行为不仅仅只是一种有条件的反应。

组织旨在影响个人的行为，其手段要么是缩小在选择上的限制，要么是扩大选择的机会。在第一种情况下，个人被认为是一种被操纵的客体。在第二种情况下，个人是一种要被说服的主体。不管在哪种情况下，个人的反应不完全是事先决定的。相反，个人具有一种选择领域，这一领域既给了个人自由度，也赋予了他行动的责任的衡量度。正如我们看到，两种局限是巴纳德的组织以及人在组织中的作用这一公式的不可缺少的组成部分。

2. 协作体系

---

① 巴纳德.《经理人员的职能》. 中国社会科学出版社 1997 年版。

在对人性的这些假设基础上，巴纳德开始追寻组织中协作活动发展的源头。在巴纳德看来，协作就是一种克服由物理环境或人的生物特征所强加的一些限制的手段。这些局限可以通过协作克服。总之，协作来自目的和局限的存在，要克服的局限和战略要素在本质上是物理的和生物的。

一旦决定协作，限制性因素便是社会关系。在巴纳德看来，当个人参加了一个协作系统以后，他就处于一种同其他参加者接触的地位。这种接触必然产生个人之间的相互作用，因而它们是社会性的。这种社会性产生的影响在于，协作迫使个人的动机发生原来不会有的变化。这些变化如果朝着不利于协作体系的方向发展，它们就成为协作体系的障碍或限制。

那么，怎么使这一协作朝着有利于体系的方向发展呢？首先，我们必须看到协作体系中不但存在着个人之间的相互作用，而且还存在着人同集体之间的相互作用。后者意味着集体是作为一个单位同个人发生相互作用的。集体在这里代表着社会行为的一个体系，作为一个整体同集体的每一个人相互作用。其次，作为一个协作体系，它会有自己的目的和目标。这一目的本身就是协作的产物，并成为识别协作体系所采取的行动的要素，是协作的一个标志。因此，清楚地识别协作性努力的目的同个人的目的之间的区别是很重要的，因为在大多数情况下，协作的目的显然不是个人目的。①

只有当一个协作体系的目的实现时，这种协作才是有效的，也就是使协作朝着有利于体系的方向发展。那么怎么实现？在巴纳德看来，首先，在实现协作的目的方面应该是有效的，但这还不够，在满足个人动机上应该是有效率的。协作效力是个人效力的组合物，因为协作正是为了满足个人的动机而组成的。参加者的动机的总和就是协作体系的总动机，这个总动机是各个人动机的复合物，其中每一个人的动机在性质上可能不相同。协作行为

---

① 巴纳德.《经理人员的职能》. 中国社会科学出版社 1997 年版。

的效力就是这些动机满足的程度。决定这种效力的惟一因素是个人，因为动机是个人的。如果一个人认为他对协作体系作出贡献的行为是（或将是）无效力的，他就会停止（或暂时停止）作出贡献。如果他们的贡献是协作体系不可缺少的，那么他个人的无效力就成为协作体系的无效力。由于协作体系不能再继续下去，因而对全体成员都是无效力的。所以，协作体系的效力取决于边际贡献的效力，或者说取决于边际贡献者。

这表明，协作努力的有效性与协作体系目的的实现有关，而效力则与个人动机的满足有关，协作体系的效力是体系成员个人的效力的总和。一个协作体系的效力就是它为成员个人提供满足以维持体系的能力，这种能力也可以称为体系的存在及对个人提供的满足进行平衡的能力。这种效力和平衡可以通过两种方式达到：或是改变成员的个人动机，或是把生产成果分配给个人。这种成果包括物和社会两方面，因为有的成员需要物质利益方面的满足，而有的成员需要社会利益方面的满足，大部分成员则以不同的比例需要这两个方面的满足。

如果每个成员所得到的只是他投入的，协作体系对他来讲没有刺激，也就是说，没有净满足。他得到的必须使他在满足方面获得利益，这意味着对他的贡献以另一种形式予以回报。因此，对个人来说，效力就是满足的交换。这样，协作过程包含着满足的交换过程。当然，这指的是协作过程的分配一面，它还有生产一面。协作的效力一方面取决于它获得和生产些什么，另一方面取决于它如何分配它的资源和如何改变其成员的动机。总之，人的目的以及局限（尤其是物理的和生物的局限）产生了协作的需要，而协作的持续取决于协作的有效性和协作的效力。有效性的衡量是共同的目的的实现；效力的衡量是诱发足够的个人参加协作的意愿。因此，协作的持续取决于两个互相联系、互相依存的过程：①同整个协作体系和环境的关系有关的过程；②同满足需要的成果的创新和分配有关的过程。

巴纳德注意到，成功的协作不是一种正常状况，几乎没有什么协作性的努力能经受住时间的劫掠。在任何一个时间段上，只有社会上的一小部分乐意参与一种特定的协作事业。在这里，巴纳德已经开始涉及他著名的均衡理论。这一点在论述组织刺激系统时就显得更为明晰了。

3. 正式组织

巴纳德认为，构成组织的要素有三个。首先是协作的意愿。巴纳德再次强调构成组织的应该是人的服务、行动、行为和影响，而不是人。这表明，人们贡献努力的意愿是协作体系所不可缺少的。

这种协作的意愿意味着自我克制，意味着对自己个人行动控制权的放弃，以及个人行为非个人化。因此，首先必须有个人行为贡献于非个人的组织行为、个人放弃其行动的控制权的意愿，才能把人们的行动协调起来。

就个人意愿而言，巴纳德认为，首先，个人意愿的强度存在着极大的差异。他认为，现代社会中的绝大多数人对任何一个组织或是漠不关心，或是积极反对。其次，任何个人的贡献意愿的强度会发生变化，这是断续的和变动的。从这里得出的一个结论是，在任何一个正式的协作体系中，可能的贡献者的贡献意愿总量是不稳定的。因此，协作意愿首先是组织提供的诱因与个人努力相比较的净结果，其次是同其他机会提供的实际可以得到的净满足相比较的结果。从逻辑上说，需要决定的问题首先是进行协作是否比独立行动对个人更有利。如果更有利，那么要考虑的问题是目前的协作机会比其他协作机会所提供的利益更大还是更小。因此，组织依存于个人的动机和满足个人的诱因。

构成组织的第二个要素是目的。只有具有协作的目的，协作意愿才能发展起来。一个目的如果不被将要参加组织的人们所接受，是不会激起协作行为的。因此，目的的被接受同协作意愿是同时发生的。参加组织的每一个人都可以被看成具有双重人格：组织人格和个人人格。严格地说，一个组织目的对于人来说并没有直接的意义，对他有意义的是组织同他的关系：组织加给他的负担和给予他的利益。组织的共同目的是外在的、非个人的、客观的，而个人动机则是内在的、个人的、主观的。这两者是有矛盾的。只是在极特殊的条件下，组织目的才能成为或可能成为惟一的或主要的个人动机。

构成组织的第三个要素是信息交流。实现共同目的的可能性和存在着愿意为这个共同目的作贡献的人们是协作努力体系的两极，而使这些可能性成为动态过程的是信息交流，因为共同目的必须为人们共同了解，而要了解就必须通过某些信息交流形式。因此，信息交流技术是任何一个组织的重要方面。如果没有恰当的信息交流技术，就不可能采用某些目的作为组织的基础。信息交流技术使得组织采取某种形式并获得内部的经济性。

总之，在巴纳德看来，组织的存在取决于协作系统平衡的维持。这种平衡开始时是组织内部的，是各种要素之间的比例，但最终和基本的是协作系统同整个外界环境的平衡。这种平衡有两个条件：一是组织的有效性，它涉及同外界环境的关系；二是组织的效力，它涉及组织同成员个人之间的交换。

4. 非正式组织

从组织的发展来看，在形成正式组织后，接下来的一个发展阶段是非正式组织。这一概念的提出是巴纳德对组织理论研究的一大贡献。同有意识地形成的正式组织不同，非正式组织是由无意识的社会过程产生的。巴纳德将非正式组织描述为暂时的、无结构形式的、涉及那些没有任何具体联系而发生的互动。用他的话来说，可以把它“看作是一种没有固定形态的、密度经常变化的集合体”。① 在巴纳德看来，非正式组织会产生两种重要的后果：①它使人们形成一定的态度、理解、风格、习惯习俗；②为正式的组织的产生创造条件。因为要使得共同目的能被接受，信息交流成为可能，协作意愿的精神状态得以达到，都必须有一个事先接触和预备性的相互作用的过程，而非正式组织提供了这个

---

① 巴纳德.《经理人员的职能》. 中国社会科学出版社 1997 年版。

条件。

巴纳德认为，非正式组织存在于正式组织之中，它在正式组织中起着三种作用：①信息交流；②通过调节人们的贡献意愿和稳定客观的权威来维持正式组织的凝聚力；③维持人们的个人人格、自尊心和独立的选择，而这是正式组织运作所必需的。

非正式组织的存在使得它与正式组织构成了一种互动关系，这两者的关系现为：①非正式组织使得一些正式组织非成立不可，如不成立，非正式组织也无法继续发展下去。非正式组织的态度、习惯、风俗影响着正式组织，并且部分地通过正式组织表现出来。正式组织由于非正式组织而具有活力并受其调节。这首先表明非正式组织对于正式组织所具有的重要作用。②正式组织由非正式组织产生，正式组织为任何一个大的非正式组织或社会组织所必需，但在正式组织产生之后，它们创造出非正式组织并且需要非正式组织。对绝大多数组织来讲，"了解组织的诀窍"是了解其非正式结构的人物、事情和缘由。阅读美国的宪法、法庭的判决、法令或行政法规并不能精确地确定美国政府是如何进行工作的。"看不见的政府"这句话虽然常用于贬义，但却表达了对非正式组织的认识。巴纳德在这里表明了正式组织和非正式两者之间的依存关系和相辅相成关系。

巴纳德倾向于从正面肯定非正式组织的作用，尤其是它的凝聚力作用。在他看来，正式组织是社会的明确的构造材料，它们是使人们的社会结合具有足够的一贯性、以便持续下去的支柱。没有这些支柱，社会就会分裂为敌对的集团，随着正式组织在范围上的扩大（例如，当正式的政府组织扩展时，宗教的、军队的、经济的和其他正式组织也会相应扩展），以及一个大规模社会结构的出现，就容许和要求社会凝聚力的扩大，而非正式结构的态度、习惯和习俗将对这一凝聚力的形式和扩大起重要作用。①

---

① 巴纳德.《经理人员的职能》. 中国社会科学出版社 1997 年版。

不过，后来的研究表明，非正式组织在促进正式组织目标的过程中具有双重性。巴纳德在这里显然忽略了非正式组织对正式组织来说所具有的消极一面。

5. 复合性正式组织

组织发展的最后一个阶段是复合性正式组织。巴纳德认为，这一组织来自简单的正式组织（它的大小受到了沟通上的局限的限制）增长需要创造新的单位，但总的目标是作为复合性组织中统一的因素起作用的。沟通上的限制形成了复合性组织的结构(通过要求亚单位专业化和相对自主)。在复合性正式组织中，协调的需要和沟通的需要要求单一的指挥功能作为沟通中心指挥所有相对自主的单位的活动。这样，尽管相对自主，组织的亚单位必须在更大的组织强加的限制内行动。

复合性正式组织的特征包括以下 4 个方面：系统性；非人格化；专业化；含有非正式组织。①

作为系统，复合性正式组织具有一些显著的特征。首先它们具有亚系统，而它们本身又是更大的社会系统中的一个部分，系统和亚系统之间是互相依赖的。其次，作为一个系统的组织，它们也是动态的，因为环境在发生变化，新的目标在出现。最后，在巴纳德的分析中很关键的一点是，作为一个系统的组织不只是部分的简单综合，主要原因在于，系统与其组成部分的区别使巴纳德将作为整体的协作系统的目标与系统中人的“动机”作一区别。这一区别的重要性在于巴纳德认为组织中的每一个参与者必须接受的刺激（奖励）要多于对组织作出的贡献。由于个人的贡献是组织引诱的来源，因此，只有额外的东西通过本身的运作产生出来，每个人才能得到比他贡献多的东西。这一额外的东西就是组织内协作性活动的结果。

复合性正式组织的第二个特征在于组织活动是非人格化的。正如巴纳德指出的，每一个特定的人对组织的意义是有限的，这

---

① 巴纳德.《经理人员的职能》. 中国社会科学出版社 1997 年版。

反过来导致巴纳德根据力量或活动而非人来界定组织。巴纳德承认，在组织之外，一个人是一个独特的个体。然而，在加入了一个协作系统后，一个人的努力在这一意义上——个人的活动必须由系统的需要而非个人的动机所确定——是非人格化的。尽管这样人成了代理人，但他们的行为不是个人的。相反，组织活动是受一种所需的组织个性指导的，个人动机是由组织的奖励分配来满足的。

复合性正式组织的第三个特征是专业化。这一专业化的基础与古立克的类似。古立克例举了目的、过程、客户（资源）和地点（地理）是组织专业化的基础。巴纳德加上了时间和人，并指出，专业化的这些基础是互相依赖的。人的专业化，或他称之的“社团的专业化”是其强调组织行为中的社会因素的最重要的附加。巴纳德认为，专业化的单位应当包括社交上相适宜的人，以建立合作和减少冲突。

然而，巴纳德感到目标是专业化的首要方面。目标上的专业化包括组织整体目标逐渐分化为更详细的目标，并成为实现组织最终目标的手段。当将这些目标分配给亚系统并成为亚系统的目标时，这些目标便成了组织专业的一种基础。巴纳德认为，亚组织中每一个人认识到这一目标是很重要的。不过，组织中的每一人不必知道组织的整体目标，只需对组织最终目标有种信念就行了。

复合性正式组织的第四个特征是非正式组织的存在。巴纳德认为，非正式组织永远存在于正式组织中，并把它们描述为没有任何具体的联合目标而发生互动的一个“个体密度领域”。在巴纳德看来，非正式组织不能只是被看作一种不可避免的罪恶。恰恰相反，巴纳德认为，如果不存在非正式组织，那么它们也会被创造出来，因为它们履行着一些组织功能。它们有助于沟通，保持非正式组织内的凝聚力，并在正式组织这样一种非人格化的环境中建立一种人际感情。此外，非正式组织创造和维持了一种“监督权威”的神话（即认为权威来自组织最高层）。巴纳德在这里并不是说等级制权威是不真实的，他只是在这一意义上使用“神话”——作为非正式组织过程建立的一种信念来解释公开的行动。

归纳起来，有关个人的实质、复合性正式组织的产生及其特征，巴纳德作了如下的说明：

(1) 人从本质上讲是受物理和生物的制约的，同时具有一种无法减少的、最低的自由意志。

(2) 目的的存在和个人局限的状况导致协作活动。

(3) 在进行协作活动时，要克服的战略或限制因素在本质上是社会性的。

(4) 为了生存，协作系统必须有效率地完成其目的，有意义地满足个人的动机。

(5) 协作最初可能是非正式的。不过，考虑到个人的积极的、有目的的本质，正式组织很可能兴起。在这组织中，协作活动是有意识的、有目的的，而不是自发的。

(6) 复合性正式组织来自简单的正式组织，简单组织构成了复杂的正式组织相对自主的组成部分。

(7) 复合性正式组织的特点是其系统特征、非人格化的活动、专业化以及非正式组织的存在。①

可以把复合性组织再作如下归纳：①它包括了一种组织与其成员之间自由的契约安排。②刺激系统有助于满足个人的动机，将个人努力结合起来，以完成组织目标。③由于组织构成了一种自由的契约关系（组织成员如发现条款得不到履行便可退出），因此，权威存在于上司和下属的关系之中，权威的行使只有在下属的同意下才能进行。④无论就权威的行使，还是就传递组织的目标而言，沟通在组织中扮演着一种重要作用。⑤与个人相对应，组织的决策过程的特点必然是逻辑性的。此外，决策是一种专业性活动，其首要责任是作为沟通中心的管理者。⑥管理者组

① 布雷恩·福莱.《通晓公共行政》. 切特汉姆·豪斯出版社 1989 年版。

织是组织发展的一种自然的副产品，他们有责任提供一种沟通系统以取得个人的努力，并界定组织的目标。⑦组织的领导要求采用一种控制管理者行为的个人道德准则，以及要求创造和教导一种作为整个组织行为标准的组织道德准则。①

二、组织的动态分析

巴纳德对组织的动态分析涉及了以下的内容：刺激—回报的动态平衡、权威、以及沟通和决策过程。

巴纳德指出了三种基本的组织活动：作为组织的参与者乐于合作、确立和界定组织目标以及沟通。组织中的激励系统是一种引诱人们乐于协作的功能，其结果是组织权威。目标被分成两个因素，一个是巴纳德称之的“协作方面”，它与整个组织的利益有关；一个是“主观方面”，它涉及个人动机。相应地，目标的主观方面与刺激系统有关，而协作方面则与组织决策有关。沟通是组织活动的第三个至关重要的因素，无论对于传达组织的目标还是行使权威都是重要的。随着心中已有的关系，乐意协作是在刺激和权威下进行的；确立和界定目标是在决策（客观方面）和刺激（主观方面）下进行的；而沟通则是在权威和执行者功能下进行的。

1. 刺激系统

巴纳德将组织看作是一个组织与其成员交换的系统。构成组织力量的人的努力和贡献是由诱因引起的，自我保存和自我满足的利己动机是支配的力量。整个来讲，组织只有满足这些动机才能存在，除非它能改变这些动机。巴纳德在这里涉及了其著名的均衡理论，即在组织提供的诱因和个人为之作出贡献之间维持一种均衡。②

在巴纳德看来，任何个人参加组织的决定都包含着一种直接

---

① 布雷恩·福莱.《通晓公共行政》. 切特汉姆·豪斯出版社 1989 年版。

② 巴纳德.《经理人员的职能》. 中国社会科学出版社 1997 年版。

的代价：失去对个人行动的控制。正如巴纳德指出的，协作基于的一种道德理想需要个人乐意将自己的直接利益从属于个人的最终利益和一般利益。这样，乐意协作包括了一种个人的成本——效益分析（它取决于个人的目的、愿望和动机）。加入组织是组织在比较支付得起的活动后提供的纯引诱（引诱减去成本）的一种功能。每个人都会对引诱和成本进行评估，这种评估建立在个人保护和个人满足的"自私"的动机之上。此外，巴纳德认为，这些评估很少是一种逻辑思考。在作了参加组织的决定后，个人的乐于协作是根据不断的对新的引诱和贡献的平衡而转移的。当所有的人感到能从组织中获得比他们的贡献更多的诱惑时，组织才处于一种均衡之中。正如巴纳德所说，为了维持组织经济的平衡，组织要支配和交换足够数量的各种效用，以便用来支配和交换作为其构成要素的人们的服务。由于每一个贡献者都要求他的交换有剩余，即纯诱因，所以组织只有通过交换、变形和创造，在它自己的经济中获得效用的剩余，才能继续存在下去。如果它操作的结果出现了亏损，它就越来越不能支配组织的活动，而组织是由活动构成的。①

刺激与个人动机有关，因而与个人的效率和有效性、与组织的效率有关。当行为使行为的动机得到满足时，个人就是有效率的。当完成了一个具体的向往的目的时，个人行为就是有效的。在两种情况下，行为是根据个人的目的和动机来进行评价的，组织的效率也是根据个人动机来界定的。当组织中个人的动机得到满足时，组织就获得效率。效率是组织提供充分的引诱（以维持系统）的能力的一种功能。比较之下，组织有效性与个人动机无关，它是组织目标完成的程度，因而与个人动机无直接联系。②这一组织有效性的界定的依据是巴纳德的这一观点——组织活动是非人格化的，因而这些活动从个人身上移开了出去。

---

① 巴纳德.《经理人员的职能》. 中国社会科学出版社 1997 年版。

② 同上。

巴纳德认为引诱或刺激的范围很广。他首先把诱因分成特殊的和一般的两类。前者是特定地给予某个人的，而后者是非个人的、不能特定地给予某个人的。特殊的诱因包括：物质诱因；个人的非物质机会；良好的物质条件；理想方面的思考。一般的诱因包括：社会上的吸引力；适合于自己习惯的方法和态度的条件；扩大参与的机会；思想感情交流的条件。巴纳德注意到非物质诱因的重要性。在他看来，当最低限度的需要得到满足之后，如果没有其他诱因的帮助，物质诱因的力量是极为有限的。因此，在维持生活的最低物质报酬以外的、对个人的非物质的诱因，在获得协作努力方面具有极大的重要性。比如，显示优越、威信、个人权力、获得支配地位的机会，在所有组织的发展中，都比物质报酬要重要得多。

巴纳德把刺激也分成两类：客观刺激（他称之为“刺激方法”）和主观刺激（他称之为“说服的方法”）。一般的客观刺激包括团体的吸引力（即避免在民族、肤色、阶级之上的个人反常）、使工作条件适应习惯的方法和态度、扩大的参与的机会（一种较大地参与事件的参与感、使命感），以及一种团结感、社会整合、志同道合感。

巴纳德注意到不同的个人很可能被不同的刺激所激励。这样，组织不能永远提供所有的客观刺激，一般也不能提供足够的刺激程度。一个可能的组织反应是增长（它使组织扩大刺激的广度和深度），巴纳德将这种增长可得刺激的愿望称之为增长的首位原因。

另一反应是说服。① 巴纳德认为，当一个组织不能为人们的贡献提供恰当的引诱时，它就必须做工作，以便使人们改变其欲望，认为提供给他们的引诱是恰当的。否则，组织就不能存在下去。这一说服是广义的，包含三种形式：形成一种强制状态；引诱合法化；动机灌输。

---

① 巴纳德.《经理人员的职能》. 中国社会科学出版社 1997 年版。

组织的强制手段既用于排除人们对组织的贡献，也用于获得人们对组织的贡献。对不理想的人排除是维持组织效力的一个必要手段，这也是一种杀鸡骇猴的说服方法，使未受到排除的人愿意为组织作贡献。

相比之下，引诱合理化是一种重要得多的方法，它有两个层次：①一般合理化，即把整个社会组织合理化；②特殊合理化，即试图说服个人或集团，他们应该为特定组织提供服务，因为这符合他们的利益。

最重要的说服方式是动机的灌输。它的正式方式是对年轻人的教育和对成人的宣传。此外，除了教育和宣传这种正式方式外，还有一些非正式或间接的方式，如模仿、竞赛、习惯、态度等，这些也对个人动机起调节作用。

刺激系统的另一方面（巴纳德特别列出以引起注意）是地位系统。[①] 巴纳德认为，等级制——荣誉和特权随着地位提高而显赫——是组织中一种重要的非物质刺激因素。巴纳德将地位定义为"对个人在组织中的权利、特权、责任、义务的说明，以及对控制其行为的限制和禁令的说服所界定的一个个人的状况"。[②] 巴纳德将地位系统看作是因人们在能力上的不同、工作的难度、工作的重要性，以及保护人的完整性的需要而造成的。地位可能有两种：一是功能性地位，它建立在工作能力上；二是梯状型功能，它建立在组织的职位上。

巴纳德认识到地位系统的分裂倾向，认识到它可能导致对个人的歪曲性评价，例如，由于不愿剥夺一个人的现有地位而限制精英的流动、夸大管理事务对于领导的重要性、提高地位的象征性功能，以及限制组织的适应性。但是，巴纳德强调地位对于组织活动所具有的积极性。地位系统不仅是组织的一种刺激形式，

---

① 巴纳德.《地位系统的功能和病理学》. 载自《组织与管理》，哈佛大学出版社 1962 年版。

② 同上。

它也能鼓励一种责任感，并且也可以通过确立它们是真正的（受组织批准的）、有权威的（来自一种恰当的资源）、有智力的，从而有助于组织的沟通。

2. 权威

如果刺激为乐意协作提供了基础，那么权威则是它的表达。正是在权威概念上，巴纳德或许作出了最大的贡献。正如前面指出的，巴纳德给权威的定义是“权威是正式组织中信息交流（命令）的一种性质，通过它的被接受，组织的贡献者或成员支配自己所贡献的行为，即支配或决定什么是要对组织做的事，什么不是对组织要做的事”。① 换言之，权威在于一种上司和下级的关系中，而不在于职位。只有当权威被接受，它才是有效的，而不是仅仅在于发布命令。“按权威的定义来说，一个命令是否权威取决于接受命令的人，而不是权威者或发布命令的人。”② 这一对权威的解释直接来自他将组织视为一种交换系统的看法。由于持续的参与取决于对引诱和所需贡献的平衡，参与者可以选择拒绝服从组织的权威，他们可威胁离开组织，或实际上离开组织。正如巴纳德指出的，纯引诱的存在是接受任何命令的惟一理由。

巴纳德指出了四种有效行使组织权威的条件，所有这些都强调下属在权威关系中的作用、以及有效的沟通的重要性。即：①下属必须懂得命令；②命令必须同组织目标相一致；③下属相信命令与其个人利益相符；④具有执行命令的能力。考虑到对下属看法的强调，沟通在权威的行使中扮演着一种关键的作用。

巴纳德声称，在权威的行使中，接受是一种重要的行动。接受因纯引诱而异。他开列的有效执行权威的条件中强调行使权威的主观性，强调权威不能被接受的可能性。巴纳德注意到一些打算行使的权威常常无效，在某些条件下不服从可能是一种道德责任。所有这些表明，下属对组织命令的反应不是事先决定的。相

---

① 巴纳德.《经理人员的职能》. 中国社会科学出版社 1997 年版。

② 同上。

反，巴纳德指出，下属的反应可能有三种形式：不考虑命令的好处就接受；考虑了以后才接受；拒绝。

第一种反应描述了巴纳德称之的“无关心区”，它对组织尤其重要。这一区域包括不考虑好处而接受，构成了一个命令自动得到执行的区域，即下属在这种状况下并不停下来检查一下命令是否满足表明有效行使权威的条件。相反，落入该区域的命令包括了个人与组织有默契的行动，会得到毫不犹豫地执行。而“无关心区”的大小取决于诱因超过负担或牺牲的程度（后者决定着个人同组织结合的程度）。因此，那些只是勉强被诱导去贡献的人能接受命令的范围是很有限的。巴纳德认为，对绝大多数贡献者来说，在任何时候维持所在的无关心区以内的命令的权威，有着积极的个人利益。这种利益主要通过非正式组织的职能来维持，其形式有舆论、团体态度等。巴纳德认为，较大的“无关心区”对于（就下属来说）促进组织的顺利运作是必要的。

虽然巴纳德强调权威的主观方面，承认在某些状况下不执行命令的可能性，但他并不否认权威的客观方面的重要性。他承认组织权威通常来说是有效的客观权威，或建立在职位或能力之上的权威在组织中都是重要的。当职位权威加上能力权威时，它能成为一种非常有效的力量。

组织权威通常有效，这有几个原因：①组织通过有意地操纵刺激、运用说服技术，能扩大“无关心区”的范围以及接受的范围（因而相应缩小抗拒的范围）。②命令在预期的责任范围内，这些命令很可能在个人的“无关心区”内，被看作是一种“契约性义务”。③除非命令符合巴纳德指出的四个条件，否则不下命令。④非正式组织倾向于支持行使组织权威。由于权威对于组织的生存来说是必要的，巴纳德认为所有成员在保持组织权威方面都有一种利害关系。这样，非正式组织的影响很可能维持和稳定个人的“无关心区”。此外，非组织态度确定了这一信念：权威自上而下。

3. 决策

决策是组织不可分割的一个功能，无论是作为一种组织的目标借此与组织环境联系起来的手段，还是一种组织目标借以转化为行动的手段。巴纳德将决策定义为一些个人的行动……它是精心计划、计算、深思熟虑的产物……包括了手段到目的的排列。[①]

在巴纳德看来，有两大类决定：个人决定和组织决定。个人决定是有关是否参与组织的决定，这一点在刺激系统已有涉及。巴纳德认为，个人决定在组织之外作出，不能授权，因为它们本质上是主观的。此外，个人决定不可能是逻辑思考的。

相比之下，组织决定是由组织目的而非个人考虑控制的决定，因而巴纳德认为组织决定可以而且应当授权。组织决定最好在沟通的中心由专于组织决策的管理者作出。这一方面保证了所需信息被带到决策现场，另一方面也保证了组织决策得到恰当的协调。与个人决策相比，组织决策是逻辑思考的结果。这不意味着组织决策一定是对的，事实的前提和推理可能是错的。但巴纳德认为，筛选、分析和选择的逻辑过程是需要的。的确，巴纳德认为处心积虑地将手段适应目标是正式组织的本质所在。

组织决策有两个因素：组织目标（或“道德”因素）和“随机应变”因素，它包括发现什么状况对组织目标而言是有意义的。巴纳德认为，道德因素或组织的因素在决策上是既定的，[②]因而组织目标是决策“环境”的一部分，它也包括物质世界、社会世界、外在事物和力量，以及当时的状况。组织决策倾向于将组织的目标适应于决策环境的其他方面，以使决策者在与决策环境有关或无关的因素中进行鉴别。

决策环境相关的因素包括战略因素和补充因素，对这些因素的鉴别构成了组织决策的随机应变因素。战略因素（或限制性因素）是这样的环境条件，即如果改变或没有改变，这些条件将允

---

① 巴纳德.《经理人员的职能》. 中国社会科学出版社 1997 年版。

② 同上。

许组织完成其目的。补充因素是这样的环境条件，即必须为操纵战略因素以完成组织目的而维持不变的条件。决策行动需要选择一种或数种战略因素的行动，一旦认出了战略因素，一旦选择了对付它的行动，组织目的就被缩小到了一个更专业的程度，就创造出一种搜索寻找的战略因素，就开始了一个新的决策过程。这一过程会一直继续，直到识别所有的战略因素并作出对付它们的决定。这样，决策的随机应变因素包括了建立手段—目的链。在这一链中，随着专业程度的提高，选择完成目的的手段和目标得到了界定和重新界定。

在巴纳德看来，组织中的决策过程必然是专业化的。组织高层所作的决定或多或少与组织的目的有关，低层的则与完成这些目的的手段有关。此外，在组织中建立专长于决策的管理者沟通中心，其结果是，组织中大多数个人的努力受决定的指引。这一决定在巴纳德看来是由组织管理者作出的，他们是非人格化行动的（即其决定由组织目标控制）结果。虽然组织的决策过程是有逻辑的，但它并不一定是组织内所有个人的逻辑过程的产物。组织中许多个人的行动是习惯性的，是对组织设计的重复性反应。

虽然巴纳德强调组织决策的逻辑特征，但他也认识到“非逻辑过程”的必要性，尤其是管理者决策的“非逻辑过程”的必要性。逻辑过程包括可以用语言或其他象征表达“有意识的思考”或推理。相比之下，非逻辑过程则不行，它只是通过判断作出决定或行动。

组织决策中采用的过程取决于三个因素：决策的目标、决策所需的速度、决策者所得信息的质量。巴纳德认为，如果决策过程的目标是查明真相，那么过程本身必须是逻辑性的。如果目的是决定一个行动，可能会有许多难以确定的因素加入其中，因而过程不可能完全是有逻辑的。如果过程的目的是说服，这一过程需要理性化，但最终是非理性的。第二个确定决策过程的因素是决策所需的速度。如果时间很短，逻辑性过程就不能被采用。最后，决策使用的过程是决策可得的信息质量的一个功能，精确的信息需要使用的逻辑过程。在相反的限制性事例中，不确定性使用非逻辑性过程成为必要。这样，组织的决策（就其涉及选择行动或说服而言）必须在一个短时间内进行，它建立在不准确的信息基础上，它需要不同程度的非逻辑过程。

从技术角度讲，巴纳德对决策产生的领域和决策艺术也作了精当的描述。在他看来，决策通常产生于三个领域：①来自上级的有权威的命令；②下级关于作决定请求；③管理人员本身主动提出。在这三者中，巴纳德认为管理人员自己主动提出决策的时机对他的能力是一种最主要的考验。他必须依靠自己的才能和主动性来了解情况，并依据组织信息交流、系统的性质来决定是否需要改正某些事。

此外，就决策艺术而言，巴纳德认为，对目前不适应的事不作决策，时机不成熟时不作决策，对不能有效地实行的事不作决策，对应该由别人决定的事不作决策。[①] 他解释道，对目前不适应的事不作决策是非常明智的，而提出问题可能是非常敏锐的；不在时机不成熟时作决策可以避免受到确定看法的束缚或避免形成偏见；对不能有效地实行的事不作决策是为了防止影响权威；不对应该由别人决定的事作决策是为了保持士气，使别人能提高能力、明确责任、保持权威。

三、管理者的功能

在讨论了复合性正式组织的产生及其基本特征和动力，并由此确定了讨论的基础之后，巴纳德转向了他首要的题目——组织中管理者的功能。巴纳德指出了管理者的基本功能是行使这一过程：处理协作系统环境与组织参与者满足这两者之间的关系。使协作系统适应环境变化和新的目的需要一种管理者组织的发展。在复杂的组织中，沟通的必要性要求在组织中有一种管理功能存在，满意的产生和分配包括动机教诲、建立刺激来取得组织目标

① 巴纳德.《经理人员的职能》.中国社会科学出版社 1997 年版。

并改变个人行为。管理者占据了沟通的中心，并维持组织的运作。

具体地说，巴纳德指出了三种管理者功能：提供一种信息交流体系；促成必要的个人努力；提出和确定组织目标。[①] 为了执行管理决定，他们必须进行恰当的沟通。巴纳德指出了组织内有效沟通的几种要求：①必须明确知道沟通的渠道；②需要一种确定的、正式的、面向每一个人的沟通渠道；③沟通线路必须尽可能的短，以防拖延；④整条沟通线常被用来回避冲突的沟通；⑤作为沟通中心的人必须有充分的能力；⑥组织运作时，沟通线不应当被打断；⑦每一沟通应通过恰当地指出沟通的发出者来证实发挥重要作用的职位。更重要的是，在组织内要建立一种非正式的管理人员组织，这一组织的建立既避开了正式命令对日常运作的必要性，也通过非正式接触扩大了可能得到的沟通手段。[②]

促成必要的个人努力需要通过使用宣传和说服的技术将人带入组织之中，然后引出他们的贡献，后一过程包括维持道德和引诱系统，以及监督、控制、检查、教育并提供适当的培训。

目的的形成和定义（尽管首先是管理者的职能）是一种共同具有的责任。所有的目标首先在管理层次建立。但在巴纳德看来，形成目标的过程是一个互动的过程，在这一过程中，沟通上下进行，指挥链报告困难和成就。在这一意义上，组织目标与其说是一种正式的声明，不如说是一种聚集的行动。一般来说，长远的决定由上层下授，而界定和行动的责任则在组织基层（在管理决定的限制之内）。

为了充分地行使这些职能，管理者必须有全局和组织环境感。巴纳德认为，这是艺术而非科学，是美学而非逻辑。在管理者承担的全局性责任中，管理者必须关注组织的效率和有效性。在组织层次，有效性在整合技术中是首位的，这样组织才能取得

---

① 巴纳德.《经理人员的职能》. 中国社会科学出版社 1997 年版。

② 同上。

其目标。组织效率与其说是技术的，不如说是人的。管理者必须处理组织中的四种状况：物质经济、组织外的社会关系、组织内的社会关系、个人经济。这些加起来便是组织经济。组织经济不能仅仅以财政声明来表达，因为它忽略了对组织来说极端重要的个人本质和社会考虑。对组织经济状况的惟一声明是组织本身的成败。维持组织经济是管理人员的责任，因为只有他才对完成任务具有必要的看法。

1. 领导

在巴纳德看来，一个管理者不一定是个领导者。前者在于职位，后者在于功能。巴纳德将领导定义为“一些通过建立信任来激发协作性的个人决定的人的权力”，或“个人行为的质量，以此指导人们及其组织的活动”。[①] 由于巴纳德坚持认为，以领导形式出现的管理者的能力是人类协作中最一般的战略因素，因此，组织的一大任务是注意那些在管理职位上的人是真正的领导者。

巴纳德列举了领导者的五大特征：有活力、坚忍、有决断力、说服力和责任性，以及智力。在这当中，巴纳德特别注意责任性和智力。[②] 智力是很有意思的，因为巴纳德有目的地将它放到第五位。巴纳德显然对知识分子评价不高，他认为他们倾向于不负责任（即三心二意、不守时、犹豫不决、无说服力）。简言之，一般会阻碍对领导来说必不可少的特征的发展。巴纳德因而认为，领导者更多是找到的，而不是训练出来的。至于领导者的教育，应当是一般的、旨在教导人如何进一步教育自己。教育也应当传递一种对人类关系的理解、一种对非逻辑行为的评价，以及对作为整个有机系统组成部分的正式组织的一种评价。

与正式教育相对照，责任性对领导来说是至关重要的。巴纳德认为，责任性来自现有的道德准则。他把道德定义为人的一种

---

① 巴纳德.《领导的实质》. 载自《组织与管理》，哈佛大学出版社 1962 年版。

② 同上。

内在的、普遍而稳定的力量或习性，它会禁止、控制或修正同这种习性不一致的当前的具体愿望、冲动或兴趣，而加强同这种习性一致的具体愿望、冲动或兴趣。① 组织存续时间的长短取决于领导的质量，而领导质量的基础是组织的道德性，道德性的高低决定着领导的质量，即使在最低级的、最不道德的组织中也必须有高度的责任感。但是，如果同责任感有关的道德性是低下的，那么组织就是短命的，领导就不能长期维持下去，其影响力很快就会消失，不能产生后续者。但道德本身不意味着责任性。当道德准则事实上控制了人的行为后，责任就会产生，因而一个人有道德但无责任性是可能的，虽然没有道德便不可能是有责任性的。

巴纳德认为组织创立了它自身的道德秩序。一种个人对组织行为的准则来自组织的道德秩序，是组织个性的一个方面。当组织的道德准则控制一个人的行为时，组织责任性的条件就产生了。巴纳德注意到个人和组织道德准则有时会冲突，更常见的是组织本身的准则也会冲突。此外，道德的复杂性加上高度潜在的内部冲突，在一种高度物质化的活动和社交活动中是很可能的。

2. 管理者的责任

巴纳德认为，管理者必然是非常活跃的。其结果是，面对一种复杂性的状况，他必须有一种高度的责任能力。此外，他必须具备一种创造道德标准、解决道德准则之间冲突的本能。相应地，巴纳德将管理者的责任界定为一种建立理想的能力，这一能力使这些理想制约人们的意志，使其去完成超越眼前目标和时代的目标。这取决于管理者建立在一种组织道德准则（它指引个人追求组织目标）上的能力，因而确立组织的道德准则、评判道德冲突是管理者的主要功能。一种内在的组织道德感会抵消组织中个人利益产生的离心力。道德和责任状况不能用来取代组织的其他因素，恰恰相反，道德和组织行为中的责任对这些其他因素的

① 巴纳德.《领导的实质》. 载自《组织与管理》，哈佛大学出版社 1962 年版。

有效性来说是必要的。正如巴纳德指出的："领导的质量、其持久的影响力、其有关组织的持久性、它产生的协作力，所有这些都表达了道德向往的高度、道德基础的广度。"①

管理者的责任主要是形成组织目标，而下属只要求相信存在着一种共同目的，而不拥有对这一目标的"智力理解"。冲突被看作是短期的，个人被归于一种自由意志的衡量，个人很少有理性，因而要用说服的方法来鼓励成员评价组织提供的引诱，必要的话，也要使用强制。虽然可以拒绝组织的命令，但组织会尽可能扩大无关心区，从而保证命令得到执行。非正式组织（不是作为一种必要的恶）可以支持等级权威的行使。

总之，虽然巴纳德认为管理者不能以一种专制的方式进行管理，但他并不认为管理者不能管理。虽然组织是个交换系统，但这是一种不对称的交换，在这当中，等级上司具有一种居首位的职位。然而，等级在上下关系中只提供一种相对的、而非绝对的优势。巴纳德在这里不是否认等级权威的存在和理想性，而是关注等级权威运作的有效的前提条件，这一条件需要得到被管理者的同意。

虽然管理需要一种同意的因素，但巴纳德不认为因此在组织中需要采用民主的程序，用他的话来说就是"教条主义地认为民主或民主方法与（或不与）这里讨论的原则相符是站不住脚的……"②

第三节　分析与评价

巴纳德的组织理论的贡献是巨大的。他的代表作《经理人员的职能》作为管理学的经典著作，在今天仍然发挥着重要的影响，但他的著作也是引起一些争议的来源。争议之一是组织中管

---

① 巴纳德．《领导的实质》．载自《组织与管理》，哈佛大学出版社 1962 年版。

② 同上。

理的作用；之二是他被指责抛弃了传统管理的优点，并有亲资方之嫌。肯尼思·安德鲁斯在对巴纳德的组织理论大为称道的同时，也指出了他的《经理人员的职能》的几个缺点。一是表述的抽象性，举例稀少和平淡无味以及文体的晦涩难懂。二是他很少分析高层管理机构，如经理人集团、董事会、董事长等。三是在组织目标的处理方面，他的确把目标作为中心，但没有注意到一个变动的社会中组织目标的选择问题，也没有注意到组织确定目标或目标的过程。四是尽管他把人的问题引入组织理论，但似乎他对“抽象”的个人而不是活生生的、成长着的人更感兴趣。他完全没有讲到个人的发展成长、个人需求的成熟、个人归属意志的弱化或强化。但肯尼思·安德鲁斯强调，这些缺点不能否定这样一个结论：巴纳德的书对于老读者来说仍然是重要的，并且继续在吸引着新的读者。①

巴纳德希望《经理人员的职能》一书有助于建立他所期望的组织科学。这本书是他多年来对在各种组织的实际中观察到事情和别人的经验作一粗略解释的一种假设框架，当然他也补充了一些社会科学方面的知识。他很谦虚地说这不是科学家或学者的著作，而是对这些问题有兴趣的实务研究者的著作。②

不管他以什么身份写作，巴纳德在好多方面对组织理论的发展还是作出了独特性的贡献。这些包括他用社会系统观点对组织的考察；他的通过引诱或刺激在组织中维持组织和人之间的均衡，即内部平衡和外部调节的思想；他的权威来自接受的思想；他的效力—效率两分法企图把经常发生冲突的组织目标和努力的经济需求同个人的目标和满足的需求结合起来的思想；他对正式组织的富有洞察力的分析以及对非正式组织的引入；他对经理人员责任的明晰阐述。所有这些，直到今天，用肯尼思·安得鲁斯的话来说，“仍然具有权威性，因为他的智慧来自领悟力同经验

① 巴纳德.《领导的实质》. 载自《组织与管理》，哈佛大学出版社 1962 年版。
② 同上。

的结合，来自系统思考的习惯同经常表现出来的责任心和通过协作获得成果的必要的结合”，“它继续提供重要的但不容易得到的洞察力”。①

正如布雷恩·福莱所说：“巴纳德不旨在解决人和组织关系中的一种显而易见的自相矛盾。相反，他在寻求个人需要和组织需要的平衡中接受一种不可避免的紧张和冲突。”② 我们也用他在《经理人员的职能》一书的结尾作为本文的结尾，这一结尾表明了巴纳德的一种哲学，也是他写作此书的一个动因所在：

自由和不自由；支配和被支配；选择和被选择；诱因的提供和无法拒绝诱因；来源和不能否认这个来源；独立和从属培育着人们的个性，又使人们失去个性；提出目的，又被迫改变目的；为了作决策而探求各种制约条件，寻求特定事物，但又同整体保持联系；寻找领导者，但又否认其领导；期望支配现世，却被未知所支配——这就是本书所讲的人在社会中的故事。

这样一个故事的结束，要求表明信念。我的信念是，具有自由意志的人的协作的力量，能够使人自由地协作。他们只有选择在一起工作，才能获得个人的充分发展。只有每个人承担起选择的责任，他们才能进入亲密的结合，并提出比个人行为和协作行为更高的目的。我认为，协作的扩展和个人的发展是相互依存的，它们之间的恰当比例或平衡是实现人们幸福的必要条件。由于这对整个社会和个人来说都是主观的，我认为这种比例无法由科学来确定。这是一个哲学和宗教的问题。③

---

① 巴纳德．《领导的实质》．载自《组织与管理》，哈佛大学出版社 1962 年版。

② 布雷恩·福莱．《通晓公共行政》．切特汉姆·豪斯出版社 1989 年版。

③ 巴纳德．《经理人员的职能》．中国社会科学出版社 1997 年版。

第九章　西蒙的行政决策理论

第一节　生平与著作

赫伯特·西蒙（Herbert Simon）于 1916 年 6 月诞生于美国威斯康星州的密尔沃基，1936 年和 1943 年分别获芝加哥大学学士和博士学位。他也获得耶鲁大学、蔡斯技术学院、瑞典隆德大学、加拿大在麦吉尔大学以及荷兰经济学院的荣誉学位。1936 年他作为国际城市经济协会的吉米伦斯·里得勒的助手开始其职业生涯。1939 年，他成为加州伯克利大学公共行政局的行政测量研究主任。1942 年，他在伊里诺斯技术学院谋得一职，并在 1946—1949 年任政治与社会系主任。1949 年，他转至地处匹兹堡的卡内基—梅隆大学任行政学和心理学教授，在那里一直工作至今，曾任工业管理系主任、工业管理学院助理院长以及计算机和心理学梅隆教席教授。

西蒙也从事了大量的公共工作。他曾在美国的预算局、人口统计局以及经济合作管理局工作。此外，他还是美国总统科学顾问委员会的成员、科学研究委员会理事、全国研究委员会行为科学处主任，同时也担任各类政府和商业组织的顾问。

西蒙一生曾获得多种荣誉。他曾获得美国心理学会的杰出科学贡献奖、计算机学会的教学奖。1978 年他荣获至高的诺贝尔经济学奖，该奖表彰他对经济决策研究所作的贡献。

西蒙学术生涯的特点是其领域的宽广。他对人的研究兴趣早在高中时就已产生，并受到了他的一位曾在威斯康星大学研究经济的叔叔的鼓励。西蒙指出他的第一本著作《管理行为》[1] 中包含的思想有许多来自制度学派的经济学。他的兴趣似乎涵盖了整个社会科学，这一广度只需看一下他的专业便可得知。他首先取得政治学博士学位，主攻公共行政，并长期在学校教授工业管理。他又是计算机和心理学教授，其著作获诺贝尔经济学奖。他的论文几乎在社会科学的各个领域（除了人类学）中出现。他是政治学、经济学、心理学、社会学、计算机科学、管理学和哲学等一系列学会的会员。总之，说他是“社会科学家”则名至实归。[2]

不过，在他的兴趣中有一个共同的主题——关注人的决策，这一关怀反映在他所有的主要著作中。《管理行为》作为确立决策的一些目标的理论，重点在于为组织理论学说分析和构建一种共同的运作语言；与康纳德·史密斯伯格和维克多·汤普逊合著的《公共行政》旨在综合有关公共行政的多种观点，但强调组织的决策制定；与詹姆斯·马奇合著的《组织》阐述了《管理行为》提出的理论框架。在他的论文集《人的各种模式》中，西蒙将其决策理论中的一些基本因素格式化。《管理决策的新科学》旨在探讨计算机对组织决策的影响。

20 世纪 90 年代初，西蒙在自传中写道，他一生的研究，是对梦寐以求的“决策真理”的追求。[3]

第二节　反思行政学

作为一名新古典时期的研究者，西蒙也旨在构筑一种行政科学，他在以下几个方面表明了自己与古典的前辈作者不同的看法。

---

① 也译成《行政行为》。本书与之有关的引文都来自《管理行为》这一译本。

② 布雷恩·福莱.《通晓公共行政》.切特汉姆·豪斯出版社 1989 年版。

③ 西蒙.《我的生活模式》.纽约基本图书公司 1991 年版。

首先是他对决策的强调，并把决策前提作为其分析的单位。西蒙认为，选择的逻辑和心理是行政的核心，因为他认为行政或管理就是决策。但是，决策是如此广泛，以至于在西蒙看来不能成为行政学的分析单位，因为它们不是一些一致的事件（即每一决定可能在不同的时间由不同的人作出），它包括一个选择行动之前的改变、发掘和分析的过程。因此，西蒙把决策前提而不是决策作为其分析单位，因为决策前提提供了决策过程的基础，而决定本身就是来自这些前提的结论，以计算机形式作一类比，前提是由转入数据和指令程序代表的，而决定则是将程序用于转入的产物。西蒙认为，通过检验决策的前提，发现这些前提的来源，追寻沟通的途径，就对决定作了最好的分析。

其次，用“事实—价值”两分法取代行政学中传统的“政治—行政”两分法。自威尔逊以来，古典时期对行政学的诉求建立在结构或制度的分离上，即区分政策功能和行政功能。古德诺的“政治是政策的制定，行政是政策的执行”就是这一观点的经典表述。政策事项和目标由政务官员决定，而行政决定则限于对“公法的系统而全面地执行”，或限于选择一些手段来达到这些目标。威尔逊认为通过限制行政活动（选择手段而非目标），就为构筑一个以经验为基础的行政学确立了一个价值中立的领域。这一行政学的目标是使政府事务的运作更有效。

西蒙无论在描述性方面还是在规范性方面都不同意“政治—行政”两分法。从描述性角度讲，西蒙认为威尔逊界定的政策功能和行政功能实际上政务官员和行政官员都在履行。政务官常常涉及手段的选择，而行政者也不可分离地卷入政策功能（无论在政策提议还是在执行政策中行使自由裁量权）。[①] 这样，“政治—行政”两分法没能确立一个构建行政学所需的价值中立领域，因为行政者卷入了政策功能和价值考虑。

西蒙也从规范角度拒绝两分法。尽管他承认两分法可能是一

---

① 西蒙.《管理行为》. 北京经济学院出版社 1988 年版。

个适应于威尔逊时期的规范观点，但他认为政治机构和它们提出的规范性、实践性问题自那时以来已经发生了变化，出现了等级控制的增长。此外政府运作已经扩大，因而极大地限制了政务官的能力和对官僚的控制。西蒙因而认为，试图建立对官僚的严密的、外在的和等级的控制已不现实。将行政者与政策功能区分是不理想的，相反，必须去发现一些行政者在政策过程中使用技术知识的方法。在西蒙看来："立法机关出于政治原因常常避免制定明确、具体的政策，而是把这些政策制定工作推给管理机构去做。其次，管理者可能根本不像这里描绘的那样，是一个中立而顺从的人。他可能（而且往往）有他自己的一套明确的个人价值观，希望他的管理组织按他的意图行事，他可能会抵制立法机关独揽政策制定的作法，他还可能在执行政策的过程中故意破坏立法机关的决定。"①

在对"政治—行政"两分法的批评的基础上，西蒙提出了他的"事实—价值"两分法。他认为他的两分法为行政学提供了较好的基础，也为行政学提供了较恰当的标准。西蒙将决策前提分成两大类：价值前提和事实前提。价值前提是有关应当做什么的道德说明，因而可能有好坏之分，但无真假之分。相比之下，事实前提是有关对可观察的世界的陈述，因而可以决定事实前提是真是假。决策的事实前提可在一些选择其结果之间的关系中找到，如果所作的选择产生了预期的结果，那么事实前提便是真的，反之就是假的。②

西蒙认为，有关行政过程的一些看法只有在能估计其真假这点上才是科学的。因此，行政学必须建立在行政决策的事实基础上，它与价值前提无关。这样，西蒙用一个价值区别（"事实—价值"两分法）替代了他认为从描述角度来说是无效的制度性区别（"政治—行政"两分法），并为行政学的发展界定了一个价值

① 西蒙.《管理行为》. 北京经济学院出版社 1988 年版。

② 同上。

中立的领域，同时也带来了行政学研究方法的一个重大转折。

用“事实—价值”两分法取代“政治—行政”两分法也表明了对行政行为的一种不同标准。“政治—行政”两分法要求行政者一方在政策上保持中立，要求确立等级控制，以保证行政者对政策指示和其政治上司作出反应。西蒙认为，公共行政者不是、也不应是对政策保持中立的。相反，行政者在进入决策的价值前提方面应该是可以预测的，因为招募、社会化和专业认定的过程是可测的。西蒙认为，可预测性优于中立性，因为一群价值中立的专业人员可能是所有人中最腐败的一部分。此外，由于对官僚的控制是通过控制其决策前提得以实现的，由于进入任何决定的前提是如此复杂以至不可能控制很多，政务官的外在控制就不能成为行政责任的惟一保证。相反，内在化的专业标准必须指导行政行为。

虽然外在控制非常有限，但它仍然是需要的。事实与价值不能完全分开，行政者的价值前提可能与政务官的不同。因此，程序性的设计应当将充满价值的决定让政务官去作，而使行政者对价值负责。更重要的是，决策的自动化可以有助于指出价值前提，通过使这些前提更明确，提供既容易又可能的检讨和评价。

最后，西蒙在确立行政学时采用的程序也不同于古典时期的作著。在西蒙看来，行政学应该建立在系统的、经验的分析而非偶尔的观察之上，其实质应是归纳的，而非演绎的，是具有来自经验事实的积累产生的“原理”和“原则”，而非直觉，至少在起点上它应该是描述性而非规定性的。

西蒙认为可以建立“纯”科学和“实用”科学两种行政学。纯科学旨在描述人在组织中的行为方式，实用科学旨在确立决策者如何行为的观点，有助于行政者决策。不过，行政决策只能部分建立在科学知识之上，因为行政学只能处理取得价值过程中的有效性，而非选择价值本身。

西蒙认为行政学可适用于公私组织。他认为两种组织的相同点要多于相异点，而存在的差异与其说是种类的不同，不如说是程度的不同，公共组织不同私人组织，在于其更多的文牍主义。它们面对国会的监视，在解释组织福利和一般的关系中很少有自由裁量权，它们更多地被看作无效和腐败。① 不过，西蒙认为，两类组织中的人的行为有一些根本的相同处。行政学的发现适用于两种背景。在强调两者相同性方面，他赞同古典学者，尽管他在主张行政技术方面与其不同。

总之，西蒙的目标是建立一门强调决策，以决策前提作为分析单位，以这些前提的事实部分构成科学领域的行政学。他的努力旨在确立一种导致他重新定义作为决策者的人的模式，以及在组织环境中人和组织的互动。②

第三节　行政决策理论

一、满意人模式

西蒙对决策的分析首先建立在他提出的一种新的决策人的模式上，他把这一模式称为“满意人”模式，即决策者由于受知识和分析能力的限制，因而总是接受一些就其向往的程度来说只是满意或充分的选择。在西蒙之前，存在着好几种有关作为决策者的人的选择模式的假设。例如心理人模式强调决策中的情感考虑；社会人模式强调选择以及理性的作用；而著名的经济人模式则与情感相反，强调认识和分析的过程，体现了有关决策行为的最大化的一些假设。西蒙的满意人模式不同于心理人模式，它强调决策的认知和分析的因素；也不同于社会人模式，它的决策不完全由社会角色决定；当然也不同于经济人模式，因为满意人模式认为人的认知和分析能力是有限的。

尽管西蒙承认一种成熟的科学必须调节人的行为的情感因素

---

① 西蒙·史密斯伯格，汤普逊．《公共行政学》．纽约诺夫出版公司 1950 年版。

② 布雷恩·福莱．《通晓公共行政》．切特汉姆·豪斯出版社 1989 年版。

和认知因素，但他主要关心的是认知因素。因此，他首先把满意人与经济人作了一个区别。

西蒙认为，经济学关注人的理性，以及将这一理性运用于稀缺资源的分配。正是在这一背景下，经济人被看作是能有效地对付不确定问题的价值的最大化者。经济人模式（也即决定的理性模式）建立在以下假设之上：

(1) 决策者知道所有同决策有关的具体问题的目标。

(2) 所有有关问题的信息都是可以得到的。

(3) 决策者能辨别所有的选择。

(4) 决策者能有意义地评估这些选择，即确定选择的结果并加以衡量和比较。

(5) 所作的选择能最大限度地扩大决策者指出的价值。①

考虑到这一系列假设，经济人采用了一种相对简单的决策程序：①将所有的选择作一排列；②确定每一选择将产生的结果；③对每一结果作一比较评价；④选择一个能产生最好结果的方案。

西蒙并不否认经济人模式的重要性，认为这是一个恰当的规范决策模式，对理性提供了一个准确的定义。不过，西蒙批评这一模式是对实际决策行为的一种不充分的描述，它建立在一种非常受限制的理性的观点之上。

在西蒙看来，经济人模式对决策的基本描述，其缺点之一在于否认了决策过程所有阶段具有的一种不确定性，因而没能有效地对付这一不确定性。西蒙认为，实际的决策过程充满了不确定性，决策者对目标、可能的选择、选择的结果等很可能是不确定的。经济人模式忽略了这些目标、选择和结果的不确定性。它只涉及了选择和结果之间的关系方面，但并不成功，因为它未提供在不确定条件下作一选择的一般可接受的标准。西蒙认为，这一模式的描述的不全面限制了它的规定性的能力。经济人模式不能

---

① 参见本书第十二章。

充分地说明行为，其结果便不能有效地预测决策的结果。相比之下，他认为满意人模式（也即有限理性模式，见第十二章）是对决策行为的一个较好描述，因而具备更好的预测能力。

满意人模式代表了西蒙的这一努力——在更广的理性背景下提供一种恰当的人类决策的模式。他认为，决策者在意图上是理性的，但又是满意即可的，因为人“缺乏寻求最优的才智”。①在决策中，满意人并不检查所有可能的选择，他忽略真实世界中大多数复杂的相互间关系，通过相对简单的凭经验办事或启发式论据就作决定了。简言之，满意人简化决策过程并在感到满意时即作出决定，因为他是在“有限理性”的范围中行动的。在西蒙看来，人受到了以下几个方面的限制：①个人在超出感知限度的技能、习性和反应能力方面是受到限制的，他的决策过程会受到思维过程的速度、基本运算速度等的制约；②个人在影响其决策的价值和目标有关概念上也受到了限制；③个人在与其工作有关的知识面上也是受到限制的。②

那么，是否可以认为这样的一个决策程序是理性的呢？西蒙的回答是肯定的，原因在于它依赖于人如何定义理性。西蒙给理性作了一个相当广泛的定义，并给理性的定义加上了两项要求，即恰当的行动事实上是经过选择的。此外，决策程序具有有效性以及局限性。相应地，西蒙将理性定义为“用评价行为后果的某个价值体系去选择令人满意的备选择行为方案”。③ 此外，西蒙又将理性区分为客观理性和主观理性、有意识的理性和深思熟虑的理性，以及个人理性和组织理性。在他看来，客观理性是在一特定环境中将特定的价值最大化的正确行为；主观理性是将相对于决策者实际知识的价值达到最大化。有意识的理性是对手段和目的的有意识调整，但这一调整在本质上也可能是无意识的；深

---

① 西蒙.《管理行为》. 北京经济学院出版社 1988 年版。

② 同上。

③ 同上。

思熟虑的理性是对目的和手段的有意识的调整，但这一调整在本质上也可能是非常深思熟虑的。组织理性旨在完成组织目标；而个人理性则旨在达成个人目标。① 简言之，西蒙描述的一个理性连续体一端是以知识的不完整为基础的非意识和非深思熟虑地调节手段以适应目的，另一端则相反。当然，大多数的行为介于中间。此外，选择方案的价值系统要么是组织的，要么是个人的。

这一扩大的理性定义与西蒙的这一声称相符：所有的人类行为都有一种理性组成部分；也与他的这一看法相符：在分析和评价人类行为时不要受经济人概念的局限。他把理性扩展到心理分析理论，这一理论根据个人履行的功能来解释行为。②

二、个人决策过程

西蒙的很多著作关注解释满意人进行决策的方法。在最广义的概括层次上，决策者可被定义为一种人造系统，即一种通过目标和目的适应环境的人工系统。③ 更具体地说，西蒙认为决策者是一种信息处理系统，认为作为从事决策的信息处理的人中存在着广泛的相似性。

作为一个信息处理系统，决策者受到其能力的限制。他按先后次序处理一些可供的选择，即决策者只能在一段时间里处理少数几个符号，这些符号存在于有限的接触以及能力的记忆结构中。作为一个结果，决策者被迫在一个时间内处理一个或几个可供的选择，而非同时处理所有的选择。问题解决活动包括决策者与决策环境的互动，决策者的行为是由他内心状况（来自决策环境）以及内心状况与决策环境的互动决定的。内心状况是其以前储存的信息的一种功能。不过，任何具体的决策活动只包括记忆

① 西蒙.《管理行为》. 北京经济学院出版社 1988 年版。

② 布雷恩·福莱.《通晓公共行政》. 切特汉姆·豪斯出版社 1989 年版。

③ 西蒙.《人工科学》. 麻省理工学院出版社 1969 年版。

中一小部分的信息。这样，决策便是一个唤起记忆中的部分信息的过程的产物。因此，决策行为要么通过改变当前行为（唤起）受到了影响，要么通过改变记忆中的信息（学习）受到了影响。[1] 总之，作为一个信息处理系统的决策者是一个只能在一段时间做少数几件事、只能获取记忆中储存的小部分信息的问题解决者。

个人决策的第一个基本因素是来自决策环境的刺激。西蒙区分了两种刺激：重复性刺激和首次刺激。重复性刺激产生惯例的、或习惯性的反应；首次刺激产生问题解决反应并产生可能是例行的、也可能是创造性的寻找活动，如果必要的话，创造性寻找活动一直会进行下去，直到发现一种解决方法、或直到一些例行的反应可加以适用。

考虑到决策者的有限能力，他不可能认识到，或不可能对所有来自决策环境的刺激作出反应。相反，有选择地注意一些刺激是可能的。环境刺激不仅会影响从记忆中获取什么信息，而且来自记忆的信息也将影响感觉到的环境刺激。

个人决策的第二个基本因素是记忆。储存在记忆中的信息包括适用于决定偏爱的行动过程（价值或目标）的标准。记忆包括两部分：短期记忆和长期记忆。短期记忆的特征是一种有限的能力和相对迅速的接近；长期记忆具有一种事实上无限的能力，但将信息从短期记忆转至长期记忆则需要相对较长的时间。

西蒙注意到，对决策者运用恰当的决策战略的最严重的制约是有限的短期记忆能力以及长期记忆储存信息所需的时间。考虑到这一难度，只有储存于长期记忆中的一小部分信息在任何时间的问题解决中发挥了一种积极的作用。不过，长期记忆的一个因素会激活一些在以前学习基础上的其他因素，增加信息量，在习惯性的反应中，刺激以及与记忆中一些因素的连接也许会受到来自决策者的意识的压抑。

---

① 西蒙，马奇.《组织》. 纽约威利出版社公司 1958 年版。

个人决策的第三个基本因素是习惯。习惯是同样重要的机制，它有助于保存有用的行为模式。由于习惯能把一定情境的重复性方面从自觉思考的范围里抽出来，因此它能节省脑力资源。有了习惯，注意力才能转向需要制定决策的新的方面。在西蒙看来，无论个人行为还是组织行为，其习惯均含有积极意义，因为习惯一旦养成，就会在一定刺激下引发习惯行为，而无需任何深思熟虑。①

个人决策接下来的便是对问题的分析，这一过程在西蒙看来是在“问题的空间领域”里开始的。问题空间是决策者对决策环境的主观和简化的陈述。当个人从决策环境中提取信息并利用这一信息来寻找这一问题的方法时，空间决定了可能被用来解决问题的方案和战略，以及问题解决活动的有效性。

在界定了问题空间后，决策者开始扫描这一空间，以搜索有用的、可供选择的解决方法。有几种简化搜索活动的方法：①只是在界定的问题领域内进行。②是定型的而非随机的，由经验决定的定型表明应走哪条路，搜索中的选择通过试错经历是可能的，更重要的是，通过学习以往的经验进行。③搜索本质上是有秩序的，而非同时进行的。西蒙这里指的是所有选择并不是一下子都考虑的，相反，只是一个一个加以检查、接受和拒绝的。只有当一个特定的选择被拒绝时，决策者才会走向另一个选择。④决策者会试图使问题变为一个早已解决的问题，以将新问题与旧问题联系起来。⑤搜索是受到限制的，顺序受到简化，它不能超越进行搜索可得的资源总量所限制的范围。

在问题领域搜索时，决策者可能采用任何这样一个新的战略：只要有一个标准的反应（惯例），搜索就很少或不存在，决策者只需简单地使用惯例即可。如惯例不能适用，搜索就会被标准化，并建立在记忆中储存的计算相关行动的形式和规则上，西蒙称之为“形式推动”的搜索。如果两者都不能适用，搜索会采

① 西蒙.《管理行为》. 北京经济学院出版社 1988 年版。

用以下两种中的一种：刺激推动的搜索，它使用看得见的排队来决定先后行动；或目标推动的搜索，它采用一个目标和亚目标结构来决定先后的行动。形式推动、刺激推动和目标推动中的启发式搜索通过发现当前状况与理想状况之间的差异，以及发现与这一差异相关的运作者并使他去消除这一差异而展开。①

个人决策的最后一步是选择。决策者会根据每一相关层面理想的运作水平来选择第一个方案。在对一些方案进行计算中，决策者会根据某一特征的存在或不存在来检查一个特定的方案的结果，并在对每一相关特征至少满意的基础上对方案进行比较。这样，决策者既简化了选择问题，也处理了潜在的结果的非可比性。

满意选择的发现通常决定了选择中的搜索和结果。当满意选择的发现来得容易时，这一规则会发生例外。在这种情况下，需要提高理想层次，搜索会继续下去。如果没有发现，以及额外的搜索代价太大（即大于潜在的收益），那么决策者就会降低其期望并接纳早已发现的一些方案。

三、组织环境中的决策

在指出了个人的决策过程后，有必要考虑组织环境中的决策，特别是组织对个人决策的影响。西蒙指出正式组织是这样的一些组织，在这当中，角色是详细的、相对稳定的和严格界定的。组织成员的行动是计划好的，其影响过程是具体的。作为一种决策环境，西蒙认为“组织行为乃是众多决策过程所构成的一个错综复杂的网络，其中所有决策过程都旨在对操作者（即从事组织的具体‘体力’工作的人）的行为产生影响”。② 组织产生了对具体决策关注的刺激，为这些决策提供了前提，保持了对组

---

① 西蒙.《信息过程：人类解决问题的理论》. 载自《学习与认知过程手册》第5卷，劳伦斯·爱尔勃姆出版公司1978年版。

② 西蒙.《管理行为》. 北京经济学院出版社1988年版。

织成员行动和再行动的稳定的期待。组织也产生个人的特性、习惯，对那些处在负责岗位上的人提供权力。总之，正如西蒙所言，组织拿走了个人决策的一些自主性，并代之以组织的决策过程。

不过，个人行为要求通过组织提供的选择环境有一种“更广泛的理性内容”。在这方面，西蒙同意马克斯·韦伯的这一看法：组织可以通过像专业分工之类的机制（它使专家的知识进入组织的决策，限制了所需的关注重点）克服人的计算上的局限。用西蒙的话来说：“理性的个体是，而且必须是组织的和制度化的个人。”① 当组织将个人置于一种使个人决策适应组织目标、并提供个人正确决策的信息的心理环境时，个人行为就需要有更多内容的理性。

尽管西蒙在这方面与古典时期的作者一致，但不同的是他对组织、对个人决策实施控制的程度的估计。西蒙认为古典学者对人类有机体的特征未给予充分的注意，它忽略了一个人同时扮演的数种角色，以及无力对付这些不同角色的合作。其结果，古典模式没有认识到，一些对个人在组织中的决策的影响是受组织的控制的，个人的行为只有在个体或组织反对（潜在的和实际的）强制的限制下才能操纵。

相应地，西蒙的目标是构建一个能完全说明人性以及人与组织关系的组织模式。他提出了他认为对任何组织理论来说是两个中心的考虑：①为什么人会加入、留在或离开组织（参加的决定）；②人在组织中的行为（产出的决定）。

在指出人为何参加组织时，西蒙采用了巴纳德的基本框架。在这一框架中，组织被看作是一个包含引诱—贡献的交换系统。只要个人感到他的净所得超过他的贡献，他就会参加组织并继续留在组织内。当他感到两者平衡时，组织就处于一种均衡状态。对于组织参加者来说，关键问题在于组织目标是否与他的个人目

---

① 西蒙.《管理行为》. 北京经济学院出版社 1988 年版。

标充分接近，其接近程度是否足以使他作出参加这个组织的选择。①

西蒙将这一感受到的引诱—贡献的功利性称作是引诱—贡献功利量表。这一量表上的职位是一个有两种考虑的功能：感觉到的在组织内流动（提升）的理想性，以及难易程度。前者取决于个人对其参加组织的满意程度，反过来，这一满意程度是由大量的个人、社会和经济考虑决定的。后者是参加组织的选择可得性的一种功能，以及参加者对这些选择的认识。

参加者与组织之间的“契约”关系因参加者而异。对大部分人来说，契约是一种“买卖合同”的形式。在这一合同中，进行一些具体的考虑（引诱—贡献）的交易。在受雇者看来，契约是“雇佣合同”，表明受雇者同意接受组织的权威而不是与组织做交易。西蒙认为雇主乐意按雇佣合同支付额外的补偿，因为它很可能确定不准职位的具体的任务要求。雇员乐意进入，因为他毫不关心要做的具体任务。在西蒙看来，这种合同安排的结果是雇员事实上签了一张给雇主在组织内行为的“空白支票”。

这一雇佣合同的实质对组织和雇员来说具有重要意义。从组织来看，雇员乐意出售其服务，因而成为行使这些服务的一个中立的工具，这意味着个人动机的重要性的减弱或取消。雇员会把一些与个人价值无关的标准作为进行组织决策的基础。在雇员看来，接受合同条件因将注意力集中于组织决策的标准，从而减弱了对其决策能力的认知要求。组织标准便决定了这个要寻找的方案，以及在决策状况中选择的方案。简言之，决策环境被简化了。

这对西蒙的组织理论产生了一些重要影响。通过指出雇佣合同，西蒙忽略了个人价值和雇员在组织中的行为的感情成分，只注意个人行为的认知方面。应当注意到，西蒙并不否认个人价值和动机的重要性。相反，他把这些考虑归入“有限度的决定”，

---

① 西蒙.《管理行为》. 北京经济学院出版社 1988 年版。

即影响加入组织的决定的决定，而不是使个人同意加入的决定的决定。西蒙承认这是一种过分简化的观点，但这是在解释其理论中发挥重要作用的分析性简化。

与雇用合同相一致，西蒙区分了动机和目标，以及个人目标与组织目标的关系。[①] 动机是一些将个人引向选择目标的力量，个人动机是同加入进组织有关的。目标是动机的结果，是决策的价值前提。组织中个人的目标是根据组织的角色，而非个人动机选择的。由于个人目标在一个互相依存的组织中作为对他人行为的制约而行动，西蒙把组织目标界定为“被广泛分享的限制性因素”，或（并不必然等同与）一些界定个人在组织较高层次的个人角色的限制性标准。这样，个人动机决定了加入组织的决定，但组织角色决定了组织目标的选择，以及实现这一目标的行为的选择。

在西蒙看来，一旦个人决定加入进组织，他就产生了一种组织特性。这样，个人通常对组织权威采取一种听从态度，而对有关要做的事都“毫不在乎”。这样，组织的一个战略任务就是将对权威的遵从转化为对组织指示的遵从，这就提出了雇员的动机与顺从两个互相有关的问题。

西蒙认为，只要加入进组织的决定是引诱—贡献功利量表的一种功能，那么，在组织中产生的动机就是满意量表的一种功能。[②] 这两个量表是互相关联的，因为引诱—贡献的较高的净值是与较高的满意度联系在一起的。两者的不同在于，功利量表是一种运动的愿望和运动自在感的功效，而满意量表仅涉及运动本身。换言之，功利量表包括机会成本考虑，而满意量表并没有。这意味着，两者虽然在功能上相连，但量表中的零起点不同。如果感到可得到的就业选择和就业的可能率要好于个人当前的职

---

① 西蒙.《管理行为》. 北京经济学院出版社 1988 年版。

② 西蒙.《论组织目标概念》. 载自《社会学读者论复杂的组织》，纽约赫特·林哈特及温斯顿出版社 1969 年版。

位，一个满意的雇员就会离开组织。反之，如不能得到，一个不满意的雇员就会留在组织内。

虽然认为满意量表上一个人的位置与生产的决定有关，但西蒙并不认为在满意和生产率之间有一种直接的因果关系。西蒙倒转了这一因果关系，认为生产的动机来自一种当前或预期的不满的状况以及这样一种看法：在个人生产力和新的满意状况之间有一种直接的联系。这样，雇员以更高的生产力来达到一种更满意的状况，他生产力不高，原因只在于他已经比较满意。不过，组织必须安排刺激，这样雇员可以感到在努力和报酬之间的联系。

涉及顺从时，西蒙从巴纳德的权威概念开始。他同意巴纳德的这一观点——权威存在于上下关系中，而不在职位中。权威关系中的重要行为是接受指示，而不是颁布指示，但西蒙对巴纳德的权威概念作了一个重要的修正。巴纳德的观点是，当下级要么在不检查指示的好处的情况下接受一项指示，要么在检查后接受这一指示并认为指示恰当时，权威便得到了执行。在前一状况下，指示落入了下属的“不关心领域”；在后一状况下，指示落入了这一领域之外，但在“接受区域”之内。西蒙将权威定义为一种以指示或命令形式出现并指导另一人的权力。与巴纳德相反，他认为，只有当下属具有服从这一至关重要的本能时，权威才得以行使。[①] 这样，西蒙认为，只有在不关心领域中，以及在这样的状况中——下属检查指示的好处并接受这一指示，不管他并不确准它的好处或考虑指示是错误时——权威才能得以行使。下属确认指示的好处并接受指示——这样的一种状况属影响和说服而非权威领域。

动机和顺从问题一起进入西蒙的这一考虑：为何下属遵从组织权威。大体而言，遵从是一种在刺激和报酬之间获得平衡的效用。平衡中所获越多，就越可能接受组织的指示。更具体地说，西蒙指出了既来自组织刺激系统的运作，又强化了其运作的组织

---

① 西蒙.《管理行为》. 北京经济学院出版社 1988 年版。

权威的四个基础：自信的权威建立在功能状况、或发指示的个人的魅力特征基础上：身份权威是个体接受其认可的团体的指示的产物；惩罚权威来自预期会采用惩罚手段；合法权威来自信息、道德和社会的价值（它确立上司下命令的权利和下属服从的义务）。[①]

四、组织决策的前提

当个人决定加入和生产，组织问题就归结为为组织中个人的决策提供恰当的前提。在西蒙看来，提供决策前提的首要责任在等级制。在这方面，他回应了泰罗的戒律：在希望下属有效之前，管理者必须首先使自己有效。管理者的责任是作决定，并注意组织中的其他人有效地作决策。

对组织决策过程中的等级制的强调，西蒙提供了很多的理由。首先，在传统看法中，等级制被看作是一种取得合作、专业化和责任性的手段。当等级制综合了在复杂的组织中平行专业化过程产生的分散的东西时，合作就达成了。其次，等级制也是一种纵向专业化的方法，它提供组织较多的技术专家和较大的权威，因而保证技术专家在决策中发挥一种下命令的作用。最后，通过相应准确地安排权威和职权范围，等级制是一种分配组织中的责任的手段。

除了这些传统观点，西蒙认为等级制简化了决策任务。他认为等级制是为有限的智力适应复杂状况的一种形式。[②] 复杂的等级组织从相对稳定的亚体系（它们是整个组织中相对独立的部分）中演化而来。在这一“空间中的空间”的结构中，复杂性与大小无关，因为互相依赖被减到了最低，其结果是一个复杂的等级组织只需较少的信息传递，因而决策过程也被简化了。

西蒙给组织结构中的上司分配了一系列重要的功能。他们确

① 西蒙·史密斯伯格，汤普逊.《公共行政学》. 纽约诺夫出版公司 1950 年版。

② 西蒙.《管理行为》. 北京经济学院出版社 1988 年版。

定目标，通过建立组织的整个结构分配工作，并向下属分配任务；他们负责创新和长远规划，处理纠纷。更重要的是，从决策的观点来看，他们为组织确定决策前提。客观的前提（政策）在等级制的上层形成，具体的前提由下面确立。

效率标准是组织决策的标准，间接地也是等级控制的手段。西蒙将效率界定为机会成本的净收入比率的最大化。换言之，以最少可能的机会成本取得最大可能的结果。西蒙认为效率标准应成为一种组织成员的运作的内在标准。虽然每个人根据其价值寻求效率，但这些价值应当是组织角色的一种产物。在管理者成功地确立组织目标的程度上，效率将根据管理的目标来衡量。①

组织的等级制在行使其功能时具有各种不同的手段，最主要的是在恰当的时间将恰当的决策前提传输到恰当的人。权威的行使是建立决策前提的中心手段。结构性沟通而非正式指示通过影响碰到什么样的决策刺激因素以及具体的行动将如何有力地引起决策者的重视，也有助于确立决策前提。选择过程允许管理层选择其价值和技术上与组织需要相一致的雇员。一旦个人进入组织和确立了对组织的忠诚后，培训将有助于把一般的价值和技术演化成具体的组织价值和技术。

五、组织的决策过程：程序性决策和非程序性决策

西蒙从程序性决策和非程序性决策这两种不同的决策来阐述组织中决策的实际过程。

两者的首要相同点从西蒙称之的“情境界定”出发，这是一个现实模式的简化，用来减少实际决策环境的复杂性。情境的定义包括决策者对未来事件可能性的看法、被认为是一些可能的选择，以及根据决策者偏好安排结果秩序的规则。

第二个相同点是采用某些手段—目的形式将具体的行动与组织最终目标联系起来。手段—目的关联既有事实因素，也有价值

---

① 西蒙.《管理行为》. 北京经济学院出版社 1988 年版。

因素。事实因素是一些可供的选择及其结果之间的关系。由于手段—目的关联中较低的目标既是较低手段的目标，也是达成较高目标的手段，因此，除了最高层次的手段—目的链，事实因素存在于所有层次中。价值因素是选择组织的最终目的或目标。由于就定义来说，组织的最终目标不是一种取得较高目的的手段，因此在这样的选择中不存在事实因素。[①] 手段—目的链的特征在于增加了可供的选择及其结果之间关系的不确定性。当往链的上端走时，这有两层重要含义：①不确定性增加了决策过程中的疑虑和把握不定，迫使判断有关可供方案及其结果之间的关系。②不确定性意味决策者很可能使用“价值目标”而非最终目标来选择方案。价值目标可以从运作角度陈述的手段—目的链中最高层次的目标，即满足目标所需的步骤可以被证明、目标可以被衡量，以决定它事实上是否可以达到。

第三个相同点是决定（问题）被分解或分成几个独立的部分，并分配给组织的亚结构。等级制的上层作大的决定，而将一些具体的考虑下授给亚部门。这很可能导致西蒙称之的“松散的连接”系统，在这一系统中，组织的目标及其亚结构的目标只是进行不完美的调和，但由于组织通常在组织“不完善”状态（即资源总是多于生存所需的量）下运作，因此组织能容忍一些目标的不一致。[②]

第四个相同点是在选择方案时总是以“满意”而非最佳作为标准。西蒙在以下基础上对此作了一个区分：就最佳而言，人们提出一整套可以进行比较的方案的标准，此类决策者依据这些标准选择偏爱的方案；而满意决策者则确定一些描述最低程度令人满意的选择的标准，满意决策者只选择一种能满足或超过这些标准的方案。[③]

---

① 西蒙.《管理行为》. 北京经济学院出版社 1988 年版。

② 西蒙，马奇.《组织》. 纽约威利出版社公司 1958 年版。

③ 同①。

第五个相同点是决策过程很可能包括了一种不确定的吸收性。不确定的吸收使从一些其本身呈现的无根据的确定性的预兆中得出结论成为必要，这一结论成为组织其他部分的决策前提。这样，非确定性吸收就成了组织中权力的关键所在。①

最后，组织中的决策是惯例性的，惯例性程度从程序性决策中的具体的反应到非程序性决策中的惯例性的搜索程序。

西蒙指出了可以用来比较程序性和非程序性决策的过程的四个阶段：①寻找决策的场合，即“情报活动”；②发现可供选择的可能的行动过程，即“设计活动”；③在各种选择中择优，即“抉择活动”；④评价以往的选择，即“审查活动”。②

1. 程序性决策

当决策刺激重复出现，组织已确立了一种对付这一状况的确定的程序后，程序性决策就发生了。这一程序体现在西蒙所说的决定对一个任务的反应次序的“运作程序”中。运作程序因其程度不同而异。组织惯例对运作程序来说是最具体的，决定是参照已通过的实践而非对可供方案的优点的考虑而作出的。这样，选择是固定的，不存在任何搜索活动。西蒙将组织惯例与个人习惯作了比较。与惯例相反，运作战略即反应是不固定的。不过，搜索在战略具体指出的可能性和选择的范围内。在任何一种情况下，运作程序处理一种有限的环境和结果的范围，每一程序在相对独立于其他程序的情况下得到执行。

运作程序可以在组织不同的层次上构筑。一般来说，组织上层更关注协调其他地方产生的程序，而不关注确立新的程序。一旦组织确立了一种标准性反应的程序，它就确立了一种由程序引起的状况的分类，以及一整套决定对每类状况作恰当反应的规则，以指导个人决策者。

西蒙指出了几种在组织中制定或影响程序性决策的技术，在

---

① 西蒙.《管理行为》. 北京经济学院出版社 1988 年版。

② 西蒙.《管理决策新科学》. 中国社会科学出版社 1982 年版。

表 9－1 中他将这一技术与影响非程序性决策的技术作了比较。

表 9－1　传统式和现代式决策制定技术

决策类型	决策制定技术	
	传统式	现代式
程序性决策： 常规性、反复性决策，组织为处理上述决策而研制的特定过程	1. 习惯 2. 事务性常规工作：标准规程 3. 组织结构 普通可能性；次目标系统；明确规定的信息通道	1. 运筹学： 数学分析； 模型； 计算机模拟 2. 电子数据处理
非程序性决策： 单射击式，结构不良，新的政策性决策； 用通用问题解决过程处理的	1. 判断、直觉和创造 2. 概测法 3. 经理的遴选和培训	探索式问题解决技术适用于： 1. 培训人类决策制定者 2. 编制探索式计算机程序

资料来源：西蒙.《管理决策新科学》. 中国社会科学出版社 1982 年版。

传统的程序性决策方法一直是习惯、办事惯例以及组织结构。习惯是一种运用最广的技术，它是由诸如社会的教育和培训系统之类的机制以及组织中的选择和培训过程确定的。办事惯例或标准运作程序是用来使习惯模式格式化的明确说明。组织结构通过分散决策提供一套共同的有关行为角色的预先假定和期望，通过建立一种目标和次目标结构以及确立一个良好的沟通系统来影响程序性决策。① 运作研究依赖于数学分析模式构建，以为组织决定确立程序。模拟以简便的方式复制在不同条件下的运作，并为这些状况确定恰当的决策规则。

程序性决策是一个缩短的过程，在这一过程中，搜索活动要么很简单，要么不存在。重复的刺激作为一种为决策指出机会的

① 西蒙.《管理决策新科学》. 中国社会科学出版社 1982 年版。

手段，程序决策在限制组织惯例中决定了选择的方案。就运作战略而言，受到检验的选择的范围受到了限制，选择的标准被确定，评价只与一段时间里运作程序产生的令人瞩目的不满意结果的程度相关。

2. 非程序性决策

非程序性决策是对新的刺激的反应，这种反应不存在结构性，因而非程序性决策需要一些搜索活动，这一搜索将遵循可预测的和规定的形式。

搜索活动是因对“运作差距”的看法、或运作中实际不足而（针对理想状态而言）产生的。运作差距或许是就以往理想的标准来看属令人不满意的产物，差距的大小一般决定了搜索努力的程度（即差距越大，搜索强度越高）。如果差距太小，可能导致漠不关心；如果太大，可能会产生挫败感。在这种状况下，运作差距不会刺激搜索活动。西蒙将处于这两端中间的状况称为“最佳压力”，在这一点上的差距导致产生一种行动计划来消除差距。① 搜索程序的目标由组织中运作的理想程度来确定，通常以满意而非最佳的用语来确定。反过来，理想程度又是由诸如其他组织以往相似的运作、组织环境的变化，或偶尔遇上机会等因素决定的。

组织的搜索活动既是顺序性的，也是惯例性的。顺序性在于，它在一个时间段检查一个选择，而非同时检查所有的选择。惯例性在于，它遵循可预测和规定的形式，首先检查的是在组织直接控制下的一些变量。如果产生不了一个令人满意的选择，搜索便寻找在非直接控制下的变量。如果搜索程序仍未产生令人满意的选择，那么就会降低理想，搜索回到它的起点，直到发现一个接近差距的选择，搜索才会停下来。

西蒙指出了在非程序决策中拥有的一些程序性决策程序。传统上，组织依赖于判断、经验以及选择和训练管理人员来对付非

---

① 西蒙，马奇.《组织》. 纽约威利出版社公司 1958 年版。

程序性决策状况。[1] 西蒙指出，可以通过有条理的思考和训练，将非程序性决策的首要责任赋予上层，确定一个具体的单位去对付非程序性决策。有关这方面的技术可以得到某种程度的改进，西蒙介绍了启发式问题解决的新技术，它建立在决策者的计算机模拟上，这一模拟旨在揭示和评价系统化和惯例化的判断、直觉和创造性技术。

在非程序性决策中，选择的机会是由对运作差距的看法指认的。一些经检验的选择受到了以往组织实践的限制，这一实践在于选择的范围只是在没有发现一种令人满意的选择时逐渐地扩展的。选择是由与第一个令人满意的方案碰撞决定的。在搜索过程的每一个阶段都有评价。程序性决策和非程序性决策的主要区别在于：在程序性决策中，组织或以组织惯例的形式，或以运作战略的形式决定选择的方案；在非程序性决策中，组织只是提供搜索程序的参数，以及体现组织确定的理想水平的选择标准。

六、理性与组织决策

在涉及组织决策时，可能会问类似一个问题——组织决策程序是否理性，即是否在西蒙扩大的理性定义的范围之内。在下属接受以惯例形式出现的组织决策前提的程度上，这种行为会陷入西蒙的理性无意识、非深思熟虑一端，但就决策的结果来说，对组织的目标可能是理性的。采用运作战略和非程序性决策代表了在取得组织目标中的有意识的、深思熟虑的过程，但这一过程很可能陷入主观理性的领域，即受到了有限的信息资源以及分析能力的限制。总之，尽管不可能是最佳的，但西蒙不会对被称作“非理性”的组织决策程序不屑一顾。

不过，虽然西蒙扩大了“理性”一词的内容，但他并不认为所有的组织决策必然是理性的。甚至在扩大的背景下，可得到的信息和分析能力并不一定能得到充分的运用，对环境的描述也不

---

① 西蒙.《管理决策新科学》. 中国社会科学出版社 1982 年版。

一定准确，因而对问题的理解也不一定正确。不定性的吸收性也会导致非理性的结果，如果来自原始资料的推断不适合所得到的信息的话。确实，惯例性决策的实质可能产生非理性的结果，如果采用惯例对于完成组织目标是不恰当的话。当（很可能）惯例的运用落入个人的不关心领域，如果不加评估就运用的话，这就成了一个具体的问题。

就组织决策的理性而言，西蒙的主要关心对象之一是目标转移现象。这是一个这样的过程，在这一过程中，工具性价值或目标或被用来取代组织最终目标，或因具有最初未意料到的理想结果而变得有价值。① 西蒙指出了目标可能转移的两个主要来源：对组织次目标的忠诚，以及在结构手段—目的链时使用价值指标。

当问题被分开并被分配到亚组织中时，就确立了对组织亚目标的忠诚。结果是，亚组织的成员会关注亚组织的目标而忽略整个组织的目标。反过来，忠于亚组织的目标一般是在理性上的认知限制的产物，即考虑到无法立即思考所有的事情，亚组织的成员关注于亚组织的目标而非整个组织的大目标。这样，有选择的看法可能导致只关注与亚目标有关的信息，亚组织内的沟通可能形成信息的重点并排斥看来与亚结构无关的信息。组织的正式分工会限制亚结构得到的信息。最后，当专业人员强调与其所称有关的信息时，专业的认可会限制关注的重点。②

目标的转移也可能来自在决策过程中使用价值指标。正如前面提到的，价值指标是手段—目的链中最高层次的运作目标。运用价值指标是因为链上层的不确定性，以及随之而来的决策者无力充分说明链。如果寻求价值指标提出的目标导致完成组织的最终目标，那么就不存在转移目标的问题。如果不是，那么，当工具性价值（价值指标）取代了组织的最终价值（最终目标）时，

---

① 西蒙，马奇.《组织》.纽约威利出版社公司 1958 年版。

② 同上。

目标转移就会发生。此外，目标转移很可能不引人注意，因为必要的话，组织的最终目标不能在运作上得到说明，组织没有确定其最终结果是否达到。

总之，西蒙描述的决策过程只是在主观和有限的感觉上很可能是理性的，甚至在这样的感觉中有时也不是理性的。

第四节 分析与评价

促使西蒙研究决策这一重要的组织行为的动因在于，“在这个研究领域里，我们至今还没有恰当的语汇和概念方面的工具，当然也就谈不上用它们来现实而深刻地刻画管理组织，哪怕是简单的管理组织”。① 西蒙的研究主要针对的是两种人，一是理论研究工作者，即包括经济学家、政治学家、社会心理学家和认知心理学家在内的行为科学家。在这方面，正如巴纳德所说：西蒙在关于正式组织与管理的社会科学方面作出了重要的贡献，他的结论具有普通的适用性，因而有益于描述各类组织的管理行为。② 二是实际工作者，即包括企业、政府和教育机构行政管理人员和经理在内的实干家。西蒙希望他的决策理论能被运用到组织的实践中去。就这点而言，巴纳德指出，西蒙教授所开发的这些工具对科学研究固然是有益的，但对于一般读者和实际工作者来讲，其主要价值还在于他对组织、管理过程、决策的本质、决策中的价值要素与事实要素等作出的清晰、深刻和普遍的描述。他在这方面的成功是杰出的。③

西蒙在决策理论上的一个贡献，在于提出了“有限理性”概念，以及在此基础上提出的满意决策。西蒙认为，管理理论所关注的焦点，是人的社会行为的理性方面与非理性方面的界线。管

---

① 西蒙.《管理行为》. 北京经济学院出版社 1988 年版。

② 同上。

③ 同上。

理理论是关于意向性理性和有限理性的一种独特理论，是关于那些因缺乏寻求最优的才智而转向寻求满意的人类行为的理论。[①]他用管理人（也即满意人）概念来取代在决策中寻求最大化的经济人概念。管理人的特征在于：首先他寻求满意而非最优，所以他不用考虑一切可能的备选行动方案，也不用确认存在着全部备选行动方案便可以进行选择。其次，管理人能用相对简单的经验方法来制定政策，这些方法不至于给他的思考能力强加上无法负担的重任。

西蒙的这一贡献在相当程度上得益于他的方法论，对决策过程的经验性描述在方法论上给组织理论的研究开创了一片新的天地。西蒙从这一角度进行的抽象论证在巴纳德看来是正确的，因为巴纳德认为它们表达了他作为一个实际上的管理者在多种环境中所得到的经验。1978 年，诺贝尔经济学奖奖励了他“对经济组织的决策程序所进行的开创性研究”。

当然，西蒙的理论的某些方面还是可以进一步加以追问的。首先，西蒙提出的构建行政学的基础是事实—价值两分法。西蒙旨在描述一个价值中立领域，在这一个领域中可进行科学的调查。这一领域是行政决策（它被界定为一种选择及其结果的关系）的事实前提。由于这一关系在经验上是可以观察的，因此是经得起系统（即科学）检验的。西蒙提出要确立两种科学，实用科学的目标是确立更有效的决策程序，纯科学旨在检查人类行为的基本过程（当这些过程与决策相连时）。

两分法作为建立两种科学的基础还存在着一些问题。接受效率标准以及实用行政学的选择标准，其本身就是价值判断。这样，实用科学就不可能是完全“科学的”。此外，两分法为建立实用行政学界定了一个相当狭义的领域。价值被包含在选择组织的最终目标中，相应地，它落在了实用科学的范围之外。但价值也许出现在手段—目的链的其他点上。手段的选择并非自动地中

① 西蒙.《管理行为》. 北京经济学院出版社 1988 年版。

立的，即一种手段是否能完成一个既定的目标是一个事实（即经验上可观察）的考虑，但选择手段并不必然是价值中立的（人们不会为慈善募捐而去抢银行，即使这种选择会导致一种理想的结果），甚至一种选择及其关系的评估也受价值的传染，如果有关这一关系的不确定性存在、如果判断因而必须执行、如果这判断受观察者的价值决定的话。总之，价值可能在手段—目的链上出现并阻止实用行政学的适用领域。①

其次是理性和满意人概念。西蒙用满意人概念来取代经济理论的无所不能的功利计算者，对决策者的这一看法使西蒙扩大了对理性的定义，从建立在完整的信息之上的手段对目的的有意识和深思熟虑地调整的理性决策到建立在不完整信息之上、无意识和无深思熟虑地调节的满意人概念以及相连的理性，概念提出了这样一个问题，西蒙定义的理性是否为区分理性和非理性提供了一种基础？西蒙认为，所有的人类行为都有一种理性的构成部分，但这一认为合乎逻辑的含义是人类行为也有一种非理性的构成部分。西蒙没有为这一区分提供基础。

西蒙的效率标准或组织理性标准在两个基本方面对组织产生影响：①理性决策最终与倾向于管理目标的有效运作有关；②在员工层次上，效率被限制在有限理性计算的手段—目的的认知过程中，在这一意义上，他们追求对问题的满意解决。西蒙尽管认识到组织不只有效率和理性构成，但他把这两者的标准列为优先，而把其他的构成部分如承诺或目标居于其次。这样，这两个标准必然与其他标准发生冲突。

再次是满意人模式。满意人模式只具有有限的可预测价值。正如西蒙承认的，这一模式并未提供一种独一无二的解决方式，因而未提供一种准确的预测。尤其是，理想的程度是一种西蒙无法解释的、难以理解的概念。没有先前对理想程度的一种定义，这一理论就倾向于变成一种对事后事实的解释，而非一种预测。

---

① 布雷恩·福莱.《通晓公共行政》. 切特汉姆·豪斯出版社 1989 年版。

此外，这一模式要求大量的信息来作预测。这里的问题是我们需要预测有多大的精确性。西蒙认为满意人模式较经济人模式会产生不同的行为预测，这或许是对的，但他并未提供给我们标准来估计预测中的差异是否对于取得这些所需信息的开支来说是值得的。①

最后，西蒙在他的整个分析中，在承认一种成熟的科学必须最终处理组织行为的认知和情感层面的同时，强调组织行为的认知方面。他的理论的几个主要因素表明他相对看重认知。当然，最基础的是雇佣合同，在这合同下，西蒙认为雇员同意成为一种中立的工具，其情感考虑是服从。在西蒙看来，效率标准应当是组织运作的标准，这一观点的基础是假设雇员就选择达到组织目标的手段而言在情感上是中立的。在非正式团体方面（即大量讨论情感考虑的重点），西蒙只是简单地建议正式组织应为非正式关系确立限制，并鼓励非正式组织应以与组织任务相符的方式发展。目标的转移根据对理性的认知限制而非它的情感层面作了解释。②

西蒙在处理情感考虑时，只简单地认为，情感需要会在他描述的组织里得到很好的照应。西蒙认为，个人在无结构的环境中是很不安的；相应地，当组织在自由与限制之间取得平衡时，组织就是人道的（有助于照应情感需要），就低层雇员来说，照应情感需要并不意味着没有等级制限制，它只意味着这些限制应当是合理的和可理解的。此外，如果一个人被激励为组织目标工作，那么“情境的逻辑”的等级非权威对个人的强制可以决定适当的行为。对中层管理来说，首先的好处来自增长的集权。集中允许中层管理专注整体目标，因为不鼓励形成亚目标，它减少了非程序性决策，对高层也有好处。程序性决策的发展释放了高层管理的处理惯例问题的单调，使其从琐事中解放出来，专注于一

---

① 布雷恩·福莱.《通晓公共行政》. 切特汉姆·豪斯出版社 1989 年版。

② 同上。

些重要的功能。

西蒙对认知性考虑的强调是明显的，但是否有道理是件很难判断的事。有大量著作表明情感考虑确实影响组织行为。西蒙没有提出两者在组织中的相对重要性，尽管他坚持系统的经验分析。

第十章　里格斯的行政生态理论

第一节　生平与著作

弗雷德·W.里格斯(Fred W Rjggs),美国著名的行政学家,行政生态学、比较行政学和发展行政学的创始人。他于1917年出生于中国桂林;1948年获得美国哥伦比亚大学政治学博士学位;1948年到1951年,他是美国对外政策协会的一名非正式研究会员;1951年到1955年,他是美国纽约公共行政——政府情报交换所的所长助理;1956年到1967年,他是印第安纳州立大学政治学系的教师;从1967年起,他一直担任夏威夷大学东西研究中心的资深专家,同时是斯坦福行为科学高级研究中心的研究员。他曾担任美国比较行政分会的第一任主席。在政治科学和公共行政方面,尤其是在比较行政和发展行政方面,里格斯作出了很大贡献。

行政生态学可看作是生态学与行政学的一个边缘学科，是运用生态学的理论和方法研究公共行政的结果。它借用生态学研究生命主体与其环境的相互关系和作用的基本理论与方法，来研究行政系统与其社会环境的相互关系，即通过生态系统的模拟来研究行政生态系统。公共行政研究中的生态学方法是由里格斯以前的J．M．高斯、① 罗伯特·A．达尔② 和罗伯特·A．默顿③ 创始

---

① J．M．高斯．《公共行政学的思考》．阿拉巴马大学出版社1958年版。

② 罗伯特·A．达尔．《公共行政科学：三个问题》．载自《公共行政评论》卷7，1947年。

③ 罗伯特·A．默顿．《技术援助的实施问题》．载自《公共行政评论》卷12，1952年。

的。高斯教授于1936年发表的《美国社会与公共行政》，提出了行政管理与行政环境之间的关系问题。1947年他又发表了《政府生态学》，强调了外部生态因素对行政管理的重要性。但是，当时高斯等人的理论和方法并没有引起理论界的重视，正是里格斯对这个方法作了与众不同的贡献。里格斯进一步发展了高斯等人的理论，在一个更广泛的范围内分析了行政和经济的、社会的、技术的、政治的以及通讯的因素之间的关系。1957年，里格斯发表了《比较公共行政的模式》一文，1961年他出版了《公共行政生态学》一书，1965年他出版了《发展中国家的行政：棱柱型社会的理论》、《泰国：一个官僚政体的现代化》两书，1971年他出版了《发展行政的新领域》一书，1973年他又出版了《重访棱柱型社会》一书。在这些论著里，里格斯从比较的角度，运用生态学的理论与方法，研究发展中国家的行政问题，从而创立了以生态学方法研究行政管理的新的行政理论体系，使行政生态学成为一门系统的学科，并在行政学理论领域发生重要影响。

在生态学看来，没有一种生命有机体是可以孤立存在的，任何一种有机体都必须依赖于周围的生物或非生物，都必须同周围环境进行物质交换才能生存。按照J. M. 高斯的观点，“公共行政生态学包括对人、地区或财产、人所期望的自然和社会技术、思想、个体和紧急状态的研究”。[①] 根据这种观点，行政生态学认为，要了解一个国家的公共行政，不应该仅局限于行政系统本身，而应跳出行政系统，从社会这个大系统来考察行政，亦即考察一国的行政与该国的社会环境的关系。在这里，行政和它的环境互相影响，对发生这一过程的动力的认识对于理解行政过程是必要的。这种方法被称为生态学方法。据此，里格斯把行政生态学定义为“自然以及人类文化环境与公共政策运行之间的相互影

① J. M. 高斯.《公共行政学的思考》. 阿拉巴马大学出版社1958年版。

响情形”的学科。① 因此，行政生态学的研究范围包括：一是探讨各国所特有的社会文化以及历史等诸因素是如何影响并塑造该国的公共行政；二是探究各国的公共行政又如何影响该国的社会变迁及发展。具体地说，当研究某一国家的行政时，我们不仅要研究该国行政制度上的特点，更要研究其行政行为的方式；不仅要从行政本身的观点去研究行政，更要扩大范围，立足于该行政系统得以产生的社会大系统，从行政与政治制度、意识形态、价值观念、经济结构、文化心理、历史传统等的相互关系去研究行政。

第二节　行政生态理论

一、行政理想模式

里格斯提出了一些理想模型来分析发展中国家的行政体制。在公共行政作为一门学科从规范研究走向经验研究的发展过程中，模型是非常有用的。1956 年，里格斯通过把社会划分为农业化行政形态和工业化行政形态即农业的和工业的社会而第一次使用了他那广为人知的模型。按照他的观点，所有的社会在一定的点上都是从农业化形态向工业化形态转变。到 1957 年，里格斯提出了一个中间均衡模型，即代表着转变中的社会的“过渡形态”。“过渡形”代表了农业化形态和工业化形态中的过渡阶段，并且具有农业化形态和工业化形态的特征。

里格斯提出关于农业化形态和工业化形态的类型学后受到了批评。批评者认为，农业化形态和工业化形态类型对研究过渡社会，即正在从农业阶段向工业阶段转化中的社会并没有帮助；这一研究系统并没有为分析复合性社会提供足够的机制，因为现代社会总是具有一些农业社会的特征；这个类型学采取了从农业化

① 转引自彭文贤.《行政生态学》. 台湾三民书局 1988 年版。

向工业化转化这种单向性转化；这个模型机关没有注重对行政系统的分析，而主要强调的是行政系统的环境。为了回答这些批评和解决这些局限，里格斯修正了旧的模型，提出了融合的—棱柱的—衍射的模型以便分析发展中国家的行政系统。

里格斯用物理学上自然光的折射现象来解释他的模型理论。一束光线通过棱镜的转折过程被象征性地用来解释一个社会的转变过程。这束光线的起点被称为融合的，光线在棱镜内的内部振动过程被称为棱柱的，最后当光线从棱镜中射出来时，它得到绕射，发出彩柱，这个过程被称为衍射。同样可以类推，各种社会体制在发展过程的早期阶段将被融合，在转变阶段将为棱柱型的，在最后将是处在一个完全衍射的阶段。里格斯认为在一个融合的社会里，一个单一的结构执行多种功能。与此相反，在一个衍射的社会里，建立了单独的结构以执行特殊的功能。但是在这两个社会之间，还存在着许多社会，融合社会和衍射社会的特征在这些社会中间同时并存，这些社会就被称为棱柱型社会。然而，里格斯强调，任何社会都不能单独地称为融合的和衍射的；实际上，所有的社会一般都是棱柱的，每一个社会的特征以及与融合社会或衍射社会的相关性都依赖于它的各种结构的性质以及由结构所执行的功能。里格斯利用图 10－1[①] 来解释这一点。

X S	T X P	A X
融合	棱柱	衍射

图 10－1

在图 10－1 中，字母 X 被放在三个位置上，其目的是暗示融合、棱柱和衍射模型这种完美的或理想的类型在这三个地方可能出现。里格斯认为，传统的暹罗可以放在字母 S 的位置那里，现代泰国在 T 附近，P 代表菲律宾，而 A 代表美国。里格斯相信这种方法可使它自己本身达到量化。因此，融合型、棱柱型和衍射

① D. R. 普拉萨德等.《行政思想家评传》. 广东高等教育出版社 1988 年版。

型社会的主要特征：融合型社会——特殊性、归属价值、功能扩散；棱柱型社会——选择性、成功、多功能主义；衍射型社会——普遍性、成就、功能专一性。里格斯试图利用社会结构的“多功能”概念来解释各种社会。他把“功能扩散的”社会叫做融合社会，把“功能专一性的”社会叫做衍射社会，他进一步指出：这两端之间的中间社会就是棱柱社会。

里格斯进而解释三种类型的行政模式。他认为如同折射前的自然光是一道白光，传统农业社会的社会结构是混沌未分的，没有明确、细致的社会分工，与之相适应，行政行为与立法、司法、战争、经济等社会行为是混杂在一起的，更谈不上有专业化的行政机构，因而行政效率极为低下。里格斯把这种类型的行政称为“融合型行政”。白光经过棱柱体的折射后，衍射为红橙黄绿青蓝紫七色光，这如同现代工业化社会，整个社会有着明确的、细致的分工，故政府职能也是明确的，有着分工极细的行政机构，执行着各自不同的行政职能，各司其职、互不混杂，讲求的是行政的效率与科学性，里格斯称之为“衍射型行政”。介于传统农业社会与现代工业社会之间的社会形态是过渡社会，由于其过渡性，故既保持着传统社会的一些特征，又具有现代社会的一些因素，新旧并存、稻稗混杂。在行政方面，行政行为已逐渐与其他社会行为分化开来，但还未完全分化；专业化的行政机构已经设立，但还不能正常运作，功能很有限；行政过程仍然受着家庭、家族等各种传统势力的制约，因而行政效率低下。这种情形，就如同光在棱柱中的折射过程，既具有融合的白光的特性，又具有衍射光的因素，故里格斯将此类型行政称为“棱柱型行政”。用图 10－2[①] 表示为：

① 方贻岩.《西方行政思想史》. 厦门大学出版社 1993 年版。

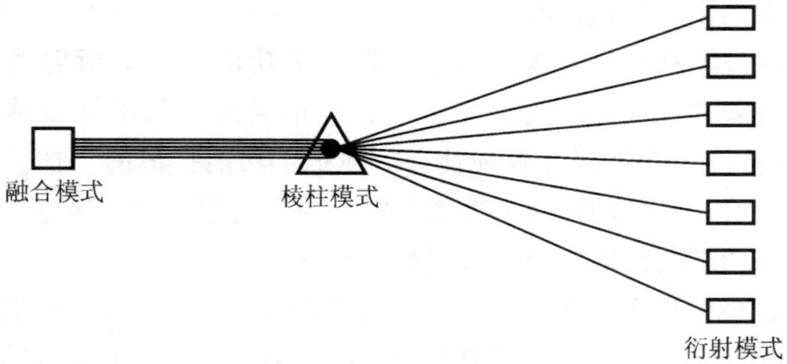

图 10－2　里格斯的“融合的—棱柱的—衍射的”过程

二、对三种行政模式的分析

里格斯在《公共行政生态学》（1961 年）一书中，对三种行政模式进行了分析。里格斯认为，影响一个国家行政的生态要素是各种各样的，但其中最主要的有五个要素：经济要素、社会要素、沟通网、符号系统和政治构架。在这里，经济要素是影响一个国家行政的第一位因素，一个国家的行政模式，基本上是由该国的经济结构所决定、所塑造的。社会要素，主要是指各种社会组织，有两大类，一类是以血缘关系为纽带结成的自然团体，如家庭、家族；一类是以利益关系为纽带结成的人为团体，如教会、政党、工会、商会等，统称为“社团”。沟通网，包括社会的文化水平、使用语言的状况、社会舆论的力量，以及通讯和交通的状况等使整个社会互相“沟通”的手段，它对该国的公共行政也发生重要影响。符号系统，指包括政治神话、政治法则、政治典章在内的一整套政治符号系统。政治构架，指政治与行政应是相对分离的，政治是决定政策的过程，行政是执行政策的过程，政治与行政实际上存在着一种“功能依存关系”，这种依存关系决定了政治结构也是影响行政生态的一个重要因素。

1. 融合模型（fused model）

里格斯选择革命前的泰国及古代中国为例，作为他那融合社会概念的代表。这样的社会没有功能的划分，只有一个单一的结构执行许多功能，是所谓“功能扩散的”社会。这种社会的“融合型”行政特征为：

（1）经济要素方面。传统农业社会的经济结构是“互惠—重配”结构。所谓“互惠”，泛指国家或地区之间互赠国产，地方官吏向国王“纳贡”，以及民间以物易物、互补不足的交易形式。这种交易，主要是基于情感的、宗教的、或者主仆的关系而进行的，与市场经济下以赢利为目的的交换是完全两回事。在这种“互惠”行为中，实际上完成了社会经济活动的“重配”功能，即在一定程度上实现了社会财富的重新分配。国王仍是“重配”的中心，他将所得的贡物“重配”（即赐予）给廷臣、皇族及各级官吏，各级官吏手中也都握有一些财富以“重配”给其下属，依此类推，实现社会财富再分配。这种经济结构决定了该社会的行政只能是一种“重配”的行政制度，经济结构也就是行政机构，“经济行为”与“行政行为”是重合的。在融合模式中，“高层级”出身的人可享有各种特权，而不必去管他做了什么工作，而“低层级”出身的人要想挤进“高层级”圈子却难乎其难。

（2）社会要素方面。里格斯认为，在不同类型的社会中，家庭和社团对行政所发生的影响也不一样。在融合模式中，家庭所发生的作用是很大的，而社团则微不足道。相反，在衍射模式恰好相反。在传统社会中，政府的行政行为常为一些显赫家庭（家族）所左右，任命、升迁行政官员时所注重的，主要不是其能力才干，而是其家庭背景，这样必然使得官吏的行政行为受制于家庭而不受制于其所属的行政机构，官吏首先考虑的是家族的利益而不是公众的利益。因此，在里格斯看来，融合的行政，必定是裙带风盛行、结党营私、行政封闭、效率低下。

（3）沟通网方面。里格斯认为，沟通网的状况直接影响到一个社会的“动员性”和“同化性”。所谓动员性，指全社会的人口参与庞大的沟通网的程度；同化性指全社会的人口与优异分子分享同一的符号、认同于同一的基本价值与目标的程度。由此，里格斯认为，如果一个社会文盲少，传播媒介与通讯、交通网络都很发达，则该社会的动员性和同化性都很高，在这种社会里，民众与政府之间有着基本相同的价值观和信念，双方容易沟通，因而比较易于相互信任、互相了解，里格斯称此种社会为“一元化社会”，意指整个社会容易取得一致，上下融为一体。相反，如果一个社会的沟通渠道不畅通，人们之间语言不能互通，传播媒介落后，交通闭塞，人们之间的情感、思想、信念、价值观无法沟通，社会动员性和同化性极低，则称该社会为“多元化社会”，意指整个社会分散零乱、各自为政，人们之间以邻为壑、互相阻隔。

里格斯认为，传统社会就是多元化社会。在一个分化为各种互相对立的社会集团的多元化社会中，行政机关所面对的是许多敌对的竞争团体，各个团体都以能代表“功能利益”而自居。尽管这种情形可以增加官僚机关的权力，但却也会阻碍有效的计划之执行。行政机关在任用、选拔官吏时也遇到同样的情况，由于不同的语言及宗教团体的存在，社会中充满了斗争和猜疑，因此政府用人可能必须运用一种“分配制度”来保证各个团体的代表额，或者明白地把有些区社排除。在上述这两种情形里，甄拔工作就要受到妨害，而行政中不免渗入了摩擦与误解的因素。

(4) 符号系统方面。里格斯认为，政治神话是指用以表明主权的最后源泉、人之天性与命运、人之权利和义务以及主要的关系等等的信念。里格斯认为这种神话提供了政治统治的一种“理论依据”。政治法则和政治典章则使前者进一步具体化、规范化。在一些传统的社会中，政治神话指在上帝面前人人平等、君权神授、君臣名分不可逾越等。其中“君权神授”的政治神话认为，统治者是神的代理人，统治者的权威是建立在神意之上的，人民对统治者的顺从也就是顺从神，人民意见无足轻重，甚至不起作用。因此，在这种社会中，整个行政系统便只对专制统治者负责而不向人民负责，行政的权威不是来自人民高度的认同感，而是来自武力的强制。

(5) 政治构架方面。里格斯认为，政治与行政应是分离的，政治是决定政策的过程，行政是执行政策的过程。换言之，政治领导行政，而行政则实现政治的目标，政治与行政实际上存在着一种“功能依存关系”。这种依存关系，决定了政治结构也是影响行政生态的一个重要因素。里格斯认为，在传统社会，由于社会结构没有分化，没有专职的行政机构，政治权力与行政权力是合为一体的，人们无法在“政客”与“官僚”之间划一界限，从国王到各级地方官员实际上都是身兼二任的。这样，由于行政权力与政治权力合为一体，行政官吏可以不向任何人或任何机关负责而专横独断、为所欲为。里格斯称此现象为“官僚政治”。里格斯认为“官僚政治”的特点是“专横但非有效”，“国王的权力形态虽然专断恣睢，但其权力幅度却极为有限”，一方面由于缺少一部专职的“行政机器”，另一方面没有健全的沟通网，无法及时了解各方面的情况，故行政效率极为低下；一方面，人民对于国王与官吏固然无法加以控制，反过来，从另一方面看，朝廷对于全国百姓也缺少有效的控制。

2. 衍射模型（diffracted model）

里格斯选择美国为例，作为他那衍射社会概念的代表。这样的社会建立在普遍性的原则基础上，高度专门化，每一个结构都执行一项特殊的功能，是所谓“功能专一性的”社会。这种社会的“衍射型”行政特征为：

(1) 经济要素方面。里格斯认为，现代工业化社会是一种“市场—企业”经济结构。社会经济运行遵守价值规律，根据“功利”与“理性”的市场原则进行交换，力图用最少的投入取得最大的产出。在这种经济结构下，整个行政制度也市场化、商品化。最明显的是人事行政，政府机构与行政官员之间是一种基于契约的雇佣关系。行政官员出售的是他的“服务”而换取一定的“职位”。如果他发现有更好的机会，他可立即卸冠而去。同理，政府若发现官吏“服务”的价值不及他的“薪俸”，也可以解雇他。里格斯认为，美国是这种“市场行政”的典型。在里格斯看来，美国公共行政的任何一个领域都为“市场取向”所塑造。诸如计划、沟通、公共关系、管理等莫不与市场制度中的情形相类，可以把美国的行政官署看作是一种市场，在这个市场里，每个官吏在以最经济有效的方法，以完成特定目标最大限度之实现，换言之，行政官署就是“经济市场”的一个“相对物”。

(2) 社会要素方面。里格斯认为，在现代工业社会中，由于社会分工极为发达，社会结构高度分化，因而代表着各种不同社会利益的功能性社团也种类繁多、非常活跃，对社会生活的各个方面都产生重要影响，尤其与行政的关系非常密切，彼此之间互相影响、互相作用。一方面，社团成为各种利益和要求的汇聚点和表达者，社团变成了一个“媒介”，通过它的作用，许多特殊的利益都可从公民转迁到政府。也就是说，社会各阶层、各种利益集团都通过社团向政府施加压力，影响行政。另一方面，政府也利用社团来表达自己的目的。政府机构常常会发觉应该并必须依赖社团的协助，以实现各种计划与政策。在美国，甚至达到了这样的程度，政府政策的拟定，必须事先征得各社团的同意和支持，而政策的推行，如果没有社团的帮助，则寸步难行。在里格斯看来，美国的社团模式提供了一种特殊有力的聚汇与表达特殊利益的方法，所以它是一个使官僚组织对人民负责的重要机关。进而里格斯认为，从更广阔的观点说，社会模式是任何发达工业社会所不可或缺的。因为它提供了一个功能和方法，保证政府对社会各种利益团体不能忽视而必须予以回应，并且也保证人民对政府的政策与计划不会冷淡，而愿意协助合作，以维持工业经济的平衡与发展。在衍射模式中，行政“职位分类”的基础是市场因素，即根据一个人的能力、才干以及能提供的服务数量与质量确定职位并付给薪金。

(3) 沟通网方面。里格斯认为，一元化社会行政问题的解决是十分复杂的，它必然有许多的消息、资料需要交换、表达，这在一元化的社会里是非常有利的。因为，一元化社会中，不同的利益团体可以顺利地凝聚他们的要求，制作他们的“公共舆论”，并把他们的需要与事实促使官吏或政客的注意，而当官吏考虑如何执行法律、或者应该建议何种政策时，他们也能够作出相当靠得住的不同方案以及预估它们可能的结果。就执行法令来说，官吏也应当向公众说明他们的期待以及可能提供的服务等，而凡此种种，莫不需要大量的沟通工作，这又只有在一元化社会中才是可能的。

(4) 符号系统方面。在里格斯看来，现代社会如美国，政治神话就是根植于美国人心中的主权在民、人生而平等、天赋人权神圣不可侵犯等等观念。依据“主权在民”的政治神话，政府的权威来自于人民的同意，行政机构只对人民负责，行政官员必须随时表明他们是真正的“公仆”，而非执行权力的“官老爷”。当然，在实际上，美国的官吏并不是百分之百地符合了“公仆”的形象，事实上，美国也的确不乏颐指气使、上下其手的官僚。不过，值得注意的是，他们这种行为永远逃不了公众的指责，而舆论也必然会对他们构成一种压力。所以里格斯认为，美国的主权在民的“神话”及负责的政府创造了一种特殊的行政模式。美国行政的结构——它的甄拔、升迁与组织的方式是的确反映了它的政治神话。

(5) 政治构架方面。里格斯认为在现代社会，行政是服从于政治的，行政官僚的权力是有限的，是受着“非官僚权力”制约的，因此可以保证较高的行政效率。在里格斯看来，只有在“非官僚的权力”强大得足以控制、并奖惩官僚的成绩表现时，以及政策之执行步骤能很清晰地被规制时，我们才能期望一个高水准的行政产出的获得。

3. 棱柱模型 (prismatic model)

里格斯集中了他所有的努力来详细地说明棱柱模型——这是他的模型焦点之所在。里格斯选择菲律宾为例，作为他的棱柱社会概念的代表。按照里格斯的看法，棱柱社会是这样一个社会：它已达到了一定程度的分化，以及角色的专门化。这种专门化对于利用现代技术是必需的，但不能把这些角色都综合起来。棱柱社会具有融合和衍射社会的价值模式，是这两端之间的中间社会。

里格斯认为，这种中间社会的“棱柱型”行政一般特征为：

(1) 社会的经济结构是“集市——有限市场”型。在这种社会里，虽然已有了市场化的“集市”，有了以货币为媒介的交换行为，但社会经济并未完全商品化，政治的、社会的、宗教的以及个人地位等因素仍然强烈地影响着经济行为，也就是说过渡社会的经济是一种有限的市场经济。这种经济结构一个最明显的特征是“价格不可决”，即：商品价格不完全由其价值决定，而要受到许多非经济因素，诸如交换双方的社会地位、家庭出身、名望、亲疏等因素的影响。这种“价格不可决”影响到行政方面，最突出的表现是行政职位的授予、荣誉和薪水的确定，以及“市场”与“身份”同时在起作用。在棱柱模式下，“职位分类”综合了职责与身份、成就与关系，既要看其能力高低、贡献大小、绩效如何，又要看其资历深浅、教育水准，以及家庭地位、社会背景乃至宗教信仰、种族肤色等等。

(2) 在棱柱社会，家族福利、裙带关系和偏袒在分配各种行政职务、履行行政功能方面起着非常重要的作用。过渡社会在组织形式上、家庭所扮演的角色异常重要，社团发展则较脆弱。这与传统社会类似。政府官员的任命、升迁所注重的，主要不是其能力才干，而是其家庭和社会背景。

(3) 社会沟通的渠道比传统社会畅通，但比现代社会的同化性程度低。

(4) 政治符号系统比较复杂，传统社会的符号系统和现代社会的符号系统并存，主流的符号系统和支流的符号系统并存。

(5) 社会的政治构架表现为政治权力与行政权力的分离未完成，甚至合为一体。

总之，里格斯把棱柱社会称之为一个“非均衡政体”，在这个“非均衡政体”里，尽管政治领导人享有宪法规定的权力，但官僚却控制了政治一行政系统。结果，在决策过程中，棱柱社会的 sala[①] 官员比衍射社会的官员起着更重要的作用。由于权力集中在官僚主义手中，因而人们的需要和愿望往往就被搁置一边了。在这种情况下，加强发展中国家的公共行政可能会阻碍政治的发展。他进一步指出：这种懦弱的政治体制和领导不可能控制官僚政治，所以立法机关、政党、私人团体及公众舆论也变得无所作为了。

按照里格斯的看法，棱柱社会还有三个重要的独特的特征，即：异质性、形式主义和重叠性。

(1) 异质性。高度异质性的存在是棱柱社会的主要的、独特的特征。异质性是指极为不同的体制、习俗和观点同时存在。由于一个正好相反的观点和习俗的平行共处，因而棱柱社会的社会变革将是不协调的、不完善的，也是无反应的。异质性也把它的达摩克里斯之剑直接伸到行政系统之中。

在棱柱社会里，一方面，在城市地区，存在着拥有“复杂的”知识分子阶层、西方式的办公室和行政现代化的市区，同时存在着非常发达的通讯系统、摩天大楼、空气调节器，还存在着从事各种社会的、政治的、经济的和技术的服务的专门机构。另一方面，在农村地区，人们过着一种非常传统的生活，没有电话、电冰箱这种现代生活设备。村里的“长者们”兼负有各种政治的、行政的、社会的、经济的和宗教的任务。异质性存在于棱柱社会生活的各个方面，于是社会就呈现出一种自相矛盾的画面。在教育领域，社会在学习西方式教育方面支付了很高的额外费用，但是社会同样证明它自己对传统的私塾式教育很敏感。拥有全部现代化设备的医院能进行对抗疗法，但是神汉、巫术、家庭诊所和自然疗法中心则与之同时并存。这种不同体制的和平共处推动了社会向不同的方向发展，同时也使得作出判断变得困难。在棱柱社会，政治任命官员和行政官员享有极大的影响，并

---

① sala 有多种意思，例如政府办公室，宗教会议，房间，亭子等。sala 具有衍射社会的“办公署”和融合社会的“会议厅”的一些特征。

且权力和威信有助于挣钱。尽管所有的人都有同等的机会，但只有一些人才能享有足够的特权，并有希望在更高的集团中找到工作。那些不能找到工作的人会很快组成“压力集团”以反对政府，并且以某种借口煽动闹事。尽管一个政府的存在通过了正式的民主选举过程，但它并不能控制人们。掌权的那些人将尽一切努力来保护他们的利益，并紧抓权力不放。这样，人们对于那些引起社会紧张和不稳定的事实总是表示出误解和歪曲。

这个问题在一个多集团的社会里变得更加复杂，在那里，不同的集团都试图推动社会向不同的方向发展，以促进和维护他们自己的局部利益。这在亚洲、非洲和拉丁美洲的几乎所有的发展中国家中都很明显的。缺乏一体化是构成棱柱社会的一个基本特征。

在生活几乎所有方面的所有这些不同，分化不仅影响了行政系统的作用，制约了它的行动，而且给行政带来了许多问题。里格斯认为，统治阶级将一如既往地努力保护“有钱人”的利益，而不顾“穷人”的利益，这将在社会里产生革命的气氛。

(2) 形式主义。形式主义是指规定与描述之间，正式的权力与生效的权力之间，宪法、法律、条例所产生的效果之间，组织、统计资料与政府和社会的实际、事实之间存在的差异的程度。换句话说，它是指在正式制定的规定和有效进行的实践、规范和现实之间的差异和自相矛盾的程度以及在“既定目标”和“实际行动”之间存在不一致和差距。形式和实际之间的差异越大，一个系统内的形式主义就越多。与一个具有高度形式主义的棱柱社会相比，融合和衍射社会相对来说具有高度的现实主义。

虽然法律、规则和条例规定了政府官员行使职权的类型，但是在他们的实际行动中，却存在着广泛的偏差。官员们有时坚持规则，但有时又忽略甚至违反它们。由于缺乏促使政府制定有计划的目标的压力，缺乏左右官僚主义计划的社会力量以及对专断行政的容忍，导致了形式主义的行为。这样，政府官员和官僚主义的行动就很难预言，表现为前后矛盾，并且随着情况的变化而变化。这种行动的原因可以归纳为职员“捞外快”的自然倾向，或者归纳为存在管理不善的可能性。这样，行政中的形式主义一般为社会中的贪污贿赂铺平道路。

形式主义存在于社会生活的各个方面。与社会文化生活方面有关的法律通常并没有受到重视，也没有得以坚持。它们仅仅存在于政府的文件室内，并且政府也不认真负责它们的贯彻执行。在几乎所有发展中国家，社会生活中这种有法不依的情况通常是一种习惯而非例外。

在解释形式主义的范围时，里格斯也提到了符合宪法的形式主义。符合宪法的形式主义是指符合宪法的原则和原则实际被执行之间的差距。宪法正当地把管理权交给被选举出来的人民代表手中，但是事实上，真正的政府权力和势力则是由议会之外的某些个人和集团所拥有。

宪法把制定法律的任务交给立法机关的成员，但是事实上，他们仅花了很少时间制定法律。他们更热衷于政治权力，而置他们的立法任务于不顾。在棱柱社会里，这就有利于官僚政治在制定法律时起主要作用。由于执政党或内阁内部拉帮结派，这就使得官僚们组成集团或与各种政治领袖结盟，这样，形式主义就存在于棱柱社会的每一个方面。

(3) 重叠性。重叠性是指衍射社会形式上分化的结构与融合社会未分化的结构和平共处的程度。在行政系统内，那些被说成是行政行为的东西实际上是由那些非行政标准确定的，即是由政治的、社会的、宗教的或其他的因素确定的。在融合社会里，传统的结构几乎履行了各种功能，重叠的问题并没有出现，因为在这样一个社会里，任何正式的内容也都是有效的，然而，在棱柱社会里，虽然建立了“新的或现代的”社会结构，但是事实上，旧的或未分化的结构继续控制着社会系统。虽然与衍射结构普遍联系的新的规范和社会准则可以得到正式认可，但实际上，它们只是得到了口头上的赞同并被大大地忽略了，而与非衍射社会相联系的传统社会准则却得到赞同。这样，在棱柱社会里，议会、政府机关、市场、学校等等就履行了各种行政的、政治的和经济的职能。事实上，他们的行为受到诸如家族、宗教、特权阶层这样一些传统组织的支配和影响。

在讲到棱柱社会的权力结构重叠时，里格斯说，棱柱社会包括一个与控制系统重叠的高度集权的集中的权力结构，此控制系统高度的地方化呈高度分散状态。在此，存在着权力（被正式认可的或合法的权力）和“控制”（确定的但未被正式认可的或不合法的权力）之间的分离。事实上，法律上的“权力”从属于事实上的“控制”。许多结构以一种专门方式运转，甚至常常违背建立这种结构的目的。有时，对行政缺乏主要取向的结构与对行政负责的其他具体结构一起执行行政功能。这种重叠影响了政治家与行政机关之间的关系。

三、发展行政思想

里格斯集中讨论了棱柱模型的特质后，又重点论述了棱柱社会中的变革问题，从而提出了他的发展行政思想。

在任何社会，发展的速度主要依赖于系统中有利于变革的条件。西方社会的发展相对地经历了较长的时间跨度，因此能逐渐地调整他们的行为以达到所期望的模型。在发展的过程中，他们比当代变革的或发展中社会经历了更少的形式主义、异质性和重叠性。

一般地讲，在棱柱社会，变革的压力来自于国内外两个方面。假如这种压力主要来自于国外（以前是靠外国技术援助方案），它就可以被称为“外生性”变革；假如这种压力主要来自于国内（正常情况下是靠行政改革），它就可以被称为“内生性”变革。而且，假如这种变革是同时来自国外和国内的压力的结果，它就可以被称为“共生性”变革。里格斯用这种方法解释变革的窘境，认为衍射的过程越属于外生型，那么它在棱柱阶段就越具有更多的形式主义、越是异质并存；“内生”特征越多，则形式主义和异质性越少。这样，形式主义、异质性和重叠性越多，“外棱柱”的情况就越多，而变革的“内棱柱”特征就越少。这种差别的产生是因为，随着内生的变革，“有效的”行为先于新的正式机构的建立，但是在外生的变革中，次序却颠倒过来了。当棱柱社会企图在最短的、可能的时间内吸收外来因素发动变革时，他们却面临着产生更严重的形式主义、异质性的可能性以及产生革命压力的严重性。

里格斯把发展定义为增加社会系统的自主权（处理权限）的进程，由于衍射程度的提高而成为可能。处理权限就是在选择对象中间进行挑选的能力，而衍射是指在一个社会系统中分化和综合的程度。① 生态学上发展就是指增加制定和执行影响环境的集体决定的能力。②

里格斯把分化和综合看作是发展过程中两个关键性的因素。分化意指每一种功能都具有为执行它而设立相应的、专门的机构这样一种情况的存在。综合意指一个机构连接、联合、配合、协调各种专门角色的机制。分化和综合的程度代表了发展的衍射和棱柱过程的状况。假如社会高度分化但综合程度不高，它就是棱柱状态。衍射导致了发展，并且分化和综合的程度越高，发展的程度就越高；反之，分化和综合的程度越低，发展的程度就越低。同样，分化和综合之间排列不当的程度导致了不同程度的棱柱状况。

里格斯提出了变革社会发展中的控制问题。这种社会正变得越来越分化，但却不能通过社会综合的机制成功地控制由这些变革所引起的问题。存在着各种被分化的角色这一事实导致了更大的混淆和混乱，除非专门化的角色互相之间能小心地协调起来。必须有一种机制把各种专门化的角色连接在一起，这样，综合变

---

① F. W. 里格斯.《发展行政思想》. 载自《亚洲的发展行政》，达勒姆·杜克大学出版社 1970 年版。

② F. W. 里格斯.《关于发展的进一步思考》. 载自《行政变革》卷 4，1976 年。

成了控制变革的基本机制。里格斯认为，训练人们去扮演现代政府的专门化的角色比综合这些角色并把它们统一起来要容易得多。只有在这些角色能得以认真地综合时，发展才成为功能。

里格斯通过分析影响分化和综合的因素，进一步地解释了他关于发展的概念。图 10－3 更好地解释了这一概念。①

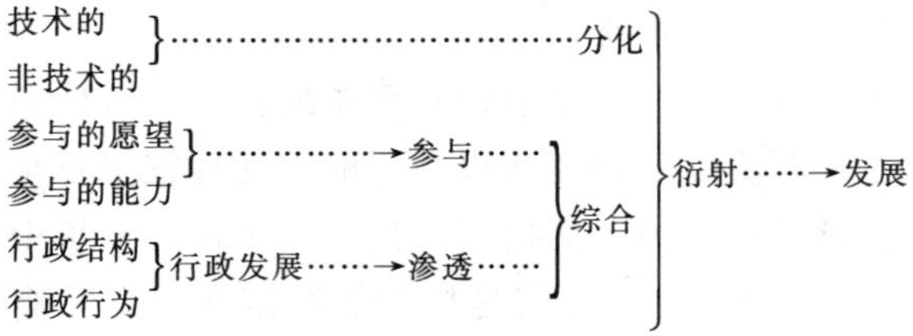

图 10－3　里格斯的发展概念

在任何国家，分化的程度依赖于技术的和非技术的因素。技术发展越快，分化的程度就越高。综合依赖于两个重要因素：渗透和参与。渗透是指一个政府在全国范围内制定和执行政策的能力；参与是指对法律的接受能力以及帮助执行政府制定法律和政策的愿望。这样，参与就有两个重要的组成部分，即人们参与的愿望和人们参与的能力。在一部分人当中，参与的愿望和能力越大，参与政府事务的程度就越高。这样，渗透和参与就能促进在发展中产生的分化结构的综合，而分化与综合的统一就意味着变革社会行政发展的实现。

第三节　分析与评价

里格斯的行政生态理论观，在公共行政学科方面有重大的影响。有关比较公共行政和发展行政的任何研究，无一不与里格斯的观点有关。正如美国行政学家黑迪所说的那样，“对他所有关于比较理论的著作的一点点熟悉，这本身就是一项很有价值的成

① D. R. 普拉萨德等.《行政思想家评传》. 广东高等教育出版社 1988 年版。

就”。①

传统组织理论主要强调组织原则，关于行为的理论则集中研究组织中人们的行为，而生态理论则强调行政和它的环境的相互作用。在内容和分析方面，里格斯的生态方法涉及到了较广泛的领域，并采用了行政系统的整合方法。他的方法和模型有助于我们理解发展中国家的行政进程。虽然在实践中要找出他的行政模型是困难的，但它们的确有助于我们理解现实，为分析、理解发展中国家行政系统提供了一个机会。它有助于我们深入进行建立在生态的方法基础上的研究。正如美国行政学家查普曼正确评论的那样，里格斯模型可以加深我们对过渡社会中有关公共行政的一些根本问题的认识。在某些方面，棱柱模型可能类似于行政原则，“原则不可能是普遍的真理，它们可能有谚语式的不足，如它们会以矛盾的对子形式出现，但这并不意味着原则是无价值的；实际上，当它们为描绘和判断行政状况的标准时，它们特别有用。同样地，里格斯的方法和模型可以被看作是描绘和判断行政状况的更高级的工具。”②

里格斯的行政理论也存在许多的局限性，主要表现为：

第一，里格斯的行政理论模型源于西方国家，主要是起源于美国，因而里格斯的行政理论的坐标是西方。换言之，它是用西方的标准和概念来分析发展中国家的状况，并非是他所谓“非价值判断”③ 的分析。以西方为中心的三种行政模式的构建具有明显的单线进化论特征。各国的行政形态是在特定的环境中发展起来的，环境不同，行政管理所发挥的作用也就不同。因而里格斯的三种行政模式并不是对所有的体制都同样有用和有效。里格斯强调用生态学观点研究行政体制的必要性，目的只在于对行政现

---

① 费里尔·黑迪．《比较公共行政：热点和重点》．载自《比较公共行政论文集》，密执安大学公共行政研究所 1962 年版。

② 理查德·A．查普曼．《公共行政中的棱柱理论：评弗雷德·W．里格斯的理论》，载自《公共行政》卷 44，1966 年。

③ F．W．里格斯．《行政生态学》．台湾商务印书馆 1978 年版。

象有一个广泛的、深刻的理解。

第二，里格斯的生态环境分析显然缺乏完整性。他热衷于构建模式，而忽视对整个行政生态环境作系统的考察；他只列举五种生态因素加以分析，但还有一些基本因素，甚至比这五种因素更重要的因素被他遗忘了。比如，自然环境对行政造成的影响、自然灾害对行政的冲击等，里格斯没有论及。又比如他讲的社会因素，仅讲到家庭和社团的作用，而社会因素是复杂多样的，诸如人口因素对行政造成的压力、战争等社会灾害对行政的冲击等，里格斯也没有论及。还比如国际环境因素对行政造成的压力，里格斯没有能够清楚地认识到发展过程中外界或外来力量的作用。

第三，里格斯自由、随便地创造了新的术语来解释他的思想，他也给许多已经在使用着的术语提出了不同的意见。当现存的词汇不能表达意思、阐明观念时，创造新单词是无害的。假如一个人为了有效地表达他的观点而提出了自己的意思，这也是没错的。但是，随便地使用单词、发挥单词的不同意思可能引起概念的混淆，而无助于澄清概念。例如，“多元化”与“一元化”两个术语，人们已有约定的用法，里格斯却反其意而用之，赋予相反的含义，这就易于造成混乱了。又如，“官僚政治”这个术语，里格斯并没有对此作现代的解释，与韦伯的含义相去甚远。

第十一章　麦格雷戈的人事管理理论

第一节　生平与著作

道格拉斯·麦格雷戈（Douglas M. Mcgregor）于 1906 年 9 月生于美国密西根州的底特律市，他来自一个有着勤奋的传统、热心为公众服务的家庭。1923 年，他进入底特律市立学院学习，后又转往俄亥俄州的奥博林大学继续学业，但不久就中途辍学，回家求职。自 1927 年至 1930 年，他一直担任布法罗灰色汽车站的地区经理。

1931 年，麦格雷戈重返校园，回到底特律市立学院。一年后，他拿到了学士学位。努力上进的麦格雷戈马不停蹄地奔赴名声显赫的哈佛大学，在心理学系继续深造。1933 年，他获硕士学位。1935 年，他已经成为哈佛大学的心理学博士。

毕业之后，麦格雷戈在哈佛校园教了两年社会心理学。他接着就转往麻省理工学院，在那里一待就是 11 年。在麻省理工，他从讲师干起，先后担任过心理学助教授、副教授和教授。他还是该校工业关系处的创始人。

1948 年，麦格雷戈短暂地告别了麻省理工学院，到位于俄亥俄州的安提奥奇大学当了六年的校长。1954 年重返麻省理工学院，担任该校的工业管理教授。

1960 年，麦格雷戈的经典著作《企业有人性的一面》问世。该书积极提倡对组织的管理采取一种新的注重人性的态度。在书中，他大胆地批判了他称之为“X 理论”的人事管理的传统理论，指出在这种理论的指导下经理身负调动部属积极性的重任，控制着部属的一举一动，对他们管头管脚，目的就是为了使他们的行为符合组织的需要。麦格雷戈认为，主张这一套理论的人，实际上对人的本性非常悲观，觉得人都是以自我为中心的，既易受人摆布，又固执己见，不肯勤奋努力。

麦格雷戈对“X理论”的批判是以阿伯拉罕·马斯洛发明的人的需求层次论为依据的。马斯洛认为，人的需求为激励人的行为和动向提供了动力。他又认为，工人对工作不满，其责任不在工人本身，而在于工作计划不善、管理行为欠佳，在于没有什么机会使工人能对自己的工作感到满意。为此，马斯洛提出了一个金字塔形结构的假设。该结构分作五层，自下而上地代表人的需求的逐步发展。较低的需求得到满足以后，人就产生了高一层的需求。马斯洛的假设极大地影响了麦格雷戈的思想。有学者指出，没有麦格雷戈，整个管理界恐怕对马斯洛这个名字至今仍一无所知。的确，马斯洛为麦格雷戈的理论提供了令人信服的依据，但却是麦格雷戈使马斯洛从此扬名管理界。

麦格雷戈相信，靠指示和控制来进行管理的哲学已经不能有效地调动人的积极性了。他认为，下个指示、发条命令本身并非错事或者坏事。问题是，如果管理阶层单方面的用权收效越来越微，我们就应该意识到采用民主的方法可能会效果更好。他又指出，当年提出这一哲学所依据的人的需求在今天已经不再那么重要，不足以激励人的行为了。凭着发号施令已经难以调动人的积极性，因为对今天的人而言更重要的是社交的需求和自尊的满足。因此，他主张有必要把管理阶层的主导思想从“X理论”，即靠指示和控制来进行管理，转变为“Y理论”，即“注重创造机会，发挥潜力，去除障碍，鼓励成长，提供指导”。这样做的目的是为了开创出一个有人情味的环境，使人们能够通过把自己的努力和组织的目标结合起来，从而实现自己的意愿。麦格雷戈相信，充实任务、下放权力、下放责任、实施参与式的管理等都可以有助于“Y理论”的具体落实。归根结底，他所努力探索的是如何创立一个可以健康地成长的组织的途径，为的是使人的潜力能够得到最充分的发挥。麦格雷戈以为，只要我们对调动人的积极因素有现实的理解，只要我们能够创造一个民主的组织环境，有利于发扬各人的能力，这个目的是可以达到的。

1961年，他由印度管理学院赞助，前往印度担任夏季高级管理课程的访问讲师。三年后，他再度由印度管理学院赞助，前往印度担任冬季高级管理课程的访问讲师。1964年10月麦格雷戈逝世，享年58岁。

麦格雷戈天生勇于创新，敢质疑、挑战传统。对于他的一生，一位学者是这样概括的：没有麦格雷戈的努力，大部分现在正在继续的事业是不可能进行的。

第二节　人事管理理论

一、论领导

麦格雷戈认为领导地位能够成立关系到四个方面，即领导人的属性，被领导人的态度、需要和其他的个人属性，所在组织的属性，包括该组织的目的、结构、要完成任务的性质、所处的社会、经济和政治环境。至于一个称职能干的领导人需要有些什么属性则还要取决于其他的一些因素。不少在这方面的研究都已经证明了这一点。①

麦格雷戈指出，由此可见，领导并不是归某个个人所有的一种属性，而是许多变量综合而成的一种关系。长久以来，有人相信是领袖创造了历史，也有人主张是历史缔造出领袖。其实，麦格雷戈认为，两种说法在一定的范围内都言之有据。在他看来，领袖和周围环境的关系实质上是一种圆形的关系。一方面，一个组织的结构和政策都是由这个组织的最高层的管理人员，即主要

---

① 瓦伦·本尼斯的《领导理论和行政行为》. 载自《行政科学季刊》第3期，1959年。

的领导人来确定的；另一方面，又正是这些结构和政策限定了领导的模式。

此外，我们也要看到，导致这个组织的属性发生变化的原因是多方面的。可能是来自上面的影响，如高层主管人员的变动，以及随之而来的管理哲学的不同；也可能是来自下面的影响，如工会的成立和认可，以及就劳工和管理层间的集体谈判而作的相应调整；还可能是来自外部的影响，如新的立法、市场的变化等等。上述的各种情况或多或少地都会促使领导的模式有所改变，以适应新的形势。以美国的三大汽车公司之一福特汽车公司为例，当被认为极端保守而又讲求实用的亨利·福特一世退出公司的决策圈、不再掌舵之后，公司随即经历了接二连三的巨变。

大环境对领导模式的影响同样不容忽视。例如在19世纪，正是社会价值、经济和政治的条件、人民的总体生活水平和教育水平，以及其他的一些因素等等，把当时的个别人物推上了历史舞台，成为业绩丰硕的工业界带头人。反过来，又正是他们，不但从根本上改变了工业环境的性质，并进而对社会的发展产生了深远的影响。同样道理，如麦格雷戈所指出的，和刚刚跨入20世纪时相比，今天的工业对工业界的领袖又提出了新的要求。为了迎接未来的挑战，他们肩负着更新工业组织的重任。当然，新型的组织要求新型的领导。可以想像，那应该是不同于今天的领导模式，符合新时代需要的新一代的工业带头人。

根据麦格雷戈的看法，有两点值得注意。一是大环境对领导模式的影响是有选择性的。换句话说，这种影响是有奖罚分明的形式出现的，符合新时代的需要的行为就奖，不符合的就罚。另一点是环境不同，影响不同，造就出来的新的领袖人物也必然各有千秋。不管在私人企业，还是在政府部门，大至跨国集团，小到基层单位，带头人的作风犹如百花齐放，也就是这个道理。比如，在如何去最大限度地调动组织人力这一点上，环境不同，作法必然不同，可以说是“八仙过海，各显神通”。麦格雷戈就提到，一位工业部门的主管在不发达国家和当地工人打交道时是一套，在美国和经营多年的国际工会的成员共事时，自然又是另有一套。

有学者认为，在领导和一些环境因素的关系方面，应该有一些共通的基本要求。麦格雷戈并不否认这一点。但是，他又指出，至于如何才能达到这些要求，作法是不会千篇一律的。众所周知，领导与被领导双方应该互相信任，只有这样，一个组织才能运作顺利。大家也很清楚，如何去培养并保持这种信任，具体的作法可以说是因地而异、因人而异，数不胜数。

麦格雷戈还提到主管人员（supervisor）的重要性。他强调，要使领导和被领导能够相互信任，主管人员作为两者间的桥梁，有至关重要的作用。至于主管人员应该具备些什么态度和能力，则要视情况而定。而理论的研究和实践的经验已经证明，试图打造出类型单一、风格相似的主管人员，其结果只能是事与愿违。理想的作法是鼓励他们根据具体情况，因地制宜，摸出自己的路子，开创一个合适的环境。不过，属下的主管人员们能不能那样做，正如麦格雷戈所强调指出的，关键还是在于一个组织的结构和管理哲学。

有人以为，照这么说来，任何人都可以摇身一变，成为某个特点环境下的一位成功的领袖人物了。麦格雷戈对此不以为然。他认为，当一个卓有成效的领导，不能光靠天生的聪明和本领，守着一套一成不变的方法。也正是由于客观环境千变万化，对领导提出了各种不同的要求，麦格雷戈觉得，因此我们也应该承认，不是个别人，而是很多人，都具备了领导的潜在素质。

事实上，如麦格雷戈所说，一系列的研究结果都显示，应该把领导看成是组织的带头人和他所处的环境之间的关系，而不应看成只是某些人拥有的某些特点所组成的一个单一的模式。不同的情况对领导必然会有不同的要求。这些领导人之间的不同点必然要比他们之间类似的地方更引人注目。更重要的是，一系列的研究所强调的是可以去学习、去掌握领导方法和领导技能，而不是某个个人的与生俱有的一些特点。

在现实生活中，的确有不少人对个别领袖的某些与众不同之处津津乐道，似乎要做好一个组织的带头人就非依样画葫芦不可。麦格雷戈的看法打破了这一神话。他以物理学为例，指出重力、磁性等物体的属性其实都只是内外因素之间的关系而已。社会学也同样如此，对领导的看法不过是一个例子罢了。

那么上述的这些观点对管理有什么实际意义呢？麦格雷戈认为，其对管理的重要性表现在五个方面。第一，如果承认领导实质上是一种关系，是一种领导人和被领导人、组织，以及社会环境之间的关系，承认这些环境因素都会随着时间的推移而发生质的变化，那么，就必须意识到，我们并非神通广大，能有办法预言到10年或者20年以后一个组织将需要有什么样的特点的管理人才。就算能够开出一张名单，列出一一要安排的职位，我们还是不能明确无误地把届时所需要人员的最主要的特点说得一清二楚。所以，麦格雷戈强烈的主张，管理部门的一个主要任务应该是力争后备人才多样化，使新一代的接班人能够胜任各种各样的但目前又不一定能预见得到的特殊需要。

第二，每个组织都应该让组织内尽可能多的人参与培养管理人才的发展计划，而不是把它当成少数几个人的事情。麦格雷戈也承认，有些公司确实成功地有选择、有重点地从少数人中间培养出了新一代的管理班子。但是，他更相信，如果这些公司把注意力放到更多的人身上，走的弯路也许会少一点。

第三，在着手培养今后的领导班子时，管理部门应该着重发挥每个培养对象各自的特点和潜力，而不是光把注意力放在大目标、总方向等一般化的考虑上。麦格雷戈并不否认，关于这一点，纸上谈兵容易，具体落实就难多了。在一些庞大的机构，情况更是如此。但是他相信，如果目的是为了造就出一个多样化的领导班子，以适应未来的许多还不可预见到的需要，那么又怎么能够让他们现在接受单调划一的训练呢？

培养一个多样化的领导班子还应该是一个持续不断的过程，原因有二：首先，正如麦格雷戈所说，我们的某些潜力或许发挥不错，但是这并不等于我们所有的潜力已经充分发挥。其次，每个人都有各自不同的特点，只要我们确实在为明天的发展培养人才，从现在起，就应该经常不断地鼓励和发扬这些特点。

第四，一个组织在制定、落实晋级提升政策时，应该力争做到候选对象来自四面八方。麦格雷戈指出，如果只能从有限的一小部分中间挑选，那么所谓的培养一个多样化的领导班子必然是一句空话。

最后，麦格雷戈还提醒我们，每一位刚聘用的新人都可能很值得培养提拔，但是这并不等于说，这个人就一定要去接组织的最高领导层的班。新人中日后将会有不少人担任各级的领导，如工长、车间主任、技术专家等等。可以肯定，他们中间能挑得起领导整个组织的重担的终究还是少数。①

二、论管理层的任务

按照常规的概念，管理阶层的主要任务就是按照组织的要求来利用人的能力。麦格雷戈把这一概念简称为“X 理论”。他又进一步把它归纳为八大要点：

（1）管理就是为经济上的目的而把生产企业的各种成分，包括金钱、物质、设备、人力等组织起来。

（2）就人而言，这是一个指挥和激励人的努力、控制人的行动、修正人的行为，以适应组织的需要的过程。

（3）如果没有管理部门的积极干预，人往往会趋于被动，甚至对组织的需要抱对抗的态度。所以对他们要说服、奖励、惩罚和控制，对他们的活动要加以指导。这是管理部门的任务，即管理属下的管理人员或者工人。说通俗一点，管理就是通过别人来完成任务。

（4）一般而言，人生性懒惰，干活越少越好。

（5）人通常缺乏雄心壮志，不想承担责任，最好跟在别人

---

① 《财富》杂志社.《执行官的生活》. 纽约双日出版公司 1956 年版。

后头。

(6) 人天生的自私自利，对组织的需要漠不关心。

(7) 人生性墨守成规，无意变革。

(8) 人大多容易上当受骗，又不太聪明，是江湖骗子和蛊惑人心的煽动家们的现成目标。①

麦格雷戈认为，常规的组织结构、管理方针、实践和计划都是以上述这八大要点为依据的。正是从这些要点出发，管理部门构想出介乎“硬”“软”两极之间的一系列的可能作法。在一个极端，管理方面可以手段强硬，具体的作法包括强制和稍加伪装的威胁、严密的监视，以及对行为的严格控制等等。走到另一个极端，管理方面又可以表现软弱。具体来说，就是眼开眼闭，有求必应，只图一团和气，以为这么一来，大家就会规规矩矩。

麦格雷戈注意到，早在 20 世纪上半叶人们就已经对上述的“硬”“软”两手进行了相当透彻的探讨，并有所收获。走强硬路线困难重重，因为有作用力必有反作用力，于是产量下降、情绪对立、好斗的工会、消极怠工等等问题层出不穷。想客客气气也不会一帆风顺，因为这实质上等于放弃管理。也许大家就此和睦相处，而后果则往往是做一天和尚撞一天钟。更有甚者，大家还会得寸进尺，一方面希望待遇再高一点，另一方面则希望最好活再少干一点。

麦格雷戈也注意到，正因为这也不是、那也不行，于是被称为“要坚定但又公平”的作法就流行起来了。其实，这种作法只是想取两者之长而已。美国的第 26 任总统西奥多·罗斯福的名言“说话温和，手握大棒”用意也是在强调软硬兼施，双管齐下。

是不是这么一来，管理上的问题就都迎刃而解了呢？答案是否。那么症结又何在呢？随着社会科学的不断发展，越来越多的研究对上文中有关人、人性，以及管理的任务等的一整套观念提出了挑战。麦格雷戈承认，这些研究所揭示的一些证据还有不少

---

① 麦格雷戈.《企业有人性的一面》. 纽约麦格罗希尔出版公司 1960 年版。

值得商讨之处。但是他又相信这些来自实验室、医疗诊所、学校教室、家庭，乃至工业系统本身的研究结果很值得我们参考。

社会科学家们并没有否认，在今天的工业组织中人的行为大体上和管理层的期望相去不远。他们实际上不但看到了这个事实，并且对其进行了相当广泛的研究。更重要的是，社会科学家们根据这些研究所得出的结论是：人所表现出来的行为并不是源自其与生俱有的属性，而是来自工业组织、管理哲学、政策和实践的属性。所以，所谓的“X 理论”的基础是错误的，也就是说，它的关于因果的观念是错误的。

那么究竟什么才是真正的人性呢？社会科学家们有什么根据足以推翻似乎是显而易见的事实呢？为了更好地回答这些问题，麦格雷戈建议首先考虑一下“激励”这个概念。说得通俗一点，就是考虑一下“调动积极性”这个概念。而有关讨论的主要依据是当时在美国布兰德斯大学任教的阿伯拉罕·马斯洛教授所作的研究。麦格雷戈相信，马斯洛所提出的关于如何调动积极性的观点是很值得介绍推广，也为实践证明是很有成效的。

三、论人的需求

以马斯洛的理论为基础，麦格雷戈首先从探索人的需求入手。麦格雷戈指出，人也是一种有其需求的动物，一旦一项要求得到了满足，又会产生新的要求。这个不断有需求得到满足，又不断产生新的需求的过程永远也不会终结。换句话说，这个过程从生命的诞生开始一直持续到生命的结束。①

有趣的是，人的需求并不是杂乱无章而是按照一定的顺序排列的，即按照其重要性逐级排列的。在最下的一层是人的生理的需求。当这些需求还得不到满足时，它们的重要性是压倒一切的。麦格雷戈举了面包这个例子。没有面包的时候，人特别地想吃面包，因为他是靠着吃面包活命的。除非情况特殊，不然的

---

① 阿伯拉罕·马斯洛.《激励和个性》. 哈泼兄弟出版公司 1954 年版。

话，只要他腹中空空，什么对爱情、对地位、对成名等的需求对他来说都是毫无意义的。但是，等到他一日三餐有了保障，吃饱肚子就不再是老挂在心上的一项重要的需求了。以此类推，人的其他的一些生理需求，如休息、运动、住宿等等，也都一样。

麦格雷戈由此得出的一条重要的结论是：一旦需求得到满足，它就不再能激励人的行为。麦格雷戈把这称为一项具有深远意义的事实，并不夸张其辞。而这样一个重要的事实，却长期以来为那些赞成“X理论”的人所忽视。其实，这本来是简单不过的了。麦格雷戈让我们想一想对空气的需求。除非周围的空气突然消失，否则，它不会对我们的行为产生什么激励作用。

当生理的需求得到满足之后，人的行为就开始受比之高一层次的需求所左右了。换句话说，要较高层次的需求才能激励他、调动他的积极性。比生理需求高一层次的叫作安全需求，即希望生活过得安安稳稳、无忧无虑，不用终日担惊受怕。

值得提醒的是，麦格雷戈在这里指得是安全（safety）需求，而不是保障（security）需求。有些人，甚至包括个别的专业教科书，往往将两者混为一谈。他注意到这种情况，所以特别强调指出，不应该把安全需求误为保障需求。他说，除非这个人寄人篱下，仰人鼻息，所以老是忧心忡忡，怕家产被人强行剥夺，不然，他是不会要求这种保障的。麦格雷戈还进一步解释道，所谓的安全需求包括了对“最有利的可能突破”的需求。如果一个人确信这种突破可能成功，他当然愿意冒一下风险。但如果他受到威胁，或者他不能把握自己的命运，那么他最需要的便是保证、保护、保障。

一旦生理的需求得到了满足，又不用担忧物质的福利，人对社交的需求就变成激励他行为的主要动力了。这种需求指的是对归属感的渴望，渴望能交朋结友，渴望为周围的同伴所接受，渴望有机会给别人以友情和爱慕，也有机会享受别人给予的友情和爱慕。

麦格雷戈坦言，管理部门并不是不知道这种需求的存在，问题出在他们错误地把这种需求看成是对组织的威胁。许多这方面的研究早就表明，与同样数目但各自为政的一帮人相比，一个同心协力的工作小组在合适的条件下更能有效地完成组织下达的任务。

为什么管理部门明知有这样的优点却故意对此视若无睹呢？一个重要的原因是，害怕万一人们结伴成队就不会对组织的目标言听计从，甚至持敌对的态度，于是千方百计去控制和左右他们的行为，而这种强制的作法往往伤害了人喜欢“成群”的天性。当人的社交需求、或者连安全需求也得不到满足时，他的言语行动就往往会与组织的目标背道而驰，轻则不听指挥调度，重则对抗领导、故意唱对台戏等等。麦格雷戈一针见血地指出，下面的这种反应，其实并不是故意惹是生非、与领导过不去，而是上面管理不当，自食其果。

前面已经提过，只有当下一层的需求被满足之后，上一层的需求才会成为激励行为的动力。社交需求也不例外。而在社交需求之上的就是对管理层、对人本身都是意义最为重大的需求，即自尊需求。自尊需求分为两类：

（1）和人的自我尊重相关的需求，如对自信的需求、对独立的需求、对成就的需求、对胜任的需求，以及对学识的需求。

（2）和人的威信相关的需求，如对地位的需求、对被人认可的需求、对受人赞赏的需求，以及对被周围伙伴崇敬的需求。

麦格雷戈认为，与较低层次的需求不同，自尊需求往往不容易得到满足。因为一旦人的自尊需求日趋明显和重要，这种需求就变成永不满足、永无止境的。当然，在生理需求、安全需求和社交需求得到满足之前，自尊需求的重要性不会过于明显地表露出来。

根据麦格雷戈的观察，典型的工业组织一般都很少会提供机会，让组织内较下层的人们的自尊需求得到满足。特别是在一些从事大规模生产的工业部门，工作安排很少会考虑人的自尊需求。麦格雷戈坦率地说道，尽管泰罗大力提倡的科学管理法不是故意地置人的自尊需求于不顾，但如果客观的效果恰恰是这样的话，被某些人奉为灵丹妙药的这一套又怎能充分调动人的积极性呢?

自尊需求之上就是人的最高需求，即自我实现的需求。具体地说，就是对实现自己潜力的需求、对继续进行自我开发的需求，以及对敢想敢做、勇于发明创造的需求。麦格雷戈认为，在他那个时代，社会的客观条件不是很好，没有提供太多的机会使这些不太强烈的需求得以表露出来。人们的精力主要还是集中在如何满足较低层次的需求上。自我实现的需求基本上还是处于冬眠的状态。

总的说来，针对人的需求，麦格雷戈有如下几点看法。

第一，众所周知，一个人如果食不果腹就容易生病。所以如果人的生理需求得不到满足的话，其后果就会在行为中表露出来。同样道理，较高层次的需求得不到满足的话，其后果也会在行为中表露出来，只不过后一种情况不那么容易为一般人觉察罢了。如果人对安全、交友、独立，或者对地位的需求得不到满足的话，人就好比是个患上软骨病的病人。如果把因此而至的消极对抗、拒不负责当作是他的与生俱有的人性所造成的话，这将是错误的诊断。实际上，上述的这些行为只是疾病的征兆，再说明白一点，就是他的社交需求和自尊需求得不到满足所造成的。

第二，当一个人的较低层次的需求得到满足之后，这些需求就不再会激励他的行为了。实际上，这些需求也就不再存在了。但就是有不明事理的管理部门经常在问：“为什么这些人不能多干点活？我们这里工资好，工作条件好，福利好，就业又稳定。而这些人就是只想磨磨洋工，不愿多花半点力气。”

第三，一旦管理部门满足了下属的生理需求和安全需求后，调动积极性的重点就转移到社交需求，或自尊需求了。除非有机会使这些较高层次的需求得到满足，不然的话，人们就会产生一种失落感，其行为也必然会反映出这种失落感。在这样的情况下，如果管理部门继续把注意力集中到人们的生理需求上，其结果只能是徒劳无益。

第四，在这种情况下，人们将会不断地要求更多的金钱。于是对管理部门来说，一件更重要的任务就是如何通过更多的物质利益和服务以使得不到满足的那些需求可以得到有限的满足。麦格雷戈并不否认，对于满足许多较高层次的需求而言，金钱的作用是相当有限的，但是当除了金钱别无它法时，它还是可以权充人们兴趣的焦点。①

四、论胡萝卜和大棒

麦格雷戈相信，在某些情况下，一手胡萝卜一手大棒，即软硬兼施的激励手法也挺管用。各种满足人们生理需求和安全需求的手段，都在管理部门的操纵之中，怎么用或者用不用都是管理部门说了算。这些手段包括就业、工资、以及工作条件和福利等等。只要一个人还在为生存而挣扎，管理部门就可以通过这些手段，左右他的行为。套用麦格雷戈的话来说，没有面包的时候，人就是为了面包而活着的。

但是，当一个人不再在生死线上为糊口挣扎，有了更高的需求时，胡萝卜加大棒就未必行得通了。人的自尊、周围同事朋友的尊重，或者对自我实现需求的满足，管理部门都是无法拱手送上的。但是，管理部门完全可以创造相应的条件，去鼓励、去帮助下属努力争取这些需求得到满足。当然，管理部门也会故意对下属的这些需求袖手旁观，不去创造合适的环境。

应当指出的是，创造条件和控制完全是两码事，不能混为一谈。借创造条件之名行操纵下属行为之实不是上策。管理部门因此陷入进退两难的局面。一方面，现代科技的发展使人们的生活水准大为提高，他们的生理和安全需求基本上都已经得到满足。惟一明显的例外是有些管理部门还未能成功地帮助下属树立起对

---

① 丹尼尔·尼尔逊.《泰勒和科学管理的崛起》.麦迪逊威斯康星大学出版社1980年版。

前面提到的“有利的突破”的信心，缺少了这种信心，可以说人的安全需求还没有得到满足。另一方面，当管理部门想方设法使下属的较低层的需求得到满足之后，管理部门实际上就剥夺了自己手中一度掌握的调动积极性的重要武器，也就是常规理论即“X理论”一再强调的诸如奖励、承诺、物质刺激、或者威胁，以及其他的强制手段等等。

麦格雷戈认为，其实无论是软的还是硬的手法在今天都已经行不大通了，因为它们和环境、时代都已脱节。既然人已经有了他十分看重的新的需求，却又没有机会实现这些需求，可以预料，他只会干事疲塌懒散，固步自封，既缺乏责任感，又容易受人煽动去无理取闹。归根结底，管理部门其实是在自作自受。

简言之，今天的管理部门如果还继续靠命令和控制进行管理，那么不管它是用软的还是硬的一手，都已经行不通了。原因十分简单：一旦人的生理和安全需求基本上得到满足，进而他的社交需求、自尊需求以及自我实现需求日益突出时，再靠命令、靠控制来调动人的积极性已经无济于事了。①

既然旧的理论已经过时，就应该对人的本性和如何调动人的积极性重新认识、重新研究，根据新的观点提出新的理论。这就是麦格雷戈的“Y理论”。其主要方面如下：

(1) 管理部门负责把生产企业的各个方面——金钱、物质、设备、人力组织起来以求实现经济的目的。

(2) 人并非生来就趋于被动，对组织的需求抱对抗的态度。是他在组织中的亲身经历和体会把他变成了这样。

(3) 每个人身上都具有努力的动机、发展的潜力和承担责任的能力，都愿意为实现组织的目标而尽力。

(4) 管理部门最根本的任务是对组织的环境和工作的方式作出合适的安排，使人们在努力完成组织交付的任务的同时也能实

---

① 西尔季布.《领导》. 载自《社会心理手册》，麻省爱迪生威斯理出版公司1954年版。

现自己的目标。[①]

上述的这个过程，用麦格雷戈的话来说，就是创造机会、挖掘潜力、排除障碍、鼓励成长、提供指导的过程。但是他又特意声明，这并不等于放弃管理、放任自流，更不等于降低标准。我们也不能把这种作法和“X理论”指导下的软的一手相提并论。事实恰恰相反，麦格雷戈以美国在1945年建成的原子能发电厂为例。当时在整个建设的过程证明了“X理论”的运用的确十分有效。但是几十年已经过去，事过境迁，再想依样画葫芦已经不成了。

时代变了，环境变了，要想在今天的世界继续有效地运用“X理论”可以说困难重重。长期以来，鼓吹这一常规组织理论的人、主张科学管理法的人只是想方设法把劳动者捆绑到有限的几项工作上，非但无意发挥他们的才干，实际上是在鼓励他们拨一拨、动一动，使工作对他们而言除了混口饭吃外全无意义。长久处于这种环境之下，一个人的习惯、态度、期望以及他对作为工业组织的一员的看法等等，因其亲身经历而变得根深蒂固、积重难返。因此“X理论”向“Y理论”的过渡只能是一个缓慢的过程，从管理部门直到一般工人，都需要作出多方面的调整和适应才行。[②]

麦格雷戈相信，即使到了20世纪60年代，工业部门的大多数人还是习惯于听人指挥摆布，习惯于到工作以外的地方去满足他们对社交、对自尊和对自我实现的需求。所谓真正的“工业公民”，还只是一个遥远而又不切实际的构想而已。工业组织中的大部分成员对于“工业公民”的含义也只是停留在含糊不清、一知半解的水平上。

究竟怎样来认识和区分“X理论”和“Y理论”呢？麦格雷戈认为前者完全依靠外界来控制人的行为，而后者则主要靠的是

---

① 麦格雷戈.《企业有人性的一面》. 组约麦格罗希尔出版公司1960年版。

② 菲立普·瑟尔尼克.《行政领导》. 依利诺斯州罗彼德逊出版公司1957年版。

自我控制和自我引导。他形象地把两者间的区别喻为是把人当成不懂事的小孩子还是有头脑的成年人。麦格雷戈深有感叹地说，“X理论”已经在管理领域里独霸天下这么多年，向“Y理论”的过渡是不可能一蹴而就的。他提醒我们，新的理论的应用都要走过漫长的道路，进步是一步一步地取得的。

五、论新理论的落实

麦格雷戈根据自己的观察，提出了一些如何落实新理论的值得借鉴的实例。一是权力下放。麦格雷戈认为，实际上可以通过不少途径把人们从常规组织的严密控制之下解放出来，给他们以一定的自主，让他们自己去引导自己的活动、去负起责任、去满足他们的自尊需求。他特别提到美国百货业巨头之一的西尔斯公司，那里的管理经验给我们提供了一个值得研究的案例。麦格雷戈发现，该公司的经理一旦不能通过常规的办法来指挥和控制下属时，就分散权力、下放责任，安排更多的助手向他汇报，实施所谓的“通过目标进行管理”而不是“通过控制进行管理”。①

二是工作丰富化。② 作为开路先锋，最先使用这套管理新方法的是大名鼎鼎的美国国际商用机器公司和底特律的爱迪生公司。他们的作法的确和“Y理论”遥相呼应。具体地说，一方面公司鼓励基层挑起责任的担子，另一方面公司又提供各种机会让员工的社交需求和自尊需求得到满足。事实上，按麦格雷戈的看法，在工厂一级对工作重新安排是破旧创新的一个大好机会，也很符合“Y理论”所主张的调动积极性、发挥潜力的原则。此外，这样做在经济上和心理上也会产生重大的影响。

三是参与和咨询式管理。麦格雷戈相信，只要环境合适，参与和咨询式管理很值得考虑。因为：第一，这个作法可以鼓励人

---

① P. F. 德勒克.《管理的实践》. 纽约哈泼兄弟出版公司1954年版。

② V. 斯加佩罗和J. P. 堪培尔.《工作满意度：各部分都是吗?》. 载自《人事心理》1983年。

们把自己的创造力用到有利于达到组织目标的地方；第二，在考虑关系到人们的某些决定时，给他们一定的发言权；第三，给他们充分的机会，去争取满足他们的社交需求和自尊需求。

这些新方法的实施并非一帆风顺，失败的例子也不罕见。麦格雷戈把不成功的一个重要原因归咎为某些管理部门只图“Y 理论”之名，不落“Y 理论”之实。他把这种有名无实的情况比喻为“把理论买来”了，但实施的时候却还是按照“X 理论”的框框办，实质上还是老调重弹。例如，权力下放根本帮不了通过控制来进行管理的忙。表面上大肆宣扬参与的重要性，实际上只是做做样子、制造假象、企图让员工以为很受重视，这不过是唱一出闹剧而已。能不能真正理解、真正落实“Y 理论”，关键就在于管理部门、在于主管领导是不是真正对人的能力确有信心，是不是真正为实现组织的目标努力奋斗。如果领导班子能够做到这一点，那么就一定会找到实施新理论的办法，逐步向新理论的全面落实过渡。

四是对工作表现进行鉴定。美国的一些大公司，像通用电气公司，都采用了一些新的管理办法，让每个员工在半年一度或一年一度的自我鉴定中自己确定努力的目标。当然，这并不等于说上级部门在这个过程中就此撒手不管、放任自流。事实上，这种作法对上级的领导能力提出的要求更高。对许多经理来说，以前“X 理论”要求他们扮演“裁判”或者“督察”的角色，而新的角色则要自然得多。最重要的是，如今管理部门鼓励每个员工在计划和评价自己所作的贡献时负起更大的责任。不容置疑，这种作法对他们的自尊需求和自我实现需求有着巨大的影响。麦格雷戈认为，这是一个很有创意的方法，值得推广。①

麦格雷戈相信，我们有能力在 10 年、20 年内使工业组织的有效性取得实质的改进。他也相信社会科学必定会在这个过程中

---

① S. L. 麦克塞恩.《组织行为》. 哈利法克斯·诺法斯可夏出版公司 1988 年版。

发挥它的应有贡献。他认为，我们对这些领域的认识正在逐渐深入，对这些知识的含义的理解才刚开始。更重要的是，麦格雷戈意识到，信念不等于现实。他以原子能的研究为例，指出就像把原子能的释放用于和平建设一样，把信念变成现实是一个耗时费力的过程。即使花掉了大量的金钱，但有时候得到的结果还是难免令人失望。虽然有许多人会觉得这个目标并不现实，但我们就是这样一步一个脚印地朝着它前进的。

麦格雷戈乐观地指出，工业界的管理部门锲而不舍地追求经济效益，成功地把科学和技术的梦想变成日常生活中的现实。可以预期，只要我们把人类同样的才能应用到开发企业的人性的一面，在大大提高物质方面的成就的同时，还将会发现我们距离理想的"美好的社会"又近了一步。

第三节 分析与评价

作为一位既亲身参与过管理实践又在管理部门出任过顾问的学者，麦格雷戈在生前一贯积极主张在组织的管理中要注重人性的一面。他提出的两大管理理论，即"X 理论"和"Y 理论"，是他对管理学科所作贡献的高度结晶。所谓的"X 理论"，实质上就是那些主张权力至上、作风专制的领导的指导思想。在他们看来，第一，人生来厌恶工作，干活越少越好；第二，人必须要有人控制、有人指挥、有人施加压力，才能做好本职工作；第三，人总是想回避责任。所谓的"Y 理论"则和"X 理论"完全不同，对人的看法截然相反。"Y 理论"认为：第一，工作就像休息和娱乐一样地自然；第二，人懂得自我导向、自我控制，以达到他们承诺要达到的目标；第三，人愿意承诺是因为知道做出成绩就会获奖；第四，只要环境合适，人就会主动承担责任，在多数情况下都能够找到解决问题的有创意的办法。

可以说，今天"X 理论"和"Y 理论"已经变成了管理学和管理实践中的专门词汇。不幸的是，这两个名词一再被人误用。

一个明显的例子就是很多人都把“X 理论”和“Y 理论”看成是连续统一体上相反的两极，实则不然。麦格雷戈讲的是关于宇宙整体和支配它的一些法则的两个不同的理论。他着重强调的是：一，管理策略是以管理人的世界观为基础的；二，“X 理论”所主张的观点必然导致专制的管理方式，将工人们的社交需求、自尊需求、自我实现需求统统置之不顾。简言之，麦格雷戈认为，在正式组织中人的行为主要是因管理人员所持的“X 理论”所造成的。换句话说，是“X 理论”所主张的观点指导着管理的方式方法，而这样的管理方式方法必然会造就出缺乏积极性、创造性的员工。

“Y 理论”对人持完全不同的看法。它有助于促进个人的成长和发展，因为它相信每一个人都有解决问题的潜力，都能够有效地适应环境。“Y 理论”指导下的管理方式方法必然造就出表现完全不同的员工。所以，麦格雷戈坚定不移地认为，我们在组织中遇到的许多问题实际上是因管理人员对员工所持的态度和信念而造成的。

一种新的理论要得到承认、要经得起实践的考验并不容易，麦格雷戈对管理学和公共行政学的新贡献也不例外。为了进一步深入探讨组织管理的理论和实践，从 1943 年到 1948 年，在他担任麻省理工学院工业关系部主任期间，他成功地把著名的心理学家寇特·列文教授从爱荷华大学挖到了麻省理工学院，主持群体动力研究中心，和列文教授一起，继续推广人与人之间关系的研究和应用。

值得一提的是，麦格雷戈的许多著作、教学和咨询有力地促进了今天称之为“组织发展”（organization development）的新领域的成长。多年来他在这个新领域孜孜不倦地工作，一方面阐明了许多“Y 理论”的基本观点，另一方面又提出了一些对完善“Y 理论”十分重要的新观点，进一步充实和发展了这一理论。

经过数十年的辛勤耕耘，麦格雷戈明白无误地证实了管理学上的一个基本问题：一些部门的主管一味信奉、着力推行“X 理论”，对员工缺乏信心、成见甚深，实际上是自作自受、自食其果。与此同时，麦格雷戈也一直为在管理的实践中如何推广“Y理论”的基本信念而不遗余力。

麦格雷戈是一个富有幽默感的学者。他兴趣甚多、爱好广泛，如醉心音乐、热衷种花。他曾经积极参与企业改组，他也曾远涉重洋，去印度教学培训。对于人的善良本性，他深信不疑。回顾他走过的生活历程，可以说他为开发“企业的有人性的一面”贡献了自己的一生。正是这种信念，使他珍重人的价值、爱惜人的潜力，使他为提高个人在组织中的自主、促进个人在组织中的成长，锲而不舍地努力。他以毕生精力，丰富了管理学理论，在管理实践中开创出一片新的天地。

第十二章　林德布洛姆的公共决策的渐进理论

第一节　生平与著作

查尔斯·林德布洛姆（Charles Lindblom）是美国当代著名的政治学家、公共政策分析的创始人，他以对公共决策过程的渐进理论分析著称于世。

林德布洛姆于1917年3月生于美国的加利福尼亚州；1937年毕业于斯坦福大学，主修政治与经济学；1937年获芝加哥大学经济学博士；1939年林德布洛姆开始在明尼苏达大学经济系任教；1946年任教于耶鲁大学，为经济与政治学“首席讲座”教授，兼任社会暨政策研究所所长；1968年林德布洛姆出任耶鲁大学社会科学院院长，1972年任该校政治学系主任；1975年林德布洛姆出任美国比较经济学会会长，1980年为美国政治学会会长。

林德布洛姆是一位勤奋的研究者，在执教之余，写下了大量的著作和文章，其中主要有《政治经济及福利——计划构成与政治经济系统的基本社会过程》（1953年）。1958年发表在《美国经济评论》上的“政策分析”被学术界公认为首次在学术著述上出现“政策分析”一词。1959年发表在《公共行政评论》上的“渐进调适”（也被译作“凑合应付的科学”）是一篇经典之作，此文奠定了他在决策的渐进理论分析上的地位，成为这一理论的代表人物，也成为任何修读公共行政课程的学生的必读之作。《决定的策略——政治体系是一种社会过程》（1963年）对渐进调适科学作了进一步的发挥，提出了“断续渐进主义”的策略。此外还有《民主的智慧——经互相调节产生的决策》（1965 年）、《决策过程》（1968 年初版、1980 年再版）等著作《政治与市场——世界政治经济体系》（1971 年）一书反传统分析框架，采用权威（国家权力）、交换（市场关系）和说明（训导制度）三种范畴来分析和比较世界各国的政治经济体系，被认为是 20 世纪最后 25 年内最有影响力的政治学著作，获得威尔逊政治学术著作奖。

林德布洛姆生性严肃，不苟言笑，但不乏幽默，看问题独特、目光犀利，为常人所不及。林德布洛姆在耶鲁服务了 40 年，退休后依然很活跃。1995 年他曾来中国进行学术访问，在北大、复旦等校作了学术报告，受到欢迎。

第二节　公共决策的渐进理论

一、两种决策方法

自赫伯特·西蒙的《行政行为》一书发表以来，行政学中的公共决策等问题历来是一个研究的热点。如何理解决策过程以及相应的决策方法，在林德布洛姆之前，至少已经存在于两种理论和模式中。一是理性决策模式，也是林德布洛姆称之为决策的“合理全面的方式和根本方法”，我们且称之为根本方法。这一理性决策的主要观点是：①决策者知道所有同决策有关的具体问题的目标；②所有有关问题的信息都是可以得到的；③决策者能辨别所有的选择；④决策者能有意义地评估这些选择，即研究选择的结果并加以衡量和比较；⑤所作的选择能最大限度地扩大决策者指出的价值。理性决策模式旨在追求“最佳”决策。

二是西蒙指出的“有限理性”决策模式。西蒙从经验的角度对理性模式作了分析和批评。他认为：①决策者实际上并不具有决策状况的所有信息；②决策者处理信息的能力有限；③决策者的选择行为受到信息的实质和先后秩序的影响；④决策者的能力在复杂的决策状况中受到了限制；⑤决策行动受到决策者过去经历的影响；⑥决策行动受决策者个性的影响。同理性决策模式追求的最佳不同，西蒙认为在实际的决策过程中，决策者一般会在感到满意的情况下就作出决策，而不会刻意去追求最佳。

“有限理性模式”在不少观点方面与林德布洛姆的第二种决策方法——“连续有限比较方法”或“分支方法”（我们且称之分支方法）有相似之处。可以说，西蒙的模式在一定程度上启发了林德布洛姆对第一方法的批评和对第二种方法的肯定。当然，林德布洛姆在对第二种方法的论述（尤其是对决策过程的论述）上作出了自己独到的贡献，这就是与他名字相连的公共决策渐进理论。

在林德布洛姆看来，根本方法有以下几个特征：

（1）明确的价值标准或目标，它与各种经验性分析的各种政策明显不同，并通常是后者的先决条件。

（2）通过手段与目的的分析方法来研究政策制定问题，先提出目的，然后找出实现这些目的的一般手段。

（3）检查最佳政策的方法，在于它是不是达到预期目的的最适当手段。

（4）全面分析，考虑每一个有关的重要因素。

（5）依赖理论指导。

在论证其第二种方法即分支方法之前，林德布洛姆首先指出了根本方法的以下几个错误。错误之一，行政官员在决策时可利用的时间和资料都是无限的。林德布洛姆认为，“它假设了根本不存在知识能力和情报资料，而如果我们考虑到可以用于一项政策问题的时间和财力实际上总是有限的，它作为一种制定政策的方法就更为荒谬”。错误之二，根本方法认为可以找到与决策问题相关各方一致同意的明确的价值因素。林德布洛姆认为，在一个多元社会中，多种力量（如国会、利益集团、政府机构、参与者等）对一些问题通常抱有不同的看法。“在许多关键性的价值标准或目标上，公民的意见有分歧，议员们意见不统一，而公共行政官员的意见也不一致，即使当行政官员受命执行一个相当具体的目标时，在次要目标上面也还是存在着相当大的意见分歧的余地。”错误之三，目的与手段的分离。根本方法认为这两者是截然分开的，两者的关系在于手段是根据目的来加以衡量和进行选择的，而目的的最后确定则独立于并先于手段的选择。而林德布洛姆认为，实际上目的和手段两者是相连的。在分支方法中，目的和手段是同时选择的。错误之四，与第三个错误相关的是对最佳政策的检验。根本方法认为，在价值标准和目标方面的一致是检验最佳政策的标准。而在林德布洛姆看来，并不存在这种检验标准，因为既然没有目标上取得一致意见，也就没有“正确”的标准。

在对根本方法进行批评的同时，林德布洛姆提出了他赞赏的第二种方法，即分支方法。他把分支方法的特征归纳为以下几点：

（1）价值目标的选择和对必要行动的经验分析两者不是截然不同的，而是密切相关的。

（2）既然手段和目的不能分开，那么手段—目的分析法就是不恰当的，或是有限的。

（3）检验最佳政策的典型方法是，政策分析家是直接对某一项政策取得一致意见的，但他们并不认为这是达到某种一致目标的最适当手段。

（4）分析的有限性，包括会忽略一些可能发生的重大后果、一些可能采取的重要备用方案，以及一些受影响的价值因素。

（5）进行比较，从而减少对理论的依赖。

根本方法和分支方法的具体运作可以通过以下例子来作一说明。

假设一个行政官员要制定通货膨胀方面的政策，他可以这样一种方式开始：①根据有关价值的重要性程度，将这些价值作一排列，比如充分就业、合理的企业利润、保护小额储蓄、防止股票市场崩溃。②估计新政策的各种可能的后果以及它在实现上述价值中的作用。这样就要了解不同社会成员的不同价值，对各种价值因素进行计量比较，产生可能的政策方案。在进行方案比较时，他会尽量利用有关各种政策的一般理论并以此作为指导。比如，在考虑通货膨胀时，他会根据价格理论来对各种政策进行比较。③对产生的一些政策方案进行系统比较，以决定哪一个方案能实现更大的价值。

不管决策者是否意识到，第二种可能的方式是：①把一个相对来说比较简单的目的，即保持价格水平作为自己的主要目标，这个目标可能受到其他少数目的（如充分就业）的影响而被修改或变得复杂化，但事实上他会抛开大多数不属于当前利益的社会价值因素，不考虑连他也认为是直接有关的价值因素，甚至不考虑其政策可能引起的许多重要后果。②拟定相对较少的几个方案，并进行比较。这些数量有限的方案经过后来的争论，对他来说也很熟悉。在比较过程中，他也不会用一些理论来指导自己，而主要根据过去采取的较小的改革措施的经验来预见今后采取同类措施的后果。③将价值因素的抉择与实现价值因素的手段的抉择合二为一，因为他会发现，不同政策方案会将目标或价值因素以不同的方式结合起来。比如一项政策可能带来价格水平的稳定，而有增加失业的危险；另一项政策提供的价格稳定性较差，但增加失业的危险性也比较小。在林德布洛姆看来，这两种方法的区别在于根本方法以近乎机械的过程去选择手段，以最好地满足先前确定和排列好了的目的；而在分支方法中，决策者只预期部分地实现其目的，随着情况和愿望的改变，以及预见的准确性的提高，他们还希望不断重复上述过程。林德布洛姆认为，在实践中运用的，恰恰是分支方法。

斯帝尔曼对林德布洛姆的分支方法的特征作了极好的概括。在林德布洛姆看来，行政决策实际上包含了以下五个特征：

（1）它是“渐进的”。因为目标总是采取小的、而不是大幅度“突飞猛进”的步骤去实现的。

（2）它是“不全面的”。即既然决策者掌握的人力物力总是有限的，他们自然不能在一个限定的时间内考虑全部可选择的方案，也不可能理解其决策的全部后果或他们选择的方案所要产生的全部价值因素。

(3) 分支方法要求运用“连续比较”。这是因为我们中的大多数人是在一个框框里研究政策问题的，这个框框是我们对于已经形成并持续到现在的一系列的连续政策选择的看法所造成的。行政官员对于过去政策的来龙去脉了如指掌，这是局外人不知道的。此外，政策制定不是一劳永逸的，而是要在可资选择的较小范围内，通过一连串小的比较环节一次次地不断加以制定和修正。

(4) 实际的决策不过是要从可供选择的方案中达到“满足”标准，而不是要从中获得“最佳方案”。一个明智的决策者完全能够预见到，他的决策只会部分地实现他的愿望，同时又会产生他未曾预料到的本来希望能够避免的后果。

(5) 进行折衷的政治艺术是决策方法的一个主要部分。因为在一个多元结构中，许多互相竞争的利益集团竞相对政策问题施加影响，这持续地迫使身处其间的行政官员谋求竞争各方的一致。①

林德布洛姆的渐进主义的决策模式最早形成于1953年的《政治、经济及福利——计划构成与政治经济系统的基本社会过程》一书。在这本书中，他指出了政治过程的四种基本形态：①价格系统。价格系统由企业家控制，反过来也控制企业家，这是由供需关系决定的，引申到政治领域，社会大众控制政治领袖，反过来也受政治领袖的控制。②等级系统。等级制从上而下的控制成了政治领袖用来达到其目的的工具。③多元系统。多元系统的社会政治过程表现在选民可以按规定自由、公开、公平、公正地选择其政治领袖，各政治领袖受到控制。④讨价还价系统。政治上的讨价还价表现为各政治人物、团体、政党、利益集团等相

① R. J. 斯帝尔曼.《公共行政学》. 中国社会科学出版社 1989 年版。

互间的妥协、折衷，形成相互之间的牵制。

这四种基本形态除了等级系统可以单方面自上而下地决定外，其他三个形态对问题的解决都是一个互动的结果，没有任何一方可以单独决定一切。由此可知，在林德布洛姆看来，在政治上要解决社会问题、作出决策，就有两种方法：一是靠单方面的知识、思考和分析作决定，像等级系统那样；一是在各方互动的基础上，并在达成共识的基础上来作决定，并最终为各方所接受，林德布洛姆称之为“渐进主义”方法。在1959年的《渐进调适》一文中，这种方法即“连续有限比较法”，也就是分支方法。

既然每一次社会问题解决及决策基本上都已存在着一种社会共识，那么决策只能就情况改变所产生的边际差距，在有限的可行方案、后果的考虑中重新审视资料，以片断的、连续的、修补的调适目标作决定。这样，林德布洛姆在“连续有限比较法”中引申出“断续渐进主义”，并对“纲要式”的决策作了批评。

“纲要式”方法实际上也就是理性模式，即全面研究可能的行动方案及其结果，根据自己的价值来评值这些可能的结果，并最终在各种选择中选出一种最佳决定。事实上，它把政策问题看作了知识问题，而非政治问题。而断续渐进主义的特征在于：①因时间局限只作为边际选择；②只考虑有限的决策方案，因而其结果也是有限的；③旨在调适政策目标；④重新组织材料；⑤连续不断地分析与评估；⑥补救性分析与评估；⑦社会局部的分析和评估。[①] 在《政治与市场》一书中，林德布洛姆把“纲要式”决策称之为解决社会问题的模式一，而将互相调适的渐进方法称为模式二，也即战略性的决策和计划过程。事实上，这两种模式根本上还是前面提到的理性与渐进两种模式。

林德布洛姆把模式一和模式二作了一个比较，以发现两者的

---

① 张世贤.《决策分析的导师——林德布洛姆》. 台北久晨文化实业公司1982年版。

不同。设想把决策和计划的两种方法用于一项大规模扩展公路建设的20年计划。纲要性的理论要求所有建议中的公路都要视为一张地图坐标系中的某个点，每条公路都处在与其他所有公路的不可分割的关系之中。但战略性的决策和计划根据一个假设行动，即他们无法看清未来的20年，他们还相信，他们没有能力把握所有交通线之间的联系，这种联系使得一条线的情况取决于其他各条路线的设计安排。因此，他们现在先确定某些急需的公路，之后再来分析它们的后果，这一切都在规划其他公路之前。这表明，在模式二中，当人们无法靠知识、智慧去掌握所有的社会问题时，他们就靠各种手段简化问题的解决，如试错过程、注重经验等。决策者的一个共同战略是逐渐和有序地进入过程，依靠目的和手段的紧密的相互作用。在这样的战略中，决策者较少关心“正确”解决他的问题，较多地关心取得某一进展；较少关心实现预定的目标，较多地关心用以往的政策来修补尝试中的不足。①

此外，这也表明决策者还通过社会的互相作用去取得单靠分析无法取得的结果。林德布洛姆举美国的收入分配政策为例：没有一个决策组织能够对收入分配政策负责，有关老年人的收入的政策责任被指定给（或者说自称有权利的）好几个组织，其中有国会（它作为一个整体）、州和地方政府的专门委员会；有关学龄儿童的家庭的收入分配政策属地方税务当局、州政府和各学校董事会的职责；市场过程和税收当局对那些光靠受雇收入的人来说，是收入份额的主要决定因素。没有任何组织或个人协调这些方面。然而，它们都是相互协调的，因为各种各样的决策者相互调整的多种可能性只能按模式二的相互作用方式考虑彼此的关系。

再者，模式二不排除分析，它仅仅有限地追求分析。这种分析对相互作用的适应，至少采取三种方式：①每个参与者所作的

① 林德布洛姆.《政治与市场》.上海人民出版社1994年版。

分析。即他如何才能更好地扮演在互动过程中要扮演的角色，如怎样投票。②如何最成功地进入现有的相互作用之中、以实现某种公共目标的分析。它是作为公共官员的个人有责任谋求的，如是否应当减税来刺激收入。③对互动过程本身的基本结构可能变化的分析，如是否应当修改刑法系统。

林德布洛姆在《民主的智力》一书中，指出了渐进方式的如下优点：①它集中于与现有政策稍有不同或有限方法上不同的政策，而不是完全重新评价决策。②限定于比较的选择和推断，从而简化决策过程。③不坚持问题的解决必须“正确”或“合乎道德”，只要求管用、可行，是各利益集团一致的结果就行。④处理正要解决的现有问题，而不是制造可能“范围广大的社会政策幻影”。这些优点首先使得行政官员得以避免犯长期持续的严重错误，若是执行了错误的方案也较易于修正。其次，这种对现行决定稍加修改的决策看上去似乎行动缓慢，但积小变为大变，其速度要大于一次大的变革，且比较稳定。因为政策上的大起大落是不可取的，往往“欲速则不达”，会危及社会的稳定。再次，更重要的是，它适应于美国的政治制度。美国政治制度在公共政策方面主要是通过逐步变化而很少采用戏剧性的剧变方式运转的。“民主国家在改革其政策的时候几乎全部是通过渐进的调整来实现的。政策并不采用飞跃的方式前进。”①

之所以如此，以美国政治中的两党而言，在林德布洛姆看来，两个主要政党在基本原则上的意见是一致的，它们只是在相对细微的差别点上向选民提供一些可供选择的政策。比如，两党都赞成充分的就业，只是对充分就业的解释稍有不同；两党都赞成开发水利资源，只是在方法上稍有不同；两党都赞成失业救济，只是在失业救济金发放的数量多少上是不一致的。因此，在美国，“非渐进政策的主张不仅在政治上显然很不合适，而且它

---

① R. J. 斯帝尔曼.《公共行政学》. 中国社会科学出版社 1989 年版。

的政策后果也是很难预料的”。①

正因为渐进的方式是如此适应一种多元结构的社会，以致林德布洛姆对渐进方式和渐进主义者充满了溢美之词：“浮光掠影地看，它们通常被当作非理性的东西而被摒弃，因为它们被看作犹豫不决、修修补补、羞羞答答、平庸浅薄、一管之见、没有定论、谨小慎微，以及拖延耽搁。但我们却把它们看作是扩大人类分析能力的有用方法。人类必须有非凡的创造力才能处理他们面临的惊人困难。他的分析方法不能局限于有条不紊的学究式的步骤上。按部就班、修修补补的渐进主义或安于现状者或许看来不像个英雄人物，但他却是个正在同他清醒地认识到对他来说是硕大无朋的宇宙进行勇敢角逐的足智多谋的问题解决者。”②

二、决策过程

林德布洛姆的渐进决策理论方法基于一个多元的政治结构，而多元政治结构的一个特征是社会各种力量的互动。因此，在林德布洛姆看来，与其问政策是谁制定的，不如问决策是怎么产生的。在他看来，决策就是这个互动作用产生的结果，因而他的渐进决策方法也可以说是互动的政策制定方法和分析方法。因此，有必要了解一下林德布洛姆描述的这样一个互动过程，因为这是产生其渐进决策理论的基础。这样一个互动的决策过程涉及以下几个问题：①决策的参与者及其在过程中的作用；②参与者在政策过程中必须遵循的规则和程序；③参与者如何控制对方，以使自己达到政策目标；④互动的方法。

林德布洛姆认为，需要把民主的决策过程看作既是对偏爱和见解作出反应的过程，也是形成这些偏爱和见解的过程。这一形成和反应的过程是在决策的参与者之间进行的。这些参与者按林德布洛姆设计的决策梯子自上而下排列的是：总统一国会领袖和

---

① R. J. 斯帝尔曼.《公共行政学》. 中国社会科学出版社 1989 年版。

② 林德布洛姆.《决策过程》. 竺乾威，胡君芳译. 上海译文出版社 1988 年版。

其他政党最高领袖—决策官员和高级行政官—普通立法者以及某些行政官—党的低级领袖、利益集团领袖和主要的舆论领袖—政治上积极的公民—普通的公民—不投票的公民。[①] 在所有这些参与者中，林德布洛姆区分了直接决策者和普通公民两大类。直接决策者包括了行政首长、高级官僚、立法者和司法机关的高级人员等。直接决策者当然握有决定的大权，因为决定最终出自他们之手。但在林德布洛姆看来，从互动的角度来说，直接决策者的决策必须有下面普通公民支持的基础；他们必须对偏好和见解作出反应，否则会危及他们的地位。因此，尽管直接决策者握有决定大权，但普通公民在决策过程中也并非不起作用。其原因在于：①在民主体制中，政党竞争使大多数不积极的公民在决策中有了发言权，因为互相竞争的政党必须关心公民的偏爱。②民主的决策系统把决策任务分配给了普通公民和直接决策者。这样，大多数乐于此事的普通公民可以参加投票来选择直接决策者。③决策系统将决策任务分得很开，以至不论能干公民的精力或其特别兴趣何在，都可能有一个适合他的任务和角色，如利益集团工作、政党工作、竞选公职等。总之，虽然大多数公民对政策的影响很小，但一些精力充沛、富有才干的公民能对政策产生相当大的影响。

决策的互动过程的三个层面值得注意：①直接决策者之间；②直接决策者与代表社会多种利益的利益集团；③企业在互动中的作用。

在林德布洛姆看来，行政、立法、司法三大部分的主要领导人都属直接决策者之列。对三个机构在决策中的职能及其运作当然有明确的法律规章的规定，但是，政策的产生还往往取决于他们之间的非正式合作。使直接决策者取得一致意见的最普通的方法是他们本身对相互调整所作的非正式努力。直接决策者总是以许多非正式的方法发出信号、说服、互相影响，以取得他们之间

---

① 林德布洛姆．《决策过程》．竺乾威，胡君芳译．上海译文出版社 1988 年版。

的合作或使别人跟他走。当正式的方法失灵时，互相调整必须做的还不只这类合作，它还必须安置和处理由正式方法产生的合作问题。

进行非正式合作的各方在进行努力时，通常遵循着一些行事规则。林德布洛姆把这些规则归纳为：

（1）最主要和最普通的是互惠规则。虽然互惠规则的具体运用因社会和集团的不同而异，但无论如何它使每个人都承担一定的投桃报李的义务。例如在美国参众两院，互惠是生活中的常事。引用一位参观议员行政助理的话来说："我的上司将对其他任何参议员提供恩惠，只要这对他来说没有损失。至于这个参议员是谁，那无关紧要。这不是一个友谊问题，它只是一个如果你不是个畜生，那么我也不会是的问题而已。"①

（2）尊重其他议员的合法权利。例如支持一议员关于他本地的提案，如果这一提案不影响到你和你地区的话。

（3）立场改变预先通知。

（4）公开反对，即不隐瞒自己的反对意见。如果打算反对或提出修正，那么就预先宣布。

（5）和解，乐于妥协，不求全责备，能过得去就接受。

当然，仅仅知道或掌握这些规则是不够的。在非正式的互相影响中，技巧对于赢得胜利也是很重要的。这些技巧包括：

（1）相互说服。决策者对他人既不施加威胁，也不应允利益。《总统权力》一书作者理查德·诺伊施塔特写道："总统对国会议员和其他每一个人进行说服的实质是诱导他们相信，他对他们要想的，正是他们对自己的责任的估价要求他们去做的，符合他们的利益，而不是他的利益的事。"②

（2）威胁。这种威胁可以有许多形式，例如，一个委员会主席有时能使众院多数党领袖遂他们心愿，因为他能运用他的权威

---

① 林德布洛姆．《决策过程》．竺乾威，胡君芳译．上海译文出版社 1988 年版。

② 同上。

来威胁不将议案提交给众议院主席。

（3）交换。它的表现形式至少有许愿、互惠和金钱几种。以互相许愿来说，一参议员曾描述一个通过公共工程拨款提案的方式：这一提案是由一个完整的相互适应系统所编造的，在这个系统中，各类恩惠得到了广泛的分配。其含蓄的保证是：谁也不来破坏计划，只要参议员们不反对整个提案，那么他们的提案也能获得通过。

（4）授权。即通过使自己适应他人来取得合作。比如每一位负担过重的国会议员乐意为每一个他不熟悉但又必须对之采取行动的问题寻找一个议员同行，并在决策中尊重他的专业才能。这样，在他擅长的领域里，可换取别人尊重他的意义。当然，将本人的决策对其他决策者作尊重性的适应只能是局部性的，即一个决策者会考虑必须作出的让步走多远，即可同其他的决策者取得一致意见。例如第二次世界大战末，罗斯福总统对究竟应通过行政命令（这是他被授权这样做的）、还是通过国会立法案来决定国家恢复政策举棋不定。罗斯福当时虽然认为，在指导恢复到和平时期经济方面，行政命令要优于新的立法，但他又怕国会对过分依赖行政命令作出反应，这便使他愿意去适应国会，要求它作出将战争动员署改成战争动员与战后重建署的立法。在其他一些战后重建立法上，他也与国会合作。

政策过程中的互动还表现在行政人员之间的互动上，这一互动也会对政策及其结果产生影响。林德布洛姆在探讨政策制定和政策执行时，认为政策执行可分两种：一是，如果执行符合决定的目标，那么这种执行就不能作为政策制定的一部分；二是，如果执行过程中改变原有政策目标并导致另外的结果，那么这可以成为决策的一部分。

林德布洛姆认为，事实上，第二种情况相当常见。他举行车速度政策为例来说明这一情况。美国有一州州长指示警察局长严格执行高速公路行车不得超过每小时 55 英里的速度。这时，州警察局长必须考虑的问题有：是否容许汽车驾驶者有 5～10 英里的缓冲速度，还是毫不留情地执行55英里速限？是以高速公路为执行的重点，还是以危险性较高的双线道为主？是抓几个违规者即可，还是要抽调大量警力进行大规模逮捕？在局长作出决定之后，巡警对局长容许的5~10英里的缓冲速度是从宽还是从严解释？这样，当然有州长的决策，但决策真正的结果可能是逮捕在双线道时速超过70英里的少数驾驶员。这表明，政策在执行过程中被加以修正，导致产生了另外的结果，而这种情况实际上是常见的。尤其是行政运作中自由裁量权的存在，为这种政策的改变或再制定或修正提供了条件。因此，你很难说这个决定是谁作出的，它最终是一个互动的结果的产物。①

决策的互动过程的另一个层面是直接决策者与利益集团的互动，这表现了利益集团在决策过程中的作用。利益集团在决策过程中的作用，首先表现在它的这种表达偏爱和见解的作用。在林德布洛姆看来，人们恭听利益集团领袖的话，并非因为他们使用权力（事实上利益集团并不具备直接决策者拥有的那些权力），而是因为他们被认为代表着（根据公认的规范或管理少数积极分子的规则）应当为人听取和考虑的利益。那些规则规定，所有有资格参加角逐的人都将得到公平的待遇。这样一种代表偏爱和见解的表达是政府决策的重要来源之一。

其次，利益集团发挥着一种研究和参谋的作用。“他们能简洁地研究问题和表达问题。大多数立法者没有时间或不愿意干这样的事……一个议员要花好几小时才能吃力地读完的提案，一个职业的院外人士能在10分钟内就能解释清楚。”② 在林德布洛姆看来，直接决策者有一套基本的处理方法。他面临政策选择，只要他认为适当，他就有很多自由或斟酌处理权来行动。他不知道哪些政策最能适合他的基本态度或原则，他需要帮手。利益集团用分析给他指出怎样达成规定，成为帮助他的最重要的工具。

---

① 林德布洛姆.《决策过程》. 上海人民出版社1994年版。

② 同上。

再次是利益集团对政府决策施加压力作用，迫使政府的决策在一定程度上受到利益集团的压力的影响。在施压过程中，实际上它也在起着一种“调节向政府提出的相互冲突的要求的手段，以使一些对行政管理过程的基本期望（其中有些已写入宪法和法令，而更多的则没有成文）免遭剧烈和无可挽回的践踏”。[①] 另一方面，利益集团也有自身的缺陷。这些缺陷表现在：①利益集团之间的冲突抑制了每个集团的影响力；②由于许多公民同时依附于好几个有组织的或无组织的利益集团，因此，任何一个这样的利益集团都不能独自驾驭他们的政治力量；③社会中任何地方的既定关系和期望所受到的扰乱，可能从无组织集团中产生出一个新的利益集团来纠正这一扰乱；④一个利益集团组织的大部分活动都在为它的成员澄清一些政策的含义，因此，这种活动甚至不打算去直接影响直接决策者。

利益集团通常采取以下的方式对决策过程产生影响：

（1）说服。利益集团行动通常通过说服来影响直接决策者。他们试图说服他：他们所要做的正是他认为是最好的，或者他认为最好的包括了他们所要的。反过来，立法者、行政部门和文官常常声称他们只是在合情合理地被说服之后才同意利益集团的要求的（当然，在林德布洛姆看来，他们说自己并未受到强制、压力或欺骗，我们可以把他们的强辩看作是不愿承认屈服利益集团这一羞辱的证明，但未受逼迫的情况还是有的）。

（2）党派分析。也可以说是说服的一种形式。当利益集团企图与决策者取得联手时，这些决策者的职责要求他们现实地观察各种政策的优缺点。他们要求充分的分析，因为他们的对手也有这种分析武器。利益集团十分善于作党派分析。利益集团领导人帮助直接决策者分析他本人的态度和价值观在政策中的意义。当然，利益集团或许也会尝试其他种类的分析，甚至试图根本改变直接决策者的世界观、政治哲学、原则和偏好。不过，在林德布

---

① 林德布洛姆.《决策过程》. 上海人民出版社 1994 年版。

洛姆看来，党派分析或许是利益集团的影响力或权力的主要来源。

(3) 建立联盟。在林德布洛姆看来，当许多利益集团领袖发现他们有共同的利益时，他们在所想要的政策与他们必须向之呼吁的直接决策者的根本态度之间取得一致的或然率就提高了。如果不同的价值观投不同的直接决策者所好，利益集团领袖们就可以合作，保证让每一个直接决策者听到他最易作出响应的价值观。

(4) 投票。一般认为，利益集团之所以强有力，是因为利益集团的成员是投票人。利益集团握有选票，因而可以形成对直接决策者候选人的制约。但投票人的作用有时也可能被夸大。如果利益集团试图以对选票有控制权来威胁政府官员，“他们不过是将退膛的枪支对准立法者”。① 但不管怎样，投票是利益集团采用的对决策过程施加影响的方式之一。林德布洛姆认为，利益集团领导人在他们之间以及在他们与其政党集团之间寻找共同的东西，因而在利益集团、行政当局、执行机构的领导人之间形成了联盟。这是一个相互和解、调停的巨大过程，目的在于争取选票。②

林德布洛姆对于企业在政治互动过程中的作用给予了特别的注意。在他看来，有两种控制公共政策的过程：一是“选举控制”，一是“企业控制”。企业控制较其他一些利益集团更具有自身的一些优越性。它向政府提出的特殊要求，主要是通过选举之外的方式传递给政府官员的。一些学者甚至发现，政策是按企业界控制变化的，然后标榜为民主改革。比如，人们发现，对食用肉类的监督立法在很大程度上出自食品加工业的一种愿望。这种愿望想广泛提高检验标准和改善美国肉类出口的质量声誉。又如，药剂公司谋求用食物和药品法案来限制某些制造厂商的超量

---

① 林德布洛姆.《决策过程》. 上海人民出版社 1994 年版。

② 林德布洛姆.《政治与市场》. 上海人民出版社 1994 年版。

生产，因为后者的产品和主张损害了作为一个整体的药剂生产行业的利益。

企业的这种优越性在于它有三种优势：第一，极其雄厚的资金来源。公司的董事在其职能范围内（即从公司的销售过程中）可以将许多资金投入党派、利益集团和选举活动，以谋求他们选定的任一目标。他们可以把公司资产投入对这些活动的支持。如果将普通公民收入中的政治捐献与实业界收入用于这方面的分配数额作对比的话，则如同“耗子与大山之比”。[1] 第二，完备的组织结构。组织在政治中扮演着重要的作用。公司作为一种组织存在，随时可被公司经理们用于政治活动，其范围从与公职人员的讨论，到对政党的财政援助。每一个企业“都像一个小的或大的利益集团那样关注公共政策及其与政府有关的法令条例。在政治生活中，没有任何其他的组织能够像它们那样谋求广泛而深刻地影响地方的、州的和全国的政府”。[2] 第三，特殊的接近政府官员的渠道。由于他们在政府和政治中的特权地位，他们已为政府官员所熟悉，言论也已受到重视，并已进入了谈判的位置。他们将享受其特权角色的全部优势，这种优势是他们在利益集团活动中的公民竞争对手所不具备的。

这一互动的状况表明，民主的决策过程既是对偏好和见解作出反应的过程，也是形成这些偏好和见解的过程，产生这种状况的基础是多元政治。在林德布洛姆看来，多元政治的核心是一种特殊的新的行为模式，它取决于一套特殊的复杂的权威主义规则。这套规则的核心是限制争夺权威的斗争的规则。这些规则使得普通公民可以作出偏好和意见，不仅享有选择他们在政府中的最高领导的权威，而且还有权了解或不去了解信息，明智地或笨拙地表达自己的见解和组成政治集团来决定如何最好地使用他们的投票机会并影响他人；他们也有权把他们的期望传递给政治领

---

① 林德布洛姆.《政治与市场》. 上海人民出版社 1994 年版。

② 同上。

导人和用其他方式影响他们。而多元政治作为一个过程，它形成了决断和响应它们的决策过程。这种双向影响的过程在多元政治的制度中是基本的和综合性的，接近于掌握权力的人每天大部分时间都置身于这一过程中。“在多头政治下，决策和计划过程总是（毫无例外）战略性的（即分支方法），尽管也许存在着纲要性的许多尝试，比如它们是典型的渐进式的、递进式的，以及依赖手段或目的之反馈的决策和计划过程。有关增长、国防、收入分配、垄断、税收、工资、资源管理、工业关系、国际经济合作、医疗保健和社会保障方面的政策，年复一年地以连续的和永不止息的试错步骤的次序发展变化。”①

在林德布洛姆看来，这种直接决策者内部和直接决策者与多种社会团体、公民之间的互动导致决策过程是一个循环的过程。“这一过程既无开头，也无结尾，其界限是非常不确定的。由于某种原因，一系列复杂的、我们称之为决策的力量的聚合产生了被称为‘政策’的这一结果。”②

当然，林德布洛姆也指出了这种多元互动所具有的负面影响。这一负面影响表现在：①参与相互调整的公共和私人集团的激增，带来了对公共政策有影响的一系列广泛的利益和考虑；②同一过程趋向于以无组织的力量为代价，让有组织的力量获得好处，比如工会牺牲非工会的利益而获得好处。

第三节　分析与评价

林德布洛姆的决策理论也受到了批评，其中有两位学者的批评是非常引人注目的。第一位是以色列希伯来大学的以最佳决策模式名扬天下的 Y．道尔教授。在道尔看来，林的模式的运用需要以下几个先决条件才得以运用：①原有政策基本上是好的，它

---

① 林德布洛姆．《政治与市场》．上海人民出版社 1994 年版。

② 林德布洛姆．《决策过程》．上海人民出版社 1994 年版。

大体上能满足决策者和社会各阶级成员的需求。这样，对原有政策的边际的小步修正（这恰恰是林的渐进模式所强调的，渐进模式认为所谓政策就是对以往政策所作的小步修正而已）才得以成为可能。②决策者面临的决策问题具有高度的连续性。③处理问题的方法也须具有高度的连续性。

第二位批评者是“综视决策模式”[①]（也称为“混合扫描决策模式”）的创始人艾米泰·埃佐尼。他认为，理性模式和渐进模式都不是纯粹的模式。他在把这两种模式结合起来并创造出他的“综视决策模式”中作出了极大的努力。埃佐尼把决策分成根本和非根本性决策。他认为，渐进模式只适用于非根本性决策。但是在作根本性决策时，决策者需要有比渐进主义给予的更为宽广的感性知识。专注于渐进修正的方式往往会使得在基本决定问题上陷于漂泊不定、难于行动的状况。埃佐尼用环境地球的高空卫星来比拟综视决策的重要性。卫星有两架摄影机，一架装配有能审视大面积的、记录主要气象模式的广角镜头，另一架装配有集中注视气象变化和进行较精细考察的窄角镜头。两架摄影机中每架都能供某些有用的情报，但当两架一起使用时，则能获得更多的情报。这正如爬山一样，如果你有一幅全景图（理性决策），再有一份详细的路径图（渐进决策），那么你达到目的会较为方便。单有前者不行，因为缺乏必要的途径；单有后者也不行，因为缺少必要的整体感。[②]

此外，艾佐尼还认为，渐进模式只着眼于短期的目标和仅追求以往政策的有限改变，旨在维持现状。它同样不能用于根本的决定，因为根本决定往往导致社会的剧烈变化。

渐进决策理论作为一种决策思想和方法在某种程度上具有相当高的价值。从认识上说，渐进决策的特点在于以历史的和现实的态度将事物的运动看作是一个前后衔接的不间断的过程，即无

---

① 该模式也被译成“混合扫描模式”。

② 林德布洛姆.《决策过程》. 上海人民出版社 1994 年版。

论采取哪种新的决策，只能在直接碰到的、确定的、从过去承继下来的条件下进行，这些条件包括历史和现实的特点，也包括决策者的本身条件以及整个社会、组织的政治经济状况和心理结构。在方法上，渐进决策注重事物变化的量的积累，以量变导致质变。它强调在进行改变时维持社会和组织的稳定，因而主张不间断的修正，而不是引起动荡的变革，逐步地对政策加以修正并最终改变政策。从政治决策的角度看，渐进决策不失为某种条件下一种有用的思想和方法。

但仅仅是在某种条件下，仅仅是一种方式而不是全部，这就表现了渐进决策的局限和不足之处。现代管理论指出，决策的产生一般来自三个方面的要求：①外部条件和要求的变化；②组织内部的变化；③决策者本人富有想像的创见。渐进决策模式从方法上讲带有保守的特征。正如埃佐尼指出的，它一般适应于比较安稳和变动不大的环境，以及从整体上说是比较好的现行政策。这也是林德布洛姆认为渐进模式适合西方民主国家的一个原因所在。但是，一旦社会条件和环境发生巨大变化，一旦表明对以往的政策需加以彻底改变时，渐进决策等所主张的修正和缓行就起不到作用，有时甚至会对大变革起阻碍作用。历史表明，在社会发展的某些关头，需要在政策上作大幅度的调整，有时甚至是抛弃以前的政策而重新确立新的政策。如果我们把这种方式称作激进决策的话，那么渐进决策所具有的认识论特征也并非为它所独有。激进决策也可以是非常注重历史和现实条件的。事实上，西方社会在历史发展的一些阶段，也会出现一些较大的变化，因而要求决策者采用相对激烈的决策方式来解决问题。例如罗斯福的新政就是一个很好的说明。恰恰是政策上的大幅度调整维持了社会的稳定，而如果当时罗斯福也一味采取边际修正的解决方法的话，那么其政策可能很难缓解当时面临的危机状况。这表明，从政治决策的角度讲，引起震荡的变革有时正是促进社会发展的一个必要条件。在社会的政治发展过程中，有时需要采用渐变的决策方法，有时则需要采用剧变决策方式，一切应当以时机、地点和客观条件而定。渐进决策作为一种模式不应当是惟一的、排斥其他模式的决策方式，不能忽略运用这一模式的限制条件。

此外，理性模式也并非完全不可取。它实际上是一种规范的模式，尽管在实际的决策过程中出现更多的是西蒙的“有限理性”模式或林德布洛姆的渐进模式的方法，但作为一种规范，作为一种决策过程的逻辑思考，它的价值在于它至少可以为人们提供一种参照。至于与此相连的林德布洛姆称之为“根本方法”的作用，埃佐尼已经谈得很不错了。

林德布洛姆的渐进决策模式从另一角度讲也是一种多元决策模式，它只是对美国政治过程的一种解释。事实上，美国还有一种较有影响力的、描述美国政治过程的决策模式，这就是通常称之的“精英模式”。精英模式不认为在美国这样的社会中，政策是多种社会力量互动的产物，而认为政策是由社会中少部分精英人物作出来的，公共政策并不反映公民的要求和愿望，它只反映了少数决策者的利益、感情和价值观念，尽管这些政策并不一定就是压迫和剥削群众的。

此外，在对互动的政治过程的描述中，林德布洛姆的方法受到行为主义方法的影响，在这里也就是在把一个对象看作一个系统时，着重对系统输入的研究。在这当中，又着重对人的角色和互相关系的研究，而在一定程度上忽略了机构和组织（尤其是对美国政府政策具有重大影响的一些决策规划机构如对外关系委员会、布鲁金斯学会、企业国卓会议等等）的作用的研究。

第十三章 威尔达夫斯基的机构与行政预算理论

第一节 生平与著作

埃仑·威尔达夫斯基（Aaron Wildavsky）于 1930 年 5 月 31 日诞生于美国纽约市的布鲁克林区。约十年前，他的双亲，申德和夏娃·威尔达夫斯基才刚从乌克兰的波尔塔瓦移民到了美国。申德和夏娃育有三个孩子，前两个都不幸夭折，只留下排行第三的埃仑和父母同甘共苦，力图在新大陆开出一片新天地。

威尔达夫斯基上的是布鲁克林的公立中学。学校普通得很，他也成绩平平，并不引人注目。1950 年，威尔达夫斯基入读纽约市的布鲁克林大学，此时他对政治的兴趣已日渐浓厚。政治已经是家中茶余饭后的主要话题。他的母亲常常给他念《纽约每日新闻》上刊载的故事，父亲则喜欢和朋友们就美国外交政策方面的问题争个面红耳赤。

有人说，威尔达夫斯基日后成为大学问家完全是出于偶然。布鲁克林大学并不是一所培养精英的名牌高等学府。威尔达夫斯基对此一无所知，也毫不计较。他在那里愉快地接受了扎实良好的基础教育，于 1954 年获该校的学士学位。在校期间的优异成绩和出色表现使他在众多的竞争者中脱颖而出，荣获富布赖特奖学金。正是这份奖学金，不但把他送往地球另一端的澳大利亚，更把他推上了悉尼大学的讲台，从此开始了他的学者生涯。

其时，澳洲学界对现代美国的政治尚了解不多，为此威尔达夫斯基为布里斯班的大学生开设了有关美国政治制度的系列讲座。1955年，他的第一篇学术论文“探索麦卡锡主义的内涵”在《澳洲展望》发表。与此同时，澳洲和美国之间在政治结构上的类似又引起他对联邦制的兴趣，导致他第二篇学术论文《美国联邦制下的住房和贫民窟的清除》的问世。

1955年秋，初露头角的威尔达夫斯基返回美国，随即前往耶鲁大学深造。此时的他已是今非昔比，撰写了为数不少可供发表的学术论文。威尔达夫斯基在耶鲁大学的那段岁月可谓非同寻常。进校不久，他就在研究生中脱颖而出，其丰富的想像、敏捷的思路，以及层出不穷的格言警句，令周围的同学深为折服。三年后，他完成了他的论文，题为《迪克松·耶兹：权力政治的研究》。正是在该文中，威尔达夫斯基深入透彻地阐明了他的一个信念：公共行政是政治的继续；同样地，外交则是使用略为不同的武器的战争。

1958年秋，威尔达夫斯基前往奥博林大学，在那里担任助理教授直至1962年。精力充沛的他每年开设八门课，以满足莘莘学子的求知欲望。其中一门是州和地方政府，内容枯燥无味，一向难得学生的青睐，连最认真的学生也不例外。他却利用上课的大好时机，安排学生深入社区调查研究，前后历时三年，把小镇奥博林的政治动态、权力结构、行政现状等查得一清二楚。威尔达夫斯基初出茅庐，即成功地把平淡乏味的政治讲座一变而为成果显著的研究项目，令学界对他刮目相看。

1962年，威尔达夫斯基受聘为伯克利加利福尼亚州大学的政治学副教授，转赴美国西岸。他担任政治学系的主任，此后不久，即出掌该校公共政策研究院首任院长。伯克利加大的公共政策研究院在美国学界的迅速崛起，不但是该校引以为豪的重大成功史实之一，更印证了威尔达夫斯基的非比寻常的管理才干和想像能力。

1964年，威尔达夫斯基出版了《预算过程的政治》。该书把预算政治中出现的种种不成文的规则和策略毫无顾忌地详加描述，在学政两界激起轩然大波。他写道，一些政府部门的预算从来就没有作为一个整体经过认真的检查，更没有和其他切实可行的、成本效率更高的方案放在一起，进行比较评价。当官的往往就是闭着眼睛，任意假设，一再核准预算的基础。对一项计划的各个方面的考虑固然重要，但是如何争取得到政府拨款的公正的份额、如何满足各种利益集团和服务对象的要求、如何制定出有适当余量的预算以备送审过程中的不可避免的削减等因素同样是值得考虑的。

威尔达夫斯基认为，不应该把有适当余量的预算一概看成是毫不可取的。它实在不失为用于确立轻重缓急的一种措施。他也认为，其实参与预算过程的各个主角扮演的角色是预见得到的。一个部门的负责人必定关注如何增加对该部门的拨款。预算审查官要突出优先考虑的目标。议会各委员会既要妥善保护纳税人的钱包，又要推动国会的主张，还要在想像中的最终法庭为受忽视的一方争个说法。所以，削减预算和计划预算一样，所持的往往不是一个理性的尺度。惯用的削减预算的程序，像“全面削减百分之十”等，相当简化。

所谓预算过程的政治，其内容可能包罗万象。但是，有一点很清楚，那就是不必去当你兄弟的管家。如威尔达夫斯基所指出的，每一个参与预算的人都是在一门心思盘算着自己的优先项目，这毕竟比叫他把所有人的至爱选择一一仔细斟酌要简单得多，也就是“各人自扫门前雪，莫管他人瓦上霜”。

威尔达夫斯基如实描绘了预算的过程。他意识到这一过程使政府的服务对象和各利益集团的影响得到保障，所以他认为这个过程的政治实质是和美国的政府体系相适应的。正是对决策过程的看法使威尔达夫斯基成为大力鼓吹渐进主义的主要倡导人之一，使渐进主义逐步成为行政决策的一个主要模式。

必须一提的是，威尔达夫斯基对公共行政学的贡献并不局限于行政预算。他的不少述著都涉及到政治学科其他的一些重要方面，如政策分析、政治文化、外交事务、比较政府、总统选举等等。例如，他的《使用公众钱财的私人政府》一书被誉为屈指可数的论英国公共行政的力作之一。有学者认为，正是威尔达夫斯基对政治的热情关注使他终于成为一位知名的政治学教授。他的父母当年语重心长的一席话，他始终牢记心头：政治并不是一种供人观赏的运动；政治是严肃的事业，因为它设定的条件会牵涉到黎民百姓的生死存亡。

尽管威尔达夫斯基工作繁重，他依然承担了大量的校外职责，热心地为学科的发展和公众的利益服务。他当过私人公司的董事长，政策研究学会的会长。他也是布鲁克林大学基金会和耶鲁大学理事会研究生教育委员会的委员。他还先后担任过 17 份学术刊物的编辑委员会的会员。他为不少刊物组织出版过各种专辑，为出版社作过顾问，被选进许多的会员会和顾问委员会，也应邀在各种各样的学术集会及特殊场合发表讲话。

威尔达夫斯基曾被选为 1985—1986 年度的美国政治学会会长。从 1973 年起，他一直是美国艺术和科学学院院士，直到 1993 年告别人世。

威尔达夫斯基曾先后获授母校布鲁克林大学和耶鲁大学的荣誉学位。1988 年意大利历史悠久的波罗尼亚大学建校九百周年校庆之际，他也获授该校的荣誉学位。

威尔达夫斯基著作甚丰。在他生前已经出版了（包括和他人合作）39 本著作和 200 多篇论文。他是这样描绘自己的："每个人都需要有一个途径，以尽己所能地充分表达自己。我已经找到了我的途径。"

第二节　机构与行政预算理论

一、论官僚和权威

有人以为，公共行政学这门学科已经相当发达。威尔达夫斯基对此并不苟同。他着重指出，他对于公共行政学学者们所教授的内容尤为关注。一方面，应该承认，从整个学科角度来说，我们对公共行政的了解要比过去多了很多。当然，这是属于乐观派的看法。另一方面，客观的事实是，我们对有关的许多问题仍然一知半解，不能确切地道出究竟懂得了些什么。

乐观派并不是口说无凭的。在公共行政这一领域，妇女长期以来一直承受着过多的压抑，难有晋升的机会。如何改善这种性别歧视，已经成了公共行政学学界中的一个热门的研究课题。以此为突破口，各种各样探讨如何逐步消除人与人之间的差别的研究项目，如雨后春笋。这些研究的目的在于如何在公共行政的领域中逐步实现男人和女人、白人和黑人、内行和外行、上级和下级等等之间的平等关系。不容置疑，这一新的学术动态极大地影响了公共行政的整体发展。

问题是，正如威尔达夫斯基所指出的，尽管公共行政学学界的研究有了新的转变，但这种转变仿佛是一窝蜂似地涌往同一个方向。信奉权威的人是不会没完没了地讨论当权派的道德作风的。其实，整个官僚机构问题尚多，在那里工作的官僚们也未必总是照他们的上司即民选官员的指示办事。同样，一个人如果满足于现状，便不会去批评充斥行政系统的错综复杂的关系网。

有学者认为，公共行政一直受着双重的束缚，即企业价值和层级结构。威尔达夫斯基则认为，它实际上指的就是效率和官僚体制。他问道：如果把一个组织的层级结构的形式及其对效率的刻意追求一笔勾销，那还有什么行政可谈？① 他又问：为什么从事行政实践的和理论研究的都想要把公共行政得以扬名的主要特点全部阉割呢？去掉了层级结构的组织形式，公共行政还能为一个国家做些什么呢？一个没有权威的官僚制度对它的成员还有些什么吸引力呢？简而言之，威尔达夫斯基问道：对于当代公共行政的最显著的特点，我们竟然会疑信参半，甚至根本就全无信心，究竟如何去解释这种困惑不解？

---

① 理查德·埃里斯，埃仑·威尔达夫斯基.《总统领导的左右为难：从华盛顿到林肯》. 新泽西州交易事务书籍出版公司 1989 年版。

威尔达夫斯基指出，早在马克斯·韦伯为我们提供了关于官僚的经典定义时，他已经着重强调了两大特点：伴随终身制的安全感和对专业的垄断。当然，在美国，由于权力制衡体制的存在，这种垄断从未真正全面地实现。随着政策分析愈来愈受重视，更使这种垄断彻底崩溃。试看全美各地，智囊机构、顾问公司，以及大大小小的政策分析研究院所星罗棋布、人才济济。各州的州和地方政府，数百个国会议员的幕僚班子也是藏龙卧虎之地，拥有众多经验丰富的分析专家。他们或者曾经任职政府部门，或者期待着早日戴上大乌纱帽。他们的知识比起体制内的官僚毫不逊色。更有甚者，那些当官的靠的是多年积累起来的经验，要对付暂时屈居在野的分析家们滔滔不绝的长篇大论，往往只有招架之功而无还手之力。所以，今天的政府官员再也不敢振振有词地声称自己的看法根据十足，指责对他们评头品足的人在吹毛求疵。

威尔达夫斯基也指出，终身制所带来的安全感已经大不如前。原因在于：第一，尽管公务员有其自己的合法权利，但别人也有别人应有的权利，足以与之抗衡。第二，逢到精简机构，万一公务员的所在单位属于被撤之列，他们也难逃失业的厄运。第三，政府组织日趋臃肿庞大，为人诟病。官僚们的种种特权，尤其是上层官员拿着高薪厚禄，还趁因公出差大肆游山玩水，更成众矢之的。这种成天被人指指点点的日子自然越来越不好过。

正如威尔达夫斯基所说，美国的共和党已经变成了一个社会保守派和经济自由派结成的联盟。前者对政府的支持是有限度的，是为了在国际活动和私人生活中进行干预以维护家长制的价值。而这种干预必然使政府官员左右为难，因为层级结构很难在私人生活中发挥它的有限作用。社会保守派当然对此不悦，索性不再视官僚为盟友，不再给官僚的权威以支持。这些保守分子觉得，政府官僚们实际上用权不当：在支持家长制方面出力过少，只是敷衍了事；在校内的宗教祈祷问题上却又大肆反对，不遗余力。至于经济自由派的人士，本来就力主人员精简、少管闲事的小政府，和政府官员一向是冤家对头。于是，保守政党对政府现存权威的支持终于烟消云散。

那么一再自称坚定捍卫政府权威的民主党人的态度又如何呢？威尔达夫斯基指出，他们也已经改弦易辙了。例如，在国防预算的问题上，他们认为五角大楼的官僚们开支太大，还经常闭着眼睛乱买一通。再如，政府的开支中很大一部分是对老百姓个人的付款。民主党人认为，主要的工作也就是用电脑填写支票，程序简单，不需要什么复杂的行政手段，当然也不需要大量的公务员。不过，民主党人之所以改变立场，更重要的原因则是和其党内实力最为雄厚的自由派有关。

自由派并不反对政府多作努力，向社会上处于不利地位的阶层伸出援助之手。对于政府试图扭转现存的种种不平等的努力，他们也表示赞同。然而，他们更希望看到的是，如何从形式上的机会平等逐步过渡到实质上的机会平等。从这点出发，他们认为联邦政府的官僚们对社会上处于不利地位的各种族群其实并不公平。也正因为如此，他们要质疑官僚机构的权威。

问题是，一个没有权威的官僚机构能成得了事吗？威尔达夫斯基认为，追求平等的后果之一是越来越多的族群，包括少数族裔、妇女、儿童、穷人、老人、残障人等等都在提出新的诉求。政府必须加以考虑。从社会良知的角度看，当然无可非议，但从行政要有轻重缓急的角度看就未必恰当。

官僚机构几乎到了四面楚歌的地步了。威尔达夫斯基这么说，并非是夸张其辞。两党的保守派都要削减预算，都想在政府身上开刀。温和派是稳定和平衡的所谓的非正式代表，却是进退维谷，既想挽救政府的基本服务又对政府的巨额赤字深感失望，实在难作取舍。

公务员的日子越来越不好过了。不管政治气候如何改变，不管他们左拐还是右转，总而言之，就是吃力不讨好。叫他们少花钱多办事，他们于是削减开支却遭人痛骂；要他们会议公开，日子由此更是难受，因为意见越来越不好统一，招聘合适的人选或者开除不称职的员工也愈加困难重重。[①]

如威尔达夫斯基所说，公务员要学会如何在互相冲突的要求下生存并不容易。他提了两条建议：一是了解你的敌手；二是了解你自己。他以为，我们至少要摸透竞争个人主义和平均集体主义。

个人主义者们一方面企图用自我约制来取代权威，另一方面又倚仗外界的权威来获取足够的稳定以维持市场关系并对各种分歧作出裁决。针对于此，威尔达夫斯基提出了几个值得深思的问题。第一，让我们看看那些崇尚自我组织、排斥中央权威的国家，它们的经验值得我们借鉴吗？第二，让我们看看那些个人主义者们的言行举止，他们在组织内的表现又如何呢？他们赞不赞成层级结构的各项要求以保证行政的井井有条，如遵守规章、条例，注重表格、礼仪，一切按既定的程序办等等？

至于平均主义者们，他们认为权威必然压制、必然不公，所以断然拒绝。他们相信，集体的决定，固然大家都应服从，但必须经过大家的充分参与，其赞同也必须是自愿的。平均主义者们一方面主张每个个人都是自己的（而且是惟一的）权威，另一方面却又要借助组织的权威来分配资源。威尔达夫斯基问道：平均主义组织的经验值得我们仿效吗？是不是那些组织的成员无需权威也能自动地聚集在一起？平均主义者们声称，人生来是诚实善良的，是邪恶的制度使他们腐化堕落。若是果真如此，他们对自己内部的争权夺利又怎么解释呢？

在威尔达夫斯基看来，政府官员面对的挑战主要来自两大派别：个人主义者和平均主义者们。只有认真研究这两派主张些什么、反对些什么，行政部门的官僚们才不会终日忙着招架，处于被动挨打的困难的局面。

除了知彼，还要知己。威尔达夫斯基指出，层级结构有许多

---

① 赫伯特·考夫曼.《对官僚的恐惧：正在蔓延的流行病》，载自《公共行政评论》1981年第1期。

的类型，所以官僚结构也不会千篇一律。层级集体主义推崇中央领导，主张内部各组分界鲜明，成员受数量众多规定详尽的约束。权威是明白无误的。上文已经提过，平均主义者们将贫困等不幸归咎于制度，个人主义者以为成败与否，应该自己负责，但层级集体主义者则认为那是因为不照章办事自食其果。当然，各种各样的层级结构能否运作良好，既取决于它们的内在结构，又取决于它们的外部环境。有的层级结构是包容性的，有的层级结构是排他性的。就如一栋楼房，不论是富人还是穷人、黑人还是白人，都可以在那里有一席栖身之地，这就是所谓的包容性。又如一家旅店，不能遵守住客章程者不予接待，这就是所谓的排他性。有的层级结构要和别的层级结构互相竞争，也有的层级结构已经取得了权力的垄断。此外，还有种姓层级结构和阶级层级结构。所以，威尔达夫斯基的建议是：公共行政学的首要研究课题应该是官僚体制赖以建立的组织形式。

但是，能不能一方面赞许政府部门，另一方面又贬低官僚体制的基础即层级结构呢？舍弃了权威，又能不能建立起一个有效的官僚体制呢？反过来问，层级结构是不是完成大多数的任务所需的惟一的或者最佳的形式呢？对最后这个问题，当然可以答不。只不过正如威尔达夫斯基所指出的，在作答之前，是不是先要考虑下另一个问题，即能不能并且应不应和层级结构一刀两断呢？

如果是一个稻草人，拿它踢来踢去当然轻而易举。但官僚体制就是另一码事了。所以，没有人说过，要修正层级结构和官僚体制的种种缺点，惟有把它一笔勾销。这也就是为什么尽管实际上很多人确实深信不疑，好像官僚体制腐败透顶，已如朽木不可雕也，大家偏偏要羞羞答答、欲言又止。

威尔达夫斯基郑重地强调说：既然层级结构必不可少，我们就应该开门见山、直话直说。既然承认层级结构有其可取之处，我们就理当在课堂上如实讲授。他也注意到，尽管层级结构可以带来稳定，有利于政策的连贯性、可预见性等等，但是如今很少有人敢满怀热情、自豪地赞美这些优点。为什么呢？威尔达夫斯基相信，一个主要的担心是，如果为层级结构评功摆好，就会被人戴上鼓吹不平等的大帽子。

其实，威尔达夫斯基问道：要是种种不平等的现象都是如此的十恶不赦，官僚体制为什么还会存在？我们又为什么还要支持它的存在？没有人否认，个别政府官员确实受人爱戴。但是，威尔达夫斯基认为，不能把对个别人的支持和对层级结构整体原则的支持相提并论。要看到层级结构的一系列基本原则，包括注重专业化、强调合理分工、讲求专门技能、尊重服从权威，以及安排任务因人而异等等，这才是官僚体制能够与世长存的真正原因。

威尔达夫斯基还进一步指出，实际上社会给公务员们的信息相当模棱两可。一方面，多少公民梦寐以求，希望有朝一日能够跻身公务员的行列。另一方面，人们又往往把官僚体制看作问题的根源，而不是解决问题的办法。当大家意见比较统一的时候，官僚们摇身一变，成了令人羡慕的公务员。当然，批评也还是有，但评的是任务完成得好与不好，而不是指责他们办错事、办坏事。待到风云变幻、各种意见相持不下时，公务员又恢复成官僚们，成为别人争吵的替罪羊。

威尔达夫斯基提醒我们，要知道为公众服务其实是最困难的，因而也是最崇高的服务。为公众服务也是最必需的服务，因为如果失去了对社区的尊重，也就失去了对个人的尊重。

二、论行政预算

威尔达夫斯基早就说过一句名言："预算就是预测。"他认为，所谓预算，就是设法把预算文件上说的话、标的数字和人们今后的行为之间的联系一一地具体化。至于预算作者希望看到的行为是否真的变成现实，则要有待日后的观察才知分晓。

威尔达夫斯基还说过："预算就是把财政资源转化为人类的目标。"由于资金有限，预算实际上就成了分配资源的一个手段。

如果重点落在如何靠投入的一定数量的金钱来获取最多的回报，或者以最低的代价来达到预期的目的，预算实际上就成了追求效率的工具。提出的预算可以代表一个组织的期望，在预算中列举该组织计划付出的各项开支，或者标明该组织在顺利的情况下预期的收入。

实质上，预算提案是一种战略，它可以通过如何在各项活动之间分配资源来有力地支持该组织达到既定的目标。要指出的是，参与预算过程的每一个人都经历了一个互相交流的过程，既要了解其他参与者的意愿，又要让别人明白自己的想法。预算也因此成为互通信息，收取回馈的交流网络。此外，一旦预算付诸实施，就等于立下了先例，大大增加了今后这个项目再获拨款的机会。①

正因为如此，威尔达夫斯基把预算称为通过政治的途径来分配财政资源的一种努力。他说道："如果政治是一场为在决策过程中能占上风的斗争，那么预算就是这场斗争结果的记录。"他又说道："如果把各种组织看成是各种政治联盟，那么预算就是它们为互相冲突的目标争执不休，大搞私下交易，你追我赶地为各自的利益奋斗的场合。"

所以，威尔达夫斯基认为，从这个角度来看，观察预算的全过程将有利于对政策制定的分析。具体原因有三：第一，预算为研究提供了很多的机会。第二，预算提供了翔实的数据。此外，预算过程中的必不可少的各种交易从根本上解决了检验假设要面临的一个最头痛的问题：没有一致的意见。正因为如此，人们一直在千方百计努力收集各国政府、各级政府，乃至私人企业的预算资料。而到目前为止，我们对无论哪一个国家的预算的详细过程仍然知之甚少，有关预算的一些分析大都停留在内容的介绍或者语调的猜测上。话虽如此，威尔达夫斯基还是相信，尽管对不同制度下的预算行为只是略知一二，这些宝贵的材料足以显示，

① 阿瑟·斯密西斯.《美国的预算过程》.纽约麦格·罗希尔出版公司1955年版。

表面上预算的形式和结构可能各不相同，但它们却可能在许多重要的方面有相似的地方。

威尔达夫斯基认为进行预算有三条基本的方法：一是简单明了；二是循序渐进；三是注意预算参与者的期望。先看第一条。他认为，参与预算的人可谓肩担超负荷的重任，惟有化繁为简才能行事。他们通常都是小步前进，逐点积累经验，留意对自己决定的反应，并以此来衡量效果如何。有些问题容易理解、比较简单，他们就采取主动，并以此作为如何对付棘手问题的参考。万一尚无法对政策直接进行评价，他们至少会试着对项目负责人的能力大小作出判断。看准合适的时机才开始某些新的项目实际上也是调节整个开支的一种简化办法。控制开支还可以通过“按比例分配”来实现。例如，每收入一个美元，有关部门只能花上百分之几。威尔达夫斯基指出，一些工业企业就是以总销售额的百分比或者纳税前资产赢利的百分比来规划它们的预算的，也有组织以雇员的数字作为限制支出的战略控制点。①

再看第二条。威尔达夫斯基强调，循序渐进是预算过程中最为至关紧要的一项手段。他指出，任何预算都不会全盘地评定现有项目的价值，并和所有可能的方案一一比较。通常新一年的预算都是以去年的预算为基准，略作增减。所以说，任何预算，其最大的组成部分实际上都是以往一些决定的结果，留给预算官员的活动余地相当狭隘。1911 年，一位英国财政部的官员曾经警告说，不要养成习惯，“把每一年的估算作为下一年度的起点”。遗憾的是，这一习惯早已根深蒂固，积重难返了。如威尔达夫斯基所指出的，今天无论是加拿大的大省份或者是美国密西根州的小城镇，都毫无例外地采用循序渐进的预算方式。②

---

① 伯恩·哈德索德，格兰·威尔绪．《企业预算：对管理计划和控制实践的调查》．纽约主计基金会出版．1958 年版。

② 托玛斯·克列斯巴赫．《预算过程中的密西根州的市府经理》．安阿伯密西根市政联盟出版 1962 年版。

最后看第三条。威尔达夫斯基指出，循序渐进是以现有的基础为出发点的。所谓“基础”指的是预算参与者们普遍希望，即各项计划都可以在大致上接近现有开支的水平的情况下予以实施。所以，预算的基础其实也就是指各项计划中能为大家接受、不必经过反复讨论、再三斟酌的部分。应当指出，为了多获得一点拨款，很多单位都在你争我夺。它们对于自己的一份应该增减多少才算公平，都已心中有数。尽管由上而下的预算系统似乎缺乏通盘考虑，但正是这些早就打好的腹稿为预算系统的协调和稳定提供了一种虽非正式但却有力的手段。①

威尔达夫斯基以为，如何在预算过程中进行协调，一个好办法就是分工合作、各司其职。以美国联邦政府为例，各政府部门大多一门心思只想要求增加开支。预算局代表总统，往往倾向于削减支出。众议院拨款委员会的主要作用是充当财政部的守护人，而参议院的拨款委员会就好比是上诉法庭，各政府部门对众议院的行动有什么不同意见，可以到那里去请求裁决。威尔达夫斯基相信，正是类似的分工合作构筑起一个兼顾到彼此利益的预算模式，大大地减少了参与预算的各方人士的工作负荷。

值得一提的是，在世界各国的立法机构中，财政部监护人的角色并不多见。在荷兰，那些主管财政事务的立法专家们，经常通过增加拨款来维护他们主持的政策领域的利益。第四共和国时期的法国也不例外。究其原因，可能有二：一是议会的拨款委员会有没有实力足以影响最终的结果；二是这个国家有没有具备相应的文化价值观和立法的传统习惯，主张对官僚的财政监督。此外，有些国家如墨西哥等，总统手操完全的预算大权，又身兼执政党的党魁，或者在英国，对党的责任高于一切。在这些国家，议会的立法委员会当然势孤力单，心有余而力不足，在预算的舞

① 克理斯·阿加理斯.《预算对人民的影响》. 纽约主计基金会出版 1952 年版。

台上唱不了什么好戏。①

行政部门究竟要求多少拨款才是合适呢？要得太多，拨款委员会会觉得太不合情合理，这些部门的信用就会因此大打折扣，以后即使申请不多，获准也不会那么容易了。所以，威尔达夫斯基提议的第一条要领是：切忌操之过急，一开口就讨大钱。但是说时容易做时难。如果申请拨款时过于小心翼翼，别人又会误为这个部门其实并不需要拨款。怎么办？威尔达夫斯基提议的第二条要领是：可以多要一点，但不可要的太多。多要一点，以备审批时克扣不会造成太大影响。但又不可要的太多，以免有关方面就此生出成见，失掉信任。问题是如何才能把握好分寸呢？政府部门的那些有经验的领导们通常都会密切注视周围的动态，如去年的经验、议会的投票、行政当局的政策声明、实地调查的报告，等等，然后再报上一个比希望得到的略高的叫价。

至于美国联邦政府的预算局，它的任务是协助总统实现他设定的目标。预算局的具体作法则以削减为主，其原因十分简单，政府的各个部门一向惯于报大数、要大钱。由于美国的国会向来对总统提交的预算都是以“砍”为主，政府各个部门最多也只能满足于预算局报上的拨款数额。事实上，美国政府的财政大权一直操纵在国会的手中。所以，如果预算局的提议一再地被国会否决的话，各政府部门自会察言观色，越来越不把总统预算当回事。有鉴于此，预算局也是经一事长一智，多半会在规划预算时留意遵循国会的一贯行事准则。事实证明，在相当多的问题上，预算局基本上都是跟着国会的步子走的。②

为了决定一些具体的项目到底应该建议拨款多少，众议院的拨款委员会又分成几个独立的小组。威尔达夫斯基注意到在这些小组之间一条广为尊重的原则就是互惠互利。这些小组的另一个

---

① 罗伯特·斯格特．《墨西哥的预算制定》．载自《美洲经济实务》1955年第9期。

② 威尔达夫斯基．《预算过程的政治》．波士顿小布朗出版公司1964年版。

特点是成员对各自负责的领域比较熟悉，专业性较强。此外，这些小组在规划预算时都采取渐进的方式，以有关部门的历史基础为参照点略作调整。对这些小组的成员而言，他们参与的预算只是对现有计划在财务上稍作修改而已，完全不存在对基本的政策选择要重新考虑的问题。

对于政府部门而言，确定了预算的目标之后，下一步就是进行战略计划。美国联邦政府的预算官员都一致相信，在争取预算的过程中，与其一味追求效率，不如在以下几方面多花功夫。一是培养积极的客户基础；二是努力赢取其他官员（特别是拨款小组委员会成员）的信任；三是注意充分利用各种机会。客户基础好，为之服务的部门就有了充足的理由要求加钱加人。客户还会为该部门作免费宣传，在其他官员面前为其评功摆好。拨款委员会在预算问题上位高权重，由于预算的各种考虑错综复杂，这些委员们在绝大多数的情况下只能假定上报草案的数字的确真实无误，所以他们要求各政府部门的预算官员办事诚实正直。一旦这些委员们发现自己上当受骗，不但部门的预算官员要丢掉乌纱帽，该部门也难逃一年不如一年的厄运。①

另外，上报预算还要考虑时机、环境和地点。根据威尔达夫斯基的观察，有的政府官员会故意表示受节缩开支的压力不得已只能在一些最受大众欢迎的项目上下手，引起舆论轰动，结果拨款得以分毫未减。为了大幅增加预算的基础，也有人在适逢危机时抓住机会提出新的项目以求达到目的。还有一个特别值得注意的策略是把开支一分为二，变成基本预算和费用预算两个大类。威尔达夫斯基认为，由于美国的意识形态对赤字的大小和增长相当注重，引进基本预算通常会有助于大幅增加开支。

任何政府部门都希望在一个良好的环境中生存，换句话说，就是希望服务对象和其他有关的政府部门能够不断地从政治上给予支持。对政府部门的领导们而言，如果上报的预算草案老是被

---

① 威尔达夫斯基.《预算过程的政治》. 波士顿小布朗出版公司1964年版。

否决的话，他们就会失去对自己组织的控制、被撤掉官职、自己一手创立的政策会被推翻，甚至整个部门被解散。为了避免出现这种局面，他们一定要拿得出一份像模像样的成功记录，以维持组织内外关键人物对其的信任。所以，他们必须要认真考虑假定自己处于那些关键人物的地位时会采取什么行动，然后再注意观察，看上报不同的预算草案时，国会和预算局的态度、反应又有什么不同。

三、论预算改革

由于政治体系的种种不合理，整个预算的过程不可能面面俱到，于是对预算的攻击接二连三，要求进行预算改革的呼声更是此起彼伏。威尔达夫斯基认为，在美国改革一向被尊为一种崇高的传统。但他也意识到，如果改革光是着眼于预算，成功的机会微乎其微。他指出，尽管目前的预算过程有很多令人不能满意的地方，但问题的关键还是在于政治体制的某些方面而不是预算本身。他问道，如果对如何改变政治影响力的分配一字不提，就对预算进行大刀阔斧的改革，岂不就是天方夜谭？实际上，试图改变政治影响力的分配又谈何容易！也正因为如此，大多数人宁愿避重就轻，以为小修小补或许也可以慢慢地带来些新的变化。

其实，如威尔达夫斯基所说，一方面，预算和政治体制之间的联系可谓千丝万缕，这是有目共睹的不争事实。另一方面，有关预算的一些文章却至今还没有能真正地认识到这一事实的许多内在含义。比如，很多人就没有能清楚地意识到，作出根本性的政治改变是最能影响预算的途径。具体而言，如果增加总统的权限，使他可以一手控制国会中他所属政党的所有议员的票数，或者让少数国会议员在任何场合都能掌握住多数票等等，那么这么一来，就可以对预算发挥重大的影响。

预算和政治体制之间的联系可谓千丝万缕。这一事实也意味着：在不触动政治过程的情况下是不可能对预算过程作出任何重大的改变的。对着预算机器作些零碎的修补，而决定预算的模式却一如既往，用威尔达夫斯基的话来说，这样做是毫无意义的。反过来看，如果预算改革终于成功地导致了新的不同的预算决定，这必然意味着各种政治力量之间的较量对比已经旧貌换新颜了。当然，各种政治力量的此消彼长与能否明白无误地提出并成功地捍卫新的价值有着密切的关系，但是威尔达夫斯基一针见血地指出，这一点正是许多关于预算改革的建议所缺乏的。①

预算和政治体制之间的联系这一事实还意味着：如果不考虑清楚哪一方会因之而受益、受损，或者未能证明没有人受损，一个预算是决不能标榜为较好的预算的。实际上，所谓较好的预算背后很可能就藏有一些秘而不宣的政策目的。例如，建议总统享有预算的单项否决权，其实是那些和美国首席行政长官过从甚密但与国会关系平平的某些利益集团想增加自己影响力的一种企图。

威尔达夫斯基相信，对预算的研究应该从两个角度进行：既要注意理论上的探索分析，又要着重改革实践的讨论。他相信，在实施改革之前，应该事前掌握一点理论方面的知识。只有当对有关预算的理论有了充分的了解，对各自的政治体制下的现有状况有所认识，才可以避免出现重大改革的提案缺乏根据的可悲局面。他说道，假定一份提案会改变现存的各种关系、或者会禁止某个政府部门以对其最有利的方式来展示它的计划、或者会改变人们对参与预算的关键人物的期望、或者会影响到某个部门是否能获得应有的拨款，这份提案所造成的很多后果往往是我们难以事先预测到的。当然，威尔达夫斯基也相信，在某些情况下，在切实可行的小范围内放慢步子，搞些改革的试点也未尝不可。

威尔达夫斯基认为，研究预算在一定的程度上就是研究政治。由于不可能一下子研究所有的东西，所以如果把研究集中到预算的决策上来，将为研究政策的制定提供有利的但又长期被忽视的途径。简言之，不但预算离不开政治，而且研究预算也有利

① 威尔达夫斯基.《如何限制政府开支》. 加州大学出版社 1980 年版。

于对政治的了解。在考虑预算改革的问题时，威尔达夫斯基的意见同样地具有重要的参考价值。①

第三节　分析与评价

威尔达夫斯基虽然长于公共行政的预算研究，但他一生的著作却充分地显露了他对整个公共行政学的热忱关注和巨大贡献。

如何评价官僚体制和层级结构，是长期以来在学界中争论不休的一大问题。威尔达夫斯基在这个问题上的立场相当鲜明。他认为，尽管官僚体制和层级结构有这样那样的弊端，但应该承认这个结构还是有其可取之处，即它为行政带来稳定，有利于政策的连贯性、可预见性。此外，也应该看到这个结构之所以能一直存在的真正原因，即它遵循的一些基本原则，如注重专业化、强调合理分工、讲求专门技能、尊重服从权威，以及安排任务因人而异等等。

威尔达夫斯基也认为，社会上对公务员的态度反反复复、时好时坏，公务员名声不佳，社会也要负上一点责任。显而易见，他为官僚体制、为公务员的遭遇很抱不平。美国的政治文化基本上是反权威，反官僚的。在这样的背景下，威尔达夫斯基提醒我们应该对官僚体制、对权威、对公务员有个客观的看法，是可以理解的。

但是，我们也应该在看到官僚体制、层级结构的有用之处的同时，不要忘记这个结构必然会造成的各种毛病。正如不少公共行政学学者一再提到的，官僚体制其实是一个没它不行的恶魔。

作为一个预算权威，威尔达夫斯基把预算简单明了地称为“预测”。他又直截了当地指出，预算的目的是为了把财政资源转化为我们期望的目标。更重要的是，他清楚无误地阐述了预算和

---

① 威尔达夫斯基，迈可·波士金.《联邦预算：经济和政治》. 三藩市 ICS 出版公司 1982 年版。

政治之间的关系。如他所说，政治这一仗为的是在决策中占据上风，预算则是这一仗结果的记录。虽然威尔达夫斯基讲的是公共行政中的预算，实际上，他的说法也适用于其他领域的管理中的预算。

威尔达夫斯基把预算的基本方法归纳为三条，即简单明了、循序渐进、注意预算参与者的期望，可以说是易懂易学。值得我们注意的是他称为“至关紧要”的第二条——循序渐进。循序渐进有其优点，但不等于十全十美。应该说，循序渐进方便预算的制定，有利于政策的稳定、持续，但它的基本实质是倾向保守，以维持现状为主要目的。

有趣的是，威尔达夫斯基一方面为注重效率的官僚体制打抱不平，另一方面，在争取预算的问题上，他又主张与其一味追求效率，不如多花些功夫在公关上面。乍看起来，似乎有点自相矛盾，实则不然。威尔达夫斯基建议努力的几个方面，如培养客户基础、争取同僚信任等等，表面上好像在拉关系，实际上却是在为预算的顺利通过打基础。这个道理，应该不难理解。

在预算改革这个问题上，威尔达夫斯基可以说是一针见血，指出预算过程中存在着种种不能令人满意的地方，但是问题的关键还是在于政治体制的某些方面，而不在于预算本身。想要大刀阔斧地改变预算的过程却又连政治体制的一根毫毛都不敢触动，这样的改革，只能是纸上谈兵。这一说法，和他认为预算和政治两者密切相关的思想是一脉相承的。

不过，人们还是会问道：如果威尔达夫斯基认为预算的改革非触及政治体制不可，这也就意味着大的社会动荡可能在所难免，那不又和他主张的循序渐进的目的背道而驰吗？如何既通过改革不断改进预算的过程，又注意保持行政的持续稳定、社会的和谐安宁，始终是公共行政学界需要认真探讨的一大问题。威尔达夫斯基的很多观点，不但为我们在这一领域的进一步探索提供了良好的基础，更为我们的深入研究提出了新的问题。

第三编
当代公共行政学说

把20世纪80年代以后作为一个阶段，主要是西方的政府自那时起进入了一个较全面的改革过程。这一改革声势浩大、范围广阔，形成了后来被称之的“新公共管理”。新公共管理的理论基础有二：一是泰罗的管理主义，二是公共选择理论和新制度经济理论。布坎南的公共选择理论以及政府理论拓展了行政学研究的一个全新空间；诺思的新制度经济理论，他涉及的对国家制度和政府职能的分析，尤其是他的制度变迁理论对行政改革和发展具有极大的理论价值；卡斯特的系统权变理论是从系统观点出发对组织进行了精当分析；沃尔多和凯登作为有影响的行政家全面地阐述了对当代一些行政问题的看法。

这一时期的研究特点在于多学科的交叉渗透，尤其是用经济学理论来分析公共行政问题成为一个明显的特征。行政学研究的思路被进一步拓宽，政府的作用和发挥作用的手段成为一个主要的研究领域。此外，理论付诸于实践，并取得了较好的结果，也是这一时期的一个特点。在方法论上，这一时期的研究方法逐渐地从实证方法转向理性选择方法。

第十四章　沃尔多的折衷的行政观

第一节　生平与著作

1913年9月28日，德怀特·沃尔多（Dwight Waldo）诞生于美国内布拉斯加州的杜维特。

中学毕业以后，沃尔多就考进内布拉斯加州州立师范大学。1935年，他获得学士学位，想找一份教职工作。可惜生不逢时，正值经济大萧条席卷全美乃至全球，他的求职努力到处碰壁。在失望之余，他毫无选择，勉强接受了内布拉斯加大学一份半工半读的差使，一边帮教授批改学生的论文，一边攻读政治学硕士学位。

1937年，沃尔多时来运转，三喜临门。这一年，他得了硕士学位，和葛文·佩恩共结连理（他们夫妇俩一共生了三个女儿），还拿到了耶鲁大学的奖学金，步入名牌学府的校门。在政治学系，他主修政治思想史，1941年起还在系里开过一年的课。1942年，他获授博士学位。

沃尔多在耶鲁大学撰写的博士论文初时的题目是“关于在民主的传统中专业知识的一些理论”，原意主要是探讨在多大的程度上民主应该服从专业知识。但是正如许多别的论文一样，在写作的过程中，论文的目的和范围往往会不断改变，甚至与原先的设想大相径庭。沃尔多也不例外。尽管他的论文的重点还是政治理论，完稿的论文中大量的篇幅却是在讨论公共行政。之所以他的博士论文内容会出现这样的变化，主要原因在于他发现了公共行政其实是一个孕育理论的主要摇篮。由此，他一改初衷，致力于揭示公共行政的理论。

有趣的是，沃尔多对公共行政并没有什么亲切的感情。用他自己的话来说，有的只是一种“恶意，甚至蔑视”。他把公共行政看作是一种低层次的职业，日常处理的问题不外乎数数阴沟盖等，可谓相当世俗，不登大雅之堂。虽然他仍认为公共行政和政治理论是应用理论连续的两极，他还是把公共行政作为研究政治理论的一个部分，目标则是为了证明政治理论与我们密切相关、用途广泛。

沃尔多自己承认，在这种态度的影响下完成的博士论文，亦即后来出版的成名作《行政国家》，实在“放肆傲慢，自作聪明，心怀敌意”。[①] 他坦然地解剖自己道：“我过于玩味讥讽和矛盾。有时候言之有据的批评却因此演变成措辞不当的揭发。”[②] 就连出版商也觉得沃尔多有点过分，忠告他不要树敌太多，以免早早断送自己的大好前程。该书于是削去了不少棱角。即使如此，在相当长的一段时间里，他在公共行政学学界里还是逃不脱四面楚歌的境地。问世将近十年以后，《行政国家》一书才开始逐渐为人赏识、受人尊重。

《行政国家》一书从构思到出版费时长达 8 年。在这期间，沃尔多有关公共行政的思想和态度已经起了实质性的变化。1942 年春，他婉言谢绝了去大学讲授政治理论的邀请，奔赴美国联邦政府的所在地首都华盛顿。从那一年起，他在联邦政府的价格管理局当了两年的分析师。之后，他又跳槽到联邦政府的预算局当了两年的价格分析师。沃尔多认为自己这一段时期表现平平，对此一直耿耿于怀。在外人看来，则是塞翁失马、焉知非福。正是在政府部门 4 年的宝贵经验促使他开始了再社会化的过程，从此以后，公共行政而不是政治理论成了他的终生事业、功成名就的天地。他曾经写道，为政府打了几年工以后，他对政府管理的困

① 沃尔多.《重访行政国家》. 载自《公共行政评论》1965 年 3 月第 1 期。

② 沃尔多.《行政国家》第二版. 纽约罗纳德出版公司 1948 年版。

难有了了解，对行政官员的处境深表同情。他确信，没有在政府部门工作的经验，就没有资格去教授政治学。

第二次世界大战结束不久，沃尔多应聘前往伯克利加利福尼亚大学讲授政治理论。走马上任以后，他开设的政治学课程包罗万象，惟独没有政治理论课。与此同时，他发现自己对公共行政学的兴趣与日俱增。他越来越觉得，公共行政学才是他衷心所爱。在伯克利，他参与建立了公共事务研究院。他也参与将大学的公共行政局改组成为政府研究院，并从1958年起在该院担任了长达9年的院长。与此同时，他对公共行政学的兴趣日益广泛。接触了德国学者韦伯的著作后，他萌生了对比较行政学的兴趣，并早在20世纪50年代初就开过一门“比较全国行政”课。他还远渡重洋飞往意大利，参与一个目的旨在改进该国行政的项目。如他所说，正是这次赴欧的经历使他有机会把行政“原则”的种种局限、弊病看个一清二楚。20世纪60年代初，沃尔多开始积极参与美国公共行政学学会属下的比较行政小组的活动。

经过了将近十年的“知识流放”，学术面貌焕然一新的沃尔多终于以主角的身份登上了学术管理的舞台。在政治学方面，从1957年到1960年，他先后担任美国政治学学会理事和执行委员会委员。1961年，他被选为该学会副主席。此外，在1959年至1963年间，他还是美国政治学学会机关刊物《美国政治学评论》编辑委员会委员。在公共行政学方面，他担任过美国公共行政学学会的理事以及《公共行政学评论》的编辑委员会委员。自1966年起，他担任该刊物的主编长达11年之久。自1963年起，他一直是《行政科学国际评论》的编辑委员会委员。

在伯克利加州大学任教期间，沃尔多对公共行政学的兴趣越来越浓、越来越广。与此同时，他对政治学日趋淡漠。到了1967年，他自称兴趣别移，越发热衷于社会学、企业管理以及组织理论。他觉得，与政治学相比，这些学科与公共行政学的研究课题要更为密切。此外，他对政治学的学术环境也颇有微辞，认为政治学界容不得他的兴趣爱好。一怒之下，沃尔多辞去加大教职，转赴位于纽约州的西拉库斯大学，担任政治学教授并兼任该校马克斯维尔公民和公共事务学院的阿尔伯特·舒怀策人文科学教授。可以说，他对西拉库斯大学和马克斯维尔公民和公共事务学院推崇备至，认为公共行政学在那里能够获得应有的尊重，是当时美国的高等学府中的异数。在西拉库斯大学任教期间，沃尔多先后担任过全国公共事务和行政院校协会的副主席和主席。1979年，他正式退休，并获授西拉库斯大学名誉退休教授的称号。实际上，他退而不休，又到斯密森博物馆（即美国国立博物馆）的伍德罗·威尔逊国际学者中心工作了两年。此后，尽管年事已高，他仍然老当益壮，积极参与学界的各项活动。

沃尔多的一生事业成果杰出，获奖甚多，包括意大利波落尼亚大学授予的银质奖牌、内布拉斯加大学的荣誉博士学位、国际城市经理协会荣誉终生会员、美国公共行政学学会颁授的威廉·莫舍奖和拉凡·伯奇非尔德奖、伯克利加州大学的伯克利荣誉奖。此外，他还是许多学术组织的会员，这些组织包括国家公共行政科学院、美国公共行政学学会、美国政治学学会、美国促进科学学会、国际行政科学学院，以及国际政治学学会。

第二节　折衷的行政观

一、论公共行政学古典学派

沃尔多的大部分著作都是在探索公共行政学的历史。所以，在讲述他有关公共行政学的主要观点之前，让我们先回顾一下他对公共行政学历史的概念和评判。

沃尔多一再强调，公共行政学并非创始于20世纪。在此之前的几百年中，人类已经发明了一系列的行政技术，而政府部门则是在不久前才对这些技术的应用和改进作了许多重要的贡献。当然，他也承认，到了10世纪下半叶和20世纪初，已经开始了有意识地展开公共行政学的研究，美国也成为了一个行政学研究的中心。当时有几股力量导致了这门新生学科的发展并初具规模，但是在沃尔多看来，决定公共行政学特殊内涵的主要因素是美国国内的改革运动和所谓的“进步时期”。那段时期特别强调行政领导、公务员制改革、公民意识教育，以及通过科学调查来揭露行政管理的效率低下。这些特点后来逐步融合在一起，演变成如今广为人知的公共行政学古典学派。

沃尔多认为，在公共行政学学界独霸天下直到20世纪40年代的古典学派有五大基本特点：第一，承认并接受政治/行政两分法；第二，赞同有一个通用的管理方向；第三，通过科学分析寻找行政管理的原则；第四，强调行政权威应该集中；第五，致力民主。

先看古典学派的第一个基本特点。古典学派认为政治和行政是两码事，两者应该分开。沃尔多认为，总的来说，古典学派的创始人赞同将政治和行政一分为二，把行政视为一种政治不应介入的专业，并主张加强首席行政官的权力以抵消行政部门的离心力。①

再看古典学派的第二个基本特点，即私人企业的管理技术也适用于政府管理。沃尔多认为，公共行政采纳了私人企业的管理程序和管理思想。应用企业管理的模式实际上是舍弃各种权力的平衡，提高首席行政官的作用，强调必须要实施层级控制，推行业绩制，以及像企业那样预算操作。②

古典学派的第三个基本特点是寻找出一门行政科学。在这一点上，古典学派所持的态度相当现实。它认为，只要对行政实践进行科学的研究就会发现行政的基本原则，从而建立起一个有效率的政府。③

---

① 沃尔多.《行政国家：对美国公共行政的政治理论的研究》. 纽约朗诺德出版公司1948年版。

② 同上。

③ 沃尔多.《公共行政研究》. 纽约兰登出版公司1955年版。

古典学派的第四个基本特点是强调行政首长集权的重要性。具体作法是：集中；简化；统一。目的则是集中责任，通过实施较强的层级控制来强化首席执行官的权力，取消多余的部门，以提高效率。①

古典学派的最后一个基本特点是致力民主。所谓民主，指的是实质上而不是程序上的民主。要实现民主就要建立起一个能够为人民的需要服务的，想人民所想的，坚强有力、敢挑担子的政府。②

古典学派的学者自称，他们并没有就价值、意识形态和哲学高谈阔论。但是沃尔多却认为，这个学派对公共行政的看法在上述这三方面都有强烈的主张。首先，在价值方面，他们鼓吹个人主义和现实主义，提倡平等，赞成和谐而不是冲突，相信都市生活的优越性，并视科学为人类取得进步的首要工具。正是这些主张有力地支持了现存的政治秩序。

其次，在意识形态方面，古典学派推崇民主的"美国使命"的思想，提倡法治，坚持进步和改革，鼓吹效率第一，并相信专业知识是民主的统治阶层赖以建立的基础。所谓"美国使命"，说的是"先于其他民族看到民主，并将自由平等的民主理想和物质的祝福传遍全世界各个民族"。要完成这个使命就一定要先建立起一个高效率的政府。古典学派提倡法治，其具体表现就是他们寻找行政原则的努力，相信这些原则能够反映出更高的法则和人类的根本的道德秩序。在沃尔多看来，古典学派对基本法的信念带有改革运动中新教徒的气息。他们还以为，建立一个有计划的妥善管理的社会，就可以取得进步。他们鼓吹效率第一，实际上是企图调和传统的民主机构和新的行政技术之间的矛盾。在他

---

① 沃尔多.《行政国家：对美国公共行政的政治理论的研究》. 纽约朗诺德出版公司 1948 年版。

② 小约瑟夫，尤佛基斯.《公共行政的尺度：入门读物》. 波士顿霍尔布鲁克出版公司 1971 年版。

们的眼里，组织和行政的效率提高了，就可以建立起一个能够想大众所想、敢负责任的、更好地为大众服务的政府。要达到这个目的，一是要掌握科学知识，二是政府部门要有大量的专家。正如古典学派所极力主张的那样，要建立起专家理政的统治阶层，让这些人行使政府的权力以保障民主。总的说来，沃尔多的结论是，早期公共行政学的学者尽管自称已经与政治理论学科分道扬镳，其实仍然摆脱不了政治理论学科的影响。

最后，在哲学方面，古典学派对公共行政的看法有浓厚的哲学色彩，其主要内容是现实主义、功利主义和实证主义。现实主义反映在对效率的强调；功利主义反映在所追求的“最大多数人的最大幸福”的目的；实证主义则反映在反对采用无形的标准。

在回顾沃尔多对古典学派的分析时，理所当然地应该看看他对马克斯·韦伯的评价。沃尔多认为，韦伯已被人视为传统体制的创建人、潜在的行为学者，甚至是一个披上伪装的形而上学理论家。虽然沃尔多承认上述这些看法有点道理，但是，他最看重的是韦伯关于官僚结构的概念。在沃尔多看来，那是人类对于正式组织的最重要的声明。在沃尔多的心目中，韦伯是一个天才人物。韦伯成功地把官僚结构这一概念和人类的历史、经济生活、技术发展、政治哲学、社会结构及社会过程联接在一起。简言之，韦伯把官僚结构的发展和人类文明的发展联接在一起。在这一点上，沃尔多和韦伯两人可以说是心有灵犀一点通。不过，沃尔多对韦伯的官僚结构说并没有全盘接收，对官僚组织是否可取很有保留。

总的来说，沃尔多对古典学派的评价是好坏参半。下面谈的是他对古典学派的批判和评论。在政治/行政两分法这一个问题上，沃尔多认为，将两者一分为二，既不符合客观现实又不会如预期的那样改进行政行为。依他所见，这种两分法的目的是让民选官员负责制定政策、让行政官员负责执行政策，以此分工来解决官僚和民主之间的矛盾。按照古典学派，民主意味着能够对公众的需要迅速作出反应，而要做到这一点，靠的就是一支专家队伍。沃尔多对此不敢苟同。他以为，在古典学派时期的公共行政只是在表面上奉承民主的理想。口头上，民主被视为令人向往的目标；实质上，民主根本就不是行政部门所首要关心的问题，和效率第一的原则更是背道而驰的。古典学派运动对所谓的“离心民主”口诛笔伐，目的是推行自己设计的所谓“向心”民主。具体的作法就是把政治和行政一分为二，通过中央集权来提高行政效率。①

古典学派也试图通过政治/行政两分法来解决价值的问题。他们以为，政治体制必然建立有它的价值并为行政部门确定要达到的目标。沃尔多觉得这种说法口是心非。人们本来期望行政科学可以指导更广泛、更复杂的现象，而这种说法根本就忽视了人们对行政科学的期望。沃尔多指出，古典学派的学者们提出的真正的问题其实不是政治应不应该和行政一分为二，而是在多大的程度上行政的功能可以介入决定价值和政策。可惜的是，长期以来古典学派的学者们始终提不出一个令人满意的答案。那么沃尔多对这个问题又是怎么看的？他相信，应该提倡一种新的哲学，这种哲学的中心是鼓励包括政治权力和行政权利在内的各种权力互相合作，而不是唆使它们互相争斗。②

对古典学派鼓吹的组织模式，沃尔多同样地持批判态度。他既不赞同他们过分强调组织间的共同点以及所谓的通用原则，也对其组织理论的过于理性的偏向不以为然。他指出，为了寻找各组织之间的共同点，古典学派的组织理论根本就忽视了各个组织自己本身的特点，而这些特点正是“行政的”要素。沃尔多认为，每一个组织都应该根据其目的而不是根据所谓的通用原则来确定自己的结构，每一个组织的形式和过程也应该能够与这个组织所面临的特定环境相适应。遗憾的是，古典学派的组织理论闭

---

① 沃尔多.《行政国家：对美国公共行政的政治理论的研究》. 纽约朗诺德出版公司1948年版。

② 同上。

门造车，设计了一大堆组织形式和过程，实际上都是不能适应具体的特定情况或者不断变化的环境。即使有些古典学派的原则是以实验的观察为基础的，确实把真实的情况告诉了我们，这也并不等于说，这些原则就成了指导我们一切行动的准则。最后，沃尔多还指出，古典学派对各种组织的非理性、非正式的方面完全视而不见。韦伯对官僚结构的构想就是一例。在沃尔多看来，韦伯过分地强调了官僚结构的有用的一面，但却忽视了组织的非正式的、社会情感的另一面，认为职位高于知识，是层级权威的基础。

沃尔多也指责古典学派的学者们伪装科学。他认为古典学派的行政科学主要倚仗“事实的堆砌”，他们提出的所谓原则其实不过是一些常识的延伸而已。对古典学派学者们的动机，沃尔多尤为不满；对他们能否建立起一门行政科学，他很有保留。他相信，公共行政学涉及到人的思想、对人的评价，光靠一些科学技术是不够的，因为人类的自由意愿使机械因果的原则往往无从适用。当然我们不能因此就断言沃尔多认为科学无用，即使他不相信可以建立起一门行政科学，他还是主张要有一种科学精神，起码可以让科学调查适用于行政的某些部分。

二、论公共行政

多少年来，如何给公共行政作出一个确切的定义，一直是一个困扰着许多学者的问题。沃尔多也不例外。他认为其实我们还没有确立一个好的公共行政的定义，或者说也许有一些简短的定义还算不错，但是却很难找到好的简短的解释。而如果试图用一个句子或者一个段落来给公共行政下定义的话，除了使人精神麻痹之外，是不可能达到任何开导或激励的作用的。

那么沃尔多又是怎样来得出他自己的公共行政的定义呢？为了找到问题的答案，他首先考虑的是如下几个问题：第一，行政是一门艺术还是科学？第二，行政是属于实际行动还是学术研究？第三，行政的含义是什么？第四，公共的含义是什么？

行政究竟是艺术还是科学？沃尔多认为问题的产生在于提出问题的人各有侧重。有一部分学者和行政人员对自然和物理科学的成就印象深刻，十分崇拜，于是坚持要把公共行政学定位为科学。另一部分学者和行政人员则对于具体行政工作中，特别是作出判断或者提供领导时所必需的创造性赞赏有加，于是理所当然地主张把公共行政学定位为艺术。

对这个问题，沃尔多是怎么看的呢？他倾向于把公共行政定义为“应用于国家事务的一门艺术和科学”。他觉得，这样的定义可以突出公共行政实质上兼备艺术和科学两者各自的一些重要方面。再一个优点就是，这样看可以回避在定义问题上的纠缠不休，有助于把注意力集中到公共行政的研究和实践上去。

与公共行政究竟是艺术还是科学这一争论相关联的另一个问题是：公共行政究竟是实际行动还是学术研究。长期以来，公共行政可以用来表示学术探索的一个领域、一门学科；它也可以指管理公共事务的过程或者活动。应该指出的是，尽管这两种含义关系密切，它们说的并不完全是一回事。按照沃尔多的看法，它们之间的区别大体上相当于研究生物的生物学和生物本身之间的不同。他更指出，如果视公共行政为科学，那么它就接近于被看成是一门系统性的学科；而如果视之为艺术，那么就更容易把它当作一种实践。

沃尔多把公共行政的两种含义之间的区别比喻为生物学和生物之间的区别很有几分道理。他以为，一方面，生物学包括了对作为一种生物的人的研究，而这种研究只是整个生物学研究的一小部分；另一方面，除了人之外，又没有任何其他生物能够从事对其他生物的研究。再来看看公共行政，一方面，人是它的研究中心；另一方面，又正是人在参与公共行政的过程和活动的同时，从事对公共行政的大部分的研究。例如，负责处理档案的办事员在考虑如何根据需要改进存档系统，管理人员试图在其下属中推广新的分工方式，政府聘请的一批社会科学家正在研究如何让政府员工保持良好的精神状态。他们在某种意义上都是在从事公共行政的研究。

作为一类活动，公共行政要不断探索各种有助于实现公众目的的手段，尽管参与这些活动的人对目的的理解、知识的水平、抽象的能力都会有所不同。作为一门科学，公共行政也还是要不断探索各种有助于实现公众目的的手段，尽管讨论问题的角度、抽象的能力、问题的大小、企图达到的目的的一般性或者特殊性也都会有所不同。为了说明公共行政究竟属实际行动还是属学术研究，沃尔多作了一个假设，假定某州政府的公务局聘请了一家管理咨询公司，以确定如何更有效地使用机械设备。负责主持这个项目的人就会收集数据，并努力争取使用设备的政府人员的支持。经过一系列的调查研究，咨询专家们提出了相应的建议，其中有些建议有可能会被专家们和实际操作人员一块采纳并付诸实践。从这个假定的事例中可以看到，学术研究和实际行动已经混为一体，很难区分。说到底，学术研究也还是行动的一种形式。即使如此，两者间还是有着差异，不能混为一谈。套用沃尔多的话，公共行政就“好像一段光谱，两极间存在着很多变量和等级”。

讨论了公共行政的定位之后，沃尔多又进一步去探索行政的含义。他认为“行政是人类具有高度理性的合作性的一种努力”。但是，他又指出，行政未必是人类进行理性的合作的惟一形式。例如，美国的经济体系是通过各个公司之间的对抗性的竞争以及公司内部的行政来实现商品的生产和供销中的理性行动。他以为，从社会学的角度看，行政的主要特点可以用官僚体制来概括；而从研究行政的学者的常规角度看，行政说的就是“组织”和“管理”。前者指在一个行政体系中带有权威而又因习惯形成的人与人之间关系的结构；后者则指企图在一个行政体系中取得理性的合作的行动。①

那么，公共的含义又是什么呢？沃尔多认为，在考虑这个问

---

① 参见罗伯特·达尔和查尔斯·林德伯罗姆的《政治、经济和福利》。

题时，一方面要注意到公共这个词往往是和政府、国家等概念连用在一起。另一方面，在提到公共时，人们会不由自主地联想到在一个特定的社会什么样的活动或者功能才属于公共的范畴。以美国为例，军事事务的行政是隶属公共的，也就是属于政府管辖的。汽车销售则是私有的，即由私人企业经营管理的。但是按照这一思路再探讨下去，问题就不那么简单了，因为即使在和平时期，汽车销售的行政事务也还是要接受公共的监督。

沃尔多觉得，可以通过各种途径去探索公共的含义。每一种含义都具有它各自的作用。在某些情况下，指出一个行政系统的法律地位就已经足够了；而在另一些、特别是更重要的场合，可能就要借用社会学和人类学中某些相当成熟的概念。“结构—功能分析法”对于我们识别在各种社会中公共的含义是很有帮助的。此外，文化这一概念也有利于我们看到各种社会之间的公共的不同的方面，以及一个社会内部的行政的各种关系。

三、论行政道德

1883年，美国国会通过彭德尔顿法案，自那以后，美国的公共行政走上了功绩制的轨道。例如，公务员的录用要通过公开的考试；面试过程必须遵循“三人条例”，即每招聘一个新人必须先邀请三个最有资格的申请人面试再作决定；在职的公务员受法律的保护，得以免受政治压力；半独立的公务员会员会正式成立，以监督功绩制的执行，等等。

在当时，对行政道德的意见比较一致，认为它指的就是推行公务员改革，以功绩制取代政治分肥制。但是，随着时间的推移，当年的关于什么是政府道德的比较一致的意见已不复存在。有关道德的定义不但与当时的大不相同，而且众说纷纭、莫衷一是。通常道德是指一系列用来评判人们行为正确与否的准则。有些定义则强调管理道德的主观属性，认为凡是在有人看到某一行动正引起不同的道德准则之间的冲突的地方，就有道德问题。也有一些定义着眼于道德的影响，认为所谓的道德首先关注的是所作的决定对组织内外的人们的影响。还有学者将道德问题和行政处理权联系到一起，认为政府管理人员是否援用行政处理权归根结底还是和他的道德观有关。不过，大多数的定义中最基本的一个要素就是义务心。

沃尔多将美国政府工作人员应尽的义务列成了一份表，共12项。包括：①对宪法的义务；②对法律的义务；③对民族和国家的义务；④对民主的义务；⑤对组织和官僚的规范的义务；⑥对专业和专业主义的义务；⑦对家庭和朋友的义务；⑧对自己的义务；⑨对中层集体的义务；⑩对公众利益或总体福利的义务；⑪对人类或世界的义务；⑫对宗教或神的义务。①

这份表有几个特点：首先，沃尔多声称，列出的12项公务员的义务并不完全，实际上还可以继续添加多项；其次，它是针对美国这个特定的环境而言的；最后，表中各项的排列先后并不意味其重要程度依次递减。他认为，没有按其重要性将上述各项准确地排列出来实际上反映了这么一个客观事实，即“在道德领域中的杂乱无章”以及在这一方面的“缺乏共识”。即使他这样说，但是，从排在第一、二、三位的分别是对宪法、对法律、对民族和国家的义务这个事实来看，它们的重要性以及对法治的强调都是不容置疑的。西方的政治传统一贯主张对国家、对政体、对公众的义务要高于对家庭的义务由此可以略见一斑。

另外，我们也可以从这份表上看到了一些矛盾：如国家和个人之间的矛盾，法律和人情之间的矛盾，公德和私欲之间的矛盾，宗教和俗世之间的矛盾等等。这些矛盾在现实生活中的表现往往因职务不同而不同，所引起的道德问题则更要复杂得多。所以，沃尔多就说了如下这么一番话：“虽然有一些共同的地方，但是，立法议员和部队军官的道德问题可能会大不相同，行政管理部门首长和警察局长的道德问题可能会大不相同，处于生产第

---

① 沃尔多.《公共行政和道德》. 载自《公共行政的当前议题》. 纽约圣马丁出版公司1994年版。

一线的监工和上面负责的头头的道德问题也可能会大不相同。”

值得注意的是，上述的12项义务中还包括了公务员对自己的义务。沃尔多承认，“世人大多赞同，自私和自大都是恶习”。那么为什么还要提出对自己也有义务呢？他的回答是：“尊重自己是尊重别人的基础。能够善待别人，懂得尽己之责，首先就必须有自强之心，有正直之意。”换言之，对自己的义务是对自己的尊重，而不尊重自己的人也就不会尊重别人。总的说来，沃尔多拟就的这份表在相当程度上体现了大公小私、先公后私的想法。

四、论行政教育

众所周知，要学习和研究公共行政，就不可避免地会受到沃尔多的影响。实际上，要教授公共行政，也同样不可避免地会受到他的影响。有学者认为，从20世纪50年代到70年代这一段时期，如果说有哪一位学者能称得上是公共行政教育的专家话，此人非沃尔多莫属。

沃尔多对公共行政教育的贡献是多方面的。先看看他在教育法方面的贡献。沃尔多讲授公共行政学的课程长达近40年，有人曾问过他有些什么教学心得和体会可以与后人分享。他答道：“讲授社会科学必须围绕四个基本问题。第一，我们讲的是什么？我们讲的是一个概念、问题，还是一个事实？第二，我们怎样去了解？什么样的真实性测试才是合适的、可以接受的？第三，和什么进行比较？第四，我们所讲的东西有什么重要性？”① 沃尔多开设的讲座就是按照这样的程序进行的。他的课以学术著作为基础，旁征博引，包罗万象，涉及到各种定义、理论、思想、证据、实例等等。但是在讲课的过程中，他又很少去宣称信仰哪一门学派。实际上，他始终以中间派自居，认为自己只是一个教

---

① 布拉克·布朗，理查德·斯帝曼三世.《对公共行政的探索：德怀特·沃尔多的思想和事业》.德克萨斯州农机大学出版社1986年版。

授，一个善于提问而又了解问题的重要性的教授，一个随时准备探讨所得答案的长处和不足的教授而已。

作为一种分析方法和一种教学形式，沃尔多常常使用“成对选择”法。他将官僚和民主作为一对选择的考虑早已为世人耳熟能详。1971年，他发表了题为《骚动中的公共行政》的论文集。该书收录的作为结束语的最后一篇论文堪称他的“成对选择”法的最完整的体现。除了提到民主与官僚之外，文章对集权与分权、政治与行政、效率与无效率、期望的升降等都有精辟的论述。在马克斯维尔公民和公共事务学院任教的最后一个学期，沃尔多开设了一系列的“课外告别讲座”，其内容日后编辑成册，于1980年作为《公共行政的事业》一书出版。书中沃尔多也一再运用成对选择法来解释公共行政中的道德问题。

案例分析是沃尔多对公共行政教育的又一贡献。他长期任职于校际案例计划理事会，极力主张在公共行政的教学上推广使用案例。在他看来，案例既包含经验又具有实用价值。它们虽然以经验为基础但又不局限于逻辑或推论；它们既有课堂的实用价值又有其历史的意义。更重要的是，案例提供的固然是别人的经验，但却能够帮助许多没有亲临其境的人提高其纵观全局的能力。通过进行案例分析，我们才有可能对一些所谓的灰色地带，如政治和行政之间的灰色地带作比较深入的探索。此外，对于公共行政领域中的道德问题，案例分析法更是大有用武之地。

沃尔多关于在公共行政学教学中采用案例分析法的论文是于1962年发表的。到了20世纪70年代末和80年代初，研究公共政策的院校大批涌现并且刻意摆脱社会学的影响。其重大措施之一就是以深入的案例分析来取代源自行为社会学研究的经验主义，并将之作为政策知识的基础，作为公共政策硕士课程的主要基石。如今案例分析法在全美各公共政策研究院所已经广为普及，哈佛大学的肯尼迪政府研究院对案例课程的推广不遗余力，在所谓的后行为学研究中的案例分析分外引人注目，可以说案例教学法正在大行其道。沃尔多的远见卓识深得学界的敬佩和赞扬。

事实上，沃尔多对案例教学的兴趣和他早期从事小说的写作密切相关。1968年，伯克利加州大学的政府研究学院曾经出版了他写的一本小册子，篇幅不长，才150多页，题目是《一位谈组织和行政的小说家：对两个世界间关系的探索》。他在书中写道，还在40年代他刚开始从事公共行政的实践和研究时，他就已经热衷于阅读所谓的“行政小说”。随着时间的推移，这种兴趣演变成了他的嗜好。他相信，人们可以从中汲取大量的价值，但又不用付出痛苦的代价。他也相信，从事具体实践的行政人员和研究公共行政学的师生都应该知道并充分利用这一资源。①

可以说，沃尔多是走在时间前面的先驱。数年前，美国公共行政协会终于建立了人文、艺术分会，分会的刊物《公众的呼声》也已经问世。近年来，在美国公共行政协会和美国政治学学会的年会上，每年都有关于小说和诗歌的专题小组报告和讨论。

用他擅长的成对选择法，沃尔多对所谓的行政次文化和文学次文化之间的不同进行了比较。对他来说，前者的内容包含了政府部门和私人机构的官僚系统以及研究和讲授这些系统的人；后者则主要指的是那些写作和阅读严肃文学以了解作品中人物的思想、态度和技能的作家和读者。沃尔多注意到这两类次文学之间的格格不入。如他所说，文人通常玩世不恭而又郁郁寡欢，对行政次文学深恶痛绝。因为在文人的眼中，这种次文学创造或者代表了一个卑劣龌龊、令人讨厌的危险的世界。诚然，文人所渴望的是一个理想的、往往又并不现实的世界，一个具备了现代文明的一切精髓而又不为官僚体制所困扰的世界。但是从另一方面来看，世人中又有谁不认为官僚体制是一具令人烦恼的妖魔？正因为如此，一些文学作品，特别是行政小说和虚构的行政故事正是观察透视公共行政的大好途径。有关官僚的书籍或者讲座往往枯

① 沃尔多.《一位谈组织和行政的小说家：对两个世界间关系的探索》.加州大学政府研究学院出版1968年版。

燥无味，使修读公共行政学的学生们很容易感到厌倦。沃尔多对此早有觉察，并以其独到的文学和哲学眼光出发，指出好的文学作品可以把对官僚的研究由乏味可陈而变得多姿多彩。

对于公共行政硕士课程内容的设置，沃尔多也作了许多有益的贡献。不少政治学家曾大力主张在公共行政硕士课程的安排中着重强调方法论和经济学，沃尔多对此不以为然。他认为，道德和价值应该是公共行政课程的核心。课程的首要目的一是为培养学生的公民意识和民主精神，二是为学生日后服务公众预作准备；其次才是为训练他们学术研究的能力。①

在沃尔多担任全国公共事务和行政院校协会主席期间，他主持制定了学界同仁评审的程序，这一程序日后就演变成今天所采用的公共行政学硕士课程立案授权程序。沃尔多对硕士课程的设置要经过立案授权这一关十分看重。他主张所有公共行政学硕士课程都要包括一些基本内容，如组织知识、管理技能、数量分析技能、经济和财政知识等等。现在，全美国已经有一百多个经立案授权的公共行政学硕士课程。可以说，今天在美国的高等院校中公共行政学硕士课程的设置方面，标准化已经达到了相当的程度。

除基本内容以外，沃尔多还认为，公共行政学硕士课程应该加设更多的法律和历史课，行政道德课应该定为必修课，有关美国民主机构的知识也是不可或缺的。

全国公共事务和行政院校协会认为，该协会的主要作用应该是指导和审查公共行政学教育，至于在大学里公共行政学硕士课程由哪一个学系或者学院负责，可以灵活处理。也就是说，公共行政学硕士课程可以设置在政治学系内，也可以设置在公共政策学院、企业或管理学院，或者在一些独立的学院或学系。沃尔多对此十分赞同。在过去的25年中，全国公共事务和行政院校协

---

① 沃尔多.《政治学课程的价值》. 载自《政治学研究的流派》. 西北大学出版社1958年版。

会成功地把全美大部分高等院校的公共行政学教育聚集在它的旗下，并且使学界对于公共行政学硕士课程的内涵取得了共识。全国公共事务和行政院校协会的成就已是有目共睹，身为协会领导的沃尔多当然功不可抹。

值得一提的是沃尔多对公共行政学和政治学两者间关系的看法。对于公共行政学能否作为一门合法的学科在政治学界生存，他一度十分担心。不过，在美国学界，总的发展趋势还是令人鼓舞的。例如，在美国政治学学会内，人数最多、最为活跃的几个分会中就包括公共行政学分会。另外，一年一度的颁发给专门从事公共行政学研究的政治学者的高斯奖颁奖仪式，现在已经成了政治学年会的一大内容。沃尔多本人也于 1992 年获授该奖。再者，美国政治学学会的历任主席中包括有几位著名的公共行政学专家，本书后面将介绍的埃仑·威尔达夫斯基就是其中之一。从某些角度来看，公共行政学可以说是具备了双重的身份：它既是一门独立的学科，又仍然可称为政治学的一个部分。

正是沃尔多用心良苦，在大力发展公共行政学的同时，又避免让公共行政学威胁、阻碍政治学科的进步。他认为两者可以并存共处的看法，为从事公共行政学研究的政治学者所普遍接受。全美国的高等院校中有大约 40% 的公共行政学硕士课程就设置在政治学系内。沃尔多一再强调的道德、价值、服务，特别是他极力主张的公共行政实际上是政治的一种形式的看法，在政治学界的主导圈里正越来越得到认同。

第三节　分析与评价

1948 年，美国的公共行政学教授沃尔多发表了《行政国家》，率先发难，对前辈古立克崇尚效率的学说大加挞伐，就此一鸣惊人。

为了引导美国的公共行政学的发展，沃尔多做过大量的工作。当公共行政学学科内出现林立派别、不同观点各持己见、这门学科似乎身份不明时，他力排众议，将公共行政学的所谓“身份危机”加以认真地阐述解释。1968 年，他出面组织了公共行政学青年学者会议，共同讨论学科的未来发展方向。就是这次会议导致了“新公共行政学”运动的开端。

自第二次世界大战以来，追求效率一直是指导美国行政学的基本思想。古立克曾经说过：“在行政价值的天平上，效率是第一位的……是行政学赖以建立的基本价值。”沃尔多对此的回答是：不！他认为没有什么不可改变的行政原则。30 年代时鼓吹行政原则的代表人物尽管一再借用科学的名义，实际上还没有学会运用已知的科学方法。他们不过是凭着经验，靠收集资料，作些常识性的结论，来得出所谓的原则。他们的假设也很有趣，那就是只要收集到足够的数据，行政科学就会自然而然地出现在地平线上。他曾经说过，牛顿之所以能够发明引力定律并不是因为他看见了许多的苹果。以为把事实堆积起来，多到一定程度，科学就会出现，这种想法实在是太天真了。沃尔多所反对的堆积事实的例子之一就是泰罗的“时间和动作研究”以及他从中得到的实验数据。沃尔多还特别反对林达尔·厄威克（《行政科学论文选》的两位作者之一，另一位就是大名鼎鼎的古立克）所说的下面这段话：

“个人是组织的原材料。个人应该学会适应组织的基本原则的要求。如果以为，一个组织应该围绕个人的特点而建立并根据个人的特点来进行调整，这种想法实在愚蠢之至，就好比设计一台引擎，不是按照机械科学定律而是顺着未婚姑姑的古怪念头。”

沃尔多对之十分不以为然。他问道，如果离开了组成一台引擎的金属、燃料和润滑剂等的“个人特点”，所谓的“机械科学定律”是否还能存在。虽然当沃尔多踏上学界舞台时人事关系学派已经初成气候，但是霍桑实验、巴纳德、福莱特的著作影响尚微。在这种情况下，沃尔多独当一面，为唤起知识界对组织人本主义的尊重而不遗余力，实在功不可抹。

有人以为，在公共行政学的发展史中，沃尔多的作用主要在于他对这一领域的批判和述评，而不是在于他对这一领域的开创。在他的一系列著作中所表露出来的怀疑和矛盾是显而易见的。就拿政治/行政两分法来说，一方面，他坚持认为行政必然卷入政治；另一方面，他又觉得政治和行政还是可以一分为二。再如，他视公共行政为艺术、为科学，可是他又始终无法找寻出一个让艺术和科学可以一显身手的领域。他指出公共行政和私营管理有同有异，此言不差。然而，他又从未深入探讨两者类似之处，以及相互间的差别。他相信，在人类社会中官僚体系和民主政制可以并存。至于如何去解决它们间的冲突、如何去求得它们间的平衡，他却不置一言。也许这是因为如沃尔多自己所坦承的那样，他从不信奉任何思想、任何哲学。

有学者笑指沃尔多对现代公共行政学怀着幼稚的悲观情绪，因而总觉得这门学科在学术界仍然身份未明。他并没有去着力解决这个问题，但却显而易见地学会了接受这个问题的存在。更重要的是，他尽管未必能高瞻远瞩，看到公共行政作为一种事业会有着壮丽的前景，但他仍对公共行政提出了许多崇高的要求。实际上，以他对公共行政的理解、以他对注重行动的呼唤，沃尔多已经为我们提供了他认为公共行政中最为需要的东西，那就是能够给人灵感、催人向上的著述，尽管他的灵感往往又搀杂着悲观的情调和怀疑的心态。

第十五章　卡斯特的系统权变行政组织理论

第一节　生平与著作

F. E. 卡斯特（Fremont Ellswort Kast），美国管理学家，系统管理学派的代表人物，华盛顿大学的教授。卡斯特于1926年1月27日出生于加利福尼亚的莫德斯托；1944—1946年在美国海军服役；1946年获美国圣何塞州立大学学士学位；1949年获斯坦福大学工商管理硕士学位；1949—1951年在纽约州锡拉丘兹大学担任讲师；1951—1956年为华盛顿大学讲师，1956年获该校博士学位；1957—1961年为华盛顿大学副教授，1961年起任该校管理学教授；1973年任洛杉矶加利福尼亚大学访问教授；1979年起任华盛顿大学工商管理学院研究生院副院长。此外，他还兼任波音飞机制造公司顾问（1960—1965年）、美国空军技术研究所顾问（1972—1974年）、加利福尼亚科学研究协会顾问（1972年起）、美国国家管理科学院院长（1976—1977年），以及美国社会学会、美国大学教授协会、美国政治与社会科学院等组织的成员。

卡斯特对管理学的主要贡献，在于他与J. E. 罗森茨韦克一起提出了管理的“权变理论”。这种理论从系统观点出发，认为在企业管理中不存在什么一成不变、普遍适用的管理理论和方法，而是要根据企业所处的内外环境条件随机应变。20世纪50年代中期，经济学家肯尼思·博尔丁首先提倡在管理科学中应用系统方法，60～70年代卡斯特与罗森茨韦克等人发展了这一思想。

卡斯特的主要著述有：《科学、技术与管理》（1963 年）、《组织与管理：系统方法与权变方法》（与罗森茨韦克合著，1970 年）、《系统的理论与管理》（与罗森茨韦克、约翰逊合著，1963 年）和《组织与管理的权变观点》（与罗森茨韦克合著，1973 年）等。这些著作的出版，标志着系统管理学派的诞生。

卡斯特在行政管理学上的最重要贡献是在行政组织理论方面以及在此基础上提出的权变思想。

第二节　系统权变行政组织理论

一、现代系统与权变理论的提出

卡斯特通过考察、分析组织管理思想的演变过程，指出系统方法是理解组织、组织理论的关键，权变观的最终目的则在于提出最适宜于具体情况的组织设计和管理行动。

卡斯特将组织与管理思想发展过程分为三个时期：①传统观念；②行为科学与管理科学的革命；③现代系统与权变理论的发展。

在组织管理理论发展的传统阶段，卡斯特在考察了泰罗的与车间或作业层的最佳努力有关的科学管理运动、法约尔提出的适用于高级组织层的广泛的行政管理原则、韦伯的官僚组织模型理论以及公司微观经济理论、公共行政管理理论之后指出，有理性的经济人（具有完全知识和最佳行为）的基本论点被古典管理学者结合到他们的组织的观点中。通过明确划分的等级关系中的专业化，人们可以把工作组织得很好，以便能最有效地达到组织的目标，组织就是由合法的管理权威进行计划和控制的机械性系统。古典管理学者的主要着重点是通过对企业人员的合理安排和管理来提高工作效率，他们认为，人主要是由经济方面的刺激来激励的，工作任务的专业分工以及进行详细的指导和控制都是十分必要的。为了保证协调以达到组织目标，对组织成员必须给予严格的监督。管理是主要的负责综合的力量，而正式的等级结构则是取得协调的机制。

卡斯特归纳了批判传统观点的各家学说，指出对古典管理理论的主要批评之一是它对组织使用了一种非现实的封闭系统的观点，而未能考虑环境因素和很多重要的内部问题对组织的影响。另外，这些古典管理理论是由参加实际管理的实业家写的，是仅以个人的经验和有限的观察为基础的，这些管理原则经不起使用科学方法的严格实验研究的考验。不同意见的焦点在于对企业组织中的人的看法上，如有学者认为，古典管理理论是“机器型”的，其注重点是“没有人的组织”。

注重社会心理系统与人道方面的行为科学和注重经济—技术系统、定量化、数学模型与计算机技术应用的管理科学对修正传统的组织与管理理论作出了贡献。卡斯特认为，行为科学采用开放系统的方法，研究许多为传统模型所排斥的变量。这一学派主要由心理学家、社会学家和人类学家发展建立起来，他们热衷于以实际经验为基础的调查研究来验证他们的观点。而管理科学基本上可以说是科学管理的带有某些修正的扩展，它关心的主要是作为经济—技术系统的组织、不断发展着的复杂的定量方法以及先进的计算机技术为其提供了基本的研究工具。作为现代管理理论基础的新的观点，其注意力则集中于系统和权变的观念。

系统观念为现代组织理论和管理实践提供了完整的基础。系统观念认为，管理部门所面临的是一种动态的、固有的不确定性和常常是模棱两可的情况。正如传统理论所认为的那样，管理不能完全控制生产的所有因素，它将受许多环境力量和内部（如技术、结构和社会心理）力量的很大限制。然而，这并不意味着管理是被动的、只能适应这些限制条件。正相反，管理在认识和确定环境的关系设计内部各分系统中，具有一种积极的作用。管理的主要职能之一，是建立组织与其环境的和谐关系，设计内部各分系统，以达到高效能、高效率和使参与者满意的各种目标。系统观念抛弃了有关组织设计和管理实践的普遍原则的过于简单化的说法，为我们提供了研究组织的宏观范例。应用系统观点，可以对权变观念作如下说明：组织是个系统，它由各分系统组成，由可识别的界限与其环境超系统区别开来。权变观点所要研究的是组织与其环境之间的相互关系和各分系统内与各分系统之间的相互关系，以及确定关系模式即各变量的形态。权变观点强调的是组织的多变量性，并力图了解组织在变化着的条件下和在特殊环境中运营的情况。权变观点的最终目的在于提出最适宜于具体情况的组织设计和管理行动。①

二、组织系统的特性

卡斯特认为，组织是由系统构成的，构成组织的系统具有开放性和整体性。有关组织及其管理的系统观是《组织与管理——系统方法与权变方法》一书的基本概念框架，卡斯特为适于各种类型的组织所下的一般概念模型是：②

（1）一个属于更广泛环境的超系统。

（2）一个目标与价值分系统——怀有目标而为目标奋斗的人们。

（3）一个技术分系统——人们使用的知识、技术、装备和设施。

（4）一个结构分系统——人们在一起进行整体活动。

（5）一个社会心理分系统——处于社会关系中的人们。

（6）一个管理分系统——负责协调各分系统，并计划与控制全面的活动。

由这个概念模型可以知道，组织是由系统构成的，而系统是“能与其环境超系统划分明确界限的一个有组织的并由两个或两

① F. E. 卡斯特，J. E. 罗森茨韦克．《组织与管理——系统方法与权变方法》中译本．中国社会科学出版社 1985 年版。

② 同上。

个以上相互依存的部分、成分或分系统所组成的整个单位”,[①]组织在与其环境的相互关系之中是个开放系统。因此，与封闭系统之间固定的、不可渗透的界限相比，开放系统在其本身与广泛的环境超系统之间的界限是可渗透的。这种可渗透性指组织与外部环境时时进行着能量、材料与信息的交换，它的投入与产出是开放的。不同的组织，其可渗透性也不同。从人员的流动性看，政府行政组织，尤其是行政最高决策组织，其可渗透性较低，一般人是难以进入其中的，而有些组织可渗透性则较高，如教师联谊会、学生联合会等，要想进入其中并不困难。同时，这种可渗透的组织界限还具有筛选性，即它将外界的投入进行筛选，将它对外界的产出进行过滤。如大学规定一定的高考分数线，政府行政机关规定行政人员的录用标准，这些都是组织对人员投入的“筛选”。而大学要求学生修满一定的学分，完成各种必要的训练方可毕业，则是对人员产出的过滤；政府行政机关将得到的各方面的要求、意见加以归类整理，并根据有关法律法令相应作出处理，形成行政决策向外界输出，又是对信息产出的过滤。

组织系统的开放性还表现在它与社会超系统之间相互制约并时时进行能源、材料和信息的交换。一方面，任何组织都是社会超系统之下的一个子系统，它受着社会超系统各种因素的制约，执行着社会超系统所赋予的某种职能，“作为社会的一个分系统的组织必须在整个环境超系统的制约下达到其目标，组织为社会完成某种职能；如果组织想成功地获得投入，就必须顺应社会的制约和要求。反之，组织也对其环境超系统产生影响”。[②] 另一方面，组织本身是一个开放的系统，它与外部社会环境时时进行着能源、材料和信息的交换过程。一所大学，从社会取得经费，招收学生，并获得其他资源（如图书、设备、劳务等），经过转

① F. E. 卡斯特，J. E. 罗森茨韦克.《组织与管理——系统方法与权变方法》中译本. 中国社会科学出版社 1985 年版。

② 同上。

换，又向社会输出合格的学生和新知识。“从这种观点看，组织要生存下去，要发挥其效能作用，就得依赖与其环境交换商品与劳务。”①

卡斯特用图 15－1 说明组织系统的这些基本特征：

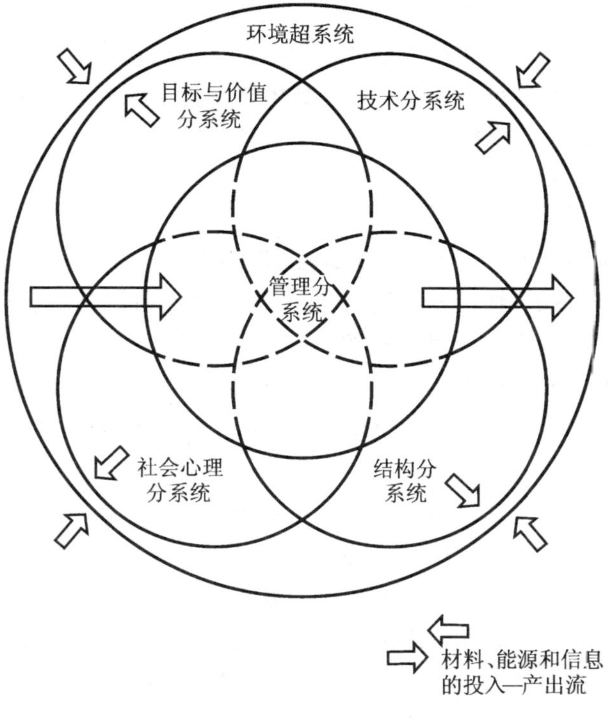

图 15－1　组织系统

在提出组织是一种开放系统之后，卡斯特特别强调开放系统的同等结果。他们指出同等结果是社会系统的重要特征。在社会系统中，某些结果可以用不同的初始条件和不同的方法来取得，即社会组织可以用不同的投入和不同的内部活动达到组织目标。正因为如此，在组织中，人们就不一定要寻求某种固定的最优

① F. E. 卡斯特，J. E. 罗森茨韦克．《组织与管理——系统方法与权变方法》中译本．中国社会科学出版社 1985 年版。

解，而在于寻求各种可能的令人满意的选择方案。

卡斯特还强调了组织系统的整体性。在他看来，所有系统——自然的、生物的和社会的——都是由各相互有关的分系统所组成，整体不仅仅是各部分的总和，而且系统本身只能作为一个整体来加以解释。他认为，整体的观点是以系统方法为基础的。在传统组织理论中和在其他许多学科中，人们都是孤立地对各分系统研究，而后再将各部分联合成整体，但从系统方法来看，这是不行的，必须以整个系统作为看待事物的出发点。

三、组织整体系统

卡斯特认为，组织整体系统由环境超系统、目标与价值分系统、技术分系统、结构分系统、社会心理分系统和管理分系统构成。

1. 环境超系统及其与组织内部分系统之间的相互关系

在进一步分析组织内部的五个分系统及其作用前，卡斯特着重考察了作为开放系统的组织，与其外部环境超系统之间的相互关系。

前面已经谈到，组织是个开放系统，它要生存下去，要发挥其效能作用，就得依赖与其环境交换商品与劳务。卡斯特认为，环境的力量对组织安排组织活动的方式有直接的影响。当环境是动态的、混杂的时候，组织内部一般需要建立职能部门来处理一组特殊环境的投入与产出。如工商企业的公共关系部门负责向周围环境提供情报性的产出，以提高本组织的威信和声誉。同时，在周围环境越具有差异性与动态性时，组织的内部结构就越错综复杂。例如，由于环境学家们和其他社会团体变得越来越大声疾呼并富有影响力，各公司便建立了环境和生态部门，以应付这些特殊的团体；多数大学都设立了研究室，来协调国家机构和私人组织提供的研究经费等。

从广义上说，环境就是组织界限以外的一切事物。但是，主要可以从两方面看待影响组织的环境系统，即社会（一般）环境和工作（具体）环境。前者影响某一特定社会中的一切组织，后者则更直接地影响着个别组织。

一定社会中影响一切组织的一般环境特征主要包括：

(1) 文化特征。包括历史背景、意识形态、价值观和社会准则。对权威关系、领导方式、人与人之间的关系、理性主义、科学和技术的看法，确定着社会机构的性质。

(2) 技术特征。即社会上科学与技术的发展水平，包括物质基础（工厂、设备与设施）及技术知识基础、科学技术界能够发展并应用新知识的程度。

(3) 教育特征。包括居民的普遍文化水平，教育制度的完善程度与专业化的程度，受过高等专业及专门训练的人所占的比例。

(4) 政治特征。包括社会的一般政治气氛、政权集中的程度、政治组织的性质（分权的程度、职能的多样性，等等）以及政党制度。

(5) 经济特征。即基本经济结构，包括经济组织的类型——私有与公有的对比、经济计划的集中或分散、银行体制、财政政策、对物质资源投资的水平及消费特征。

个别组织在上述一般环境中运行时，可能不会直接受所有这些力量的影响，也不会对其直接作出反应。与个别组织的决策、转换过程相关联的更具体的力量是组织的工作环境。工作环境对组织内部的目标和价值、结构、技术、人员关系和管理过程都有影响。这种影响通过组织内部成员，特别是起决策作用的管理者的感觉与思维过程，产生影响组织内部特征的决策。这个过程可以用图 15 - 2 加以表示：

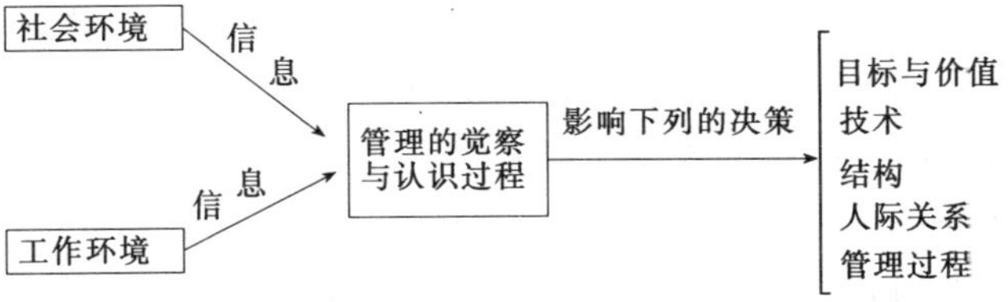

图 15- 2 管理对环境的觉察

卡斯特还指出，已经有越来越多的证据表明，在我们的社会里，环境正在变得更加动态和不确定，未来的组织将更受外界环境力量的影响，必须随时准备适应它。一般而言，在平静的环境中，组织可以成为结构严密的官僚机构，从而有效地进行业务活动。但是，在动乱的环境中，组织必须建立一个更有适应性的反应系统。

然而，组织并不仅仅只是被动地对外界力量作出反应，相反，组织很能选择它的经营环境，并不断设法形成这样的环境，以达到自己的目标。例如，公司为自己的产品和劳务确定市场，它可能打入新的产品市场或扩展到新的地区中去。不仅如此，组织一旦建立起来，就要设法控制其环境，以达到自己的目的。例如，大学将影响各中学系统，以获得高质量的学生投入。它也可以与校友、其他可能的捐款者和立法机关洽谈，以得到他们的财政上的支持；而公司大搞广告战，目的就是要激起对它的产品的需求。

2. 目标与价值分系统

目标与价值分系统是组织内部五个分系统中较为重要的一个，它涉及组织所要达到的基本目标，以及与这些目标相适应的基本价值观念。

在卡斯特看来，管理思想与管理实践都是受更为广泛的社会意识形态的影响的，而各种价值观则是影响人类的社会作用和选择行动的规范性的标准。因此，卡斯特考察了资本主义历史上社会文化价值观的演变、资本主义伦理的历史演变以及当代企业思想等，指出价值观的演变是影响管理思想发展的基本力量。对组织而言，价值观问题影响到许多层次——文化、工作环境、组织、群体和个人。组织将依赖于其内部参与者及外界社会共同抱有的最低限度的价值观念，以获得生存。

在解决价值问题时，应该从五个层次来考虑：①个人价值观：个人拥有的、影响他们行动的价值观；②群体价值观：正式或非正式的小群体所拥有的价值观，它影响个人的行为和组织的行为；③组织价值观：为组织整体所拥有的价值观——个人、群体、整个组织和文化投入的混合；④工作环境各要素的价值观：顾客、供应者、竞争者、政府机构等直接与组织相关联者所拥有的价值观；⑤文化价值观：整个社会拥有的价值观。

卡斯特指出，依据具体的问题，我们可能需要一个、几个乃至所有这些方面来研究价值观，但在讨论目标与价值分系统的时候，我们更关心的是那些直接影响组织的内部作业活动与行动的价值观。对组织而言，这种价值观的具体表现就是组织所奋力追求的各方面目标。卡斯特认为，组织就是寻求目标的系统。一个组织的目标影响着它与环境超系统及其他分系统之间的相互作用。组织达到目标的努力影响着它从较广的社会中接受资源投入的能力，从而使停止的生存合法化。目标可以把参与者的注意力都集中到与组织有关的行动上，它们提供衡量成功的标准，并有助于决定所需的技术，为组织活动的专业化、权威形式、信息沟通、决策网络以及其他结构关系等奠定基础。组织的管理活动是和目标直接联系在一起的。例如，总经理一般制定广泛的组织目标，以使组织与周围环境联系起来；然后，管理者把这些广泛的组织目标变为实际工作目标，并提出衡量达标程度的方法。在此过程中，他们必须不断处理目标冲突，找出解决办法，以满足组织内外许多个人与群体的利益。

卡斯特认为，一个组织目标的确定，往往要受到三个方面力量的影响，即来自社会环境、组织本身和组织内部成员的影响(因此，对组织目标的研究也须考虑三个方面——强加于组织的目标、系统目标和参与者目标)。这三方面的影响都是重要的，它们之间显然也是存在着矛盾冲突的，所以组织在确定自己的目标时，必须充分考虑这三方面，在三者之间取得最低限度的一致性。

从社会环境的影响来看，组织作为社会超系统中的一个子系统，它必须完成社会所赋予的任务，这种社会任务也就规定了它的基本目标：大学的目标是培养人才，向社会输送新知识；政府部门的目标是为公共利益服务。但这仅仅是就总体目标而言的，而在具体实施过程中还受社会环境的各种因素——如政治的、经济的、文化的、甚至自然条件的制约，也受到其他各种组织的影响。因此，卡斯特认为，组织目标的制定，往往是组织与其社会环境竞争、磋商、合作、联盟的结果。

从组织自身来看，组织总是为一定的目标而存在的，一个组织的目标可能是多重的。例如，大学除培养学生、提供新知识这个基本目标外，还有争取资金、提高学术地位等目标。

从组织内部成员的影响看，组织是由个人构成的，虽然同一组织内部成员的目标是基本一致的，但由于思想观念、价值观念等的差异，成员与组织以及成员个人之间的目标并不完全一致，甚至可能互相冲突。因此，组织目标的确定，还应考虑成员目标与组织基本目标的这种不一致性。

卡斯特认为，从某种意义上说，期望个人与组织目标之间的完全一致和最理想的满足是不现实的，个人必须放弃自己部分的自主和自我表现去参加组织（并得到成员的益处）。因此，协调组织与环境、组织与成员间的关系，努力使两者目标趋于基本一致，以保证组织基本目标的达到，这对组织的生存来说是至关重要的。现代组织的管理实践中，把个人或群体的目标结合进组织目标里的最全面办法就是“目标管理”（MBO）。目标管理试图通过把各级的管理都纳入目标制定过程来建立这种关系。在这个过程中，每个管理者都与他的下属一起制定目标及达到目标的具体行动计划。例如，在学校系统里，类似的方案如“个人成长合同”等也被提倡用来制定目标和测定学生、教师与行政人员完成工作任务的情况。

3. 技术分系统

技术分系统是指组织完成工作任务所需的知识和技能，即在将投入转换为产出的过程中所需要的各种知识、设施、方法、手段等。组织的技术系统是由该组织的目标决定的，不同的组织需要不同的作业技术。如大学接受学生作为其投入，通过一系列教育技术过程，使其发生转换而向社会产出；政府行政机关从社会获取信息，经过行政技术处理，转化为行政决策产出等。

不同的组织虽然有着不同的技术手段，但从行政管理的角度来看，有许多行政技术是各种组织所必需的。如“目标管理”技术（MBO）、“长期规划法”（LRP）、“成果管理”技术（MBO/R）、“计划—规划—预算系统”（PPBS），以及档案管理、文件处理、微机网络操作与运用等等。这些现代化的行政管理技术已构成大多数组织正常工作所不可缺少的技术手段。

卡斯特认为，技术分系统是直接与环境超系统、组织的目标和价值观等相关联的，它对组织结构、社会关系和管理系统具有重大的影响作用。其中，技术分系统对管理分系统的作用尤为明显。首先，技术手段的进步，要求人们具有相应的技术水平与之相适应，管理者必须掌握先进的管理技术。以市政管理为例，现代城市的管理者再也不是由一些藐视知识的官僚所组成，而是由受过训练的、能用他们的知识为组织的活动作出贡献的专家所组成，如运筹学家、人事管理专家、研究与开发工程师、通讯工程专家、工业心理学家、社会学家等。这些人进入政府行政部门既是技术发展的结果，同时他们又成为使组织适应并采用新技术的“催化剂”。其次，随着技术的加速发展，也使管理的重心发生了转移，从原来着重关注将活动加以分解，以便由各个分系统一个个地完成，转变为注重组织系统的整体配合、宏观调控。

4. 结构分系统

卡斯特认为，结构可以被看作是一个组织内各构成部分或各个部分间所确立的关系的形式。在复杂的组织中，结构首先是由组织的主要构成部分或分系统的设计决定的，然后才决定于所建立的各分系统间关系的形式。正是这种内部的差异和带有某种持久性关系的形式被人们看作是一个组织的结构，因此，正式的组织结构的定义就常常被确定为：①正式关系与职责的形式——组织图加职位说明或职位指南；②向组织各个部门或个人分派任务和各种活动的方式（差异化）；③协调各个分离的活动和任务的方式（一体化）；④组织中权力、地位和等级关系（职权系统）；⑤指导组织中人们的活动和关系的经过计划的正式的政策、程序和控制方法（行政管理系统）。[①]

组织结构可以分为正式组织与非正式组织。正式组织是指经过筹划的结构，并且体现了为有效地达到组织目标而建立各组成部分关系形态的经过深思熟虑的意图。它一般表现为一张印刷的图表并载于组织手册、职位说明和其他正式的文件中。正式组织将确定组织的总格局，并且描述和规定某些法定的职能、职责以及它们间的关系。非正式组织指的是系统中那些未经明确地筹划但却从组织成员的活动和相互间的作用中自发产生的东西。非正式组织的作用是两方面的：有时，当正式组织对内部和外部的重要信息反应迟缓时，非正式组织就会起积极的补充作用；有时，非正式组织也会破坏工作，阻止群体从事正常的活动，从而危害组织。

在组织中，职责、职权与组织结构的关系是重要的。组织必须对其成员分派职责，其中委派是一个重要原则，组织的控制是以委派为基础的。多数组织都会为测定所委派的职能活动的效益和效率而建立一套评价手段，并建立控制机制。向组织的各个组成部分委派职责并建立控制机制的基础是确立职权结构。职权是组织成员间的正式关系，它与合法地行使一定的权力相联系。

组织活动中极其重要的环节就是进行组织结构的设计。在传统的组织理论家那里，组织设计强调的是客观性、非人格化的结构形式。它以稳定的组织管理经验为依据，注重明确的关系、清楚的职权和刻板的结构。系统权变学派则认为，组织结构是环境与组织其他分系统之间的纽带。任何一个组织都有其环境，面对不同的环境，组织总是要有不同的结构来适应它。一般地说，环境的差异性、动态性和不稳定性愈大，组织内部结构的差异性和

---

① F. E. 卡斯特，J. E. 罗森茨韦克.《组织与管理——系统方法与权变方法》中译本. 中国社会科学出版社 1985 年版。

复杂性就越大。由于各种行政组织千差万别、各个相异，因此，在设计组织结构时，也应区别情况，采取灵活的方式。卡斯特大体区分两种不同的组织，以及与之相适应的两种结构模式，一种是适应性有机模式，一种是稳定的机械模式。如表 15－1 所示。①

表 15－1　结构模式

组织上的特点	稳定机械式	适应有机式
对环境的开放	比较封闭。试图选择和尽量减少环境的影响，并试图降低不稳定性	比较开放。设计得能够接受环境影响和对付不稳定性
活动的正规化	在结构的基础上具有更多的正规性	在结构的基础上具有较少的正规性
活动的差异化和专业化	明确的、相互孤立的职能和部门	通常或有时为重叠的活动
协调	基本上通过等级结构和很明确地规定了管理程序	各种的手段和人们之间交互作用
权力结构	集中的，等级的	分散的，多样化的
权力来源	职位	知识和专门特长
职责	附加于具体的职位和角色	很多成员分担
任务、作用和职能	在组织图、职位说明以及其他文件中有明确规定与说明	受到有关的情况和彼此的期望等的很不严格的限定与说明
交互作用与影响的形态	上级—下级的等级关系	上级—下级的水平关系
程序与规则	很多、很具体而且经常是成文的或正规的	很少、很一般而且经常是不成文的或非正规的

① F. E. 卡斯特，J. E. 罗森茨韦克.《组织与管理——系统方法与权变方法》中译本. 中国社会科学出版社 1985 年版。

续表

组织上的特点	稳定机械式	适应有机式
层次等级（就权力地位和薪资等而言）	在不同等级层次中存在很大的差异	在不同等级层次中差异较小
决策制定	集权的而且集中于高层	分权的而且分散于整个组织
结构形式的持久性	倾向于比较固定不变	持续地适应于新情况

卡斯特指出，在设计行政组织结构时，必须特别注意组织活动的差异化和一体化问题。差异化是组织内部进行分工的必然结果，组织越复杂，专业化程度越高，这种差异性也就表现得越高。组织的差异化一方面表现为等级结构的垂直差异，如军队中从少尉到五星上将、行政机关从办事员到行政首长，分属不同等级，层次分明。这种等级结构确定基本的交往和职权结构，形成所谓“指挥链”。另一方面表现为部门间的水平差异，即组织内部按专业不同分成若干个部门，部门间是一种水平关系。组织的差异化存在着一种使组织分离的趋势，给组织的控制、协调和交往联系带来困难。因此，进行组织结构设计应注意的另一个问题就是组织的一体化问题。一体化也就是各个部门、个人在分工基础上的合作，整个组织在差异基础上的协调。通常，是在组织内部建立起某种机制，来协调各部分的工作。常见的协调机制有三种，一种是指示型（又称等级协调型），即各种各样的活动都置于一个权力中心之下，通过权力中心的指示使各个部分协调统一；另一种是自愿型，即通过组织中个人或群体自愿地寻找办法来使自己的活动与组织及其他成员相协调；第三种是促进型，即设立专门的机构来促进组织的一体化，这种机制最适合于政府行政部门。简单一些的组织设立协调员，复杂组织设立协调委员会。例如城市建设中新区的开发，涉及征地、水电、道路、通讯等诸部门，往往建立一个委员会，来协调各部门，统一指挥。

5. 社会心理分系统

卡斯特认为，社会关系中的个人构成组织中的社会心理分系统。它是组织中人与人之间、人与群体之间的相互关系的总和，包括人们的行为与动机、地位与作用，以及个人的感情、价值观、态度、要求、愿望等。

(1) 组织中的个人行为。个人行为与激励是组织的社会心理分系统的基本组成部分，个性理论强调的是处于其环境和目前个人之间相互关系中的整体的人。卡斯特认为，个人的共性在于一切行为都是有原因的、可以受激励的、受目标指导的，但每个人又因其个体的差异性而表现出行为的差异性。在同样能力的条件下，不同的人作出的成绩是不一样的，这就是人的主观努力、工作态度在起作用，用函数关系表示就是：成绩 = f（能力 × 激励）。一方面，管理者必须善于使用多种激励手段来调动成员的工作积极性、主动性、创造性，使成员的精力与体力都保持良好水平，并努力使他们感到满意。另一方面，根据马斯洛的需要层次理论，管理者应全面考虑人的各种需求，在强调诸如工作重要性、获得赞誉和激励因素的同时，不应忽略诸如薪金、监督和工作条件因素。

另外，组织中个人的地位和作用系统也是组织的社会心理分系统的基础。个人由社会决定的地位和个人所感知的作用对其如何动作和反应都是有重要影响的。卡斯特认为，组织中都存在地位系统，即每个人在组织中居于一定地位（以职务、职称、职衔等表示出来），人与人之间因地位不同而构成一种职权关系，这种地位系统可以促进交往以及职权与责任系统的实施完成，但也会产生一些负面影响，如过分强调等级地位会不利于发挥下层人员的积极性，还会促使一部分人耗费大量的时间、精力和金钱以谋求高职，导致群体职能失调。

(2) 组织中的小群体及群体动力。卡斯特认为，在把个体和组织联系起来的过程中，小群体起着一种调解的作用，每个个人是某一组织范围内各种正式和非正式小群体的一员。这种小群体可以是因同事之间感情上的情投意合而自然形成的（非正式的），也可以是人为的、通过正式的组织结构途径而形成的。管理者应善于利用、引导各个小群体。对于组织中的小群体一旦发生冲突，卡斯特提出以下几种协调的方案：①领导者避免在群体中作出胜负的判断；②使人们轮流在各群体工作，以增进互相的了解；③强调组织整体的有效性；④增加各群体之间的沟通与往来。

群体动力也强调个人之间面对面的关系和相互作用。它包含着许多沟通的模式，意味着不断地变革和调整成员间的关系。群体动力对工作成绩有重要的影响，总的实效与效率取决于较大组织系统内部那些在小群体中一道工作的个人的协同努力。沟通是群体动力的基础，它使完成群体活动所必需的相互作用成为可能。另外，对任何人的群体来说，不大可能达到完全无冲突的状况，群体内和群体间的冲突是不可避免的，因此，需要清楚认识和谨慎提防它使群体功能失调的方面，并对其有功能的方面予以鼓励。

(3) 组织中的相互影响与领导模式。卡斯特认为，组织中的个人与群体都不是孤立的，而是相互作用、相互影响的，任何组织中都存在着一个影响系统。在不同的组织模式里，存在着两种基本的影响模式。在稳定机械式组织里，影响模式是等级制的，主要是从上级到下级来发生影响效力的，整个系统带有较浓的强制性色彩。在适应有机式组织中，影响模式就较多样化，包括由上至下、由下至上、水平和斜线的种种影响方式，影响发生效力的根据主要是知识和职权，更多是依靠社会因素，如互相尊重、自我实现等而起作用。

影响系统规定了领导产生的广阔环境。卡斯特认为，领导有两个基本含义：①是一种职能；②是一个地位集团。领导作为管理的一部分，它依靠个人之间的关系和权力挖掘人的潜在能力。改进组织中领导的有效性，可由以下方法做到：①谨慎挑选具有高度成功可能性的人；②通过切身体验、辅导和训练培养经理人员；③把现有领导者配置在他们最有可能成功的境况里。

6. 管理分系统

卡斯特认为，管理分系统通过对技术的指导、对人们与其资源的组织以及把组织与其环境联系起来等活动而联系起整个组织。管理是组织中协调各分系统的活动，并使之与环境相适应的主要力量。卡斯特从两个方面考察了组织中的管理分系统：一是管理分系统的结构层次；二是管理分系统的基本职能。

从结构层次看，可以把管理系统分为作业分系统、协调分系统和战略分系统等三个层次。作业分系统的主要任务是有效地和高效率地完成既定目标，其环境系统相对封闭，作业的总过程可以加以程序化，还可以充分利用先进的作业工具如计算机等设计标准作业程序。战略分系统的主要任务是根据环境的投入制定出整个组织的战略，从而使组织适应外部环境，并努力完成既定目标。战略层应具有开放意识，其工作的特点是非程序化，所遇到的问题是不确定的。协调分系统介于作业分系统与战略分系统之间，它犹如一个缓冲地带，将来自环境的冲击尽量降低，以保持作业分系统的相对稳定性。它的主要任务是协调上级（战略分系统）与下级（作业分系统）的活动，将来自上级的综合计划、总体战略转化为具体作业计划与工作程序，并指导作业分系统的工作。在政府行政管理机关中，行政首长居于战略分系统，面对的是千变万化的环境投入，他需要对此作出判断、抉择，制定出总体战略。机关办事人员居于作业分系统，他们工作基本上是按部就班、循规蹈矩，具有相对的稳定性和程序化。科室、部门的领导则居于协调分系统，他们将行政首长的决策、指令化为具体的工作程序，安排到每个人，并负责协调各个环节、监督工作的进行。由此也可以看出，在管理系统中，各分系统之间是相辅相成的关系，如果组织要为作业分系统接受所需的投入的话，战略分系统就必须有效地生产产出，以确保组织得到外界环境的支持。

从基本职能看，可以把管理系统分为决策、计划和控制职能。决策是管理系统最重要、最基本的职能，它可以提高控制的手段并使系统具有一致性。决策也是管理者最重要的任务之一，它遍布于一切管理职能之中。一般而言，决策过程包括以下几个环节：找出问题；认识问题；分析问题（拟定、建立和评价可选择方案）；选择用以实施的行政方案。决策是个连续的过程，而不是一次性行为，后续决策受着以前决策和随时出现的新问题的影响。在管理系统中，三个分系统都会进行决策，但不同的分系统所面临的问题不一样，所采用的决策方法也不同。战略分系统面临的是不确定的、新奇的、对整个组织将产生重大影响的问题，所以其决策过程相对复杂，决策方法主要是判断的；作业分系统所面临的问题是相对确定的，往往可以直截了当地用计算技术来进行决策。计划职能其实是管理决策信息系统的一个组成部分。计划工作为个人和组织提供了用以应付复杂的、动态的和不断变化的环境的手段，从而为整个组织的综合决策提供了基础。在管理系统中，作业分系统的计划一般是重复性的、短期的、范围狭隘的和较为僵硬的；战略分系统的计划（诸如一项新的投资）则比较独特，时期较长，范围较宽，比较灵活。计划与控制在管理过程中是直接相关的活动，计划规定了管理过程的控制阶段的范围。在设计控制系统中的重要因素是管理信念、有关的标准（主要成果和高度优先的目标）以及职能成绩的估价过程。从时间选择来看，有预先控制和事后控制两种。目前，现时或实时控制比较流行，许多作业在当其与预期发生偏离时即已得到及时的调整。

四、组织变革

在对构成组织系统的五个基本分系统进行分析研究之后，卡斯特在《组织与管理——系统方法与权变方法》一书的最后，运用比较分析与权变观点，对医院、大学、城市等组织进行了个案研究。在此基础上，卡斯特指出，很多组织都具有一个不定的生命时限，组织必须使其自身适应于变化的条件。对所有组织而言，它们需要稳定性和连续性，以便完成其基本任务；同样也需要适应性与革新性，以便能在变化着的社会中生存。

卡斯特认为，组织的有计划的变革必须考虑三个方面的因素：效益、效率和组织成员的满意感。在有计划的变革中，应当从下列三个方面着手：一是问题领域。必须仔细诊断，确定存在的具体问题。比如士气低落、下达渠道不畅、无效能的程序、缺乏技术管理、组织结构不够广泛等等。根据确定出的问题类型，可以设计筹划适宜的改革。二是寻找焦点。确定出究竟是人员的关系问题，还是班组织与群体内的问题，或者是群体间的关系问题。三是组织改进战略。例如举办教育训练，或者使工作丰富化，或者进行目标管理、修订组织行为规范等。

卡斯特认为，有计划的组织变革过程可以由下列环节组成：一是感知问题，即承认变革的必要性；二是问题的意义，包括目前的条件、期望的条件；三是解决问题，包括制定备选方案、评价备选方案、选择行动计划、确定改革成效的计量尺度；四是实施改革的行动步骤；五是组织更新，包括组织的反省、批评、跟踪监督等。

卡斯特还指出，在组织变革的过程中，肯定会遇到阻力。改革的阻力主要来自于一些抵消性力量，这种力量包括两方面：一是改革需要投入一定的费用（金钱、时间、精力）以及需要对一些既得利益进行调整，这必然会引致组织中的保守派和既得利益者的反对。二是人们对改革的目的、机制和后果可能产生错误的理解。变革后果的不确定性常常导致混乱与不安，特别是当变革遇到未曾预料到的困难时，人们的信心就会下降；而一旦人们对改革的结果有所了解、改革的进展也较为顺利时，人们的信心就会增强、不安就会减少。

基于此，卡斯特认为，要有能力实施有计划的变革，就得具有明确的克服阻止变革的阻力的步骤。一般来说，一个承认诊断与行动的相互作用和平衡的解决问题的方法是很重要的。例如，能够确定驱动力和制约力的立场分析，将有助于了解存在的问题和确定适宜的行动步骤；而组织中负责实施的行动人员的参与，在有计划的变革过程中的作用发挥也是很重要的。

最后，卡斯特还对未来的组织与管理进行了探讨。他指出，在未来，组织活动的范围界限将大大扩展，社会的公有部分也不可避免。社会面临的许多问题——都市的再发展问题、污染控制问题、运输系统问题都要求有新的不同的组织方法。以往，这些问题都是在分散的基础上由很多具有单一职能的政府机构来解决，现在则必须在整体系统的基础上来解决，并由社会的私有部分给予合作。组织界限的扩展，与环境单位的交界面增多了，组织就必须具备更大的反应性能。这种界限的扩展还增大了内部的复杂性和带来了控制上的问题，并将日益强调与组织交界面有关的问题，即组织之间的分析。

卡斯特还指出，未来将发展民主—人道的系统，关注工作、生活质量等方面，但技术（其中包括与完成任务有关的知识）仍将继续是影响组织及其管理的最重要的力量之一。现代社会的很多问题，如教育、城市衰退和贫困，都可以通过技术或社会工程来给予解决。

第三节　分析与评价

卡斯特的系统权变组织理论的提出，使行政管理理论的发展进入了一个崭新的阶段。系统管理理论是对传统的科学管理和行为科学各自偏颇的否定。[①] 前者过分看重制度、纪律、标准化在组织管理中的有效性，后者则过分强调人性激励、心理满足、自我实现对组织管理的合理性，因而都在实践中显露了相当的局限性，无法普遍适用于各类组织。同时，科学管理与行为科学也忽视了组织管理与广泛的社会环境之间的相互关系，因而限制了人们的视野。在这种情况下，用综合的、全面的、相互关联的观点来看待、分析和研究组织管理现象，寻求一种能够广泛适合于各

① 张国庆.《行政管理学概论》. 北京大学出版社 1990 年版。

种组织的理论构架，就成为一种历史的要求。系统管理理论的出现，正是这种要求的体现。系统管理理论提供了一种宏观的关于普遍联系和互动作用的管理思想，但这还不够，还必须同时强调组织管理的具体的、特定的特征，权变理论正弥补了这一缺陷。权变观以系统管理理论为基础，它否认一成不变、普遍适用的“最佳”管理理论和方法，认为每一种组织都有其特定的社会环境和内部条件。因此，随机应变，一切以时间、地点和条件为转移是组织管理行之有效的关键。权变观强调管理现象的多变性，但并不否认“类型”的意义，相反，它主张通过大量实例的研究和概括，来建立管理关系的基本类型。将这种系统管理与权变的观点运用至行政管理中，将有助于建立与组织的外在环境和内部环境相适应的行政管理制度。

卡斯特的行政组织理论对于现代行政管理人员（尤其是行政领导者）来说，有重要的启发作用。① 把行政组织看成是一个开放系统，这就意味着在任何层次上的管理者都要有系统的观点、全局的观点，努力将自己部门（科室）的职能与整个组织的基本目标更密切地保持一致。同时，也时时记住自己部门（科室）的活动要与其他部门的协调一致，这一点对各级行政管理人员来说是很重要的。对于组织的领导者来说，切不可犯本位主义错误，更不可使自己的部门闹“独立性”，要时时记住自己的部门在整个系统中的地位。对于处于作业层上的普通管理人员，这种系统观点也是很重要的，要时刻注意将自己的本职工作同组织的系统目标保持一致，切不可强调自己本职工作的重要性而忽视整体的基本目标。

将系统管理与权变观点运用至行政管理实践，也会产生以下缺点：①使问题趋于复杂，难于解决。根据系统理论，即须整体考虑，会使欲解决的问题趋于复杂化，由于问题的复杂化，不仅研究须费更多时日，也常因牵涉范围过广，导致管理者不敢轻易

---

① 方贻岩.《西方行政思想史》. 厦门大学出版社 1993 年版。

下决定，使应予以解决的问题迟延不能解决，甚至更增加了问题的严重性。②增加学习训练工作的困扰。学习训练的目的，在于使学习者经过有计划的学习，获得处事的原则与方法，提高工作能力。所以学习的内容除技能外，多以一般原则和方法为主。但权变理论并不强调处事的一般原则与方法，而注重个案的个别处理方法，因而对教材的准备、学习人员的学习、指导人员的教导等均会发生若干困扰，如不事先防范或妥善作准备，将会影响到学习训练的效果。

第十六章　布坎南的公共选择与政府理论

第一节　生平与著作

詹姆斯·布坎南（James M. Buchanan），美国著名经济学家，公共选择理论的创始人，诺贝尔经济学奖获得者，美国布莱克斯堡弗吉尼亚大学公共选择研究中心的教授和总负责人。他于1919年出生于美国田纳西州穆尔弗里鲍尔，1940年毕业于田纳西中部大学，获理学学士学位，1941年又获该校文学硕士学位。第二次世界大战期间，布坎南参加了海军，服役5年，战后进入芝加哥大学深造，受教于著名经济学家F.H. 奈特，1948年，布坎南获博士学位。1949年，布坎南在田纳西州大学任教，开始其学术生涯。1955年，他以研究学者身份赴意大利进修，研究欧洲公共财政的传统，对于政治决策问题有了新的兴趣和看法，为他以后的政治决策分析和创立公共选择理论奠定了基础。1956年至1968年，他任弗吉尼亚大学托马斯·杰斐逊政治经济学中心麦金太尔讲座经济学教授，并领导研究政治经济学和社会哲学的托马斯·杰斐逊中心。1962年与图洛克等共同创建了公共选择学会。1963年至1969年任洛杉矶加利福尼亚大学经济学教授。1963年任南方经济协会会长。1969年，布坎南与图洛克在弗吉尼亚理工学院创建领导了公共选择中心，并任该校教授。1982年，他随该研究中心迁到弗吉尼亚州的乔治·梅森大学并任该校经济学教授。此外，布坎南还担任过美国经济学会副会长和美国西部经济学会副主席。1977年，布坎南曾获迈阿密大学法学经济学中心颁发的法学经济学奖，并于1986年荣获诺贝尔经济学奖。

布坎南著述甚丰，其代表性著作有：《价格、收入与公共决策》（与艾伦·克拉克·李等人合著，1954年）；《个人投票选择和市场》（1954年）；《公债的公共原则》（1958年）；《财政理论与政治经济学》（1960年）；《赞同的计算：宪法民主的逻辑基础》（与塔洛克合著，1962年）；《民主财政论》（1967年）；《成本与选择》（1969年）；《公共选择理论：经济学在政治方面的应用》（与R. 托尼逊合著，1972年）；《自由的限度》（1975年）；《宪法契约中的自由》（1977年）；《赤字中的民主：凯恩斯勋爵的政治遗产》（与理查德·瓦格纳合著，1977年）；《宪法民主中的财政责任》（与理查德·瓦格纳合著，1978年）；《政治活动的经济学》（1978年）；《凯恩斯先生的结论：对于把经济理论滥用于政治投机活动的分析以及对宪法纪律的建议》（1978年）；《市场、国家和道德范围》（1978年）；《财政学》（与玛里林·弗劳尔斯合著，1980年）；《征税的权力》（1980年）；《自由、市场和国家：80年代的政治经济学》（1986年）。布坎南的著作如此之多，几乎涉及公共部门经济学的每一个方面。

布坎南作为公共选择理论的创始人，一直从事教学和公共选择理论的研究工作，对发展经济与政治决策的契约与法制基础的研究将近40个春秋，被誉为“公共选择理论之父”。他运用经济方法去分析政治决策过程，对政治决策、政治家和选民的行为进行研究，提出政治家要应付各方面的压力和希望再次当选，以致政府的行为常常是创造或夸大市场的不完善，而不是去克服它，因此对政府的行动要加以限制。他对公共选择的一般理论、福利基础、一般原则，以及社会法则制度的形成、政府对社会契约的违反、法制法规的重新确立等问题提出了系统而独到的见解，因而创立了公共选择理论。布坎南的突出理论贡献是，把政治决策的分析和经济理论相结合，并将经济分析扩大和应用到社会—政治法规和制度的结构选择上，在分析政治决策结构的基础上批评了凯恩斯主义的公债理论。由于布坎南是公共选择理论最重要的创始人之一、公共选择理论的主要传播者和杰出贡献者，特别是“对经济与政治理论的契约与法制基础的开拓”、“对政治决策与公共经济学理论所做的贡献”,① 瑞典皇家科学院于 1986 年授予他诺贝尔经济科学纪念奖。

公共选择理论是西方经济学中以经济学方法研究政治问题的一个重要理论流派，主要流行于美国，近年来声势与影响日益扩大，已遍及西方各国经济学界。公共选择理论之所以能从几十年前默默无闻甚至被排斥的少数赢得今日的地位与影响，其原因正如布坎南所说的，是因为他用“一套全新的概念取代了以往旧的学说，使我们可以通过一扇不同的窗子观察我们世界的某些部分，特别是我们的政治世界”。② 它既是经济学的一个分支学科，因为它分析了一个独特的领域——传统经济学理论长期忽视的政治过程，这一政治过程决定着资源的非市场配置即公共物品的生产；又是现代政治学的一个研究领域，因为它以经济方法分析政治学内容，从对政治过程的经济分析中发现社会经济问题的根源在于现代国家政治制度的缺陷。因此，公共选择理论实际上是经济学与政治学的结合——经济学方法与政治学对象的结合，“简单地说，是经济学在政治学中的应用，公共选择的主题就是政治科学的主题：国家理论、选举规则、选民行为、党派政治、官僚体制等等”。③

布坎南的公共选择与政府理论对当代政府管理的理论与实践产生了巨大影响。

---

① 丹尼斯·缪勒．《公共选择》．上海三联书店 1993 年版。

② 《瑞典皇家科学院公告》．载自王宏昌，林少宫编译《诺贝尔经济学奖金获得者讲演集》（1978—1986）．中国社会科学出版社 1996 年版。

③ James Buchanan. The Theory of Public Choice. Ann Arbor, The University of Michigan Press, 1972。

第二节　公共选择与政府理论

一、公共选择理论

1. 公共选择理论的创立

20世纪30年代以前，传统经济学描绘了一个完全竞争、市场制度能自动使社会资源有效地达到最优配置的完美世界。但是30年代遍及资本主义世界的经济危机打破了传统经济学的"市场万能"的美妙幻想，使人们普遍认识到市场制度的缺陷，这在客观上促使了凯恩斯主义的兴起。凯恩斯主张放弃自由放任主义，实行政府干预，特别是通过宏观财政政策和货币政策来调控市场经济运行，挽救资本主义经济于危难中，因此凯恩斯主义被奉为至尊法宝和救世良方，而凯恩斯主义又似乎真的将资本主义各国从衰退引向繁荣。所以二战以后的二三十年间，凯恩斯主义都高居主流经济学的宝座，各主要资本主义国家普遍采取了干预主义政策，而其理论基础即是"市场可能失败的论调，广泛地被认为是为政治和政府干预作辩护的证据"。① 可惜，好景不长，随着政府对市场干预的增强，政府干预的局限性和缺陷也日益显露出来，政府财政赤字与日俱增，且不可避免，大量政府开支落入特殊利益集团的私囊，政府的社会福利计划相继失败，经济停滞膨胀。布坎南等人创立公共选择理论，其目的正在于揭示"政府失败"并试图克服政府干预的缺陷。正如布坎南所说，"市场的缺陷并不是把问题交给政府去处理的充分条件"，② "政府的缺陷至少和市场一样严重"。③

① 布坎南.《自由、市场和国家》. 北京经济学院出版社1988年版。

② James Buchanan. The Theory of Public Choice. Ann Arbor, The University of Michigan Press, 1972。

③ 同①。

在西方社会，政治市场与经济市场存在着诸多相似性，经济学的许多原理可以用来分析政治决策行为。在政治市场中，决定人们相互交换关系得以建立的根本因素，也是个人的利益，一切政治行为都以个人的成本—收益计算为基础。布坎南指出，“我们必须从一方面是利己主义和狭隘个人利益驱使的经济人，另一方面是超凡入圣的国家这一逻辑虚构中摆脱出来，将调查市场经济的缺陷与过失的方法应用于国家和公共经济的一切部门”。① 因此，政府的政策制定者（政治家、政府官员等）都是理性的经济人，都在追求自己的最大化利益；公民作为选民也是理性的经济人，其选举行为是以个人的成本—收益计算为基础。由于普通选民往往无力支付相对昂贵的政治信息成本，他们往往出于“理性的无知”而不投票，这样，政府就往往会被代表特殊利益集团的政策制定者操纵，由此滋长了种种弊端，从而悖离其公共利益代理人的角色。所以布坎南认为，现代西方社会面临的种种困难，与其说是市场制度的破产，不如说是政治制度的失败，“我们应该发明一种新的政治技术和新的表现民主的方式，它们将能控制官僚主义特权阶层的蔓延滋长”。② 也正是基于这种需要，布坎南创立了公共选择理论。

2. 公共选择理论的研究对象与方法论

顾名思义，公共选择理论的研究对象就是公共选择。所谓公共选择，就是通过集体行动和政治过程来决定资源在公共物品间的分配。即指人们选择通过民主政治过程来决定公共物品的需求、供给与产量，是把个人私人选择转化为集体选择的一种过程或机制，是对资源配置的非市场决策。

对于什么是“公共选择论”，布坎南解释道：“公共选择论只是明确提出公共经济一般理论的一种努力，它可以帮助我们在集

---

① 转引自亨利·勒帕日．《美国新自由主义经济学》．北京大学出版社 1985 年版。

② 同上。

体选择方面从事人们长期以来在市场微观经济学方面所做的事情，即用一种相应的尽可能合适的政治市场运转理论来补充商品或服务的生产与交换的理论。该理论是这样一种尝试，它要建立模拟今天社会行为的模式，其特点是：根据个人是在经济市场还是在政治市场活动，采取不同方式处理人类决定的过程。一切传统模式都把经济决定视为制度的内在变化，而把政治决定视为外部因素，人们拒绝就这些外因的规律及其生产进行探讨，在这种情况下，公共选择论的宗旨却是把人类行为的两个方面重新纳入单一的模式，该模式注意到：承担政府决定的结果的人就是选择决策的人。"① 布坎南还解释说："公共选择是一个总括性的名词，是指将分析扩充到市场外的另一选择——政治力量。"②

布坎南声称，公共选择理论的根本目的，不是要调查出市场的一些缺陷之后，才去说明政府任何干预都是正当的，而是要通过对政府决策行为的研究，使政府缺陷尽可能降到最低限度，从而达到以政治市场领域的和谐运转去弥补经济市场运转不足的目的。

公共选择理论的方法论被布坎南归结为三个要素：个人主义、经济理性和交易政治。个人主义是微观经济分析的出发点，同样也被看成是集体行为的出发点。公共选择注重于分析个人行为（如投票人、政治家和官员等的行为）如何通过政治过程而对整个经济产生影响。经济理性原则认为，人是利己主义的，追求个人利益和效益最大化，其活动受个人利益驱动与导向。公共选择理论认为人们在政治领域中也是如此，因此由个人组成的国家或政府不应被看成是以大众利益服务为目的的。政治在公共选择理论中被视为一个在解决利益冲突时进行交换达成协议的过程，含有交易的性质。

---

① James Buchanan. The Theory of Public Choice. Ann Arbor, The University of Michigan Press, 1972。

② 伯烈特·史宾斯.《诺贝尔之路》. 西南财经大学出版社 1999 年版。

二、政府理论

1. 政府失败论

布坎南的政府理论，就是公共选择理论用上述经济学方法来说明市场经济条件下政府干预行为的局限性或政府失败问题。这是公共选择理论的一个核心主题。

政府失败是指个人对公共物品的需求在现代代议制民主政治中得不到很好满足，公共部门在提供公共物品时趋向于浪费和滥用资源，致使公共支出规模过大或者效率降低、预算上出现偏差、政府的活动并不总像应该的那样或像理论上所说能够做到的那样“有效”。在布坎南看来，政府作为公共利益的代理人，其作用是弥补市场经济的不足，并使各经济人员所作决定的社会效应比政府进行干预前更高。否则，政府的存在就无任何经济意义。但是政府决策往往不符合这一目标，有些政策的作用恰恰相反。它们削弱了国家干预的社会“正效应”，也就是说，政策效果削弱而不是改善了社会福利。于是就提出了一个问题：为什么政府干预会产生“负效应”以及如何从制度上弥补这些缺陷。布坎南对这些问题的回答就构成了公共选择理论的“政府失败论”。

布坎南对政府干预行为的局限性的表现及原因进行了较深入具体的研究，主要有以下几个方面：

（1）公共决策失误。公共选择主要就是政府决策，政府对经济生活干预的基本手段是制定和实施公共政策。公共选择理论认为，政府决策作为非市场决策有着不同于市场决策的特点，如市场决策是以个人为决策主体，以私人物品为对象，并通过完全竞争的经济市场（即用货币来购买商品）来实现；而政府决策中，虽然单个选择者也是进行决策的单位，但是作出最终决策的通常是集体，而不是个人，以公共物品为决策对象，并通过有一定秩序的政治市场（即用选票来反映对某项政策的支持）来实现。因此相对于市场决策而言，政府决策是一个十分负责的过程，具有相当程度的不确定性，存在着诸多困难、障碍或制约因素，使得政府难以制定并实施好的或合理的公共政策，导致公共决策失误。

在布坎南等人看来，导致公共决策失误的原因是多方面的：①社会实际上并不存在作为政府决策目标的所谓公共利益，阿罗的不可能定理已经证明了这一点；而且，“在公共决策过程中实际上并不存在根据公共利益进行选择的过程，而又存在各种特殊利益之间的缔约过程”。[①] ②即使现实社会中存在着某种意义上的公共利益，但现有的公共决策机制却因其自身的内在缺陷而难以达到实现这种利益的目的。如现代代议制中通常使用少数服从多数规则，但经常出现多数人对少数人利益要求的漠视。③决策信息的不完全性。获取决策信息总是存在诸多困难而且是需要支付一定成本的，不管是选民还是政治家，他们拥有的信息都是不完全的，因而大部分公共政策是在信息不充分的基础上作出的，这就很容易导致决策失误。④选民的“短见效应”。由于政策效果的复杂性，大多数选民难以预测其对未来的影响，因而只着眼于眼前的影响；而政治家为了谋求连任，就会主动迎合选民的短见，制定一些成本滞后、或从长远来看弊大于利的政策。⑤选民的“理性而无知”。由于选民作出决策需要支付一定的成本以收集有关候选人的信息等，作为理性的经济人，他在权衡自己的成本一收益计算时，如果成本太大，选民将不去投票。在现实生活中，许多选民往往也会出于搭便车心理而寄希望别人去投票以使自己坐享其成，这被称为选民的“理性而无知”。而这将导致通过选票上台的政治家并不代表多数人的利益，其制定的政策充其量只能代表一部分人的利益。

（2）政府机构工作的低效率。所谓政府机构工作的低效率是指政府机构执行政策的效率不高、官僚主义作风严重，而这必然影响政策执行的结果，有可能使好的政策产生恶的结果，从而导

---

① James Buchanan. A Contract Paradigm for Applying Economics. American Economic Review, No. 5, 1975。

致政府失败。

在布坎南看来，政府机构工作低效率的原因在于：①缺乏竞争性压力。由于官僚机构垄断了公共物品的供给，没有竞争对手，就有可能导致政府部门的过分投资，生产出多于社会需要的公共物品，如不适当地扩大机构、增加工作人员、提高薪金和办公费用，造成大量浪费。布坎南以美国政府机构为例分析说，如总统、副总统、州长、副州长等国家和州一级的领导以及监督这些领导的参众两院议员是由直接选举产生的，比例只占政府工作人员总数的很小比例，而其他部门领导则由国家和州一级领导人任命并由相应的参众两院认可。由于部门领导与当选代表之间存在着密切的利害关系，不会因工作效率低而遭到解雇，因而他们也就没有压力去高效率地工作。另外，由于约束政治家个人活动的限制体制不以盈利为目的，提供公共服务的各部门之间不存在竞争，因此，政府官员拥有的自由比私人企业经理要大得多，而过多的自由又使他们没有努力工作的积极性。由此可见，从纵向（逐级任命）和横向（部门之间）来看都缺乏竞争性压力。②没有降低成本的激励机制。从客观上看，由于政府的活动大多不计成本，而且即使计算成本，也很难做到精确，这有形或无形地促使政府部门对公共物品的供给，超出社会财富最优分配时所需的数量，因而导致社会资源的浪费。相对于私人垄断情形，这种过量供给相当于公众支付给了某些特权阶层一种变相的集体补贴，集体补贴的成本最终是由纳税人承担的。从主观上看，政府所属各部、局的工作大多具有一定的垄断性，一方面，各部、局可以利用这种垄断地位，在供给公共产品与劳务时尽可能降低服务质量、提高服务价格，并在此基础上扩大生产规模，使之所提供的服务数量与范围超过最优的生产水平。另一方面，由于政府部门所承担的任务较为复杂，它们可以利用所处的垄断地位封锁一部分公共产品生产职能及资源成本等信息，从而使承担制约任务的议员和执行预算管理职能的部门无法了解真实成本，不能准确评价运行效率，也就无法充分行使监督权。总之，由于政府官员不能把利润占为己有，加上公共物品的成本与收益难以测定，所以，与企业经理不同，政府官员的目标并不是利润最大化，而是规模最大化，以此增加自己的升迁机会和扩大自己的势力范围，这势必导致机构臃肿、人浮于事、效率低下。③缺乏监督信息。从理论上讲，通过选票上台的政治家与政府官员的权力来之于人民的让渡，并不能为所欲为，而是必须服从公民代表的政治监督。然而，在现实社会中，这种监督作用将会由于监督信息不完备而失去效力。监督机构为了执行监督职能，必须对被监督部门的运行情况了如指掌，但是向他们提供政府运行情况的正是被监督部门，由于前面所提到的垄断性，监督者可能为被监督者操纵，因为被监督者的地位实际上可以使它们强制规定某些政策措施，从而使被监督者能够实现自身利益最大化的政策得以实施。

（3）政府的扩张。政府部门的扩张包括政府部门组成人员的增加和政府部门支出水平的增长。布坎南指出，由于政府官员也是个人利益最大化者，他们总是希望不断扩大机构规模、增加其层次、扩大其权力，以相应地提高其机构的级别和个人待遇，同时也使他们去制定更多的规章制度，增加自己的俸禄和享受，结果导致社会资源浪费、经济效益降低、资源配置效率低下、社会福利减少；而且政府机构扩张直接导致财政赤字，当赤字压力过大时，便会迫使政府增加货币发行、诱发通货膨胀。近两个世纪以来特别是二战后，西方国家的政府迅速膨胀。以美国为例，1987年美国政府的总开支占国民生产总值（GNP）的34%，而1949年占23%，1929年占10%。[①] 对于政府机构为什么会出现自我膨胀，布坎南等人从五个方面加以解释：①政府作为公共物品的提供者和处在效应的消除者导致扩张；②政府作为收入和财富的再分配者导致扩张；③利益集团的存在导致扩张；④官僚机

① Dennis C. Mueller. Public Choice Ⅱ: A Revised Edition of Public Choice. Cambridge University Press, 1989。

构的存在导致扩张；⑤财政幻觉导致扩张。[①] 公共选择理论还特别指出，官僚机构和立法部门都追求预算的最大化，他们与利益集团结成“铁三角”导致政府预算具有不断扩大的趋势。

（4）政府的寻租活动。寻租活动是指人类社会中非生产性的追求经济利益活动，或者是指那种维护既得的经济利益或是对既得利益进行再分配的非生产性活动。在布坎南等人看来，寻租是指用较低的贿赂成本获取较高的收益或超额利润，租或租金则是指支付给生产要素所有者的报酬中，超过要素在任何可替代用途上所能得到的那一部分。租金是超过社会成本的收入。从某种意义上说，这是不需要吸引资源用于特定用途的一种分配上不必要的支付款项。[②] 现代社会中的寻租活动，是利用行政法律的手段来阻碍生产要素在不同产业之间自由流动、自由竞争，以维护和攫取既得利益。寻租活动赖以存在的前提是政府权力对市场交易活动的介入，寻租活动会使政府决策和运作受利益集团或个人所摆布。布坎南认为，由于政府的各项经济决策往往以某种公共利益需要为解释而为某些利益集团服务，特殊的利益集团为谋求政府保护、逃避市场竞争、实现高额垄断利润，往往进行各种“寻租活动”，而政府官员为了获得这种经济租金，会想方设法地去利用种种特权寻求租金，这就是所谓的“政治创租”或“抽租问题”。寻租活动导致“政府失败”，因为它导致经济资源配置扭曲，或说它是资源无效配置的一个根源；寻租作为一种非生产性活动，并不增加任何新产品或新财富，只不过改变生产要素的产权关系，把更大部分的国民收入装进私人腰包；寻租也导致不同政府部门官员的争权夺利，影响政府的声誉和增加廉政成本，导致社会资源浪费。公共选择理论认为寻租主要有三类：①通过政

① Dennis C. Mueller. Public Choice Ⅱ: A Revised Edition of Public Choice. Cambridge University Press, 1989。

② 布坎南.《寻求租金与寻求利润》. 载自《腐败：权力与金钱的交换》. 中国经济出版社 1993 年版。

府管制的寻租；②通过关税和进出口配额的寻租；③在政府订货中的寻租。

因此，布坎南等人对西方现行民主制度，对政府在保护个人权利、提高社会福利方面的作用甚为悲观，对国家和政府深表怀疑。正如布坎南所说的："公共选择理论以一套悲观色彩较重的观念取代了关于政府的那套浪漫、虚幻的观念。公共选择理论开辟了一条全新的思路，在这里，有关政府工作及统治者的行为的浪漫的、虚幻的观点已经为有关政府能做什么、应该做什么的充满怀疑的观点所替代。而且，这一新的观点与我们所观察到的事实更为符合。"①

2. 救治"政府失败"的政策建议

布坎南等公共选择理论家虽然对西方国家现行的政治制度和安排进行了深入的批评，但他们并未对追求自我利益的理性个人在实现"公共利益"方面完全丧失信心。因此他们提出了补救"政府失败"的具体建议。

(1) 限制国家权力的增长。布坎南等人认为，现代资本主义社会陷入了一种恶性循环，即国家权力总是追求更大的国家权力。要补救"政府失败"，首先就要从这种恶性循环中解脱出来。其基本方法如下：

①创立一种新的政治技术，提高社会民主程度。公共选择理论认为，在目前已知的选举制度中，多数投票法则并不是最佳的，因为它不考虑个人偏好的强度，因此，这种多数制实际上对政治权力的分配极不平均，只有利于积极性最高和组织最好的少数人。于是他们提出要借助于"需求显示法"来完善选举制度。因为"需求显示法"提供了一种新的机制，使所有参与集体选择的个体都有充分的激励，说出他对某一公共物品的真实需求状况，从而使投票者得到公共物品的数量与质量，最大限度地接近

---

① James Buchanan. The Theory of Public Choice. Ann Arbor, The University of Michigan Press, 1972。

投票者的实际偏好结构。因此它不仅将大大提高制定集体决策的社会效率，还必然会加强为使政治决定权力分散化而活动的力量。这两个因素最终会制止国家领域不断扩张的必然趋势。

②在公共部门恢复自由竞争，改善官僚体制的运转效率。在公共选择理论看来，其主要包括：第一，在行政管理体制内部重新建立竞争结构。布坎南认为，国家不应该再像过去那样把各行政部门的活动范围规定得死死的，只要打破公共物品生产的垄断，在政府机构内部建立起竞争机制，就可以消除政府低效率的最大障碍。布坎南等人还提出了建立这种竞争机制的一些设想。例如，可以设置两个或两个以上的机构来提供相同的公共物品或服务，使这些机构之间展开竞争而增进效率（城市供水系统、公交系统就可以采用这种办法）。又如，可以把某些公共物品的生产承包给私人生产者（如美国的高速公路是由政府投资生产的公共物品，可以承包给私人建筑公司）。还有，如果一个国家面积大、人口多、事务多，可以在不同地区设立相同的机构展开竞争，也即是说，加强地方政府之间的竞争。第二，引进利润动机。即在政府机构内部建立激励机制，使政府官员树立利润观念。允许政府部门对节省成本的财政剩余具有某种自主处置权，例如，可直接分享成本节余，或作为奖金津贴以及其他各种福利项目发放。当然，这种利润动机很容易造成虚假的或损害公众利益的节余（如巧立名目乱收费，一定的资金提供尽量少的公共服务，等等），为此也必须与建立竞争机制相配套，加强监督。第三，精简机构。即将一些公共服务移交给私人盈利性企业生产，官僚机构只提供公共物品，而不生产公共物品。第四，加强监督。例如可成立专家委员会定期审核官僚机构，掌握其成本效率状况，决定公共机构负责人的升迁奖惩，决定预算资金的增减。为了防止专家委员会与官僚机构形成相同利害关系，专家委员会成员必须随机组成并经常调整。

③进行宪制改革。在公共选择理论家们看来，要克服政府干预行为的局限性及避免政府失败，最关键的是要在宪制上做文

章。布坎南认为，要改进政府——政治过程，首先必须改革规则，因此，“公共选择的观点直接导致人们注意和重视规则、宪法、宪法选择和对规则的选择”。① 布坎南等人着重从立宪的角度分析政府政策制定的规则和约束经济及政治活动的规则或限制条件，即他们并不直接提出具体的建议供政策制定者选择，而是为立宪改革提供一种指导或规范建议，为政策制定提出一系列所需的规则和程序，从而使政策方案更合理，减少或避免决策失误。

总之，公共选择理论深信市场这一“看不见的手”在经济生活中潜在的巨大效力，不再寄希望于通过提高政治家官僚道德、水准或政府机构内部改革来改善政府机构及其工作状况，而是主张对政府机构进行市场导向性改革，具体是指大力引进竞争与效益机制，减少国家干预，尽量发挥市场的功能，最大限度地削弱政府对社会经济生活的干预。“公共选择理论的结论是，只要有可能，决策就应转交给私营部门。”②

（2）减少福利国家的浪费。公共选择理论和其他美国新自由主义经济学家以下述观点为基础，即最好的社会政策是不妨碍经济法则的作用，以及利用市场解决问题的政策，而不是硬要取消市场，或者哪怕是“限制”市场的政策。为此，布坎南提出了财政立宪理论。

①财政立宪。布坎南提出要从立宪的角度说明什么样的财政体制是合理的。其基本观点是，财政体制的税收与支出两个方面应采取不同的决策方法，公共支出中包括构成与规模的决策要在财政决策的日常运行过程中作出，而税收结构与水平的决策则要先于支出结构，在日常运行过程之前的立宪阶段作出，且一旦确定就应相对稳定，能够为今后的所有公共支出内容与数量筹资。

②税制选择。布坎南认为，税制是国家财政制度的核心问

---

① 布坎南.《自由、市场和国家》. 北京经济学院出版社 1988 年版。

② 同上。

题，它体现了个人和各阶层所承担的税收份额，一旦被选定则要在相当长的时间内起作用。他进而分析了公共选择对国家税收的影响。布坎南认为，累进的个人所得税产生于在公共选择中所体现的经济根源。由于参与这一选择的人都知道所选择的结果将在一个较长的时期内对自己带来影响，而他们又并不能确知自己在未来所处的经济地位，于是他们便按自己的长远利益来选择一种自以为公正的税制，以便在将来可能遇到经济地位降低的情况下减轻或免除赋税负担，而不惜在将来富裕的状况下交纳较多的税金；而间接税不过是人们为了利用它给市场价格带来的扭曲以抑制社会对于某些商品和服务的需要而选择的，这种作用总是指向一定的收入阶层，是按照不能确定自己未来收入状况的个体所进行的理性选择。故合理的税收结构应该是包括通行税、累进税和间接税。

③平衡预算。在预算原则上，布坎南强烈反对周期平衡与“充分就业盈余”的凯恩斯主义政策，主张保持预算平衡，并且要以宪法的形式确保其实现。

为保证预算平衡的实现，布坎南还提出了更具体的建议，主张以宪法的形式要求：总统每年提交预算草案给国会讨论审议；国会所批评的预算不得超出收支平衡的限度；如发现预算失误，赤字超过法定限额，就必须在一定时期内自动削减支出；若出现节余，则用以偿付国债；上述原则 5 年内实施完毕，每年削减赤字 20%；上述原则只有在国会两院以 2/3 票数通过，并经总统批准才能予以暂时放弃。

④税收支出的限制。政府活动的支出依赖于赋税，因此，对政府的税收和支出加以约束，就从根本上限制了政府的行为框架，抑制了政府的过度增长或机构膨胀。这种约束可以从政府预算的程序和预算的数量两方面入手：前者要求在批判程序上注意保持收支平衡；后者要求政府收支增长直接与国民经济的增长挂钩，并保持在一定的比例内。

⑤货币政策。公共选择论的货币政策主张以布坎南为代表，

仍然是从立宪的角度提出的，主张货币供给要按规则确定而不是随意决定，要相对稳定而不是随机变动，货币供给要按与实际产出增长率大致相等的速度增加，并且要广泛宣布和有法律保障，这就是布坎南提出的货币供给规则。货币规则即使不能完全排除通货膨胀，也可使通货膨胀被预期到，使其具有连续性而不是随意波动，使其危害可减轻到最低限度。另外，货币规则的另一个好处是可以有效防止通货膨胀。

总之，公共选择学派认为，一旦发生公共生产低效率的问题，就该从现行体制上寻找原因，从对策上着手，确立一种选拔和制约政治家的程序与规则，以减少政府失败。

第三节　分析与评价

公共选择理论是以保守的自由放任立场出现在西方经济学界的。它分析了传统经济理论长期忽视的政治过程，这一政治过程决定着资源的非市场配置即公共物品的生产。它是用一种经济学的方法来研究非市场决策或政府—政治行为及过程的“新政治经济学”，它的主要目的是通过对政府—政治过程的经济学分析，寻找当代西方国家所面临的财政赤字、通货膨胀、高失业率、政府机构膨胀、效率低下、资源浪费等经济政治困境的原因及对策。它得出的基本结论是，资本主义经济问题的根源不在于经济领域，而在于政治过程；现代民主制度本身就存在着缺陷，这一缺陷直接产生了各种经济问题如政府增长与失误；与此同时，存有缺陷的现代民主制度与凯恩斯主义的国家干预结合在一起，既加剧了已有的困境，又产生新的问题如财政赤字和通货膨胀。于是它主张，为了走出困境，从政治上要改革现有政治制度，发明新的更民主的政治技术；从经济上应放弃凯恩斯主义，取消国家干预，恢复古典学派的自由放任政策。

公共选择理论的出现，对于现代经济学与政治学的研究都具有一定的创新和方法论意义。从经济学的角度看，它填补了传统经济学研究的一个空白，把政治过程纳入到经济分析的框架中，使之成为经济学的一个重要分支，这就克服了传统经济学把国家、政府或政治因素当作经济过程的一个外生变量而排斥在经济学体系之外的缺陷，较好地反映了当代社会中政治与经济的关系，特别是政治对经济的巨大影响，以及政治过程与经济过程相互交织的现实。从政治学的角度看，公共选择理论打通了经济与政治的隔离，用经济学方法分析政治学对象和政治过程，为政治学研究提供了一个新的视野和新的研究途径，是对现代政治学的一个有益的补充。因为，包括政治在内的一切领域都内含着经济因素，一切非经济问题都不过是经济问题的间接表现，政治过程的动因和目的仍归结为经济利益，是经济活动在政治领域的自然延伸。如政府的活动与议会的立法实际上是在制定经济政策，提供公共物品；而政府在运转中也遵循理性原则，其参与主体都在基于成本—收益的比较分析而决定自己的行动，力求以最小的代价获取最大利益。

从实践上看，公共选择理论对西方市场经济条件下政府干预行为的局限性及由此带来的种种弊端进行了颇为深刻的分析。它在客观上粉碎了资本主义国家的政府及官员一心为公的神话，揭示了西方代议民主制的内在矛盾，指出了过半数规则以及其他投票规则的缺陷、利益集团的影响力、政治家和官僚的利己主义等因素的存在必然产生无效或低效甚至有害的公共政策，以及它对政府失败的原因分析与对策性研究等，都包含着诸多合理的成分。应该说，公共选择理论对资本主义经济问题的诊断是找到了问题的症结所在。

但是，作为当代西方经济学新自由主义或新保守主义思潮的一支中坚力量，公共选择理论及其政府与市场关系论具有明显的局限性。它过分地依赖于“经济人”假设，并把政治过程与经济过程加以机械美化，把市场经济的交换原则无限制地运用于政治领域；它掩盖了当代资本主义国家的阶级实质，没有把西方国家政府干预行为的局限性以及政府失败与资本主义的生产关系以及资本主义社会的基本矛盾联系起来考察，而把资本主义政府谋取私利的特性扩大到所有的政府。而且，它对资本主义国家政府失败的分析并不是要推翻资本主义制度，它固然批评了资本主义制度，但这种批评还是建立在维护资本主义制度基础上的。在它看来，资本主义制度是完善的，只不过其当代具体形式即现代民主技术与政治过程出了毛病，而未能完好体现资本主义制度的精神实质，所以只要通过完善政治过程和民主技术，对政治过程进行修补就可以达到目的。因此公共选择理论只不过是一种改良主义理论。另外，公共选择理论维护自由放任、反对国家干预的观点也不完全正确。自由放任的市场机制的弊端早已为历次经济危机所证实，政府对经济的干预确实也在一定程度上弥补了市场的缺陷。所以问题的关键不在于要不要国家（或政府）的干预，而在于如何干预，如何把政府干预与市场机制相结合，如何用合适的政治过程制定合理的经济政策。对这些，我们也必须有一个清醒的认识。

从布坎南的理论反观我国政府管理改革的实践。布坎南等人的公共选择理论中诸多内容固然是西方市场经济发展的产物，是对西方市场经济发展中政府与市场关系实践的一种理论反思，尽管有种种缺陷，也受到主流经济学的种种诘难，但它的确也指出了市场经济条件下政府与市场关系的某些共性，指出了政府干预行为的限度和政府失败的表现及原因。它“提出了一个与‘市场失灵理论’完全相同的‘政府—政治失败’理论”；[①] 并且，它针对市场经济条件下政府失败提出了相应的解决方案，如倡导用市场解决方法代替国家干预，并强调进行宪法改革、加强监督等，这些对于我国社会主义市场经济条件下的政府管理、对于我国当前如何搞好经济体制转轨和政府宏观调控、对于我国政府处理好政府与市场关系等具有重要的启发意义。

我国正处于社会主义初级阶段，其政府过程中的弊端如机构

① 布坎南.《自由、市场和国家》.北京经济学院出版社 1988 年版。

臃肿、人浮于事、职能不清、关系不顺、行政效率低下，甚至腐败现象等仍存在，而且有些相当严重。同时我国的政治过程与经济过程也是相互联结在一起，政治过程中的一些缺点对经济产生了不良影响。这表现在：①少数行政机构与行政官员的不良表现破坏了经济效率；②制定政策的决策过于集中且无规则可循，决策往往取决于决策者对经济的主观评价，难以切合实际，从而制约了经济增长；③现行政治规则有的执行不严，难以约束少数当权者的利己主义，进而对经济产生了不良影响等等。我国正处于从传统计划经济体制向现代市场经济体制的转轨过程之中，基于传统经济体制之上的政治与行政体制均存在诸多不适应，有些因素也导致了不同程度的“政府失败”等等。这些都需要进一步改革，而且可以从布坎南的公共选择理论中得到有益的启示。

首先，要转变观念，摈弃传统计划经济体制下形成的“政府万能”的神话，高度重视市场经济条件下政府干预的适度性与局限性问题。公共选择理论已证明，市场是不完善的和有缺陷的，市场会出现失灵，需要政府的干预或调节。然而政府在履行经济职能时，也不一定能解决得好；政府本身不是万能的，它也会失败。因此，在建立和发展社会主义市场经济过程中，必须把握好政府干预的限度，确定好政府干预的范围与内容，发扬市场机制的主体性作用。政府干预只起弥补市场缺陷的作用。

其次，要建立和发展适应市场经济体制的政治与行政体制，加快政府职能转变。公共选择理论已经证明：经济过程与政治过程是相互联结的，政治过程的缺点必将对经济产生不良的影响。因此，为了保证社会主义市场经济体制的成功构建及顺利运转，必须适时进行政治与行政体制改革。当前，核心问题是转变政府职能，其内容包括：①重新确定政府的职能范围，减少政府干预的范围，理清政府与市场的界域；②优化政府的行为方式，转变政府行使职能的具体方式。

再次，进行市场化取向的政府管理改革，引入市场因素。我们必须正视市场经济条件下政府行为的经济人特征，并适当考虑政府行为的经济效益，应该承认政府部门及其工作人员对自身利益的合理性追求，把理想与利益结合起来，这样可以调动其积极性，抑制寻租及腐败。另外，打破政府对某些公共物品生产与提供的垄断，引入竞争机制，提高政府的服务水平。同时根据公共选择理论，可以利用市场化方法对政府行为特别是公共开支项目进行损益分析，以此评价项目的净收益及政府的绩效。

最后，加强政府法治及监督制度建设，使政府行为法治化。公共选择理论强调立宪改革，注重宪法、法律、规则的建设尤其是公共决策规则的改革，这有其合理性。市场经济是法治经济，现代化社会也是法治社会，市场经济秩序的确立、运行必须靠法律来保证，政治的和社会的生活也必须靠法律来规范。因此，在向市场经济过渡过程中，必须加强法制建设，将政府行为纳入法制轨道，特别是公共决策的法制化及公共政策执行的法制化，以最大限度地减少政府行为的任意性及随意性导致的不公正与腐败，提高公共政策制定和执行的质量。因为政府也是理性的经济人，这也提醒我们除了强化政府的自律机制之外，还必须加强外部监督约束机制，加紧制定有关监督政府行为的法律、法规，以防止政府的腐败和不公正。

第十七章　诺思的制度、国家与政府职能理论

第一节　生平与著作

道格拉斯·C. 诺思（Douglass C. North），美国著名经济学家，诺贝尔经济学奖获得者。他于1920年出生于美国马萨诸塞州坎布里奇。1938年18岁时进入加利福尼亚大学的伯克利分校学习经济学，1942年获伯克利分校文学学士学位。1946年他从大学毕业四年后又回到母校，并开始执教。1950年，他成为华盛顿大学的经济学教授，直到1961年。这期间，他于1952年在母校（加州大学的伯克利分校）获得哲学博士学位，1961—1966年任华盛顿大学经济研究所所长，1967—1969年任经济系主任。1979年他在赖斯大学度过一年，并担任赖斯大学皮得金讲座政治经济学教授。1981—1982年在坎布里奇大学皮得金讲座担任教授。诺思是经济学领域里一名积极的活动家，担任多种社会职务。1960—1966年任《经济史杂志》副主编，1967年任美国经济研究所理事会理事，1972—1973年担任东方经济协会会长，1973年任巴黎高级研究实验学院历史研究中心客座副主任，并在1975—1976年间任西部经济协会会长。

诺思的主要著作有：《1789—1860年美国经济增长》（1961年）、《美国昔日的增长与福利：新经济史》（1966年）、《制度变化与美国的经济增长》（1971年）、《西方世界的崛起：新经济史》（与R. P. 托马斯合著，1973年）、《经济史中的结构与变迁》（1981年）、《制度、制度变迁与经济绩效》（1990年）。论文

有:《1600—1850年海运生产率变化的缘由》、《西方世界成长的经济理论》等。

诺思的主要学术贡献是对制度与制度变迁问题的开创性研究。正是他将国家理论与产权理论结合起来，并将这一理论引入经济史研究，也正是他首先对意识形态进行了系统的经济分析，这使他成为新制度经济学的代表人物之一。

第二节　制度、国家与政府职能理论

一、制度理论与国家模型

1. 对制度的界定

诺思认为，制度理论的框架一是产权理论，二是国家理论，三是意识形态理论。① 而国家是制度的最大供给者，如宪法秩序以及基本规章制度都是由国家供给的。因而，诺思又指出:“理解制度结构的两个主要基石是国家理论和产权理论。”②

诺思认为，所谓制度，就是一个社会的游戏规则。制度作为一种社会游戏规则在经济生活中的作用在于它能够通过降低交易成本来促进交换的发展和市场的扩大。它是为决定人们相互经济和社会关系而人为设定的一些制约，由道德、习惯和行为准则等非正式约束与宪法、法令和产权等正式约束所组成。制度是一种人造物，换言之，制度是人类的一种创造物。它是演进的，并为人类所改变。自从人类产生以来，人类创造了自己所需要的制度。随着社会的变迁、历史的演进，制度也不断被创新。各个历史时期的人们在制度的变迁过程中创造新制度，利用新制度。制度变迁是各个历史时期面临的现实，而制度创新则是历史发展的

---

① 道格拉斯·C. 诺思.《经济史中的结构与变迁》. 上海三联书店，上海人民出版社1994年版。

② 同上。

必然。因而人类的历史实际也是制度的演变史，甚至在某种意义上可以说，一切历史都是制度发展史，其中社会经济的历史实绩可以被理解为其中的一部分。诺思曾说过："制度提供了一种经济的激励结构；随着激励结构的演进，制度决定经济变化的走向，是增长、停滞，还是衰退。"① 他同时又在其制度变迁集大成的著作《制度、制度变迁与经济绩效》一书中指出："制度在社会中起着更为根本性的作用，它们是决定长期经济绩效的基本因素。"②

诺思认为，在现代高度复杂的市场经济中，存在着一整套高度发达的制度框架，诸如产权制度的稳定化，对商业限制的取消和公平竞争的提倡，银行制度、金融制度和审计制度的建立，司法制度的健全等一系列制度因素均在现代西方经济发展史上起到过无可估量的作用；而在当代一些发展中国家，政治势力和国家干预对经济生活存在着无与伦比的支配作用，家族的地位和特权成为决定人们收益多少的主导因素；由于私人财产随时可被没收，由于银行、税收、法律制度受政治家主观意愿的干预较大，由于缺乏公平合理的市场竞争环境，市场的发育和经济的增长遇到了难以逾越的障碍，成为这些国家经济长期落后的重要根源。因此，对于经济落后的国家来说，从不发达的市场经济过渡到发达的市场经济的首要前提就是实现合理的制度变迁。

2. 国家理论

诺思认为，国家是一种在某个特定地区内对合法使用强制性手段具有垄断权的制度安排，它的主要功能是提供法律和秩序。他说："国家可视为在暴力方面具有比较优势的组织，在扩大地

① 转引自李兴耕等主编《当代国外经济学家论市场经济》. 中共中央党校出版社 1994 年版。

② 道格拉斯·C. 诺思. 《制度、制度变迁与经济绩效》. 上海三联书店，上海人民出版社 1994 年版。

理范围时，国家的界限要受其对选民征税权力的限制。”[1] 国家作为一种具有垄断权的制度安排，在许多方面不同于一些竞争性的制度安排（如市场、企业等）。国家独特的地位决定了在任何关于长期变迁的分析中，国家模型都将占据显要的一席。[2]

（1）关于国家的起源。政治学、社会学等学科从不同的角度分析了国家的起源，但最有影响的主要有两种：一种是契约理论；另一种是掠夺或剥削理论。

关于国家起源的契约理论有着悠久的历史。契约论认为，国家是公民达成契约的结果，它要为公民服务；契约的达成是多重博弈的结果。近年来，由于新古典经济学在逻辑上拓展了交换定理，认为国家在其中起着使社会福利最大化的作用，因而这一理论得以复兴。由于契约限定着每个人相对他人的经济活动，因而它对经济增长来说是十分重要的。社会分工及协作受契约与交易费用的约束，契约的有效性制约着社会分工向纵深方面的发展。市场经济在某种程度上讲就是一种契约经济。国家的存在有利于契约制度的建立和契约（合约）的实施。假设没有国家，那么契约实施的交易费用将相当高，过高的交易费用将使任何契约都失去意义。

国家掠夺论或剥削论认为国家是某一集团或阶级的代理者，它的作用是代表该集团或阶级的利益向其他集团或阶级的成员榨取收入。掠夺性的国家将界定一套产权，使权力集团的收益最大化而无视它对社会整体福利的影响。即这种产权制度对某一权力集团是有益的，但并不能促进整个社会效率的提高。从长期来看，这必然演变成无效率产权。

以上两种理论所说的国家都能在历史和现实中找到佐证，但

---

① 道格拉斯·C. 诺思.《经济史中的结构与变迁》. 上海三联书店，上海人民出版社 1994 年版。

② 国家与政府尽管有区别，但在本章中我们不考虑这些区别，把它们当作同等的概念交替使用。

它们均不能涵盖历史和现实中的所有国家形式，因而不具有一般性、普遍性。因此，诺思将这两种理论有机地统一起来。从理论推演的角度看，国家带有“契约”和“掠夺”的双重属性。诺思提出了有关国家的“暴力潜能”（violence potential）分配论。若暴力潜能在公民之间进行平等分配，便产生契约性的国家；若这样的分配是不平等的，便产生了掠夺性（或剥削性）的国家，由此出现统治者和被统治者，即掠夺者（或剥削者）和被掠夺者(或被剥削者)。

诺思提出的“暴力潜能”这个范畴具有丰富的内涵，它既包括军队、警察、监狱等暴力工具，也包括权威、特权、垄断权等“无形资产”。国家的“暴力潜能”类似于企业拥有资金、劳动力、技术等生产要素后所具备的“生产能力”。如前所述，诺思把国家视为在暴力方面具有比较优势的组织。国家的比较优势就在暴力方面，暴力实质上也是一种资源。在国家未产生以前，这些暴力资源都分布在“社区”或“庄园”之类组织的手里。显然，暴力资源的这种分散配置方式无疑是低效的。在这种情况下，产权保护的费用也就相当高。这时的一个基本规则是，暴力潜能形成的边际成本 = 产权保护的边际收益。

不同于市场和企业，国家这种制度安排的特点是它的强制性，即国家是在暴力方面有比较优势的组织。强制性的后盾是国家暴力，但是，第一，国家暴力是对付暴力的暴力，即对付非法暴力的合法暴力，这种合法性起源于每个人捍卫自己利益、抵御别人侵害的合法权利；第二，国家暴力只有在能够实现某种社会合作，并且比其他制度（如市场和其他组织）更有效时，才被采用。国家暴力资源之所以能更有效地使用，在于其能达到规模经济和防止“搭便车”问题。

(2) 国家模型。把经济学理论引入国家问题分析是诺思关于国家理论的一个特色。统治者（国家）也是一个具有福利或效用最大化行为的“经济人”。他们也面临着生存和发展的问题，他们也面临着潜在竞争对手，他们与选民是一种“交换关系”。具有一个福利或效用最大化的统治者的国家模型具有三个基本特征。

第一，国家为取得收入而以一组被称之为“保护”与“公正”的服务作为交换。由于提供这些服务存在着规模经济，因而作为一个专门从事这些服务的组织，它的社会总收入要高于每一个社会个体自己保护自己拥有的产权的收入。换言之，国家为选民提供“保护”与“公正”，选民交纳税收维持国家正常运转，从某种程度上讲，这就是一种“交换关系”。

第二，国家为使收入最大化而为每一个不同的集团设定不同的产权。在这里，国家实际上是一个“带有歧视的垄断者”。

第三，面临其他国家或潜在统治者的竞争。在这里，国家并不能“高枕无忧”，它面临着强有力的外在竞争压力。“统治者垄断权力的程度是各个不同选民集团替代度的函数。”①

(3) 国家目标。国家的目标是什么？国家的基本职能是什么？这些确实是困扰古今中外理论家们的一个难题。在亚当·斯密看来，国家只是起一个“守夜人”的作用，要让“看不见的手”在资源配置方面起基础性的作用。自国家产生以来，不主张国家干预（自由主义者）与主张国家干预的争论从来没有停止过。

国家提供的基本服务是博弈的基本规则。国家目标可能“众说纷纭”，但最基本的目标有两个：一是界定形成产权结构的竞争与合作的基本规则（即在要素和产品市场上界定所有权结构），这能使统治者的租金最大化；二是在第一个目标框架中降低交易费用以使社会产出最大化，从而使国家税收增加。换言之，国家有两个方面的目标，它既要使统治者的租金最大化，又要降低交易费用以使全社会总产出最大化，从而增加国家税收。然而，这两个目标是相互冲突的。也正是国家存在着这样的冲突并导致相

① 道格拉斯·C. 诺思.《经济史中的结构与变迁》. 上海三联书店，上海人民出版社 1994 年版。

互矛盾，乃至对抗行为的出现，国家才由此兴、由此衰。

为什么上述国家的两个目标是冲突的？冲突的根源是什么？这是因为上述两个目标存在着内在的矛盾。第二个目标包含一套能使社会产出最大化而完全有效率的产权，即只有在有效率产权的基础上才能使社会产出最大化；而第一个目标是企图确立一套基本规则以保证统治者自己收入的最大化。到底是使统治者的租金最大化，还是使社会产出最大化，在许多情况下，这确实是一个鱼和熊掌不可兼得的两难选择问题。要在这两者之间选择一个“皆大喜欢”的“均衡点”是很困难的。从历史上来看，在使统治者（和他的集团）的租金最大化的所有权结构与降低交易费用和促进经济增长的有效率体制之间，存在着持久的冲突。

国家两个目标冲突的根源在于有效率的产权制度的确立与统治者的利益最大化之间存在着冲突。建立有效率的产权可能并不有利于统治者利益（租金）的最大化。

国家是一种强制性的制度安排。一方面，国家权力是保护个人权利的最有效的工具，因为它具有规模经济效益，国家的出现及其存在的合理性，也正是为了保护个人权利和节省交易费用之需要；另一方面，国家权力又是个人权利最大和最危险的侵害者，因为国家权力不仅具有扩张的性质，而且其扩张总是依靠侵蚀个人权利实现的，在国家的侵权面前，个人是无能为力的。

(4) 诺思悖论。如前所述，国家提供的基本服务是博弈的基本规则，主要是界定形成产权结构的竞争与合作的基本规则。一方面，没有国家权力及其代理人的介入，财产权利就无法得到有效的界定、保护和实施，因此，国家权力就构成有效产权安排和经济发展的一个必要条件。就此来看，没有国家就没有产权。另一方面，国家权力介入产权安排和产权交易，是对个人财产权利的限制和侵害，导致无效的产权安排和经济的衰落。这就是有名的“诺思悖论”。

诺思悖论实质上揭示了这样一个道理：“国家的存在是经济

增长的关键，然而国家又是人为经济衰退的根源。”[①] 诺思也曾说过：“没有国家办不成事，有了国家又会有很多麻烦。”[②] 诺思还说过：“事实上，有了国家，你不能做什么，但是没有国家，你也不能做什么。”[③] 在诺思的新制度经济学看来，几乎任何一套规则都好于无规则。什么是国家？国家是一种“制度”结构，它的职能是生产和出售一种确定的社会“产品”，即安全和公正。那么怎么能确保秩序、公正和安全呢？因此，人们把权利的垄断权，也就是确定和保护“所有权”的垄断权交给国家，以便它能够完成人们要求它完成的任务。但是，国家要有钱才能运转。国家的活动不是免费进行的，它必须付钱给公职人员、法官和军队。税制和捐税作用就在于使国家获得财源，捐税实际上是公民交给国家保护公共财产权和其他权利的一种费用。

在诺思看来，因为是国家界定产权结构，因而国家理论是根本性的，最终是国家要对造成经济增长、停滞和衰退的产权结构的效率负责。既然国家的存在是经济增长的关键，又是人为经济衰退的根源，那么真可谓“成也萧何，败也萧何”。

诺思悖论可从“纵”与“横”两个方面解释，从纵向来看，在同一国家，国家过去是阻碍经济发展的，而现在则变成促进经济发展的一个因素了；从横向来看，在同一时期，甲国的国家有利于经济发展，而乙国的国家不利于经济发展。诺思是把“国家”放在人类历史长河和世界格局中来分析的，因此我们也必须从这个“视角”去理解“诺思悖论”。在理解“诺思悖论”时，我们应注意这样几个问题：

①关于统治者的双重约束问题。一个经济包含着集团的活动，这些活动具有不同的生产函数，以反映一个政治—经济单位

---

① 道格拉斯·C. 诺思.《经济史中的结构与变迁》. 上海三联书店，上海人民出版社 1994 年版。

② 《经济学消息报》1995 年 4 月 8 日第 4 版。

③ 伯烈特·史宾斯.《诺贝尔之路》. 西南财经大学出版社 1999 年版。

的技术、资源和人口。统治者将界定一套产权，通过监督与测量每个环节的投入与产出，来确保它对每一个不同的经济实体的垄断租金最大化。投入与产出范围的考核成本将决定不同经济部门的不同产权结构，因而这种产权结构依赖于考核技术的水平。在诺思的新制度经济学看来，哪里测量成本高于收益，哪里就会存在公共产权。交易费用的高低影响着产权结构及其演变，度量衡标准化发挥着降低交易成本和确保统治者榨取最大量租金的功能。

除了上述交易费用的约束外，统治者面临的另一约束是竞争约束。我们在“国家模型”中已分析过这个问题。统治者总存在对手：与它竞争的国家或本国内部的潜在统治者。在竞争约束下，统治者将避免触犯有势力的选民。如果这些集团的势力达到威胁统治者利益的“边界”时，统治者会同意一个有利于这些集团的产权结构而无视它对效率的影响。

统治者的双重约束表明，一方面，正的交易费用限制了统治者对有效率产权结构的选择；另一方面，各种利益集团的竞争压力迫使统治者不得不选择一些无效率的产权结构。在零交易费用的条件下，统治者总是先设计一套有效的规则，然后再去为他们的租金进行谈判。这一假定忽略了正的交易费用的存在，而博弈都是与正的交易费用有关的。诺思指出，“即使对历史和当代世界最一般的考察，也可清楚地看到‘无效率’的产权是常态而不是偶然”。[①] 从长远来看，有效率的产权会导致国民收入的增长，但与那些无效率的产权相比，从短期来看，统治者的租金会减少。这里“长期利益”与“短期利益”的矛盾表明，统治者作为“人”，其理性也是有限的。诺思发现，统治者的寿命周期是影响一国稳定及其制度变迁的一个“重要的因素”。他说，影响国家

① 道格拉斯·C. 诺思.《经济史中的结构与变迁》. 上海三联书店，上海人民出版社 1994 年版。

稳定的“还有一个重要的因素是统治者终有一死”。①

②关于无效率产权结构形成的原因。无效率产权的形成原因除了上面分析的统治者的双重约束、使统治者（或统治阶级）租金最大化的产权结构与它推进经济增长的作用是相冲突的原因以外，还有一些其他的原因：

第一，统治者偏好的多元性与有限理性。产权的有效性由它对国民总财富的影响界定。统治者可能是一个财富最大化者（或租金最大化），但是统治者更为关心他在国际政治舞台上的威望，那么他可能牺牲国民财富而建立强化军事力量的制度安排。随着财富的增加，统治者更为关心他的威望。即随着统治者财富的增加，财富的边际效用在降低，其他商品（如威望、历史地位、国际影响等）的边际效用却在增加。统治者偏好的多元性及其有限理性无疑会影响他对产权制度安排的选择。在统治者的偏好中，产权有效性可能是一个重要“砝码”，但不是惟一的“砝码”。

第二，不同集团利益的冲突。国家在某种程度上讲是不同集团的集合体，统治者就是这些不同集团利益的“均衡者”。制度安排（包括产权制度）的变迁经济在不同群选民中重新分配财富、权力和收入。如果变迁中受损者得不到补偿，他们将明确地反对这一变迁。一个强有力的集团也可能促进那些有利于这个集团收放再分配的新制度安排，尽管这种变迁将损害经济的增长。显然，包括产权在内的各种制度安排并不完全取决于效率（或经济）原则，它们还取决于不同利益集团的规模、地位以及与统治者的关系。人类历史上无效率的产权之所以成为“常态”的根源也在于此。离开产权，人们很难对国家作出有效分析；同样地，离开国家，人们也无法对产权进行有效分析。这就是诺思国家理论的主要特征。

---

① 道格拉斯·C. 诺思.《经济史中的结构与变迁》. 上海三联书店，上海人民出版社 1994 年版。

二、国家与产权关系理论

在人类社会产权制度的演变过程中，国家充当什么角色、起着什么样的作用呢？诺思的国家目标理论和“诺思悖论”已对这个问题作了比较形象的回答。国家仅仅在那些统治国家的人的福利最大化目标的范围内促进和界定有效率的产权。历史上有效率的产权和无效率的产权都与国家有关。社会所曾达到的最好状态是提高私人收益使之尽可能接近社会收益，以提供充分的刺激来实现经济增长。但增长比停滞或萧条更为罕见的事实表明，“有效率”的产权在历史中并不常见。

如果假设一个“中立”的国家存在，那么在给定现行技术、信息成本和不确定性的约束条件下，各个“经济人”在稀缺与竞争世界中以最小成本解决方案而形成的产权将是有效率的。但实际上国家不可能是“中立”的。“产权的出现是国家统治者的欲望与交换当事人努力降低交易费用的企图彼此合作的结果。”①

诺思认为，制度变迁可以在政府（国家）、集团和个人三个层面上进行，但被认为最应该最适宜的制度变迁是由政府（国家）这个制度博弈的参加者来组织的。国家在产权制度形成中的作用主要表现在：

（1）国家凭借其暴力潜能和权威在全社会实现所有权。没有政府的权威，很难想像所有权会普遍地得到实现。尽管许多民间组织能够为其所有权提供小规模的保护，还是不能解决“搭便车”的问题。与各种民间组织相比，政府能以更低的成本确立和实行所有权，并且由此获得的好处要比经过扩大市场获得的好处明显得多。因此，各种经济组织和个人在政府严格确立和实行所有权的条件下，才愿意付出来自贸易的收入。从这个意义上看，司法和财产所有权的实现是由公众出资的公共物品。

---

① 道格拉斯·C. 诺思．《经济史中的结构与变迁》．上海三联书店，上海人民出版社 1994 年版。

(2) 有利于降低产权界定和转让中的交易费用。产权的界定涉及到一系列费用，如度量费用、信息费用等。度量费用非常高的东西将是一种共有财产和资源。如前所述，投入与产出范围的考核成本将决定不同经济部门的不同产权结构，因而这种产权结构依赖于考核技术的水平。哪里资源测量成本高于收益，哪里就会存在公共产权。度量衡标准化的出现几乎同政府的历史一样悠久，并通过国家得以发展。国家的标准化有利于降低交易成本。在缺乏有组织的市场的情况下，人们将花很多时间与费用去搜寻信息。

(3) 国家在产权制度形成中的作用还取决于国家权力介入产权安排的方式和程度的差异。在历史与现实中，有的国家只为产权安排和产权变革提供“游戏规则”；有的国家不仅提供“游戏规则”，而且还直接参与甚至干预产权的安排与产权变革。产权的改变，取决于统治集团对改变现有的产权安排、所带来的收益的事前估计与监察和执行权利结构的改变、所带来的成本的事前或事后估计之间的相互关系。总的来说，取缔和禁止产权交易，致使国家权力强制作出的产权安排是低效率和无效率的。因为它违背了权利的本性，同时造成了一种根本的和巨大的扭曲，使得国家把产权当成一种政策变量而非制度变量，随意改变产权关系，既然今天可以根据政治需要把产权给你，明天也可以根据政治需要把产权从你手中拿走。这样虽然能够实现统治者集团的租金最大化，但却破坏了社会结构稳定的基础，导致经济的衰退和衰落。[①]

诺思指出，封建社会解体后，欧洲经济的不同成就取决于各民族国家的财政政策所有权（产权）的关系。政府之所以承担起保护和实现所有权的责任，是因为它能以比民间组织更低的成本达此目的。但是，政府在财政方面的需要可能会诱使它去保护那种阻碍而不是促进经济增长的所有权。诺斯和罗伯特·托马斯合

---

① 卢现祥.《西方新制度经济学》. 中国发展出版社 1996 年版。

著的《西方世界的兴起》一书令人信服地说明了欧洲近代史上民族国家的兴衰，在这本书中，作者比较了四个国家："竞争失败"的法国和西班牙；经济增长的英国和荷兰。

百年战争后的法国尽管王权逐渐占据统治地位，但各地依然在某种程度上相互隔绝。虽然形成了一整套严密的用来提高王室收入的所有权结构，但是却没有形成推动经济增长的有效的所有权。这主要体现为：第一，"法国的财政政策有意无意地采用了一切可以想像的手段来阻挠一个广泛的市场的扩展"，[①] 造成国内分隔严重、关税林立。第二，国内政策阻挠了法国对外贸易的扩展，使得法国经济基本上处于自给自足状况。第三，行会垄断严重，遏制了市场的发展。第四，长期的内部战争、叛乱，使得法国政治统一耗时长，为国内市场统一设置了政治上的障碍。第五，追求奢侈和浪漫，使得国家行为只助长了没有效率行业的发展，遏制了发明创新的积极性。

相比之下，西班牙与法国在政治上有着惊人的相似之处：代议制度对所有权的放弃和王权的强大；国内战乱不断，政治统一长时间完成；地方割据严重，内部贸易障碍重重。但是两个国家在资源禀赋和税源上有着显著不同。法国缺乏显而易见的税基，而西班牙收入三大来源有两个来自外部：低地国家和其他领地的款项，新大陆的财富。正是这两种外部收入决定了西班牙衰落的命运。随着低地国家的反叛、北方七省独立的成功，帝国财富锐减。为了维持收入，国家提高税收比例，玩弄各种财政手段，侵占、没收或单方面改变合同。而对羊主团（三大收入来源之一）的有利法令阻挠了有效的土质所有权的发展，最终造成所有权得不到保障，挫伤了商工农等团体的积极性。在此，诺斯引用了埃利奥特一句意味深长的话来说明西班牙衰落的根源，"经济制度的性质就是这样，一个人不是当学者就是当僧侣，不是当乞丐便

---

① 道格拉斯·C. 诺思等.《西方世界的兴起》. 华夏出版社 1999 年版。

是当官僚。舍此而外别无其他”。①

相对于法国和西班牙经济的停滞，在荷兰国家利益和社会先进部门利益得到了“幸运的结合”。诺斯列举了下列因素来解释荷兰的成功：第一，尼德兰的统治者历史上就倡导国际贸易，减少行会的排外和垄断，并防止地方行会将其限制性惯例强加于国家工业发展之上。第二，实现了政治统一。第三，政府发明和支持新制度以减少交易成本。如政府公证人的发展，标准会计惯例的发明和普及，政府对存款的担保等。凡此种种不仅造成一个有利于市场和经济发展的环境，而且成功地实现了国家同社会收益的共同增长。

同前述三个国家相比，偏安孤岛的英国既缺乏法国的规模、西班牙的外部资源，也缺乏荷兰的有效制度，它必须寻找一个中间的领域。② 经过长期斗争，国会战胜王权，从而把王权的垄断排除在经济活动之外，减弱了政治对经济的严格控制。代议制的实施为新兴工商业阶级提供了政治保障，荷兰的成功为英国提供了众多启示。通过借鉴，英国发展起一套有效率的所有制结构，如专利法的制定、中央银行的建立、保险事业的开展，以及股份公司的兴起。这样，到 19 世纪初，英国取代了荷兰成为世界上最有效率、发展最快的国家。在总结英国经验时，诺斯特别强调指出，历史上的确存在着创新在没有所有权保护创新者的社会中发生的现象，但是这种现象只是在个人成本大大小于个人收益条件下才发生。许多创新的成本对于个人难以承受，只有在国家的保护下，使收益内在化，才能激发个人的创造力。

总之，离开了国家，现代意义上的产权制度便无法建立起来。英国和荷兰的实例也为诺思的国家与产权关系理论做了最好的注解。

---

① 道格拉斯·C．诺思等．《西方世界的兴起》．华夏出版社 1999 年版。

② 同上。

三、制度变迁轨迹与政府职能的关系

既然制度和国家制度的变迁如此深刻地影响着产权安排和经济的发展，那么怎样才能实现制度的合理变迁呢？或者说，是什么力量决定了报酬递增在制度变迁过程中的发生呢？诺思认为，制度的变迁和报酬的递增受到一系列主客观因素的制约，其中包括不完善的市场状况、制度的初始设计、行为者的主观意识结构和个人偏好，以及战争、灾害等等。在这一系列因素中，一个社会的组织状况在很大程度上决定了报酬的实现方式。

诺思认为，组织和制度不同，它是人们为一些共同的目标而结合到一起形成的团体或实体；组织一方面是在现存制度允许的范围内产生和发展的，因而组织的发达程度常常与制度的发达程度相一致，它实现着制度的功能；但是另一方面，组织又会影响制度的运行和变迁，它既可成为阻止制度变迁的巨大障碍，也可成为促进制度变迁的重要力量。

诺思划分了四种不同的组织，即政治组织（政党、立法机构、市议会、管理部门）、经济组织（公司、商业团体、家庭农场、合作团体）、社会组织（教会、俱乐部、体育协会）和教育组织（学校、大学、培训中心）等。诺思重点分析了政治组织和经济组织之间的相互关系，因为从经济组织的构成和运行方式可以直接看出制度变迁与报酬递增的关系，而政治组织则有着为一切组织和经济活动制定规则、把非正式约束确定下来成为正式约束等一系列功能。在 1981 年出版的《经济史中的结构与变迁》一书中，诺思大量使用了政治—经济单位这一术语来分析人类经济发展过程中的制度变迁方式。在该书中他把国家当作一种政治组织来对待，而他所说的国家职能主要是指政府的职能。

诺思认为，一个社会的政治组织和经济组织的状况极为深刻地影响着制度引起的报酬递增状况，从而在一定程度上决定着制度变迁的轨迹。诺思在《制度、制度变迁与经济绩效》一书中又以英国和西班牙为例说明这一理论。15 世纪末期，英国和西班牙都形成了统一的国家，都经历着由战争引起的严重的财政危机，这一局面迫使在两个国家实现了一个同样的制度变迁，即创立议会制度。但是由于两国政治—经济组织的状况不同，同一种制度变迁却导致了两种截然相反的后果，并使得制度变迁在两个国家沿着完全不同的轨迹演进。在英国，议会是王权和商人阶层相互妥协的产物，王室为了多征税而不得不赋予代表商人利益的议会以较大的权力，使得议会能够通过立法来取消对商业贸易的一系列限制，建立稳定的产权制度，为英国日后的商业繁荣和市场发展开辟了广阔的道路。从此英国的经济迅猛发展，议会制的形成无论给政府还是给商业阶层都带来了巨大的报酬递增，从而不仅使英国很快成为西方头号强国，而且也使英国的一系列政治、经济制度进一步向着有利于经济发展的方向变迁。这是一条典型的路径依赖（path dependence）轨迹。而在西班牙，由于官僚统治和王室权力过于强大，议会成了国王任意利用的工具，而不像在英国那样能通过加强立法在维护公平竞争、保障私人产权、取消商业限制方面发挥巨大作用，结果议会的建立不但不能给商业阶层带来报酬递增，反而导致大量企业的破产和经济的衰退。在这一过程中，政府虽然加强了税收，获得了报酬递增，但是由于这一报酬递增建立在经济衰退的基础上，因而递增也有着极大的限度，结果是西班牙相对停滞了整整300年。[①]

这表明，尽管政府作为政治组织在促进制度变迁方面能发挥多少作用受一系列内部因素和外部因素的制约，但同时也深刻地表明，好的政府往往是促使制度变迁走向路径依赖轨迹，从而实现经济增长的一个必要条件。在这里可以发现，问题的复杂性在于不仅经济组织有着报酬递增的强烈愿望，而且政治组织同样有着报酬递增的愿望，因为政治组织同样是有着自身利益需要的集团。政治组织和经济组织在现存制度下获得报酬递增的不同方式

① 道格拉斯·C．诺思．《制度、制度变迁与经济绩效》．上海三联书店，上海人民出版社1994年版。

共同决定了制度变迁的轨迹。

前面讲到，诺思认为，政治组织（即国家）在推行制度变革时有两种目的：一是建立一套有利于自身统治的政治制度，从而保证政治组织的报酬递增；二是建立一套有效的产权制度，从而保证社会成员的收入最大化和经济组织的报酬递增。然而国家的上述两个目标时常是相互冲突的，也就是说政治组织和经济组织的报酬递增要求不一致。有时政府追求自身报酬的结果是企业的大量破产和经济的严重衰退，也就是说政治组织的报酬递增以经济组织的报酬递减为代价，这时就会出现前述西班牙的那种局面，即制度变迁陷入路径闭锁（lock—in）而政府官僚机构成为经济不发展的重要根源。只有当政治组织和经济组织的报酬递增要求是一致的时候（像在英国那样），才会出现制度变迁的路径依赖轨迹。

那么，怎样才能做到政治组织（国家）和经济组织的报酬递增需求一致呢？从诺思的分析中不难看出，这需要政府在下述两个重要方面进行努力：首先它必须制定合理的产权制度，保证公平竞争和市场规则的实施，从而带来社会成员和经济组织的报酬递增即收入最大化；其次，政府必须把自己的报酬递增建立在经济组织和社会成员报酬递增的前提下，为此要求政府部门要把自己的行为纳入制度化的轨道。在这一基础上，社会成员的报酬递增和经济组织的收入最大化可以使得政府部门通过增加税收来实现自身的报酬递增，政治组织和经济组织之间的报酬呈相互递增局面，于是制度变迁的路径依赖轨迹和经济发展的良性循环得以形成。如果政府部门不把自己的行为纳入规范化、制度化的轨道，那么政府成员的寻租行为虽然使得他们自身的报酬增加了，但却是以国家整体和经济组织的报酬递减为代价的。如果政府不能制定合理的产权制度和其他一系列有利于经济发展的制度，那么由于没有报酬递增的刺激，制度变迁也会陷入困境。在这些情况下，就必然会出现制度变迁的路径闭锁困境和经济不发展的恶性循环。

第三节　分析与评价

从以上对诺思的制度理论、国家模型与国家目标、国家与产权的关系理论、制度与政府职能理论的讨论，可以看出诺思的理论是一个严密的逻辑体系。诺思的新制度经济学中的国家理论更是对政治学、行政学的国家和政府理论的极大丰富。诺思的新制度经济学中的国家理论的特色主要表现在：

（1）把国家视为一种组织。既然国家可视为一种组织，那么关于企业的理论也就可以用来分析国家问题了。过去尽管政治学、社会学和人类学等学科对国家问题进行了一系列理论分析，但对国家行为进行深层次分析必然要依赖经济学。将经济学用于政治学的公共选择理论至多仅仅在解释政治决策上取得了一个初步成功。诺思的新制度经济学把国家视为一种组织和制度安排，无疑为国家问题的研究提供了一个新的视角。

（2）揭示了国家与产权的内在联系。在众多揭示国家起源的理论中，都未能把国家与产权的确立联系起来。新制度经济学填补了这方面的理论空白。新制度经济学认为，离开产权，人们很难对国家作出有效的分析。因为产权的本质是一种排他性的权利，在暴力方面具有比较优势的组织处于办公室和行使产权的地位。诺思指出，国家理论“关键的问题是解释由国家界定和行使的产权的类型以及行使的有效性。最富有意义的挑战是，解释历史上产权结构及其行使的变迁”。①

（3）揭示了国家的内在矛盾。在当今世界上，对国家问题的研究远没有对企业、消费者问题的研究那么成熟。国家还有不少神秘的“面纱”。公共选择理论在用经济学解释国家上尽管取得了初步成功，但还有不少深层问题尚未涉及到。诺思在对历史的

---

① 道格拉斯·C．诺思．《经济史中的结构与变迁》．上海三联书店，上海人民出版社 1994 年版。

研究中阐明的诺思悖论，使得那些主张国家干预论者与自由主义经济学家们不得不重新“审视”一下自己的理论。国家行为比企业、消费者和其他经济主体的行为更复杂一些，意识形态上的一些“禁区”限制了理论家们对国家问题的研究。此外，国家问题上还有不少理论上的难点，如国家目标问题、公共决策的一致性问题、国家增长现象的原因及其国家的职能问题等等。诺思的新制度经济学是把国家置于一种“矛盾状态”中来分析国家在制度变迁以及社会经济发展中的作用的。

因而，诺思新制度经济学的国家理论对于认识国家的起源、演变以及职能是颇有启发意义的。诺思新制度经济学的国家理论的最大贡献就在于抓住了国家与产权的内在联系。国家在历史上产权结构及其行使的变迁方面起至关重要的作用，历史和当今世界上各种产权制度和产权结构的差异只能在国家理论上找到完整的答案。

不仅如此，诺思通过对历史的考察，发现了主流经济学的若干缺陷或不足，如主流经济学的目的不在于解释长期的经济变化，即使它试图解释这一问题，它提供的答案也有相当大的局限性。由此，由“具体”到“抽象”，在经济理论方面创新，挑战主流经济学，成为他及其同仁们追求的另一目标。在诺思的新制度经济学兴起之前，各种有关经济增长的理论都将制度视为已知的、既定的或作为“外生变量”。在此假定下，人们将研究重点集中于通过生产要素拥有量及投入比例的变化来探讨经济增长或衰落的原因。但诺思从历史研究中发现真实情况并非如此，在生产要素、技术不变的情况下，仍会出现经济增长。这一发现引领着他一步一步地走向制度和制度变迁的研究。他在此领域中披荆斩棘、博采众长，以其卓越的见识，完成了制度及其变迁的理论体系，并逐渐被经济学界认同。

诺思新制度经济学的另一大贡献就在于研究的方法论。诺思在制度与制度变迁领域已发表四部专著，即《制度变迁——美国经济增长》、《西方世界的兴起》、《经济史中的结构与变迁》和

《制度、制度变迁与经济绩效》。通读这四部著作，我们可以清晰地看出他推演制度变迁理论的脉络。如果说前两部著作尚属于个案分析，在理论上还没有系统的建树，那么，后两部著作则相当完整地提出了一整套理论，并用这套理论考察了距今一万年来的人类经济史。这两部著作理论精深、纵横时空广大、史论一致且结合严密、真知灼见迭出，堪称史论结合的典范。正如瑞典皇家科学院在授予诺斯与福格尔（1993 年诺贝尔经济学奖另一获得者）诺贝尔经济学奖时所称：他们是“新经济史学”的先驱和代表人物，是他们通过经济理论和定量方法来解释经济和制度的变化，从而更新了经济史的研究。任何一场学术革命都离不开方法论的创新。长期以来，经济史的研究者们一直将工作的重心放在史料的收集、整理和考证上，经济史著作往往是历史资料和数据的堆砌和罗列，在理论和方法上缺乏创新，因此，经济史研究渐呈式微之状。诺思反对仅为叙述历史而研究经济史，建议经济史学家应用现代经济学的观点和规范的方法提出假设，并验证和利用史料。以诺思为代表的新经济史学正是运用现代经济学的理论和研究方法，更新了经济史研究，并向若干成见挑战，得出了一系列发人深思的结论，从而在经济史研究领域掀起了一场革命。在这个意义上可以说，他为经济史研究注入了活力，使经济史重新焕发了青春。

诺思新制度经济学运用现代经济学的理论和方法研究经济史只是运用这一方法的开始，诺思提倡的方法正影响着政治学、行政学、社会学、法学及其他社会科学。经济学作为“社会科学的帝国主义”对社会科学的影响将是深刻的，正如诺思指出，“在理解一个经济的绩效时，政治与经济之间具有无可争议的内在联系，因此我们必须发展一个真实的政治经济原理……必须实行政治学与经济学的更大整合”。①

---

① 道格拉斯·C．诺思．《制度、制度变迁与经济绩效》．上海三联书店，上海人民出版社 1994 年版。

作为一位西方学者，诺思在研究经济发展史过程中采取了非常严肃的态度。他并没有全盘接受西方经济学中的传统理论假设，也没有对马克思主义理论抱有意识形态的偏见，他对两者在肯定的基础上采取了批判吸收的态度。诺思试图通过自己所构建的所有权理论、制度变迁理论等来弥补以往的经济学和马克思主义在解释经济史发展上的不足。毫无疑问，他的许多论述相当有见地，但是必须看到他所关心的国家的重要性、保护所有权的意义、制度变迁的过程在马克思的著作中都曾涉及。遗憾的是，长期以来我国理论界由于各种原因，一直未对这些问题进行深入研究。通过了解诺思的理论，可以有助于我们进一步发掘马克思主义理论的内在精髓，丰富和发展马克思主义。

从诺思的理论反观我国改革实践。十几年改革过程实际上是一个由国家推动的制度变迁过程。尤为重要的是，在中国这样一个高效率所有权结构尚未成形、市场发育不完善的社会中，个人和团体创新成本之大足以扼杀所有发自他们的创新冲动。只有在国家的保护和推动下，才有可能实现创新成功。而制度的变迁和创新不仅要实现国家收入最大化，而且要尽量实现社会福利最大化，做到二者的和谐统一。特别值得注意的是，在国家推动的制度创新中，不是再由国家管理一切，而是要逐渐减少国家控制，把更多权力归还社会，激活个人和团体的积极性和创造力，从而排除政治对经济的非正常的消极干预。

第十八章　凯登的行政理论

第一节　生平与著作

1936年6月，杰拉尔德·凯登（Gerald Caiden）出生于英国的伦敦。1954年至1959年就读于伦敦经济和政治学院，主修经济学，获该校的科学学士学位。之后，他转往伦敦大学深造，获该校的博士学位。在此之前，凯登已经登上高等学府的讲坛，开始了他的教学生涯。他先后任教于英国的伦敦大学（1957—1959年），加拿大的卡尔登大学（1959—1960年），澳洲的澳大利亚国立大学（1960—1966年），以色列的希伯来大学（1966—1968年），美国的伯克利加利福尼亚州大学（1968—1971年），以色列的海法大学（1971—1975年）。之后，他受聘前往位于美国洛杉矶的南加利福尼亚州大学，在该校的公共行政学院任教至今。

除了在各高等院校从事教学之外，凯登还曾担任许多学术刊物的编辑委员会成员，这些刊物包括《公共人事评论》、《以色列及海外的公共行政》、《行政和社会》、《公共行政学报》、《香港公共行政学报》、《公共行政评论》、《南部公共行政评论》、《政治、变化和社会》等等。

凯登也应邀为一些学术刊物审稿或撰写书评，这些刊物包括《美国政治学评论》、《公共行政评论》、《西部政治学季刊》、《公共行政》、《政策分析》、《政治学研究学报》。他也为澳大利亚、以色列和美国的一些出版社审阅书稿，这些出版社包括兰德麦纳利公司、哈泼和劳公司、塞际出版公司、麦克米兰公司、翠绿浪漫公司、加利福尼亚州大学出版社等等。

凯登还受聘为不少政府和政府机构的顾问。其中包括澳大利亚联邦政府（1961—1966年），以色列政府，耶路撒冷市政府，以色列公务员委员会，以色列管理协会等（1966—1968年）；联合国拉丁美洲经济委员会，以及联合国公共行政部（1968—1971年）；以色列政府，海法市政府，以色列生产力研究院，以色列地方政府联合会，以色列政策、武器研究局等（1971—1975年）。

1975年以来，凯登又被聘为如下各机构的顾问。其中包括加拿大渥太华地区经济扩展部、皇家澳洲政府行政委员会、世界银行、墨西哥政府、国际巡视官委员会、美国律师协会、美国巡视官协会、洛杉矶郡经济和效率委员会、孟加拉国国家公共行政学院、联合国技术援助计划、美国国家科学基金会等等。

自1985年起，凯登出任国际发展协会南加利福尼亚州分会的秘书长达6年之久。1986年，凯登被美国新闻署聘为阿姆帕特拉丁美洲讲师。1988年以后，凯登一直担任联合国开发计划属下技术合作使团的顾问。1993年在以色列召开的第三届国际公务员道德会议上被选为共同主席之一。

自1960年发表了长达400多页的论文《加拿大的联邦公务员制》以来，凯登共出版了20多本著作，并发表了200多篇学术论文。著述丰富的他对公共行政学在理论和实践上的发展作出了重大的贡献。

第二节　行政理论

一、论官僚制度的改革

早在20世纪60年代，法国著名的社会学家、《官僚现象》一书的作者米歇尔·克罗西埃尔就曾指出，官僚体制作为一个组织是不可能从错误中吸取教训以改正它的行为的。凯登认为这一说法颇有根据，所以，官僚体制要么自己对自己进行改革，要么就由外界将改革强加其上。①

问题是，一个组织怎样才能自己对自己进行改革呢？凯登以为，改革的实质就是为了迫使某些人做他们自己本来不愿意做的事情。行政科学也就是这样来理解改革的。因此，对改革的研究主要集中于两类组织：对改革三心二意的和对改革公然抗拒的组织。传统的行政科学认为，行政体系是纯粹工具性的，换句话说，行政体系只是执行由外界作出的决定的工具而已，而公共组织是整个政府机器的一部分。所以，为了改进公共行政，就必须要说服领导这些组织的政府领导人，要让他们明白，这些组织的形式、安排以及运作都需要改变。只有这样，这些领导人才会作出指示，完成这些变化。

公共行政的这种改革策略是显而易见的，即说服政府领导人，让他们明白，要提高政府效率、改进政府工作，政府机构一定要改。领导人被说服了之后，剩下的问题就是如何由行政专家和具体进行改革的政府官员来商定改革的具体细节了。凯登认为，按照这种策略，关键是说服掌握政府机器的政府领导。对于是否应直接接触具体进行改革的政府官员、如何让他们改变自己的作风态度，以及如何说服他们积极参与行政改革等等，这项策略并没有给予过多的考虑。凯登指出，当年英国的费边社曾经尝试过这种策略，也略有成效。但是，从总体来看，在公共领域里进行的行政改革基本上都是由外界强加其上的。

人们因此而得到了一个错误的印象，那就是：第一，政府官员绝不会主动自觉地去改进公共行政；第二，这些人对改革必定缺乏兴趣。凯登以为，这种印象与事实大相径庭。在他看来，有个别政府官员始终站在行政改革的前列，一方面坚持不懈对某些三心二意的领导进行耐心细致的说服工作，另一方面只要一得到上级点头就抓紧时机进行改革。这些人默默无闻地从内部对公共组织的运作进行改造，当然，他们这样取得的成果只能是有限

① 米歇尔·克罗西埃尔.《官僚现象》. 伦敦塔维斯托克出版公司1964年版。

的。另外，他们也还要和政府外部的同盟军联合起来，一齐推动上级领导以及思想保守的同事。一旦主张改革的政府官员和政府外部的同盟者，以及政府的领导人能够齐心协力，克服既得利益，改革必将取得历史性的长足的进步。

事实上，如凯登所说，随着大型政府的来临，原有的策略已经日渐失效。其主要原因是所谓的既得利益势力庞大，令行政改革寸步难行。在世界上不少英语国家中，尽管为数众多的公共听证会一再抱怨政府效率低下，提议大刀阔斧的改革措施，可是政府领导人并没有从善如流、果断行动。恰恰相反，他们无意改变现状，甚至公开承认，对于官僚的拒不让步、既得利益的强力反对，以及一般公众的漠然态度，他们实在无能为力。

凯登指出，其实原有的行政改革策略越来越无效，原因甚多。第一，公共事务迅速膨胀，令政府领导人已经无法事必躬亲、面面兼顾。当政府规模还不太大的时候，当领导的还可能对政府的各项事务知之甚多。而政府规模的迅速扩大使他们几乎成了政府里面的陌生人，他们力所能及的只是忙于应付那些当务之急的要紧问题。说是领导，实际上，他们已经为巨大的行政机器所摆布操纵。凡是自己不清不楚或者一知半解的事，他们就交托给手下的秘书、助理。可以说，行政事务的大权已经旁落。对于那些领导们，人生短暂，世事繁忙，既然要靠手下一大帮官僚来维持政府的运作，那么何必要鼓吹什么改革去开罪他们呢？

第二，政府官员的行政功能已经改变。在过去，他们只是涉及执行政策的具体细节。现在，他们不但参与政策的发起和选择，管理庞大、复杂的组织，而且在老百姓面前还是政府的代表。他们承担着巨大的义务和责任，难免比以前更加小心翼翼。此外，由于政府运作的事无巨细都要他们一手经办，他们处事更倾向于从方便着眼。正因为如此，除非不可避免，他们决不赞成改变现状。至于什么样的改变才叫作不可避免，只能由他们说了算。可以想像，对外界提出的改革的建议，他们只会听而不闻了。再加上，究竟改革是好是坏，其结论要经过实践才能得出，在此之前，谁也无法证明。于是，一般的政府官僚更是理所当然地反对外界试图强加到他们头上的改革了。

第三，政府组织的存在由来已久，已经从行政的工具演变为行政的机构。它们的生存不再依赖外部的环境，恰恰相反，它们已经能够控制外部环境的某些方面，甚至创造和操纵它们的服务对象。它们自成一体，俨然是一个独立王国。它们也懂得在外界广交盟友，就连为之服务的既得利益，它们也与其结成统一战线。正是利用这些力量形成的政治压力，使它们可以就它们关心的问题对政府领导人施加影响。

很清楚，今天的政府组织再也不是只会点头称是、唯唯诺诺的应声虫了。对于政府打算作出怎么样的决定，它们的意见或者建议分量重大。它们织造的行政网，包罗了许多的外单位。这些单位的存亡荣衰和政府的决定息息相关，老百姓的种种期望也寄托在政府身上。可以说，政府组织已经成为整个社会不可分割、不可或缺的组成部分。面对公众的无限依赖和深切期望，试图舍弃政府部门提供的服务绝非轻而易举，要想改变官员习以为常的行政实践和行政行为更是困难重重。在这种背景下，提出行政改革对官僚体制、对他们的盟友、对他们的服务对象，以至一般的百姓，只能是严重的威胁。

第四，大量的政府组织没有竞争对象，没有敌手，也不用担忧被私人企业取而代之。这些政府组织在各自的领域里建立了高度的垄断，包括人才、知识、专业技能、实践经验等各方面的垄断。局外人如果想要被称作行家，就得看这些组织愿不愿意提供必要的信息、愿不愿意颁发一纸认可的证书。因为大权在握，有谁略表不满，说个不字，它们或予拉拢、或予孤立，甚至弄个身败名裂。和任何别的组织一样，万一受到威胁，它们必定奋起抗争，无所不用其极。面对强敌，没有多少人胆敢与之据理力争，一决胜负。这种和官僚的对抗，凯登称之为“不平等的竞争”。正因为如此，局外的改革家们越来越意识到自己的不利处境。支持自己观点的证据，他们收集不到；企图聚集公众的支持，多数的老百姓又怕开罪有权有势的官僚。至于改革家们，也是自身难保，改革不成，难逃日后的打击报复。

第五，行政改革的对象是保守、僵化的大型组织。要赢得组织内多数人对改革的支持是不容易的。组织的规模越大，这样的工作越困难。实际上，一小撮反对改革的强硬分子就足以使任何变动寸步难行。所以说，由局外人来推动改革，可谓先天不足。他们既没有直接的手段来克服阻力，又不能撤销整个部门，把整个班子扫地出门，或者将那些专家取而代之。就算他们能做到这一步，想要顺顺当当地落实改革，路还长着呢。想加快改革的步伐，往往是事与愿违，结果是抵制愈加激烈，代价愈加高昂。无可奈何之余，只能一再妥协。麻烦的是，如凯登所指出的那样，最无意改革的组织也就是最不想妥协的组织；最愿意改革的组织当然比较容易实施改革，只不过他们却正是最不需要改革的组织。

第六，今天改革的难度已经远远超过以前。凯登认为有两个方面的原因：一是改革已难有显而易见的目标。以往的改革主要着眼于官僚部门中那些明目张胆的乱政现象，而现在情况已经大有好转。二是改革的热情也因此远不如前。偶然出现一两件丑闻，在社会上煽起情感的冲动，但只是势软劲弱，很难再重燃对行政改革的兴趣。有人说这是因为行政事务错综复杂，要吃深吃透太花功夫。实则不然。真正的原因在于行政操作中的种种缺陷、不足乃至失误，牵连到太多的人。行政改革不再是一件普通的案子，只涉及少数几个享有特权、无忧无虑、只会损人利己的官僚，卷入其中的不但是一大群人而且是一大群自以为清白无辜、没有什么错误行为的人。公众的淡漠加上官僚的惰性使行政改革成功的机会大为减小。如果要改革的问题为一般人难以理解，又不关他们的痛痒，改革的难度就更会大大增加。

正如凯登所指出的，行政改革本来就不是轻而易举的小事。随着公共行政的不断改进，其困难程度是越来越大了。与此同时，他又强调说，这并不等于改革的前景暗淡无光。一方面尽管政府部门的工作已经有所改善，它的表现还远非令人满意。实际上，理想和现实的距离正在继续拉大，公共行政的实践越来越落后于先进的科学技术。另一方面，无论是各个国家之间，还是同一国家内部各个政府机构之间的具体情况都差别很大。有些国家正在国际组织的援助下，开始建立有效的行政体系。另一些国家则长期以来对政府机构不闻不问，以至后者变成了一个无法为公众服务的烂摊子。即使有的国家的公共行政体系运行也还差强人意，但种种效率低下的迹象已日趋明显，个别的部分已是亟待整修重建。类似的问题包括：生产力每况愈下、政府雇员态度日趋粗暴、政府开支失控、政府组织违法等等。显然，值得改进的地方很多。套用凯登的话，行政改革的作用是永恒的。

怎样来进行行政改革呢？既然从外部引进或者强加改革的策略并不理想，那么自我改革、自我更新、或者说重塑是不是行得通呢？如凯登指出，事实上，虽然重塑在公共行政的领域内少有听闻，私人企业界却对之早有了解。无论是政府部门或者是私人企业，通常都要不时地重新检查预定的目标、组织的结构；要改善本单位、本部门和周围环境的关系；要重新认识对组织成员、对服务对象的责任。一般情况下，这类工作都是自己采取主动，定期或不定期地进行的。可以说，它们实际上已经担当起自我改革的责任。正因为这种改革是由组织内部发动的，引起的变化是渐进的、持续不断的，所遭遇的阻力往往也是最小的。①

话虽如此，凯登又明白指出，对政府部门而言，称为“重塑”的这种策略包含有一些严重的缺陷。第一，这一策略本质上有失理想、有失完美，既不够大胆创新，又缺乏远见卓识，纯粹是满足于小修小补而已。第二，这一策略只是针对某个具体组织，并不考虑政府内各部门之间的问题，可以说没有全局观念。第三，这一策略过分依赖该组织内某些人的兴趣、才干和技能，处理问题的方式、看问题的思路都可能不够开阔。这些人可能摆脱不了传统的旧框框，因而容易忽视包括新的行政概念和观点等

① G. 利皮特.《组织更新》. 纽约埃朴顿世纪克罗夫茨出版公司 1969 年版。

的新鲜事物。又因为自己是局内人，他们也倾向于谢绝外界的介入，对外界的批评更是充耳不闻。基于同样的道理，他们对上级的指示尤其重视，对下属的意见则往往敷衍了事。第四，从组织的角度来看，对一个单独的组织来说，要进行一次彻底的改革，人力和物力都可能不足。何况，这个组织也未必愿意大刀阔斧地干上一番，以求与众不同、出人头地。第五，对于那些特别保守的官僚组织来说，它们只能采纳在它们看来是可以接受的某些改革措施。一旦发现这些措施遇到重重阻力，马上就会急煞车，甚至开倒车。很显然，对政府部门来说，组织的自我改革过于狭隘、过于有限。

当然，“重塑”这一策略也不是一无所长的。首先，这至少是行政改革的一次尝试。试与不试相比，总是一个进步。最起码有人，而且是有身份有职衔有授命的人，作出了他们必须对之负责的决定。对于军队、警察、特勤等不受外界压力影响，无视外界批评建议的政府部门而言，重塑可以称得上是一着好棋。同样，对于那些行政安排错综复杂、光靠一星半点的普通常识是混不下去的政府部门来说，重塑也确实有其用武之地。其次，因重塑而掀起的动力将有助于改革的推动。借着这股东风，一方面，积累多年的经验可以得到发挥，另一方面，久被压抑的不满情绪也可以加以恰当的引导，转化为对改革的贡献。另外，决心致力重塑的改革家们因为对自己要达到的目的比较清楚，能坚持朝着既定方向奋进，能监督、控制改革的进程，并对取得的成绩及时评定。又由于他们对组织内部一些个人的需要、顾虑和担忧较为理解，他们懂得如何去减少因改革而引起的恐惧、不满乃至抵触的情绪。一旦遇有对抗，他们也能够坚持到底。

凯登相信，如果抽调力量成立工作组来推行重塑，上述的长处就更加明显。其原因如下：其一，这标志着一个组织立志改革的决心，颇有背水一战的意识。其二，工作组聚集了一些满腔热忱、决心改革的志愿人员，他们的知识、才能和干劲对促进改革都是不可缺少的。其三，有了工作组，下可以从群众中集思广益，上更易向领导竭力进言，为改革鸣锣开道，工作组还可以大胆实践、积极创新。成绩显著的话，小组的带头人提薪晋级实属名正言顺。如此更上一层楼，对热衷改革的先锋也不失为明白无误的鼓励或奖赏。其四，成立工作组还有助于人事上的吐旧纳新，可以尽快地把对改革三心二意的保守分子调离领导岗位，换上新人，使整个组织早日脱胎换骨。

综上所述，在政府部门采取重塑的策略既有优点，又有缺陷。凯登的建议是：改革与重塑双管齐下，可以互通有无，互补不足。他又强调，由于两者各有利弊，所以不能特别着重一方而忽视另一方。他认为，两者对确保创立良好的政府、提高政府管理效益、纠正缺点错误都是必不可少的。

一般而言，如果变动太快太大，大规模的组织很难适应。它们不容易看清自己的主要问题，惯于墨守成规，面对新的形势仍然走自己的老路。其实，组织再大，也垄断不了发明和创造，每个社会都在不断地孕育着新的思想、新的看法。所以，任何人都不应被排除在改革的进程之外。正是从这一点出发，凯登一针见血地指出，当今的行政科学在如何让更多的人参与行政改革，如何挖掘潜力，培养出一大批改革和重塑的将才等方面的所作所为令人实在不敢恭维。严峻的事实是，所见之处，解决问题的能力远远跟不上社会的需要。更何况，要解决一个问题通常意味着也要同时解决许多相关的其他问题，一组问题的解决只不过是向我们提出了又一组更难解决的新问题。

二、论国际公共行政

国际化，或者说全球化对某些人来说，可能是一个新的名词。其实，如凯登所说，贸易、金融、技术转让等领域的国际化或者全球化的进程至少已经有几十年的历史了。然而，美国公共行政学界对这一现象的认识却比较晚。迟至 1973 年，正当石油危机席卷全球，研究政府的行政学家们才初步意识到全球性的互相依赖可谓来势凶猛、增长迅速。接着而来的是世界性经济萧条，到了80年代，破记录的进出口贸易赤字频频再现，更令学者们对之另眼相看。“各人自扫门前雪，莫管他人瓦上霜”的日子已经一去不复返，取而代之的是一张张你中有我、我中有你、互相依赖的网络。值得一提的是，这种情况并不局限于经济领域，它已经遍及移民、执法、能源消费、公共健康等公共政策的各个方面。其结果是：在公共行政这一领域中，无论是做学问的还是搞实践的，都再也不能封关自守、闭门造车，必须把他们的注意力投向外面的广阔天地。①

有学者认为，这种互相依赖大约是从20世纪50年代才开始的。但凯登相信，一些根本性的变化则是最近才发生的，尤其是在通讯、经济、自然资源这三个方面。先看看所谓的“全球性信息结构”。科技的迅速发展使地理和社会的距离都明显地缩短，国际空间因此变得比以前大为狭窄。换言之，地球越来越小了，无论是国际性的组织，还是全国性或地方性的组织，互相之间的交往都越来越深入、频繁了。在通讯技术、交通运输、信息处理等方面的飞速发展把世界各国融成了一体，在一个国家发生的事件迟早都会不可避免地影响到任何其他的国家。靠着卫星通讯、喷气式飞机和功能日新月异的个人电脑，人们可以联系上地球上的每一个角落。随着这种崭新的“信息结构”的形成，距离的意义日渐减弱，因为现代化的电子设备使我们可以在瞬间“抵达”世界上的任何地方。先进的微型圆盘天线使任何组织都可以从边远的灾区或者人迹罕至的村落接收卫星发送的图像和数据。如今，大大小小的各级政府都可以非常方便地和这个星球上的任何其他政府进行联系。相应地，政治舞台则扩大了，因为参与政治的人，特别是对政府决策会有潜在影响力的人也多了。②

---

① H. 克利夫·兰德.《知识行政：信息社会中的领导》. 纽约达腾出版公司1985年版。

② M. 克拉克.《复兴国家经济》. 华盛顿哥伦比亚特区全国州长协会出版1986年版。

凯登认为，新的全球信息结构所带来的最重要的后果是一种真正的全球经济的出现。这种全球经济已经越出了传统的国际贸易的范畴。从东半球到西半球，无论是在发展中国家还是发达国家，在经济和资源方面互相间的依赖程度都无一例外地显著提高。这种全球经济的主要特点是：一，对利用外贸来推销本国产品的依赖更深；二，资金和资本的跨国流动更快；三，劳动力的出境外流更多；四，跨国公司在全球各地区分部之间建立的电子网络更大。一方面，在美国竞争的外国公司与日俱增；另一方面，越来越多的美国企业或将产品输出海外，或者干脆远渡重洋，到异国他乡去打天下。不久以前，各个国家的国民经济还可以说是相对孤立的；但是，全球经济时代的到来，叩开了各国经济的大门，削弱了各国经济的独立，更重要的是，迫使每个国家从中央到地方的各级政府不得不从全球的角度去思考问题。

自然资源日益短缺，是各个国家、各级政府所面临的严重问题。在今天的世界，没有一个政府能彻底与外界隔绝，真正地实现自力更生。一个国家、甚至一个地区，都无法在自然资源的生产和消费方面达到自给自足，这已是不争的事实。无论是对于环境保护、资源的互相依赖，还是对于这个星球上存在的各种自然生命支持体系的互相关联，人们的认识正日益加深。生物生态体系的概念日渐深入人心，对资源和环境的意识已经成为各国政府在制定和执行政策过程中的一个重要考虑方面。

很明显，伴随着全球信息结构、全球经济以及生物生态体系的出现，政府间的交往接触日趋频繁。政府处理任何问题，都可能会牵涉到其他的政府。拿某个地区的失业问题来说吧，能不能将之妥善解决很可能和世界贸易的进展，以及各国货币的相对强弱关系密切。再看各国的对外政策，一度主要考虑的是国际间的一些事务，但是如今和国内问题的联系也日益紧密，内政和外交的相互影响与日俱增。各级地方政府要面对的越来越多的重大问题，不论是如何创造工作机会还是如何保护生态环境，既属内务范畴，又归外交领域，已经很难再分门别类，由各有关部门自行处理。本来有些地区性的问题，十分简单，完全可以个别解决，现在却变得错综复杂、牵涉甚广，往往要众多私人企业和政府部门的主管领导亲自出马，才能拿出确实可行的正确方案。

凯登指出，这种越来越明显的互相依赖所造成的一个实际后果是：政府官员一方面要应付本地、本国的事件，另一方面还要关注国际间的状况，甚至要随时准备主动联系外国政府的对应部门。以美国为例，外交事务一向由联邦政府主管，如今这种一统天下的局面早已不复存在，州和地方政府都已参与其政。① 美国的50个州和近2万个市大多活跃在世界舞台上，各自追求着自身的利益，各自构筑了自己的对外政策。综合起来，它们采取的策略有三条：第一，它们或亲自出马，或通过所属的全国州长协会、全国城市联盟，认真学习如何去成功地游说联邦政府的有关部门，以便在打破贸易障碍等与他们切身利益相关的问题上据理力争。② 第二，它们正努力推行独立自主的跨国政策，和美国的左邻右舍加拿大、墨西哥的相应部门就共同关心的问题直接谈判。例如，美国北部的一些州和比邻的加国省份就已经签署了600多件议定书，涉及到消防、跨国公路桥梁、航道和商贸等等；南部边界各州也和墨西哥的有关当局就工业发展、农业、无证劳工、文化交流等问题达成了协议。③ 第三，这些州和地方政府有越来越多的行政长官出国访问，进行所谓的“选民”外交，即为自己选区选民的特殊利益而进行的外事活动。此外，这些政府大多在外国派驻有联络处，负责促进外国的投资、贸易和旅游，并经常主办贸易和投资展览。④

当然，上述这三大策略的根本目的就是为了推动各州或各地

---

① D. 埃拉扎.《联邦州和国际关系研讨会引言》. PUBLIUS 1984 年第四期。

② J. 金凯德.《国际事务中的美国州长》. PUBLIUS 1984 年第四期。

③ I. D. 杜察切克.《地方自治的国际性》. PUBLIUS 1984 年第四期。

④ J. 金凯德.《选区对国家外交性质和未来的含义》. 见 H. J. 米歇尔曼和 P. 索尔达托斯编《联邦主义和国际关系：地方单位的作用》. 牛津大学出版社 1988 年版。

方的经济发展。据估计，在20世纪80年代前期，由于外国竞争、外国企业对本国市场的攫取，以及跨国公司的转向第三世界等，美国劳工丢失了250万份工作。经济的全球化，加上出口的需要，使各种工业和大小商号都把求助的目光射向州和地方的政府。

可以说，国际经济发展是各级政府官员可以一展身手的一个领域。为了促进本地区的经济繁荣，各级政府都大力鼓励地方出口、寻求外商投资、开拓旅游资源。具体作法有二：一是通过主办会议、贸易展览，主持国际市场研究、出版简讯等，为有意进行出口贸易的企业提供咨询、信息和技术援助。二是设立出口财务机构，通过贷款保障、信用保险，以及直接补贴等为地方出口提供财政援助。

国际公共金融是经济的全球化为各级政府官员创造的又一个国际舞台。随着世界金融市场的联系日趋密切以及美国免税债券市场的萎缩，美国各州的州和地方政府的财务官员正把目光转向海外资本市场，以寻求基本设施和重大项目的资金来源。此外，他们也介入国际性的投资。例如，一些市、特区、州等利用退休计划来进行海外投资的情况急剧增加，北达科他州和马萨诸塞州都分别将各自退休基金的10%投放国际市场，而全美所有退休基金投放海外的比例预期还会继续上升。①

与此同时，经济全球化也为美国的州和地方官员提出了一系列新的社会和环境问题，如移民、执法、环境污染、教育等等。临近边界的一些州和市都要面对社会上迅速膨胀的底层人口，为他们提供各种必需的社会服务；非法移民是令他们头痛不已的一大难题；边界两侧往往因环境污染而陷入永无休止的争执。这些事例都说明了社会和政治舞台的扩充对公共行政学中的一些传统概念，如行政独立、地方自治等等，都提出了新的挑战。

---

① A. R. 埃姆肯.《对州和地方政府的国际投资》. 见《政府财政评论》1988年第一期。

很明显,公共行政学再也不能墨守成规,因为公共行政官员的某些经验和知识已经变得陈旧、过时,甚至有碍于新的发展。任何一个行政辖区或者任何一个政府官员企图独断独行的能力已经大不如前,他们的一举一动越来越受到外界影响的牵制,他们对事物的看法也越来越受到局外人观点的左右。政府需要以全球性的相互依赖为基础来制定新的政策。为了能取得预期的成果,这些政策必须着眼于更广阔的范围,考虑更多的互相关联的因素。

由于每一项新政策都必然和其他政策有关，出乎意料的后果越来越在所难免。一批新政策的出台，虽然解决了一些问题，却往往带来了更多的新问题。凯登称之为“波纹效应”。他认为这种效应具有时、空和功能方面的三大影响，即它将会一直延伸至遥远的未来、跨越行政辖区的界线，并且干预政府的其他功能和政策。从这一点出发，制定政策更合适的策略应该是致力于规模适中的方案和创新，既考虑到长远的目标，又注意到政府内外各有关方面的合作。凯登相信，这种注重合作的策略将有助于调动各种组织的资源，并且为政府和非政府的部门规划出切实可行的具体步骤。

新的形势对政府官员提出了新的要求。凯登指出，随着新时代的来临，一个成功的公共行政人员应该掌握并不断完善如下三个方面的技能，即战略性的思考技能、催化性的领导技能，以及多文化的学习技能。所谓战略性的思考技能，通俗一点说，就是立足本地、放眼世界。落实到行政事务上，凯登以为这一技能的表现就是朝着长远的战略目标把握时机，逐步前进。

有学者把战略性的思考技能归纳为如下几个主要方面：第一，统一方向。在几个不同的微观目标的基础上构筑出一个概括性的宏观目标。第二，灵活机动。设计出一组可以不断更新、修正的地方和全球战略。第三，广结良缘。建立起尽可能广泛的地方、全国和国际的关系网。第四，眼观六路。密切注视本地和全球的相互关系。第五，未雨绸缪。针对未来对政府部门的要求，及早做好准备，以便对可能出现的问题尽快作出反应。第六，全局思维。从一盘棋的角度考虑问题，要意识到各种因果都不是单一孤立的，而是多重的、互相关联的。①

当然，光有战略性的思考技能是不够的。新一代的公共行政人员还应该懂得如何和参与决策的人打交道、如何与部门以外的各种团体沟通，以及如何处理组织内部各部门的相互关系。他们还应该善于激励各个有关方面朝向某一目标共同行动。为了有助于统一思想、携手合作，可以采取多作电话联络、多出席会议、多走出办公室等具体的措施。凯登把这种处理人际关系的技能称作催化性的领导技能，也就是在某一重要问题上成功地说服政府部门和私人企业中关键性人物同意自己观点的技能。只有这样的领导，才能够充分发挥各个方面的力量、造成声势，才能够调动起包括政府和私人企业的重量级人物的关系网；也只有这样的领导才会理解，正是各种因素的互相关联使他们有可能看到新的、暂时还没有被人发现的机会。利用国际资本市场来为地方政府债券提供财政资助就是一个例子。

除了上述的两种技能之外，公共行政人员越来越需要掌握多文化的学习技能。其原因有二：第一，这只是反映了一个互相依赖的全球经济的客观存在，以及对世界各国的价值、观点、资本市场、政府结构的了解正在日益增深。第二，政府官员惟有提高在国际交流和外语方面的水平，才能够在这个互相依赖的世界进行观察、思考和行动。经济的全球化推动着我们去进一步认识其他国家的语言、文化和市场。这种多文化的学习技能将有助于政府官员学会如何去讨论出口问题、如何和外国官员打交道，以及如何去把握国外的投资机会，以促进本地的经济活力。②

---

① J. W. 波特金等.《学无止境：克服人类间的差距》. 纽约朴格芒出版公司1979年版；J. S. 鲁克.《告别八十年代：走向九十年代的地方政府》.《州和地方政府评论》1986年第三期；I. 米特洛夫，R. 基尔曼.《公司的悲剧》纽约普瑞觉出版公司1984年版。

② J.S. 奈.《腐败和政治发展：成本效益分析》. 见 A. J. 海登海默等著《政治腐败》新泽西交易书籍出版公司1967年版。

三、论行政道德

政府官员腐化堕落、行政道德败坏是公共行政学需要认真研究的一大课题，凯登对此提出了一个发人深省的问题：当官的作风不正究竟是生活中的一个现实还是一种生活方式？他还问道：要想戴上乌纱帽就非得或多或少走点歪门邪道，此言可实？对于第二个问题，他的发现并不令人鼓舞，因为除了在这个世界上的少数几个国家外，人们都不约而同地承认现实的确如此。各国政府的官员中，相当一部分人都没有能够遵法守纪、全心全意地为公众服务。

另一方面，如凯登所指出的，确实有一些政府官员处处以身作则、严于律己；确实有一些政府机构廉洁奉公，深受百姓信任；确实有一些文化价值体现了较高的道德标准。值得探讨的是，为什么他们能洁身自好、不同流合污，而大部分的同僚却经不起钱、权的诱惑，腐败堕落呢？凯登解释道：罪魁祸首是某些意识形态，对从政为私表示认可，也不主张采取什么补救的办法。譬如，一些虚无主义的论调就鼓吹不受伦理道德的约束。其次是某些宗教的教条，声称人世间的一切，包括政府部门的贪污腐化，都是上天早有安排，非凡夫俗子所能左右。还有一些人对于不择手段以求达到目的更是崇尚不已。对他们而言，人生只为赢取胜利，至于旁人的利弊得失可以置之不顾。这种成事凭的不是吃苦耐劳、不是勤俭节约，而是靠着拉关系、拍马屁，靠着损公肥私、违法乱纪。于是，达到目的就成了这出人生游戏的主题，道德成了可望而不可及的奢侈品。

凯登认为，一个物质贫乏的社会特别容易受到道德败坏的腐蚀，而任何形式的短缺都必然会招致行政上的不正之风。如果不是要求得不到满足，供方本来是不会提出加价，买方也不会千方百计去找门路想办法的。20 世纪 70 年代期间发生的石油禁运给世界上一些最富裕的国家上了生动难忘的一课，那就是任何的短缺，即使为时不长，都足以把人性的真善美和假恶丑暴露无遗。

而一旦这种短缺现象变得旷日持久，没有神通、门路不广的人难免就此清贫度日甚至逃不脱家破财尽的下场。至于供方，则必然会凭着手中所有，掌握时机，放肆榨取，大捞一把。在那些穷困的社会，政府无力为公众提供足够的商品和服务，公共设施残缺不全，政府雇员收入低微，只能勉强糊口。为了填补欠缺和不足，大家惟有“八仙过海，各显神通”。政府采取的计划和管制，本意是为了使百姓多些生路，使分配更加公平。客观上，这类措施往往扭曲了市场环境，触发了形形色色的地下作业和非法买卖，黑市交易因政府垄断而越发不可收拾。

如凯登所说，在这样的环境下工作的政府官员是很容易被拖上贼船的。原因十分简单，他们作出的大小决定，涉及到许多人的日常起居，更把握着许多人的命运盛衰。不容置疑，这些当官的权力越大，和他们搭上关系就越是值得。而如果只有少数来自特权阶层的人士才有资格去做官当老爷的话，一般人当然要想方设法对他们奉承拍马，以求照顾和恩典。只要大量的黎民百姓被拒于公共生活的门外，那么为了影响政府的决定，人们钻法律的漏洞、走非法的途径，就不可避免。

退一步讲，即使有些官员想为政清廉，实际上只是一厢情愿而已。须知他才刚走马上任，人情债已经欠了一大箩，各种答谢、还礼已经令他欲秉公办事却心有余而力不足。再加上当初拥护他的和反对他的两大派都对他主管的部门满怀希望，望他为自己的党派利益鞠躬尽瘁。当然，他本人也无意一碗水端平。好在技术和行政体制存在诸多漏洞，让这些当官的假公济私得以蒙混过关。作为局内人，他们对于如何钻法律的空子了如指掌。

依凯登之见，为了追求个人的私利，在公共行政的舞台上，任何形式的接触都有可能被扭曲变形。不过，以公谋私的程度大小还是会因个人、部门、文化背景、地理条件等情况的不同而有所差别。此外，出污泥而不染的也不乏其人。这些官员或者是收入不菲；或者确实是才德兼备；或者办事规矩，光明正大，不偷偷摸摸，让坏人无机可乘；或者深明自己的一言一行都要对公众负责，持家治国都能够严于律己。事实上，凯登相信，导致当官的贪污腐化的一些因素并不是不能化解消除的。公开透明且有代表性的政府、富足发达的经济、国民对政体的认同和忠诚、浓厚的公民意识、维护良好的公务员制传统、一系列法定的理性规范、有才干且能胜任的公共行政系统、诚实正直的职业操守，以及公众能勇于揭发政府官员中的坏人坏事，等等，都有助于防止、制约行政部门的不正之风。

应该看到，在不同的社会里，公务员都会面临着同样的选择：是走奉公守法的大道还是走贪污受贿的邪路。不同的是，如果社会道德败坏，一个公务员想要不同流合污，就必须抵制重重压力、种种引诱。相对之下，如果世风纯朴，秉公办事就容易得多。当然也会有个别人意志薄弱、贪赃徇私、违法乱纪，他们暂时或许能蒙混过关，一旦曝光，必定逃不脱法律的制裁。所以，站在公务员的立场上，凯登以为，他们何去何从，牵涉到行政部门的歪风邪气吹不吹得起、刮不刮得烈。

如凯登所说，对他人利益的漠视，只是一出最终不可收拾的闹剧的序幕。这股不正之风，一方面，必然会助长形形色色的细菌病毒，侵蚀社会，使之动荡分裂，使之麻木不仁。另一方面，在将社会推向堕落的同时，它又必然把心术不正的坏人捧上公共领导的岗位，败坏政府声誉，给一个原本好端端的公务员制度造成不可估量的损失。

能不能防患于未然呢？凯登并不讳言，要制约官员的不正之风，决非轻而易举。所谓冰冻三尺，非一日之寒。政府官员腐化堕落的原因五花八门，他们损公肥私的形式手段更是千变万化。话虽如此，凯登又着重强调，还是有国家在制约官员上确有建树，其他国家还是可以从那里汲取到有益的经验。各种世界性的会议和学习班为专家们交流意见、互相取经、共同探讨反贪倡廉的最佳途径提供了良好的环境。更重要的是，凯登认为，反腐败的运动已经越出了讨论一些技术问题，包括如何确认官员违法乱纪的形式、如何通过法律加以制止、如何立案调查、监控嫌疑对象等等的范畴。反腐败运动已经席卷整个社会，不再是执法部门单枪匹马、孤军奋斗的战场。

怎样制约政府官员的不正之风呢？凯登开出的处方并不很长，但却很有参考价值。第一，他认为要做的是一破一立；破政界的肮脏伎俩，立为政廉明之风。要树立一种社会风尚，使政治家、政府官员、政党工作人员不但自身公正诚实，而且对任何形式的不道德行为都能够嗤之以鼻。特别是领导人更应严于律己，在处理错误行为时，不能纵容姑息，对亲朋故旧更不能持双重标准、另眼相看、手下留情。公职人员以身作则、为民楷模，才能赢得公众对政府的尊敬和信心。凯登相信，除非上层领导能带头身体力行、公私分明，否则的话，很难期望广大的基层官员作风正派、秉公办事。

第二，凯登认为，政治意愿需要靠经常不断的助推力。这股力量来自两大源泉：一是公众对歪风邪气的抵制；二是公众对反贪倡廉的警觉。为了达到这个目的，社会大众不但要明确什么是不正之风，还要懂得在与不正之风作斗争时可以从哪些机构取得协助。这种道德教育始之于每个家庭，继续于学校等社会化的部门，大众媒体则起着强化的作用。

值得注意的是，如果某些当官的恶行劣迹相当露骨、遗害又十分明显，一般百姓则较易觉察。这种情况最容易激起公众舆论，使坏人坏事，如过街老鼠，人人喊打。但是，我们也要看到，政府官员的腐败程度并不是在各个部门都大同小异的。有些单位对政府作出什么决定举足轻重，往往是贿赂腐蚀的主要对象。如制定政策的关键人物，通常要承受来自各方要求修改政策的沉重压力。某些政府官员，或者在日常工作中经手大笔款项，或者和私人公司企业有诸多业务来往，或者负责取缔非法商品、非法服务等等，都要具有坚强的毅力以抵御巨大的诱惑。

不容置疑，在抵制腐蚀的斗争中，执法部门因其工作的性质而首当其冲。只要在那里工作的官员能够坚持严守法纪，保证法律面前人人平等，做到执法无私无畏，他们必定会取得公众的信任和认同。只要执法部门能够站得稳、顶得住，政府其他部门的公职人员就不敢胆大妄为，廉政就有希望。

第三，凯登认为，制定并实施公务员的道德规范固然必需，但是，只有当公务员体系吸收了较多的才德兼备的人员时，一个清廉公正的政府才能产生较强的抗拒腐蚀侵袭的免疫力。所以，公职人员的报酬应该有助于减少贪污腐化对他们的引诱力，有助于维持与他们的社会地位相当的生活水平。

第四，为了维护政府在公众面前的形象和威望，政府同仁之间往往会产生一种压力，内部做错的事情不准揭露、不予张扬。凯登对此不以为然。他认为，要采取特别的、行之有效的防护措施，保护政府内部不怕砸破饭碗、甚至不怕丢掉性命、勇于揭发坏人坏事的知情人，以免因“家丑不可外扬”而变成官官相护。当然，也要防止有人以举报政府官员不当行为为名，行恶意中伤、诬告陷害之实。

可以说，每个社会都有各自的特点，会在不同的程度上滋生、纵容政府官员的不当行为。有些特点源出各自的文化，由来已久，根深蒂固，所谓积习难改。其影响遍及政治意愿、公众压力、社会道德，使之心有余而力不足。要克服助长贪污腐化的形形色色的因素，包括热衷超前消费、贫富严重不均、对社会的过分管制，以及缺乏法制/理性的规范等等，没有几代人的艰苦努力是不行的。①

回到凯登提出的第一个问题，即当了官就腐败究竟是一个生活现实还是一种生活方式。他对问题的看法还是相当乐观的。千里之行，始于足下。他以为只要我们能够跨出第一步，对这个问题严阵以待，将措施逐一落实、巩固，造成一股动力，就可能逐步扩大战果，对反贪倡廉的前景建立信心。他承认，反贪倡廉是一项艰巨的任务，但这个目标并不是可望而不可及的。有许多切实可行的战略和战术可以供我们参考借鉴，一些合适的组织手段

---

① R. 克利特加德.《控制腐败》. 加州大学出版社 1988 年版。

也不难尽快地采取。与此同时，凯登也冷静地指出，即使尽了最大的努力，由于行政腐败由来已久，其污染力强、腐蚀面广，对付它相当耗时费力，所以企图一下子将它清除干净只能是一厢情愿的想法。但是，有一点可以肯定，行政腐败可以制约，可以减少，可以把它从一种生活方式变为生活中的一个现实，一个可以面对、可以克服的现实。凯登相信，有朝一日，如果经过坚持不懈的努力而取得这样的成果，那一天将是很值得我们普天同庆的。

第三节　分析与评价

凯登是一位多产的公共行政学者。他的论著中相当一部分都围绕着当代公共行政学面临的一些重大问题，如行政改革、行政道德和国际公共行政等等。在改革方面，他的独特主张，即实行改革和渐进两条腿走路的方针，很是引人注目。

随着形势的发展，人们对公共行政的运作越来越加注意，对行政改革的必需越来越有认识。一方面，世界各国都进行了，并且继续进行着各种目的、各种规模的行政改革。另一方面，对于行政改革应该怎样搞却依然是众说纷纭、莫衷一是。凯登从一个有相当实践经验的理论家的角度出发，提出行政改革有两条路子可走：改革和重塑。如前所述，两者各有利弊，所以他的建议是两者应该互相取长补短、携手共进。更重要的是，这样做引起的震动不会太大，有利于稳定团结。

当然，说时容易做时难。怎样具体落实凯登的点子，仍然大有文章可作。一是行政改革进程该快还是该慢？一旦变革已经迫在眉睫，大刀阔斧势在必行，是否还应该按凯登的意见不快不慢地稳步前进？著名政治经济学家、曾任耶鲁大学教授的林德布洛姆在 1959 年发表了他的经典论文《渐进调适的科学》，该文的中心思想是制定政策要注重循序渐进。凯登关于改革和重塑双管齐下的提法明显地受渐进主义的影响。如何加快行政改革的步伐，以只争朝夕的精神去处理行政体系的建设和发展，是从事公共行政学的理论研究和实际运作的各方人士都值得进一步探索的一大问题。

二是改革和重塑两者之间谁重谁轻？一些具体问题都涉及到如何把握住分寸，在哪些方面着重发挥某一方的长处，在哪些方面注意避免某一方的短处等等。例如，该用局外人还是局内人来主导，始终是一个困难的选择，两者各有利弊，很难一概而论。此外，从内部抽调人员成立工作组，实际上等于另立领导核心，违背了韦伯的“理想型官僚”的概念，影响了行政效率。而且，内部抽上来的人员难脱一些历史性的纠葛，因以往的介入而会影响工作的正常开展，弄不好还可能借机假公济私、进行打击报复。如何防止行政改革因之偏出轨道，很值得我们特别注意。可以说，如何通过反复实践进行不断总结，仍然是行政改革中要随时注意的一个重要原则。

经济的全球化使国际公共行政的重要性日益突出。凯登所提的“放眼世界，立足本地”对各级政府官员都有很大的参考价值。新的世界形势已经不容他们闭关自守、固步自封，如何开阔思路、放眼全球、吸收他人的长处以促进自身的发展，是公共行政人员要走的必由之路。当然，在步出家门、奔向世界的过程中，还是有一个如何保持独立自主、不让自身发展受外界操纵摆布的问题。

诚然，世界各国互相依赖的程度确实越来越大。一些工业化国家正是充分利用了这种关系，促进了本国经济的继续发展。但是，对于一些第三世界的国家而言，情况却不尽相同。不少事实表明，对外界的过分依赖，实际上明显地拖了本国经济发展的后腿。当地的政府官员或者视而不见、无动于衷，或者心有余而力不足、无能为力，比较政治学称之为“软国家”、“依赖症状”。如何真正做到“放眼世界，立足本地”，使世界各国的经济互通有无、共同发展，是国际公共行政学界的一个重要课题。

关于行政道德，凯登的分析十分精辟，他的态度也相当乐观。他一方面承认权力导致腐败，绝对的权力导致绝对的腐败；另一方面又指出腐败可以制约、可以减少，可以把它从一种生活方式变为生活中的一个现实。一方面，他提出的一些对策，如为政廉明要靠公众对歪风邪气的抵制、对反贪倡廉的警觉；执法部门能否站得稳、顶得住，是政府其他部门的公职人员敢不敢大胆妄为的关键；对勇于揭发坏人坏事的知情人必须实施行之有效的保护措施等等，对于各国如何落实廉政、赢得公众的信任和信心，都有很大的参考价值。

另一方面，如何实施他的一些建议，学界对此仍有不少争论。比如说，在公务员体系应该多多吸收德才兼备的人员这方面，政府部门面临着私人企业的严峻挑战。以美国为例，公共行政人员的薪水远低于可比较的私人企业管理人员。在一个金钱万能的个人主义社会，怎样才能说服众多的理想候选人舍高就低，牺牲个人利益，服务于公众呢？再一个值得探讨的问题是，公职人员的报酬和他们腐化堕落之间的关系。高薪是否一定养廉？对于欲无止境的贪官来说，永远是钱财多多益善，哪会适可而止？此外，在一些不那么富裕的国家，由于条件所限，公务员难享高薪，是否就反不了贪、倡不了廉呢？

这些问题都要求学界继续作进一步的讨论。但是有一点可以肯定，那就是如凯登所指出的，最重要的是跨出第一步。只要对行政道德这个问题严阵以待，逐一落实措施、扩大战果，反贪倡廉的目标不是可望而不可及的。

后　记

经全国高等教育自学考试指导委员会同意，由政治学类专业委员会负责高等教育自学考试行政管理学专业（独立本科段）教材的组编工作。

行政管理学专业（独立本科段）《西方行政学说史》自学考试教材由竺乾威担任主编，马国泉、唐兴霖担任副主编。

参加本书教材审稿讨论会并提出修改意见的是：中国人民大学许文惠教授，复旦大学浦兴祖教授，深圳大学马敬仁教授。主编在听取专家们的宝贵意见后，修改定稿。在此一并表示衷心的感谢。

全国高等教育自学考试指导委员会

政治学类专业委员会

2000 年 6 月

附

西方行政学说史自学考试大纲

出版前言

为了适应社会主义现代化建设事业对培养人才的需要，我国在20世纪80年代初建立了高等教育自学考试制度，经过近20年的发展，高等教育自学考试已成为我国高等教育基本制度之一。高等教育自学考试是个人自学、社会助学和国家考试相结合的一种新的高等教育形式，是我国高等教育体系的一个组成部分。实行高等教育自学考试制度，是落实宪法规定的“鼓励自学成才”的重要措施，是提高中华民族思想道德和科学文化素质的需要，也是造就和选拔人才的一种途径。应考者通过规定的考试课程并经思想品德鉴定达到毕业要求的，可以获得毕业证书，国家承认其学历，并按照规定享有与普通高等学校毕业生同等的有关待遇。

从80年代初期开始，各省、自治区、直辖市先后成立了高等教育自学考试委员会，开展了高等教育自学考试工作，为国家培养造就了大批专门人才。为科学、合理地制定高等教育自学考试标准，提高教育质量，全国高等教育自学考试指导委员会（以下简称全国考委）组织各方面专家对高等教育自学考试专业设置进行了调整，统一了专业设置标准，全国考委陆续制定了几十个专业考试计划。在此基础上，各专业委员会按照专业考试计划的要求，从造就和选拔人才的需要出发，编写了相应专业的课程自学考试大纲，进一步规定了课程学习和考试的内容与范围，有利于社会助学，使自学要求明确，考试标准规范化、具体化。

全国考委根据国务院发布的《高等教育自学考试暂行条例》，参照教育部拟定的普通高等学校有关课程的教学大纲，结合自学考试的特点，组织制定了《西方行政学说史自学考试大纲》，现经教育部批准，颁发试行。

《西方行政学说史自学考试大纲》是该课程编写教材和自学辅导书的依据，也是个人自学、社会助学和国家考试（课程命题）的依据，各地应认真贯彻执行。

全国高等教育自学考试指导委员会

2000年6月

目　　录

Ⅰ　课程性质与设置目的要求

《西方行政学说史》课程是全国高等教育自学考试行政管理学专业本科段选考课程，是为自学应考者掌握有关西方行政学说史和行政理论而设置的一门专业基础课程。

《西方行政学说史》课程对于了解西方的公共行政发展和演变是不可缺少的。本课程着重介绍并分析西方现代一些有重要影响的行政学说和理论，内容具有综合性和知识性的特点，在自学考试命题中应充分体现本课程的性质和特点。

设置本课程的具体目的要求是：使学生比较全面地了解西方行政学说史上的一些重要理论，以及产生这些思想的背景，掌握这些理论和思想发展的脉络，以便于从较高的层次来审视西方公共行政以及行政理论和学说的发展并把握其发展的趋势。

Ⅱ 课程内容与考核目标

（考核知识点、考核要求）

第一编 古典时期的行政学说

第一章 威尔逊的现代行政学理论

一、学习目的和要求

通过本章的学习，了解威尔逊的现代行政学理论的主要内容及其对现代行政学产生的意义，领会政治行政两分、文官制度改革以及公共舆论监督在当时背景下的重要性。

二、课程内容

本章共有三节。第一节，生平与著作。第二节，现代行政学理论。该节包括四个方面内容：1. 行政学研究的基本概念，主要研究对政治和行政的论述。2. 行政学研究的目标与方法，从行政学研究的起点和具体研究内容两个角度对行政学的目标作了界定，研究方法主要涉及历史研究法和比较研究法。3. 革新文官制度的思想，涉及美国文官制度改革的三个方面。4. 公共舆论监督理论，即公共舆论应该具有社会权威性、相对独立性以及高度的有效性和适当性。第三节，分析与评价。该节指出了威尔逊对行政学的三个方面的贡献。

三、考核知识点

（一）政治与行政的两分

政治学的研究对象，行政学的研究对象。

（二）行政学研究的目标与方法

1. 研究目标

行政学研究的目标。

2. 主要方法

历史研究法，比较研究法。

（三）革新文官制度的思想

美国文官制度改革的三个方面。

（四）公共舆论监督理论

威尔逊公共舆论监督理论的三个方面。

（五）分析与评价

威尔逊的贡献。

四、考核要求

（一）政治与行政的两分

1. 识记：（1）政治的含义；（2）行政；（3）政治学研究的对象；（4）行政学研究的对象和首要目标。

2. 领会：行政与政治分离的含义。

（二）行政学研究的目标与方法

1. 识记：行政学研究的目标。

2. 领会：两种研究方法——历史研究法和比较研究法。

（三）革新文官制度的思想

1. 识记：（1）“彭德尔顿”法案；（2）政党分赃制。

2. 领会：从三方面着手改革美国文官制度的意义。

（四）公共舆论监督理论

1. 识记：“第四权力机关”。

2. 领会：公共舆论监督应具有的三种特征：社会权威性、相对独立性、高度的有效性和适当性。

3. 应用：比较威尔逊与古立克在政治行政两分问题上的不同看法。

（五）分析与评价

领会：威尔逊对行政学的贡献。

第二章　泰罗的科学管理理论

一、学习目的和要求

通过本章的学习，了解泰罗的科学管理理论的基本内容，掌握科学管理理论的基本要点，以及理解这一理论对现代行政学的意义。

二、课程内容

本章共有四节。第一节，生平与著作。第二节，科学管理理论。该节包括三个方面内容：1. 工时研究，涉及提高效率。2. 工资刺激系统，涉及对人的激励。3. 职能性组织，即对直线结构的一种改进。这三个方面的内容构成了泰罗科学管理的核心。第三节，思想的传播。该节涉及泰罗对科学管理的理解，他强调组织是一种互利的交换体系，强调劳资合作的重要性；也涉及了作为一种运动的科学管理的扩展，以及所受到的挫折，尤其是吉尔布雷斯夫妇在推进科学管理中的作用。第四节，分析与评价。该节指出了泰罗的科学管理思想的巨大贡献以及局限。

三、考核知识点

（一）科学管理理论

《科学管理的原理》的写作目的，任务管理，科学管理原则，工时研究，基本的刺激方法，差别工资制，职能性组织，军事型组织的缺陷，职能工长。

（二）思想的传播

科学管理下的组织的概念，劳资合作，互利的交换系统，历史上的三种管理方式。

（三）分析与评价

对泰罗科学管理思想的归纳，泰罗思想的局限。

四、考核要求

（一）科学管理理论

1. 识记：(1) 工时研究；(2) 泰罗的刺激系统的特征；(3) 职能工长；(4) 职能性组织。

2. 领会：(1) 基本的刺激方法；(2) 科学管理的原则；(3) 军事型组织的缺陷。

(二) 思想的传播

1. 识记：(1) 劳资合作；(2) 吉尔布雷斯；(3)"昆斯伯里侯爵式"的管理。

2. 领会：(1) 思想革命的含义；(2) 互利的交换体系。

(三) 分析与评价

1. 领会：科学管理思想的贡献和局限。

2. 应用：比较泰罗的经济人假设和梅奥的社会人假设。

第三章　法约尔的管理组织思想

一、学习目的和要求

通过本章的学习，了解法约尔的管理组织思想，以及这一思想在古典学派中的地位。

二、课程内容

本章共有三节。第一节，生平与著作。第二节，管理组织思想。该节包括三个方面内容：1. 组织活动和管理职能理论，涉及他界定的 6 种组织活动、对管理职能的 5 个方面的界定，以及涉及等级与能力之间关系。2. 组织管理原则，涉及法约尔的著名的 14 项管理原则。3. 组织论，涉及跳板理论、线性组织理论和参谋理论。第三节，分析与评价。该节将法约尔与泰罗作了比较，指出了法约尔管理理论的贡献及缺陷。

三、考核知识点

(一) 组织活动和管理职能理论

1. 法约尔的组织活动和管理职能理论

企业活动的 6 种职能，管理职能，管理与领导的区别。

2. 法约尔法则和普及管理教育

大型工业企业技术职能人员必要能力的重要性比较，不同企业类型领导人各类能力的比例。

（二）组织管理原则

14 项管理原则，产生双重指挥的原因。

（三）组织论

1. 层级制与跳板法则

等级制的含义，法约尔跳板。

2. 线性组织理论

管理层次的“2～5”原则。

3. 参谋理论

参谋部的作用。

（四）分析与评价

法约尔管理组织理论的特征，法约尔管理思想的贡献。

四、考核要求

（一）组织活动和管理职能理论

1. 识记：（1）管理职能；（2）法约尔法则。

2. 领会：（1）管理与领导的区别；（2）企业领导人必要能力的相对重要性。

（二）组织管理原则

1. 识记：14 项管理原则。

2. 领会：（1）权力与责任的关系；（2）产生双重指挥的原因；（3）个人利益与整体利益的关系。

3. 应用：运用 14 项管理原则来分析行政问题。

（三）组织论

1. 识记：（1）等级制度；（2）跳板法则。

2. 领会：参谋部的作用。

（四）分析与评价

领会：（1）法约尔管理组织理论的特征；（2）法约尔管理组织理论的贡献。

第四章　韦伯的官僚制组织理论

一、学习目的和要求

通过本章的学习，了解韦伯的组织理论，尤其是把握其官僚制理论的特点和影响，理解官僚制与法理型统治的关系，了解韦伯的官僚制理论的意义。

二、课程内容

本章共有三节。第一节，生平与著作。第二节，官僚制组织理论。该节包括两个方面内容：1. 理想的官僚制理论，涉及官僚制的概念、功能、特征及其评价。2. 合法统治的三种理想类型，涉及传统型统治、个人魅力型统治、法理型统治的基本特征及三者的比较。第三节，分析与评价。该节指出了韦伯理论的三个方面的贡献以及这一理论的不足。

三、考核知识点

（一）理想的官僚制理论

1. 官僚制的概念

官僚制的定义，现代官僚制发展的社会、历史和经济前提。

2. 官僚制的功能与特征

理想类型的官僚行政机构的6个基本特征，即等级制，专业分工，行政管理档案系统原则，明确的程序、规章和制度，专业培训，采用固定的薪金及按照资历、政绩晋升。

3. 官僚制的评价

理想的官僚体制的优点，即组织的严密性、管理的非人格化、技术的高效率、统治的知识化。

现代官僚制的负面功能，即体系庞大、行动缓慢、非理性。

（二）传统型统治

传统型统治的定义，传统型统治的组织机构的最基本特征，世袭制，传统型统治与法理型统治相比所缺乏的特征，传统型统治阻碍经济发展的原因。

（三）个人魅力型统治

个人魅力型统治的合法性基础，个人魅力型统治的组织结构的特征，个人魅力型统治的基本特征，个人魅力型统治的“常规化”。

（四）法理型统治

法理型统治的定义，法理型统治的基本特征。

（五）分析与评价

韦伯的贡献，韦伯官僚制组织理论的不足。

四、考核要求

（一）理想的官僚制理论

1. 识记：（1）官僚制的定义；（2）理想类型的官僚行政机构的基本特征。

2. 领会：（1）现代官僚制发展的社会、历史和经济前提；（2）程序、规章和制度的基本作用；（3）官僚制的优缺点。

（二）传统型统治

1. 识记：（1）传统型统治的定义；（2）传统型统治的组织机构的基本特征；（3）世袭制。

2. 领会：传统型统治给合理经济的发展造成障碍的原因。

（三）个人魅力型统治

1. 识记：（1）个人魅力型统治的定义；（2）个人魅力型统治的合法性基础；（3）个人魅力型统治的基本特征。

2. 领会：（1）个人魅力型统治的“常规化”；（2）个人魅力型统治在组织结构上与其他两种统治类型的差异。

（四）法理型统治

1. 识记：（1）法理型统治的定义；（2）法理型统治的基本特征。

2. 领会：法理型统治作为现代社会组织的主要表现形式的意义。

3. 应用：比较分析三种不同的统治类型。

（五）分析与评价

领会：（1）官僚制组织理论的贡献及其不足；（2）官僚制与法理型统治的关系。

第五章　古立克的行政组织理论

一、学习目的和要求

通过本章的学习，了解古立克的行政组织理论的基本内容，领会 POSDCORB 的意义，以及其组织理论在古典学派中的地位。

二、课程内容

本章共有三节。第一节，生平与著作。第二节，行政组织理论。该节包括五个方面内容：1. 政府在社会中的作用，涉及政府要有作为，但又要限制国家的作用，因而要对政府的职能重新界定。2. 行政部门在政府中的作用，古立克认为政治、政策和行政分开是不现实的，应该将三者兼而顾之。3. 科学和行政，古立克希望能用科学的方法来处理行政事务，因而要发展一门行政科学，但也要了解科学专门知识的潜在危险。4. 行政组织，涉及美国早期行政改革运动的目标、策略和原则，以及行政组织内部的分工和组合。5. 从原则到细节，涉及纽约市政研究局个案，以及古立克本人三个方面的兴趣。第三节，分析与评价。该节涉及对古立克主要观点的归纳以及简要的评价。

三、考核知识点

（一）行政组织理论

1. 政府在社会中的作用

政府的作用，政府行动的原因，对政府作用的限制。

2. 行政部门在政府中的作用

政治和行政的关系，政治的含义，古立克将政治、政策和行政三者兼而顾之的公式。

3. 科学和行政

公共行政领域里的科学方法的含义，科学专门知识的潜在危险，对付技术官僚。

4. 行政组织

政府部门和私人企业两者管理的相同之处，行政改革的主导原则，POSDCORB，4 个 P，组织的分工和结合，控制和协调的方式，通过权威进行协调的方式。

5. 从原则到细节

职业终身制。

（二）分析与评价

对古立克理论的归纳。

四、考核要求

（一）行政组织理论

1. 识记：（1）政府的作用；（2）古立克的政治、政策和行政三者兼而顾之的公式；（3）改革的主导原则；（4）POSDCORB；（5）4 个 P；（6）由下而上的作法；（7）由上而下的作法。

2. 领会：（1）政府采取行动的原因；（2）限制国家作用的必要；（3）改革的主导原则的意义；（4）POSDCORB 的意义；（5）通过权威结构进行协调的方式。

3. 应用：结合实际分析行政改革的主导原则。

（二）分析与评价

领会：对古立克理论的归纳。

第二编　新古典时期的行政学说

第六章　福莱特的动态管理理论

一、学习目的和要求

通过本章的学习，了解福莱特的动态管理理论的基本内容，掌握其理论的要点，了解福莱特对行政理论的贡献及其意义。

二、课程内容

本章共有三节。第一节，生平与著作。第二节，动态管理理论。该节包括三个方面内容：1. 群体过程，涉及群体的定义、群体过程的核心、互相渗透定律和整体学说的定义、解决社会冲突的途径、整体与个人。2. 国家和社会生活，涉及国家与群体的关系、国家扮演的角色、真正的民主概念包含的两大要素，即大众的实质参与和联邦制的政治结构，以及领导与专家对于实现真正的民主的作用。3. 群体过程和工业组织，涉及协调、控制和权威的内容与关系，领导的三大功能，即协调、决定目标和预测，以及参与管理及其有限性。第三节，分析与评价。该节涉及与泰罗观点的比较，福莱特的思想的重点以及简要的评价。

三、考核知识点

（一）群体过程

群体的含义，群体过程核心，利益冲突以及解决冲突的途径，整合过程，成功整合的具体做法，群体过程与个性表现，群体过程与自由。

（二）国家和社会生活

多元化定律，投票箱民主，真正的民主的概念，邻里群体。

（三）群体过程和工业组织

协调及其作用，控制及其含义，权威、领导的类型，领导的三大功能，领导与被领导关系。

（四）分析与评价

福莱特的思想的要点。

四、考核要求

（一）群体过程

1. 识记：（1）互相渗透定律的含义；（2）整体学说的含义；（3）圆形反应过程。

2. 领会：（1）解决社会冲突的三种途径；（2）成功整合的做法；（3）整合与个体及自由的关系。

3. 应用：运用“互相渗透定律”和“整体学说”来分析群

体过程。

（二）国家和社会生活

1. 识记：（1）多元化定律定义；（2）邻里群体。

2. 领会："投票箱民主"与"真正的民主"的含义。

（三）群体过程和工业组织

1. 识记：（1）权威；（2）"情况定律"；（3）领导的三种类型；（4）领导的三大功能。

2. 领会：（1）协调与权威的关系；（2）领导与被领导的关系；（3）如何成为一个有效的领导。

3. 应用：比较职能领导、个人领导和功能领导。

（四）分析与评价

1. 识记：福莱特思想的要点。

2. 领会：福莱特思想与"科学管理"思想的不同。

第七章　梅奥的社会人管理理论

一、学习目的和要求

通过本章的学习，了解梅奥的社会人管理理论的基本内容、霍桑试验的意义，以及领会梅奥的理论在管理学说史上的意义。

二、课程内容

本章共有三节。第一节，生平与著作。第二节，社会人管理理论。该节包括两个方面内容：1. 社会、工业与人。涉及社会解体及其原因、社会解体与个人解体的关系与互动、巴纳德的组织必须"有效力"和"有效率"的意义、问题的解决之道、有效的民主的若干要求。2. 实证研究，包括：a. 费城纺织厂调查，费城纺织厂调查的一个重要发现是彻底否定了认为只有私利才是激励和推动人工作的全部动力的假设。b. 霍桑试验，这一试验产生了持久的影响，这一试验因其"社会人"假设、对非正式组织的揭示以及对人际关系学派的形成而被载入史册。c. 南加州飞机制造业调查。这一调查揭示了团队运作的组织或可持续的合作在管理中的重要性，以及以富有人情的方式去关注人和社会的感情和态度的重要性。第三节，分析与评价。该节涉及梅奥与泰罗的比较，两人目标的相似性和达到这些目标的手段的不同性，对霍桑试验所持的肯定态度和批评意见。

三、考核知识点

（一）社会、工业与人

社会解体及其原因，李嘉图的“群氓假设”，梅奥对这一假设的看法，个人解体，社会和个人解体的结果，梅奥观点的综合，解决社会和个人解体的出路，边缘性组织，有效的民主政府的要求。

（二）实证研究

霍桑试验，非正式小组，社会团结感。

（三）分析与评价

梅奥与泰罗的比较。

四、考核要求

（一）社会、工业与人

1. 识记：（1）社会解体；（2）群氓假设；（3）个人解体；（4）边缘性组织。

2. 领会：（1）社会解体的原因；（2）社会和个人解体的结果；（3）解决社会和个人解体的出路；（4）有效的民主政府的要求。

（二）实证研究

1. 识记：（1）霍桑试验；（2）非正式小组。

2. 领会：非正式小组的作用。

（三）分析与评价

1. 领会：霍桑试验的意义。

2. 应用：比较梅奥与泰罗思想的不同。

第八章　巴纳德的社会系统组织理论

一、学习目的和要求

通过本章的学习，了解巴纳德的社会系统组织理论的基本内容，掌握其理论的一些基本概念和要点，领会巴纳德对组织理论作出的突出贡献。

二、课程内容

本章共有三节。第一节，生平与著作。第二节，社会系统组织理论。该节包括三个方面内容：1. 组织的静态分析，静态即结构性概念，其涉及：a. 个人，涉及社会属性和自然属性的人、自然属性的人的限制。b. 协作体系，涉及协作体系的意义、协作体系的两种发展方向、实现有效协作的方法、持续协作的决定因素。c. 正式组织，涉及构成组织的三个要素、组织的存在与协作系统平衡的关系。d. 非正式组织，涉及非正式组织的定义与后果、在正式组织中的作用、与正式组织的互动关系。e. 复合性正式组织，涉及它的四个特征、对这种组织的归纳。2. 组织的动态分析，涉及的内容有：a. 刺激系统，涉及引诱和贡献、特殊诱因和一般诱因、刺激的方式和地位系统。b. 权威，涉及对权威的定义、有效行使组织权威的四种条件、“无关心区”，以及组织权威有效的原因。c. 决策，涉及个人决定和组织决定、组织决策的两个因素、决策环境相关的因素、组织决策的过程。3. 管理者的功能，涉及三种管理者功能、管理者与领导者的不同、领导者的特征，以及管理者的责任。第三节，分析与评价。该节涉及巴纳德对组织理论的贡献以及对其理论的争议。

三、考核知识点

（一）组织的静态分析

结构性概念包括的内容，人的自然属性和社会属性，两种属性对人加入协作系统的意义，组织的实质。

组织影响个人行为的手段，协作的含义，使协作朝着有利于体系发展的方式，协作效力，协作的有效性，净满足，使协作持续的因素，构成组织的要素，协作意愿的含义，组织目的与个人动机，协作系统的平衡，非正式组织的含义，非正式组织产生的后果，非正式组织在正式组织中的作用，非正式组织与正式组织之间的关系，复合性正式组织的特征。

（二）组织的动态分析

动态性分析包括的内容，三种基本的组织活动及其关系，均衡理论，个人的效率和有效性，组织的效率和有效性，特殊诱因和一般诱因，客观刺激和主观刺激，说服的形式，地位系统的定义和种类，权威的定义，有效行使组织权威的条件，无关心区，组织权威有效的原因。

个人决定和组织决定，组织决策的两个因素，组织决策中采用的过程所取决的因素，产生决策的三个领域，决策艺术。

（三）管理者的功能

管理者的三种功能，有效沟通的几种要求，管理者与领导者的区别，领导的定义，领导者的特征，管理者的责任的定义。

（四）分析与评价

巴纳德的贡献。

四、考核要求

（一）组织的静态分析

A. 个人

1. 识记：（1）结构性概念的含义；（2）人的自然属性和社会属性。

2. 领会：人的自然属性和社会属性对协作产生的意义。

B. 协作体系

1. 识记：（1）协作的含义；（2）协作效力；（3）协作的有效性；（4）净满足；（5）组织的构成要素；（6）组织的有效性；（7）组织的效力。

2. 领会；（1）使协作朝有利于体系的方向发展的方式；（2）

协作持续所取决的因素。

C. 正式组织、非正式组织和复合性正式组织

1. 识记：(1) 非正式组织的概念；(2) 非正式组织的作用；(3) 复合性正式组织的特征。

2. 领会：非正式组织与正式组织的关系。

(二) 组织的动态分析

A. 刺激系统

1. 识记：(1) 组织的激励系统；(2) 均衡理论；(3) 个人的效率和有效性；(4) 特殊诱因；(5) 一般诱因；(6) 客观刺激；(7) 主观刺激。

2. 领会：均衡理论的意义。

3. 应用：比较一般诱因和特殊诱因。

B. 权威

1. 识记：(1) 权威的定义；(2) 无关心区。

2. 领会；(1) 有效行使组织权威的四种条件；(2) 组织权威有效的原因。

C. 决策

1. 识记：(1) 个人决定；(2) 组织决定；(3) 组织目标(或“道德”因素)；(4)“随机应变”因素。

2. 领会：组织决策中采用的过程所取决的因素。

(三) 管理者的功能

1. 识记：(1) 管理者的三种功能；(2) 领导。

2. 领会：(1) 组织内有效沟通的几种要求；(2) 管理者的责任。

3. 应用：比较管理者与领导者的区别。

(四) 分析与评价

领会：巴纳德对组织理论的独特贡献。

第九章　西蒙的行政决策理论

一、学习目的和要求

通过本章的学习，了解西蒙的行政决策理论的基本内容，掌握其理论中的一些基本概念和要点，领会这一理论在行政学研究发展中的意义。

二、课程内容

本章共有四节。第一节，生平与著作。第二节，反思行政学。涉及在决策、政治行政两分法、确立行政学的程序等方面表现的他与前辈作者的不同观点，其目的是建立一门强调决策、以决策前提为分析单位、以这些前提的事实部分构成科学领域的行政学。第三节，行政决策理论。该节包括六个方面内容：1. 满意人模式，涉及对经济人模式的批评、满意人模式在决策中的可取之处。2. 个人决策过程，涉及个人决策的几个基本因素及其逻辑过程。3. 组织环境中的决策，涉及正式组织，对决策过程的影响以及围绕对人为什么会加入、留在、或离开组织和人在组织中的行为进行探讨。4. 组织决策的前提，涉及对等级制的探讨。5. 组织的决策过程：程序性决策和非程序性决策，涉及两种决策的比较、两种决策的过程。6. 理性与组织决策，涉及对目标转移现象的分析。第四节，分析与评价。该节指出了西蒙对决策理论的贡献以及对西蒙理论的若干质疑。

三、考核知识点

（一）反思行政学

决策前提——行政学的分析单位，事实—价值两分法，西蒙对政治—行政两分法的批评，价值前提和事实前提，“纯”科学的行政学和“实”用科学的行政学。

（二）满意人模式

满意人模式，经济人模式，心理人模式，社会人模式，经济人的决策程序及其缺陷，有限理性及其受到的局限，理性的定义，客观理性和主观理性，有意识的理性和深思熟虑的理性，个人理性和组织理性。

（三）个人决策过程

作为信息处理系统的决策者，个人决策的若干因素，问题领域搜索的方法。

（四）组织环境中的决策

组织行为的定义，参加的决定，产出的决定，引诱—贡献功利量表，动机和目标，个人目标和组织目标，满意量表，权威的定义，组织权威的四个基础。

（五）组织决策的前提

等级制，效率标准。

（六）组织的决策过程

程序性决策和非程序性决策，程序性决策与非程序性决策的相同点，两种过程的四个阶段，程序性决策，非程序性决策，运作差距，最佳压力。

（七）理性与组织决策

目标转移，价值目标，最终目标。

（八）分析与评价

对西蒙决策理论的分析。

四、考核要求

（一）反思行政学

1. 识记：（1）决策前提；（2）事实—价值两分法。

2. 领会：决策前提作为行政学分析基本单位的意义。

3. 应用：比较政治—行政两分法和事实—价值两分法。

（二）满意人模式

1. 识记；（1）满意人模式；（2）经济人模式；（3）有限理性；（4）理性。

2. 领会：（1）经济人的决策程序及缺陷；（2）两种模式的区别；（3）人在决策过程中所受到限制。

3. 应用：区别几种不同的理性（主观理性和客观理性，有意识的理性和深思熟虑的理性，个人理性和组织理性）。

（三）个人决策过程

1. 识记：（1）作为信息处理系统的决策者；（2）形式推动的搜索；（3）刺激推动的搜索；（4）目标推动的搜索。

2. 领会：（1）个人决策的几个基本因素；（2）简化选择搜索活动的方法。

（四）组织环境中的决策

1. 识记：（1）引诱—贡献功利量表；（2）“契约”关系；（3）动机和目标；（4）个人目标和组织目标。

2. 领会：组织权威的四个基础。

3. 应用：运用引诱—贡献功利量表分析人和组织的选择行动。

（五）组织决策的前提

1. 识记：效率标准。

2. 领会：（1）等级制在决策中的作用；（2）权威在决策中的作用

（六）组织的决策过程

1. 识记：（1）程序性决策；（2）非程序性决策。

2. 领会：（1）程序性决策和非程序性决策的相同点；（2）两种决策过程的四个阶段。

3. 应用：应用四个阶段来分析决策过程。

（七）理性与组织决策

1. 识记：目标转移。

2. 领会：目标转移的主要来源。

（八）分析与评价

领会：西蒙决策理论的贡献及其局限。

第十章　里格斯的行政生态理论

一、学习目的和要求

通过本章的学习，了解里格斯行政生态理论的基本内容，领会里格斯的行政理想模式，掌握其理论中的一些基本概念，理解其理论的长处与不足，学习用生态理论进行行政分析。

二、课程内容

本章共有三节。第一节，生平与著作。第二节，行政生态理论。该节包括三个方面内容：1. 行政理想模式，涉及农业化行政形态和工业化行政形态，以及经修正后的用于分析发展中国家的行政系统的融合—棱柱—衍射模型。2. 对三种行政模式的分析，涉及融合、衍射以及棱柱模型的几个特征，并阐述了棱柱社会的三个独特的特征，即异质性、形式主义和重叠性。3. 发展行政思想，涉及发展的定义、社会发展中的控制问题。第三节，分析与评价。该节指出了里格斯生态理论和方法的贡献，以及其理论的局限。

三、考核知识点

（一）生平与著作

行政生态学，生态学方法。

（二）行政理想模式

融合—棱柱—衍射模型，融合、棱柱、衍射社会的主要特征，融合型、棱柱型和衍射型行政。

（三）对三种行政模式的分析

影响一个国家行政生态的五个要素：经济要素、社会要素、沟通网符号系统和政治结构架，对融合型行政、棱柱型行政和衍射型行政的五要素分析。

棱柱社会的三个重要的独特的特征，即异质性、形式主义和重叠性。

（四）发展行政思想

“外生性”变革、“内生性”变革和“共生性”变革，发展的定义，发展过程的分化和综合因素，发展概念。

（五）分析与评价

里格斯行政生态理论的价值和局限。

四、考核要求

（一）生平与著作

1. 识记：（1）行政生态学；（2）行政生态方法。

2. 领会：生态学方法研究行政的意义。

（二）行政理想模式

1. 识记：（1）融合型行政；（2）棱柱型行政；（3）衍射型行政。

2. 领会：融合—棱柱—衍射模式用于分析国家行政的意义。

（三）对三种行政模式的分析

1. 识记：（1）“互惠—重配”结构；（2）一元化社会；（3）多元化社会；（4）官僚政治；（5）“市场—企业”结构；（6）“集市—有限市场”结构；（7）异质性；（8）形式主义；（9）重叠性。

2. 领会：（1）国家行政生态的五个要素；（2）棱柱型社会的三个特征：异质性、形式主义、重叠性。

3. 应用：（1）分析比较“互惠—重配”结构、“市场—企业”结构和“集市—有限市场结构”的不同；（2）分析比较融合型行政、棱柱型行政和衍射型行政的差异。

（四）发展行政思想

1. 识记：（1）外生性变革；（2）内生性变革；（3）共生性变革；（4）发展的定义；（5）发展过程的分化和综合；（6）发展概念。

2. 领会：外生性变革和内生性变革与衍射过程的关系。

3. 应用：用外生性变革和内生性变革分析行政改革。

（五）分析与评价

领会：里格斯行政生态理论的贡献与局限。

第十一章　麦格雷戈的人事管理理论

一、学习目的和要求

通过本章的学习，了解麦格雷戈的人事管理理论的主要内容，掌握X理论和Y理论的要点，领会这一理论在管理学中的意义。

二、课程内容

本章共有三节。第一节，生平与著作。第二节，人事管理理论。该节包括五个方面内容：1. 论领导，涉及领导的属性、领导与周围环境的关系、领导观点对管理的重要性。2. 论管理层的任务，涉及X理论以及分析。3. 论人的需求，涉及马斯洛的理论以及对人的需求的分析。4. 论胡萝卜和大棒，涉及Y理论以及对胡萝卜和大棒两种方法的分析。5. 论新理论的落实，涉及落实的方法，即权力下放、工作丰富化、参与和咨询式管理、对工作表现进行鉴定。第三节，分析与评价。该节指出了X、Y理论对管理学的贡献以及对这一理论的分析与评价。

三、考核知识点

（一）论领导

领导地位的四个方面，大环境对领导模式的影响，领导与环境关系对管理的实际意义。

（二）论管理层的任务

X理论及其要求。

（三）论人的需求

马斯洛的人的需求层次说，需求满足与刺激的关系。

（四）论胡萝卜和大棒

X理论及其要点，X理论和Y理论的区别。

（五）论新理论的落实

落实新理论的方式。

（六）分析与评价

对 X、Y 理论的理解。

四、考核要求

（一）论领导

1. 识记：（1）领导地位得以确立的四个方面；（2）领导模式与环境的关系。

2. 领会：领导模式与环境关系对管理的实际意义。

（二）论管理层的任务

1. 识记：X 理论。

2. 领会：X 理论对管理的意义。

（三）论人的需求

1. 识记：（1）人的需求层次说；（2）安全需求。

2. 领会：麦格雷戈有关人的需求的看法。

3. 应用：比较分析 X、Y 理论。

（四）论胡萝卜和大棒

1. 识记：Y 理论。

2. 领会：（1）人的需求层次说对 Y 理论的意义；（2）Y 理论对管理的意义。

3. 应用：比较分析 X、Y 理论。

（五）论新理论的落实

领会：落实新理论的几种方法。

（六）分析与评价

1. 领会：对 X、Y 理论的准确理解。

2. 应用：用 X、Y 理论分析行政管理问题。

第十二章　林德布洛姆的公共决策的渐进理论

一、学习目的和要求

通过本章的学习，了解林德布洛姆的公共决策渐进理论的主要内容，掌握这一理论的一些基本概念和要点，领会这一理论对决策理论的贡献。

二、课程内容

本章共有三节。第一节，生平与著作。第二节，公共决策的渐进理论。该节包括两个方面内容：1. 两种决策方法，涉及根本和分支方法的特征、对根本方法的批评、渐进决策的特征及优点。2. 决策过程，涉及决策者和参与者及其在过程中的作用、参与者在政策过程中必须遵循的规则和程序、参与者如何达到自己的政策目标以及互动的方法。第三节，分析与评价。该节涉及对林德布洛姆的渐进模式的批评、这一模式的缺陷、综视决策模式、渐进决策的优点及其局限。

三、考核知识点

（一）两种决策方法

理性决策（根本方法），有限理性决策模式，根本方法的特征，根本方法的错误，分支方法的特征，行政决策的五个特征，政治过程的四种基本形态，断续的渐进主义的特征，渐进方式的优点。

（二）决策过程

互动的决策过程，决策互动过程的三个层面，非正式合作的规则，非正式互相影响中赢得胜利的技巧，利益集团在决策过程中的作用，利益集团对决策过程施加影响的方式，企业控制，企业的优越性，多元政治，多元互动的负面影响。

（三）分析与评价

道尔的批评，综视决策模式，对渐进理论的分析。

四、考核要求

（一）两种决策方法

1. 识记：（1）理性决策模式；（2）有限理性决策模式；（3）根本方法；（4）分支方法；（5）政治过程的四种基本形态；（6）断续的渐进主义的特征；（7）模式一；（8）模式二。

2. 领会：（1）理性决策模式与有限理性决策模式的区别；（2）根本方法的特征及其错误；（3）分支方法的特征；（4）渐进方式的优点。

3. 应用：（1）分析比较两种方法；（2）运用渐进方法分析决策过程。

（二）决策过程

1. 识记：（1）互动过程的三个层面；（2）直接决策者；（3）企业控制。

2. 领会：（1）互动的决策过程涉及的几个问题；（2）非正式合作遵循的行事规则；（3）非正式互相影响中赢得胜利的技巧；（4）利益集团对决策过程施加影响的方式；（5）多元互动的负面影响。

（三）分析与评价

1. 识记：综视决策模式。

2. 领会：综视决策模式的特征。

3. 应用：比较分析理性模式、渐进模式和综视模式。

第十三章　威尔达夫斯基的机构与行政预算理论

一、学习目的和要求

通过本章的学习，了解威尔达夫斯基的行政预算理论的主要内容以及他对官僚和权威的看法，理解其行政预算理论的意义。

二、课程内容

本章共有三节。第一节，生平与著作。第二节，机构与行政预算理论。该节包括三个方面内容：1. 论官僚和权威，涉及对公务员终身制的分析，以及对个人主义和平均集体主义的分析。2. 论行政预算，涉及预算的定义、观察预算有利于分析政策制定的原因、进行预算的基本方法。3. 论预算改革，涉及预算与政治体制之间的关系含义。第三节，分析与评价。该节指出了威尔达夫斯基观点的优点及其不足。

三、考核知识点

（一）论官僚和权威

企业价值和层级结构，终身制，共和党和民主党对政府作用的不同观点，个人主义和平均集体主义，层级结构的包容性和排他性。

（二）论行政预算

预算的定义，进行预算的方法，行政部门要求拨款的要领。

（三）论预算改革

预算和政治体制之间的联系的含义，预算研究的两个角度。

四、考核要求

（一）论官僚和权威

1. 识记：（1）社会保守派；（2）自由派；（3）个人主义的权威观；（4）平均主义的权威观；（5）层级集体主义；（6）包容性层级结构；（7）排他性层级结构。

2. 领会：（1）保守派和自由派在政府问题上的不同看法；（2）个人主义和平均主义的不同权威观；（3）层级结构的意义。

（二）论行政预算

1. 识记：（1）预算的定义；（2）循序渐进。

2. 领会：（1）预算的基本方法；（2）预算与政治体制之间的联系。

（三）论预算改革

1. 领会：预算和政治体制之间的联系的含义。

2. 应用：用预算和政治体制之间的联系分析行政过程。

第三编　当代公共行政学说

第十四章　沃尔多的折衷的行政观

一、学习目的和要求

通过本章的学习，了解沃尔多的折衷的行政观以及沃尔多对当代行政若干问题的看法，理解其行政观的意义。

二、课程内容

本章共有三节。第一节，生平与著作。第二节，折衷的行政观。该节包括四个方面内容：1. 论公共行政学古典学派，涉及古典学派的五大特点，以及沃尔多的分析。2. 论公共行政，涉及公共行政的定位以及行政和公共的含义。3. 论行政道德，涉及美国政府工作人员应尽的义务以及沃尔多的分析。4. 论行政教育，涉及沃尔多的教学思想、成对选择法、案例分析。第三节，分析与评价。该节指出了对沃尔多的观点的批评。

三、考核知识点

（一）论公共行政学古典学派

古典学派的五大特点；沃尔多对政治行政二分法的看法，沃尔多的组织观。

（二）论公共行政

公共行政的多层含义。

（三）论行政道德

美国政府工作人员应尽的义务。

（四）论行政教育

成对选择法，案例分析，讲授社会科学围绕的四个问题。

四、考核要求

（一）论公共行政学古典学派

1. 识记：(1) 古典学派的五大特征；(2)“美国使命”。

2. 领会：沃尔多对古典学派的看法。

（二）论公共行政

1. 识记：行政艺术和行政科学。

2. 领会：沃尔多对公共行政的看法。

（三）论行政道德

1. 识记：行政道德。

2. 领会：美国政府工作人员应尽的义务的含义。

（四）论行政教育

1. 识记：成对选择法。

2. 领会：成对选择法的意义。

3. 运用：用成对选择法分析行政问题。

第十五章　卡斯特的系统权变行政组织理论

一、学习目的和要求

通过本章的学习，了解卡斯特的系统权变行政组织理论的基本内容，以及这一理论的优点和局限，学习用系统权变的观点分析问题。

二、课程内容

本章共有三节。第一节，生平与著作。第二节，系统权变行政组织理论。该节包括四个方面内容：1. 现代系统与权变理论的提出，涉及管理思想发展过程的三个时期、系统观念的看法、权变观点的特点。2. 组织系统的特性，涉及组织系统的一般模型、组织作为开放系统的特征。3. 组织整体系统，涉及组织整体系统的构成（环境超系统、目标与价值分系统、技术分系统、结构分系统、社会心理分系统和管理分系统）以及构成部分之间的互相关系。4. 组织变革，涉及组织变革必须考虑的几个因素、变革过程的组成环节。第三节，分析与评价。该节指出了系统权变理论对管理理论的贡献以及这一理论的局限。

三、考核知识点

（一）现代系统与权变理论的提出

组织与管理思想发展的三个时期，系统观念，权变观念。

（二）组织系统的特性

组织的一般概念模式，组织系统的开放性，系统的整体性。

（三）组织整体系统

组织整体系统的构成，超系统与组织内部和系统之间的相互关系，一般环境和具体环境，一般环境的五个特征，环境对组织的影响，解决价值问题的五个层次的考虑，影响组织目标确立的三个方面的力量，技术分系统对管理分系统的作用，正式的组织结构的定义，正式组织与非正式组织，两种结构模式即适应性有机模式和稳定的机械模式，社会心理分系统的三个组成部分，管理系统的三个层次，管理系统的职能。

（四）组织变革

组织变革必须考虑的三个因素，变革过程的五个环节，改革的阻力及其克服。

（五）分析与评价

权变组织理论的优点和局限。

四、考核要求

（一）现代系统与权变理论的提出

1. 识记：（1）系统观念；（2）权变观念。

2. 领会：组织与管理思想发展的三个时期的特征。

3. 应用：现代系统与权变理论和传统观念、行为科学与管理科学的比较。

（二）组织系统的特性

1. 识记：（1）环境超系统；（2）技术分系统；（3）结构分系统；（4）目标与价值分系统；（5）社会心理分系统；（6）管理分系统。

2. 领会：组织系统开放性的表现。

（三）组织整体系统

1. 识记：(1) 一般环境的特征；(2) 正式组织结构的定义；(3) 适应性有机模式；(4) 稳定的机械模式；(5) 协调的三种机制；(6) 社会心理分系统的构成；(7) 管理系统的三个层次；(8) 管理系统的基本职能。

2. 领会：(1) 一般环境和具体环境对组织的影响；(2) 技术与系统对管理分系统的作用；(3) 两种结构模式（即适应性有机模式和稳定的机械模式）的差别。

3. 应用：用系统与权变理论分析组织问题。

（四）组织变革

1. 识记：组织变革过程的五个环节。

2. 领会：(1) 变革的考虑及着手；(2) 改革的阻力及其克服。

3. 应用：用组织变革过程的五个环节分析行政改革。

（五）分析与评价

领会：系统与权变组织理论的优点及其在运用过程中的局限。

第十六章　布坎南的公共选择与政府理论

一、学习目的和要求

通过本章的学习，了解布坎南的公共选择与政府理论的基本内容，掌握这一理论的一些基本概念，理解布坎南这一理论对行政学研究和西方行政实践具有的意义，学习运用这一理论分析行政问题。

二、课程内容

本章共有三节。第一节，生平与著作。第二节，公共选择与政府理论。该节包括两个方面内容：1. 公共选择理论，涉及公共选择理论的创立、研究对象与方法论。2. 政府理论，涉及政府失败论、救治、“政府失败”的政策建议。第三节，分析与评价。该节指出了公共选择与政府理论产生的背景、对经济学和政治学研究的贡献及其局限，以及该理论对我国改革的借鉴意义。

三、考核知识点

（一）公共选择理论的创立

凯恩斯的政府干预主张，布坎南公共选择理论对“政府失败”的揭示，理性的经济人。

（二）公共选择理论的研究对象与方法论

公共选择及其特点，公共选择理论的目的，公共选择理论的方法。

（三）政府失败论

政府失败，政府干预行为失败的原因，导致公共决策失败的原因，导致政府机构工作低效率的原因，政府机构扩张的原因，寻租活动，政府寻租的三种类型。

（四）救治“政府失败”的政策建议

二点政策建议，限制国家权力增长的基本方法，减少福利国家的浪费的方法。

（五）分析与评价

公共选择理论的贡献及局限，公共选择理论的启示。

四、考核要求

（一）公共选择理论的创立

1. 识记：（1）凯恩斯主义；（2）理性的经济人。

2. 领会：公共选择理论产生的背景。

（二）公共选择理论的研究对象与方法论

1. 识记：（1）公共选择的含义；（2）公共选择理论方法论的三个要素。

2. 领会：公共选择理论用于分析政治行政的意义。

（三）政府失败论

1. 识记：（1）政府失败；（2）寻租活动。

2. 领会：（1）政府失败的原因；（2）寻租活动的三种类型；（3）政府工作机构低效率的原因。

3. 应用：从寻租活动角度分析政府失败。

（四）救治“政府失败”的政策建议

1. 识记：（1）需求显示法；（2）财政立宪。

2. 领会：政策的选择（即限制国家权力增长、减少福利国家的浪费）。

（五）分析与评价

1. 领会：公共选择理论的贡献与局限。

2. 应用：用公共选择与政府理论来分析行政改革。

第十七章　诺思的制度、国家与政府职能理论

一、学习目的和要求

通过本章的学习，了解诺思的制度、国家与政府职能理论的基本内容，掌握这一理论的一些基本概念，理解这一理论尤其是对于行政改革所具有的意义，学习用这一理论分析行政问题。

二、课程内容

本章共有三节。第一节，生平与著作。第二节，制度、国家与政府职能理论。该节包括三个方面内容：1. 制度理论与国家模型，涉及对制度的界定、国家理论。2. 国家与产权关系理论，涉及国家在产权制度形成中的作用、国家和产权制度的关系。3. 制度变迁轨迹与政府职能的关系，涉及组织和制度的关系、组织的四种类型、路径依赖轨迹和路径闭锁，以及政治组织和经济组织的报酬递增需求一致。第三节，分析与评价。该节指出了新制度经济中的国家理论的主要特色，新制度经济学的贡献。

三、考核知识点

（一）对制度的界定

制度理论的框架，制度，制度的作用。

（二）国家理论

国家的定义，国家起源的契约理论，国家起源的掠夺理论，

国家的“暴力潜能”分配论，国家模型的特征，国家的目标，国家目标冲突的根源，诺思悖论，诺思悖论的理解。

（三）国家与产权关系理论

国家在产权制度形成中的作用，欧洲近代史上民族国家兴衰的比较。

（四）制度变迁轨迹与政府职能的关系

政治组织和经济组织对制度变迁轨迹的影响，路径依赖，路径闭锁，政治组织和经济组织的报酬递增需求一致。

（五）分析与评价

新制度经济学中的国家理论的特色，诺思理论的启示。

四、考核要求

（一）对制度的界定

1. 识记：（1）制度理论的框架；（2）制度的定义。

2. 领会：制度在国家发展中的作用。

（二）国家理论

1. 识记：（1）国家的定义；（2）国家起源的契约理论；（3）国家起源的掠夺理论；（4）暴力潜能；（5）国家的目标；（6）诺思悖论。

2. 领会：（1）暴力潜能范畴的意义；（2）国家目标冲突的根源。

3. 应用：诺思悖论的含义。

（三）国家与产权关系理论

领会：国家在产权制度形成中的作用。

（四）制度变迁轨迹与政府职能的关系

1. 识记：（1）路径依赖；（2）路径闭锁。

2. 领会：（1）怎样做到政治组织和经济组织的报酬递增需求一致；（2）政治组织在推行制度变革时的两种目的。

3. 应用：比较政治组织和经济组织的报酬递增需求一致和不一致导致的结果。

（五）分析与评价

1. 领会：诺思的新制度经济学中的国家理论的特色。

2. 应用：用制度变迁的理论来分析中国的行政改革。

第十八章　凯登的行政理论

一、学习目的和要求

通过本章的学习，了解凯登的行政理论的三大部分即官僚制度的改革、国际公共行政和行政道德，了解凯登的行政理论对当代的意义。

二、课程内容

本章共有三节。第一节，生平与著作。第二节，行政理论。该节包括三个方面内容：1. 论官僚制度的改革，涉及改革策略、以往策略不行的原因，以及如何进行行政改革。2. 论国际公共行政，涉及全球信息结构带来的全球经济以及由此产生的互相依赖、经济全球化提出的一些新的社会和环境问题、新形势对官员提出的要求。3. 论行政道德，涉及政府官员腐化堕落及其原因、对官员的制约。第三节，分析与评价。该节涉及凯登观点的实践以及评价。

三、考核知识点

（一）论官僚制度的改革

原有改革策略的失败及其原因，重塑战略，重塑战略的优点与缺点，重塑战略的推行。

（二）论国际公共行政

“全球性信息结构”及其后果，全球经济的特点，全球化过程对政府的影响，国际经济发展给政府官员创造的机会，“波纹效应”，新形势对政府官员提出的要求，战略性思考技能的主要内容。

（三）论行政道德

腐败堕落的原因分析，制约政府官员腐败的方法。

四、考核要求

（一）论官僚制度的改革

1. 识记：（1）改革的实质；（2）重塑战略。

2. 领会：（1）原有行政改革失败及其原因；（2）重塑战略的优缺点。

（二）论国际公共行政

1. 识记：（1）全球经济；（2）成功的公共行政人员应具有的三种技能；（3）战略性思考技能；（4）“波纹效应”。

2. 领会：全球经济对政府的挑战。

（三）论行政道德

1. 领会：（1）腐败堕落的原因；（2）制约政府官员腐败的方法。

2. 应用：分析制约政府官员腐败的方法。

Ⅲ　有关说明与实施要求

为了使本大纲的规定在个人自学、社会助学和考试命题中得到贯彻和落实，兹对有关问题作如下说明，并进而提出具体实施要求。

一、关于考核目标的说明

为使考试内容具体化和考试要求标准化，本大纲在列出课程内容的基础上，对各章规定了考核目标，包括考核知识点和考核要求。明确考核目标，使自学应考者能够进一步明确课程内容和要求，更有目的地系统学习教材；使考试命题能够更加明确命题范围，更准确地安排试题的知识能力层次和难易度。

本大纲在考核目标中，按照识记、领会和应用三个层次规定其应达到的能力层次要求。三个能力层次是递进等级关系，各能力层次的含义是：

识记：能知道有关的名词、概念、知识的含义，并能正确认识和表述。是低层次的要求。

领会：在识记的基础上，能全面把握基本概念、基本原理、基本方法，能掌握有关概念、原理、方法的区别与联系。是较高的层次的要求。

应用：在领会的基础上，能运用基本概念、基本原理、基本方法分析和解决有关的理论问题和实际问题。其中“简单应用”是指在领会的基础上，能用学过的一两个知识点分析和解决简单的问题；“综合运用”是指在简单应用的基础上，能用学过的多个知识点，综合分析和解决比较复杂的问题。是最高层次的要求。

二、关于自学教材

《西方行政学说史》，全国高等教育自学考试指导委员会组编，竺乾威主编，高等教育出版社2000年版。

三、自学方法指导

1. 在全面系统学习的基础上掌握基本观点、基本理论和基本方法。本课程内容涉及了西方众多学者的行政学说观点和理论，多章之间有联系，但区别很大，有的还有相对独立性。自学应考者应首先全面系统地学习各章，记忆应当识记的基本概念、名词，深入理解基本观点和理论；其次，注意一些学说理论和观点之间的联系及发展；再次，在全面系统学习的基础上掌握重点，有目的地深入学习重点章节，切忌在没有全面学习教材的情况下孤立地去抓重点。

2. 重视理论联系实际。本课程阐述的内容尽管具有西方背景，但一些理论学说和观点具有一般的价值，因而可被借鉴用来分析我国的行政实践。自学应考者可在学习中结合实际领会教材中的一些内容，提高自己分析问题和解决问题的能力。

四、对社会助学的要求

1. 社会助学者应根据本大纲规定的课程内容和考核目标，认真钻研指定教材，明确本课程与其他课程不同的特点和学习要求，对自学应考者进行切实有效的辅导，引导他们防止出现自学中的各种偏向，把握社会助学的正确导向。

2. 正确处理基本理论观点和应用能力的关系，努力引导自学应考者将识记、领会同应用联系起来，培养和提高自学应考者的分析问题和解决问题的能力。

3. 正确处理重点和一般的关系。课程内容有重点与一般之分，但考试内容是全面的，而且重点与一般是有联系的，社会助学者应指导自学应考者全面系统地学习教材，掌握考核知识点，在此基础上再突出重点。要把重点学习和兼顾一般结合起来。

五、关于命题考试的若干要求

1. 本课程的命题考试，应根据本大纲所规定的课程内容和考核目标来确定考试范围和考核要求。不要任意扩大或缩小考试范围，提高或降低考核要求。考试命题要覆盖到各章，并适应突出重点章节，体现本课程的内容重点。

2. 本课程在试题中对不同能力层次要求的分数比例，一般为：识记占20%，领会占35%，简单应用占30%，综合应用占15%。

3. 试题要合理安排难度结构。试题难易度可以为易、较易、较难、难四个等级。每份试卷中，不同难易度试题的分数比例一般为：易占20%，较易占30%，较难占30%，难占20%。必须注意，试题的难易度与能力层次不是一个概念，在各能力层次中都存在不同难度的问题，切勿混淆。

4. 本课程考试试卷采用的题型一般有：单项选择、多项选择题、名词解释题、简答题、论述题等。各种题型的具体形式可参见本大纲附录。

附录

题 型 举 例

一、单项选择题（在备选答案中只有一个是正确的，将其选出并把它的标号写在题后括号内）

1. 社会系统组织理论的提出者是（　　）。

A. 赫伯特·西蒙

B. 查尔斯·林德布洛姆

C. 佛雷德里克·泰罗

D. 切斯特·巴纳德

2. 科学管理思想的核心是（　　）。

A. 工时研究

B. 效率

C. 劳资合作

D. 科学地训练工人

二、多项选择题（在备选答案中有二至五个是正确的，将其全部选出并把它们的标号写在题后括号内。错选或漏选均不给分）

1. 马克斯·韦伯指出的合法统治的几种类型是（　　）。

A. 个人魅力型

B. 传统型

C. 法理型

D. 制度型

E. 指挥型

2. POSDCORB 的前 6 个字母指的是（　　）。

A. 计划

B. 组织

C. 用人

D. 指挥

E. 协作

三、名词解释题

1. 政府失败

2. 霍桑试验

四、简答题

1. 简述公共行政生态学。

2. X 理论和 Y 理论的主要区别是什么？

五、论述题

1. 试用制度变迁理论分析我国的行政改革。

2. 试论渐进决策方法的优点及其限制。

后　记

《西方行政学说史自学考试大纲》是根据1998年修订的全国高等教育自学考试行政管理学专业（独立本科段）考试计划的要求编写的，2000年1月行政管理学专业委员会召开会议，对本大纲初稿进行了讨论定稿。

本大纲由复旦大学竺乾威教授执笔编写，参加本大纲审稿会议并提出宝贵意见的有：中国人民大学许文惠教授、复旦大学浦兴祖教授、深圳大学马敬仁教授。

本大纲最后由政治学类专业委员会主任张永桃教授审定。

全国高等教育自学考试指导委员会
政治学类专业委员会
2000年6月